高等职业教育本科药学类专业规划教材

微生物学

（供药学、制药工程技术、合成生物技术、药物分析、药物制剂、中药学、
中药制药、药品质量管理等专业用）

主　编　曲均革　叶丹玲
副主编　楼天灵　王　哲
编　者　（以姓氏笔画为序）
王　哲（浙江药科职业大学）
王芙蓉（浙江药科职业大学）
龙正海（浙江药科职业大学）
叶丹玲（浙江药科职业大学）
叶剑尔（浙江药科职业大学）
曲均革（浙江药科职业大学）
孙　妍（浙江药科职业大学）
孙　鹏（浙江海正药业股份有限公司）
李鸿文（浙江药科职业大学）
杨　郁（浙大宁波理工学院）
何艳丽（浙江药科职业大学）
楼天灵（浙江药科职业大学）

中国健康传媒集团
中国医药科技出版社

内 容 提 要

本教材为“高等职业教育本科药学类专业规划教材”之一。本教材结合高等职业教育本科层次的特点，在扎实基础理论知识的同时，强化技术技能培养及应用能力拓展。本教材分为3篇11章。第一篇为微生物学基础，包括绪论、原核微生物、真核微生物、非细胞型微生物；第二篇为微生物学技术，包括微生物的染色和镜检技术，微生的营养和分离培养技术，微生物的生长和消毒灭菌技术，微生物的遗传变异和菌种选育、保藏技术；第三篇为微生物学应用，包括微生物代谢及其在制药工程中的应用，微生物生态及其在资源开发和环境保护中的应用，微生物在药品检测中的应用。第二篇、第三篇共设置13个实验。本教材为书网融合教材，即纸质教材有机融合电子教材、教学配套资源（PPT、微课、视频、图片等）、题库系统、数字化教学服务（在线教学、在线作业、在线考试）。

本教材主要供高等职业教育本科院校药学、制药工程技术、合成生物技术、药物分析、药物制剂、中药学、中药制药、药品质量管理等专业教学使用，也可作为高职高专院校、同等学力人员的教学用书以及药品行业从业人员培训和自学用书。

图书在版编目（CIP）数据

微生物学/曲均革，叶丹玲主编．—北京：中国医药科技出版社，2023.12

高等职业教育本科药学类专业规划教材

ISBN 978-7-5214-4344-8

Ⅰ.①微… Ⅱ.①曲… ②叶… Ⅲ.①微生物学-高等职业教育-教材 Ⅳ.①Q93

中国国家版本馆CIP数据核字（2023）第250837号

美术编辑 陈君杞

版式设计 友全图文

出版 **中国健康传媒集团** | 中国医药科技出版社

地址 北京市海淀区文慧园北路甲22号

邮编 100082

电话 发行：010-62227427 邮购：010-62236938

网址 www.cmstp.com

规格 889mm×1194mm 1/16

印张 18 1/4

字数 522千字

版次 2024年1月第1版

印次 2024年1月第1次印刷

印刷 北京京华铭诚工贸有限公司

经销 全国各地新华书店

书号 ISBN 978-7-5214-4344-8

定价 59.00元

数字化教材编委会

主　编　曲均革　叶丹玲
副主编　楼天灵　王　哲
编　者　（以姓氏笔画为序）
王　哲（浙江药科职业大学）
王芙蓉（浙江药科职业大学）
龙正海（浙江药科职业大学）
叶丹玲（浙江药科职业大学）
叶剑尔（浙江药科职业大学）
曲均革（浙江药科职业大学）
孙　妍（浙江药科职业大学）
孙　鹏（浙江海正药业股份有限公司）
李鸿文（浙江药科职业大学）
杨　郁（浙大宁波理工学院）
何艳丽（浙江药科职业大学）
楼天灵（浙江药科职业大学）

前言 PREFACE

本教材为“高等职业教育本科药学类专业规划教材”之一，主要根据高等职业教育本科药学类专业的人才培养目标、主要就业领域以及相关职业技术技能需求，组织具有丰富教学经验的一线教师及制药企业人员共同精心编写而成。

微生物学是药学类及生物技术类、食品类专业非常重要的专业基础课程，主要涵盖各类微生物的形态结构、营养代谢、生长及控制、遗传变异、生态、分类与鉴定等基本理论知识，以及常用的培养基配制技术、消毒灭菌技术、微生物的分离纯化和培养技术、显微镜检技术、染色技术、菌种保藏技术等基本操作技能，为后续专业核心课程的学习奠定理论知识和技能基础。本教材分为 3 篇 11 章：第一篇为微生物学基础，包括绪论、原核微生物、真核微生物、非细胞型微生物；第二篇为微生物学技术，包括微生物的染色和镜检技术，微生物的营养和分离培养技术，微生物的生长和消毒灭菌技术，微生物的遗传变异和菌种选育、保藏技术；第三篇为微生物学应用，包括微生物代谢及其在制药工程中的应用，微生物生态及其在资源开发和环境保护中的应用，微生物在药品检测中的应用。第二篇、第三篇共设置 13 个实验，充分满足了高等职业教育在扎实基础理论知识的同时需要强化技术技能培养及应用能力拓展的需求。

本教材为书网融合教材，即纸质教材有机融合电子教材、教学配套资源（PPT、微课、视频、图片等）、题库系统、数字化教学服务（在线教学、在线作业、在线考试），充分满足了教师日常教学、在线教学以及学生自学等多种需求。

本教材的编写分工如下：曲均革编写第一章，叶剑尔、曲均革编写第二章，龙正海、杨郁编写第三章，叶丹玲编写第四章，何艳丽编写第五章，李鸿文、孙鹏编写第六章，楼天灵编写第七章，王芙蓉编写第八章，王哲编写第九章，孙妍编写第十章，叶丹玲、孙鹏编写第十一章。

尽管教材在编写过程中经过反复多次的校对和修改，但由于水平有限，书中可能仍然存在疏漏和不足之处，欢迎广大师生及读者批评指正。

编　者

2023 年 10 月

CONTENTS 目录

第一篇　微生物学基础

第二篇 微生物学技术

第一篇
微生物学基础

第一章　绪　论

PPT

学习目标

【知识要求】

1. **掌握**　微生物学的概念、特点及分类、命名。

2. **熟悉**　微生物与人类的关系以及微生物在自然界中的作用和地位。

3. **了解**　微生物学发展的历史进展。

【技能要求】

能够用辩证的方法正确看待微生物，能够正确使用微生物这把“双刃剑”。

【素质要求】

培养自主学习能力和对本课程的学习兴趣；培养民族自尊心、自信心和自豪感，弘扬和传承中华文化。

微生物是一个神秘的“小”世界，更是一个奇妙的“大”世界。虽然从人类第一次观察到微生物至今仅有三百多年，但是三十几亿年前它们就已经在地球上存在了。微生物既是人类的敌人，又是人类的朋友。某些病原微生物可以导致疾病，甚至威胁人类的生命，但也有很多微生物可以用来制造美味的食品、生产治疗疾病的抗生素以及预防疾病的疫苗等。微生物影响着人类生产、生活乃至生存的方方面面，我们学习微生物学、了解微生物知识的目的就是趋利除弊，控制和消灭有害微生物，改造和利用有益微生物，让它们更好地为我们服务。

一、微生物的定义

“微生物”不是分类学上的概念，而是一切微小生物的总称。微生物（microorganism，microbe）是指一切肉眼看不见或看不清的，个体微小，结构简单，需要借助显微镜才能看清楚的低等生物的总称。微生物个体微小，结构简单，进化地位低。

二、微生物的特点 微课1

与其他生物相比，微生物除了具有一些共同的属性之外，还具有以下明显区别于其他生物的一些特点。

（一）体积小，面积大

物体单位体积所占有的表面积称为比表面积。对于一个固定体积的物体，对其进行三维切割后，切割次数越多，产生的颗粒数相应就越多，切割后每个颗粒的体积越来越小，而所有颗粒的表面积总和却越来越大。由上面的分析可以明显看出，物体颗粒越小，比表面积越大。微生物的个体非常微小，测量其大小一般以微米（μm）或纳米（nm）为单位，必须在光学显微镜或电子显微镜下才能观察到。例如，球菌的直径约0.5μm，80个球菌“肩并肩”站在一起，大概同一根头发的宽度相当。杆菌的平均长度为 2μm，1500 个杆菌首尾相连大概只有一粒芝麻那么长。微生物的比表面积可以高达人体的几万倍，甚至几十万倍。这样高的比表面积，意味着微生物有一个巨大的营养物质的吸收面、代谢废物的排泄面和环境信息的接触面，保证了微生物与周围环境之间可以高效地进行物质、能量和信息的交换。“体积小，面积大”是微生物最重要的一个特点，微生物的很多其他特点和属性都是由这个特点决定的。

（二）吸收多，转化快

微生物“体积小，面积大”的特点使微生物拥有超大的营养物质吸收面，可以快速从周围环境中吸取营养物质，为快速进行新陈代谢和生物转化提供了坚实的物质基础。例如，大肠埃希菌每小时可以消耗自身重量 2000 倍的糖，同人体等重的大肠埃希菌 1 小时内消耗的糖量，比一个人一生中所消耗的粮食还要多。产朊假丝酵母（*Candida utilis*）合成蛋白质的能力是大豆的 100 倍，是食用公牛的 100000 倍。

微生物不仅具有极高的代谢效率，而且具有多种多样的代谢途径，同时具有区别于其他生物的一些特有代谢途径。微生物的这些特性为其快速生长繁殖和合成大量代谢产物奠定了基础，使其能在自然界和人类实践中可以成为“活的化工厂”，我们对其进行充分开发和利用后，就可以生产出种类繁多的发酵产品，使微生物最大限度地造福人类。

（三）生长旺，繁殖快

微生物具有惊人的生长和繁殖速度。大肠埃希菌在合适的生长条件下，12.5 ~ 20 分钟细胞就可以分裂一次。仅按平均 20 分钟分裂一次计算，1 小时分裂 3 次，每天分裂 72 次后，原来的一个细菌产生了 4722366482869645213696 个后代，重达 4722t。若再经过一天的繁殖，数量可达 2.23×10^{43} 个，总重超过地球。当然，事实上由于营养、空间和代谢抑制等各方面条件所限，微生物的分裂速度无法达到这样一种理想的状态，一般只能维持几小时。但即便如此，微生物生长旺和繁殖快的特点仍然是其他生物不可比拟的，使其在发酵工业中占有突出优势。例如，2 小时分裂一次的酿酒酵母（*Saccharomyces cerevisiae*）在单罐发酵时，12 小时就可以收获一次，这是任何其他农作物无论如何都无法达到的速度。除此之外，微生物培养条件简单，有些微生物可以利用工农业生产中的废物或下脚料甚至可以利用一些有毒有害物质作为营养物质，生长还不受气候、季节等条件影响，这些都为发酵工业提供了便利条件。

（四）适应强，易变异

微生物在长期的生物进化过程中，为了适应复杂多变的环境，产生了灵活的代谢调控机制。微生物通过产生多种诱导酶，来实现对各种环境的灵活适应，尤其能够在条件十分恶劣的“极端环境”中生存，比如在高温、低温、高渗透压、高酸、高碱、高压、高辐射、高毒等极端环境中都发现了各种不同种类的微生物。①耐热：某些硫细菌能在 90℃ 温泉中甚至可以在 250 ~ 300℃ 的海底火山口附近正常生长。②耐寒：有些微生物可以在常年冰封的两极生活，大多数微生物能够耐受 −196℃（液氮）至 0℃ 的任何低温，甚至在 −253℃（液态氢）下仍能存活。③耐渗透压：一些微生物可以耐受高糖、高盐等渗透压，如在蜜饯、腌制品、32% 的饱和盐水中都有微生物生长。④耐干燥：细菌的芽孢具有极强的抗干燥能力，可在干燥条件下保藏几十年、几百年甚至上千年。⑤耐酸：在有色金属浸矿中，氧化硫硫杆菌（*Thiobacillus thiooxidans*）能生长在 pH 0.5 的硫酸中。⑥耐碱：脱氮硫杆菌（*Thiobacillus denitrificans*）的生长最高 pH 为 10.7。⑦耐辐射：抗辐射力最强的耐辐射奇球菌（*Deinococcus radiodurans*）的辐射半致死剂量达 750000R，是人和哺乳动物（1000R）的 750 倍。⑧耐高压：马里亚纳海沟水深 11034m，静水压高达 1103.4 个大气压，在其中仍发现有微生物生活。此外，人类也发现了大量具有耐缺氧、耐毒等特点的微生物。微生物的食谱广泛、复杂，有些微生物偏爱以有毒有害物质为食物，可以应用这些特性进行废物降解及环境污染治理等。

虽然微生物对环境的适应性很强，但是当环境条件发生改变时，它们的易变性也十分突出。这是由于微生物具有很大的比表面积，使其对生存条件的变化具有极大的敏感性。即使突变率很低（一般为 10^{-10} ~ 10^{-5}），但因其具有数量大、繁殖快等特点，可以在短时间内产生大量变异的后代，表现为微生物的形态构造、生理类型、代谢途径、各种抗性、抗原性以及代谢产物的种类或产量的变异等。

（五）分布广，种类多

微生物个体的体积十分微小，重量极轻，且数量又极多，可以借助空气、水、动植物等媒介到处传播，因此分布十分广泛。自然界中无论是土壤、空气，还是河流、海洋中，到处都有微生物的存在。在我们的皮肤上、口腔里、肠胃道里，人体的内外到处都分布着微生物。微生物无处不在，无孔不入，我们时时刻刻都生活在微生物的汪洋大海中。除此之外，已经发现在 85km 高的高空、11km 深的海底、2000m 深的地层、近 300℃的火山口附近、－253℃的极端环境下，都有微生物存在。地球上除了火山的中心区域等少数地方外，从土壤圈、水圈、大气圈至岩石圈，到处都有微生物的踪迹，微生物是生物圈上下限的开拓者和各项生存纪录的保持者。

微生物的种类多，有细菌、放线菌、立克次体、衣原体、支原体、螺旋体、蓝细菌、古细菌、病毒、真菌、原生动物、藻类等，且每种微生物又分为许多种。目前已有记载的微生物种类约 20 万种，但有人估计这个数量不超过地球上微生物实际数量的 10%，能被培养出来的微生物种类还不到地球上微生物实际数量的 1%。还有许多活的但未可培养的微生物（viable but nonculturable microorganisms，VBNC），或称未可培养微生物（uncultivable microorganisms），如超嗜热古菌。

微生物的分布广、种类多这一特点，为微生物资源的开发和利用提供了无限广阔的前景。

知识链接

未可培养微生物

环境中存在着大量的微生物，长期以来一直是依靠纯培养技术来研究微生物的，但绝大多数种类的微生物因为不能培养而无法被了解，严重限制了人们对微生物的认识。例如对土壤、水体、活性污泥等样品中的微生物进行调查统计，发现直接计数出的微生物数与培养出来的菌落数间相差几个数量级。两种调查结果的差异显示，一个样品的总微生物数量中，只有一小部分是目前人们能够纯培养出来的。1982 年，马里兰大学微生物学家 Colwell 提出未培养微生物的概念。许多未知微生物是以前从未培养过的，因为缺乏再现环境条件的方法和培养基质，大多数微生物难以用实验室常规方法培养，成为未可培养微生物或微生物的“活的未可培养状态”（viable but nonculturable，VBNC）。目前用于开发未可培养微生物的方法主要借助于现代分子生物学技术和基因组学，如遗传指纹图谱技术、宏基因组技术等。

三、微生物的分类和鉴定 微课 2

分类学的具体任务是分类（classification）、鉴定（identification）和命名（nomenclature）。分类是一项宏观工作，通过收集大量描述有关个体的文献资料，经过归纳和分析整理形成一个科学的分类系统；

与其相反，鉴定是一项微观工作，是通过详细观察和描述一个未知名称纯种微生物的各种性状特征，然后查找现有的分类系统，以达到对其知类、辨名的目的；而当详细观察和描述某具体菌种或病毒后，在认真查找现有的权威性分类鉴定手册后，如果发现这是一个以往从未记载过的新种，此时就需要按微生物的国际命名法规给予一个新的学名，这就是命名。

（一）微生物的分类

1. 微生物的分类学说 随着科学的发展，历史上曾先后出现过多种生物界级分类系统，主要包括如下。①两界系统：瑞典博物学家林奈（Carl Linnaeus）于1735年提出，包括植物界和动物界。②三界系统：德国动物学家海克尔（E. H. Haeckel）于1866年提出，包括植物界、动物界和原生生物界。③四界系统：考柏兰（H. F. Copeland））于1938年提出，包括植物界、动物界、原始生物界（原生动物、真菌、部分藻类）和菌界（细菌、蓝细菌）。④五界系统：魏塔克（R. H. Whittaker）于1969年提出，包括植物界、动物界、原核生物界、原生生物界和真菌界。⑤六界系统：1975年特劳巴和1977年我国学者王大耜等认为病毒一类非细胞生物应另立一个病毒界，于是提出了六界系统，包括植物界、动物界、原核生物界、原生生物界、真菌界和病毒界。⑥三域学说：1978年，美国伊利诺斯大学的伍斯（C. R. Woese）等人对大量微生物和其他生物进行了16S rRNA和18S rRNA的寡核酸测序，并比较其同源性水平后提出三域学说，包括细菌域、古菌域和真核生物域（图1－1）。

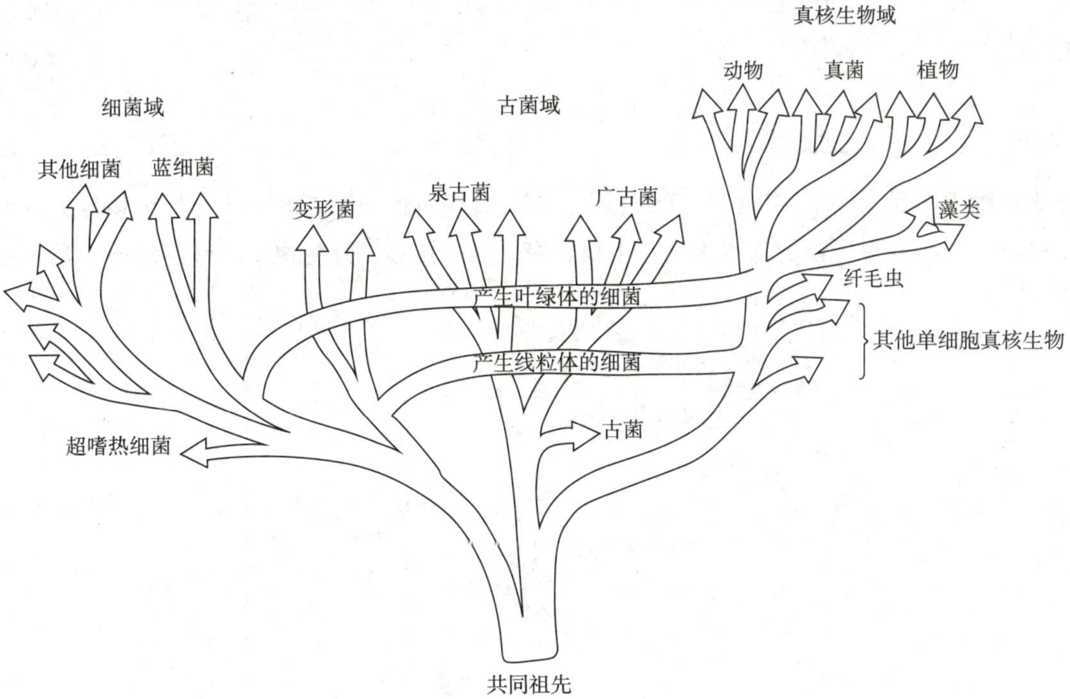

图1－1 三域学说及其生物进化谱系树

与之前的界级分类系统相比，三域学说对“内共生学说”做了较好的解释。16S rRNA基因序列测定的结果表明，真核生物的细胞器，如叶绿体和线粒体等，起源于内共生细菌。共同祖先分化出细菌和古细菌后，在漫长的进化历程中，古细菌的一分支细胞吞噬了一种小型的好氧细菌，这些细菌通过多世代的进化，和宿主细胞建立起稳定的关系，形成可以世代传递的内共生物，从而导致线粒体的起源；而吞噬了蓝细菌后，就导致叶绿体的起源。最终，这些宿主细胞演化发展成为各类真核生物。现将三域生物主要特点的比较列在表1－1中。

表 1-1 细菌、古菌与真核生物若干重要特性的比较

比较项目	细菌	古菌	真核生物
核膜	无	无	有
细胞壁中的胞壁酸	有	无	无
膜脂结构	由酯键连接	由醚键连接	由酯键连接
核糖体	70S	70S	80S
起始子 tRNA	甲酰甲硫氨酸	甲硫氨酸	甲硫氨酸
操纵子	有	有	无
mRNA 的帽化和 polyA 尾	无	无	有
二羟尿嘧啶	一般有	无（仅一个例外）	一般有
质粒	有	有	罕见
核糖体对白喉毒素	不敏感	敏感	敏感
RNA 聚合酶	一种（含 4 个亚基）	几种（每种含 8～12 个亚基）	3 种（每种含 12～14 个亚基）
对氯霉素、链霉素、卡那霉素	敏感	不敏感	不敏感
对茴香霉素	不敏感	敏感	敏感
对多烯类抗生素	不敏感（支原体例外）	不敏感	敏感
产甲烷	不能	部分能	不能
化能自养	部分能	部分能	不能
生物固氮	部分能	部分能	不能
叶绿素光合作用	部分有	无	有
80℃以上生活	少数能	较多能	不能

近年来，随着各种生物全基因组序列的公布，三域学说也遇到了新的挑战。从生物界级分类学说发展的历史来看，人类对微生物的认识水平是生物界级分类的核心，微生物在所有界级中，具有最宽的领域（图 1-2）。

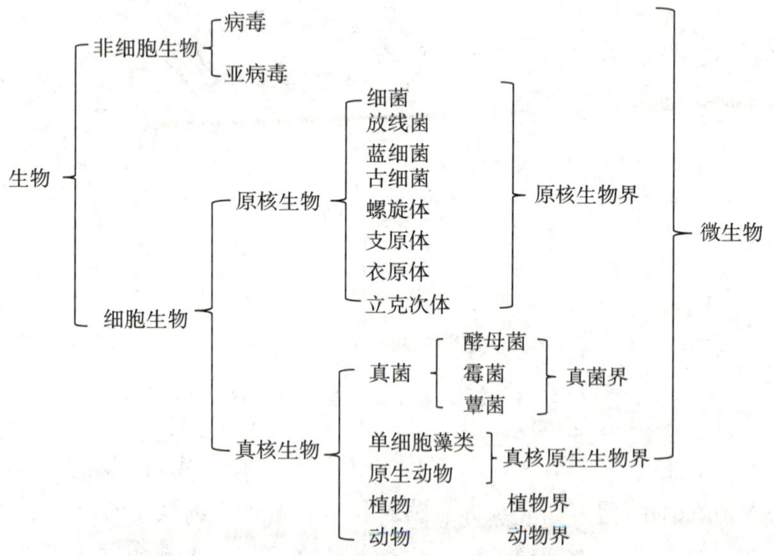

图 1-2 生物分类概况及微生物在生物界的地位

2. 微生物的细胞水平分类 按照有无细胞结构以及细胞进化程度的差异，可将微生物分为三种类型：原核细胞型微生物、真核细胞型微生物和非细胞型微生物。

(1) 原核细胞型微生物　由单细胞组成，没有典型的细胞核，无核仁和核膜，仅有裸露的 DNA，不行有丝分裂，细胞器只有核糖体，70S 核糖体游离在细胞质中，细胞壁由肽聚糖组成。原核细胞型微生物有细菌、放线菌、蓝细菌、古细菌、螺旋体、支原体、衣原体和立克次体共八类。

(2) 真核细胞型微生物　大多数为多细胞，少数为单细胞，具有典型的细胞核结构，有核膜和核仁，多个染色体由 DNA 与组蛋白组成，有线粒体、内质网等细胞器，细胞行有丝分裂。细胞壁由纤维素、几丁质构成。真核细胞型微生物有真菌、原生动物和单细胞藻类。

原核细胞型微生物与真核细胞型微生物的区别如图 1－3 和表 1－2 所示。

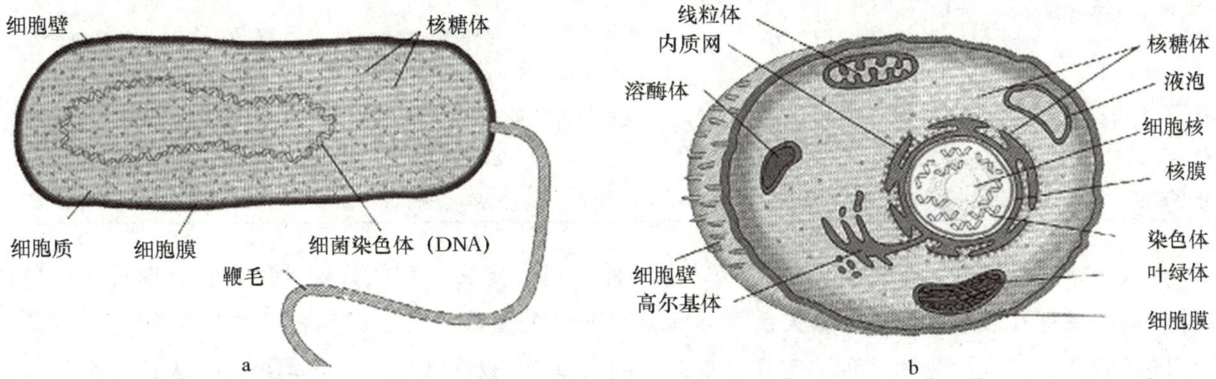

图 1－3　原核细胞型微生物与真核细胞型微生物的区别

a. 原核细胞型微生物；b. 真核细胞型微生物

表 1－2　原核生物与真核生物的区别

生物学特性		原核生物	真核生物
细胞结构	细胞核	无核膜、核仁，单个染色体，无组蛋白	有核膜、核仁，多条染色体，DNA 与组蛋白结合
	细胞壁	大多数含肽聚糖	无肽聚糖
	细胞膜	一般无甾醇	常含甾醇
	内膜	简单，有中介体	复杂，有内质网
	核糖体	70S（50S＋30S）	80S（细胞质），70S（线粒体）
	线粒体	无	有
	其他细胞器	无	多种
	鞭毛结构	简单	复杂（“9＋2”型）
遗传特性	细胞分裂方式	横二分裂	有丝分裂或减数分裂
	繁殖方式	横二分裂	无性或有性，方式多种
	遗传重组方式	接合、转化或转导	有性方式
生理生化	氧化磷酸化部位	细胞膜	线粒体
	固氮作用	有些有	无
	胞吞/胞吐作用	无	有

(3) 非细胞型微生物　无细胞结构，结构比原核生物更简单，包括病毒和亚病毒。病毒一般由蛋白质外壳和核酸基因组组成，仅含有 DNA 或 RNA 其中一种核酸。病毒的酶系统不完全，自身不能进行生长繁殖，必须寄生在活细胞内，以核酸复制方式增殖。

3. 微生物的分类单元　微生物的分类单位由上而下依次为域、界、门、纲、目、科、属和种。每个分类单位之间还可设中间类型，如亚界、亚门、亚纲等，种以下可分为亚种（subspecies、subsp. 或 ssp.）、变种（variety）、型（type）、菌株（strain）。表 1－3 中以大肠埃希菌、灰色链霉菌和酿酒酵母为例，说明微生物的各分类单元。

表 1-3 微生物的分类单元示例

分类单元	大肠埃希菌	灰色链霉菌	酿酒酵母
域	细菌域（Bacteria）	细菌域（Bacteria）	真核生物域（Eukarya）
界	原核生物界（Procaryotae）	原核生物界（Procaryotae）	真菌界（Fungi）
门	变形细菌门（Protebacterium）	厚壁菌门（Tenericutes）	真菌门（Eumycota）
亚门	—	—	子囊菌亚门（Ascomycotina）
纲	γ-变形细菌纲（Gammaproteobacteria）	枝形细菌纲（Thallobacteria）	半子囊菌纲（Hemiascomycetes）
目	肠杆菌目（Enterobacteriales）	放线菌目（Actinomycetales）	内孢霉目（Endomycetales）
科	肠杆菌科（Enterobacteriaceae）	链霉菌科（Streptomycetaceae）	内孢霉科（endomycetaceae）
属	埃希菌属（*Escherichia*）	链霉菌属（*Streptomyces*）	酵母属（*Saccharomyces*）
种	大肠埃希菌（*E. coli*）	灰色链霉菌（*S. griseus*）	酿酒酵母（*S. cerevisiae*）
分类系统	《伯杰氏系统细菌学手册》	《伯杰氏系统细菌学手册》	《菌物词典》

种（species）是微生物最基本的分类单位。“种”可以定义为相似菌株的集合，该菌株集合应该与其他类群的菌株在表型特征、亲缘关系等方面存在明显的差异。关于微生物“种”的概念，虽然目前有不同的看法，但微生物的“种”都是客观存在的，具有相对稳定性。根据16S rRNA序列分析，同源性大于97%的两个原核微生物一般定义为同一个种。种内遗传特征关系密切，在表型上存在某些较小差异的称为亚种。型是亚种以下的分类单元，不是正式的分类等级，通常指亚种内具有某些相同或相似特性的菌株类群，如血清型、致病型等。菌株或品系是微生物学中广泛使用的一个术语，指由一个单细胞繁衍而来的或无性繁殖系中的一个微生物（或微生物群体）。从自然界分离纯化所得到的单个分离物的纯培养后代称为菌株。由于分离的地区、土壤、环境条件不同，同一菌种的不同菌株间在次要性状（如生化性状、代谢产物性状和产量性状等）上会有细微差异。

4. 微生物的分类系统 以下介绍原核生物分类系统和真菌分类系统。

（1）原核生物分类系统 对原核生物分类最全面、国际影响最大、最权威的是《伯杰氏鉴定细菌学手册》（*Bergey's Manual of Determinative Bacteriology*），该手册最初由美国宾夕法尼亚大学细菌学教授伯杰（D. H. Bergey，1860—1937）及其同事为细菌鉴定而编写，第1版出版于1923年。之后随着细菌分类学研究的深入和发展，编写队伍的进一步国际化和扩大化，手册内容不断扩充、修订和完善，相继于1925、1930、1934、1939、1948、1957、1974和1994年陆续出版了第2版至第9版。

从20世纪80年代初起，该手册组织国际上20多个国家的300多位专家合作编写了4卷本的新手册，书名改为《伯杰氏系统细菌学手册》（简称《伯杰氏手册》），并于1984—1989年间分4卷陆续出版。《伯杰氏手册》的第2版从2001年起分成5卷陆续发行（2001年出版第1卷，2005年第2卷，2007年第3~5卷）。第1卷：古菌、蓝细菌、光合细菌以及系统发育最早分支的细菌；第2卷：变形杆菌（属于革兰阴性真细菌类）；第3卷：低G+C含量的革兰阳性菌；第4卷：高G+C含量的革兰阳性菌（放线菌类）；第5卷：浮霉状菌、螺旋体、丝杆菌、拟杆菌、梭杆菌和衣原体等（属革兰阴性菌类）。《伯杰氏手册》把原核生物分为古菌域和细菌域，古菌域共包括2门9纲13目23科79属，共有289个种；细菌域包括25门34纲78目230科1227属，共有6740个种。因此，《伯杰氏手册》第2版所记载过的所有原核生物共有7029种。

（2）真菌分类系统 真菌是生物界中的一个大类，分布广泛，种类极多，有代表性的真菌分类系统有十余个。目前国际上最广泛使用的有两个：一是以英国出版的《菌物词典》（*Dictionary of the*

Fungi）（1973 年版，1979 年版）为代表的 Ainsworth 系统；二是以美国出版的《菌物学概论》（1979 年版）为代表的 Alexopoulos 系统。在我国，使用最广泛的是 Ainsworth 在第 6 版《菌物词典》（1971）和《真菌进展论文集》（1973）中提出的分类系统（表 1－4），该系统采用 Whittaker（1969）的生物分类五界系统，将所有菌物（Mycetalia，即广义的 Fungi）归于真菌界，并分为真菌门（Eumycota）和黏菌门（Myxomycota）2 个门；而真菌门又分为 5 个亚门，即鞭毛菌亚门（Mastigomycotina）、接合菌亚门（Zygomycotina）、子囊菌亚门（Ascomycotina）、担子菌亚门（Basidiomycotina）和半知菌亚门（Deuteromycotina）。

第 10 版《菌物词典》出版于 2008 年（表 1－4），该版将原来广义的真菌分为真菌界（Fungi）、假菌界（Chromists）和原生动物界（Protozoa）。真菌界包括 6 个门，子囊菌门（Ascomycota）、担子菌门（Basidiomycota）、壶菌门（Chytridiomycota）、球囊菌门（Glomeromycota）、微孢子门（Microsporidia）和接合菌门（Zygomycota），共 36 纲 140 目 560 科 8283 属 97861 种。其中，子囊菌门有 15 纲 68 目 327 科 6355 属 64163 种，是真菌中已知种类最多的门。

表 1－4 目前国内外常用的真菌分类系统

Ainsworth（1971，1973）	Alexopoulos&. Mims（1979）	*Dictionary of the Fungi*（10th，2008）
真菌界（Fungi）	真菌界（Fungi）	原生动物界（Protozoa）
黏菌门（Myxomycota）	裸菌门（Gymnomycota）	根肿菌支系
真菌门（Eumycota）	集胞裸菌亚门	Copromyxida 支系
鞭毛菌亚门（Mastigomycotina）	原质体裸菌亚门	Fonticulida 支系
接合菌亚门（Zygomycotina）	鞭毛菌门（Mastigomycota）	Heterolobosea 支系
子囊菌亚门（Ascomycotina）	单鞭毛菌亚门（Haplomastigomycotina）	Ramicristates 支系
担子菌亚门（Basidiomycotina）	双鞭毛菌亚门（Diplomastigomycotina）	假菌界（Chromists）
半知菌亚门（Deuteromycotina）	无鞭毛菌门（Amastigomycota）	丝壶菌门（Hyphochitriomycota）
	接合菌亚门（Zygomycotina）	网黏菌门（Labyrinthulomycota）
	子囊菌亚门（Ascomycotina）	卵菌门（Oomycota）
	担子菌亚门（Basidiomycotina）	真菌界（Fungi）
	半知菌亚门（Deuteromycotina）	微孢子门（Microsporidia）
		壶菌门（Chytridiomycota）
		球囊菌门（Glomeromycota）
		接合菌门（Zygomycota）
		子囊菌门（Ascomycota）
		担子菌门（Basidiomycota）

（二）微生物的分类、鉴定方法

微生物的分类和鉴定是一项基础性工作，其基本工作流程是：首先获得被分类或鉴定微生物的纯培养物，再根据分类鉴定手册或文献资料，拟定并测试一系列必要的分类鉴定指标，最后对照查找权威分类系统，确定被分类或鉴定微生物的具体分类单元或地位。

微生物的分类是在对微生物的大量分类指标进行鉴定和综合分析的基础上进行的。用作微生物分类的指标有形态学、生理生化、免疫学和遗传学等方面的性状。根据目前使用的技术和方法，微生物分类、鉴定方法可分成四个不同的水平，分别是细胞形态和习性水平，细胞组分水平，蛋白质水平和核酸水平。现将微生物分类、鉴定方法指标分为四个水平见表 1－5。

表 1-5 微生物分类、鉴定的主要指标及方法

水平	分类鉴定、指标及技术方法
细胞形态和习性水平	指标：形态特征，运动性，酶反应，营养要求和生长条件，代谢特性，致病性，抗原性，生态学特性等经典指标。方法：以常规传统方法为主
细胞组分水平	指标：细胞壁、脂类、醌类、光合色素等成分。方法：除常规方法外，还使用气相色谱、液相色谱、红外光谱、质谱分析等现代技术
蛋白质水平	指标：特定蛋白质的氨基酸序列、电泳行为、各种血清学反应等。方法：氨基酸序列分析、凝胶电泳、免疫标记等现代技术
核酸水平	指标：G+C 的摩尔分数的测定，核酸分子杂交（DNA 与 DNA 或 DNA 与 RNA），16S rRNA 或 18S rRNA 序列分析，特殊基因的转化、漂移，重要基因的序列分析或全基因组测序等。方法：液相或固相 DNA 杂交技术、基因的 PCR 扩增技术、基因序列的测定分析技术等

在微生物分类学发展的早期，主要的分类鉴定指标是基于细胞形态和习性水平，称经典的分类鉴定法。后三种水平是在 20 世纪 60 年代后才发展起来的，主要分类鉴定法有化学分类法、数值分类法、遗传分类法等，称现代的分类鉴定方法。这些方法的形成发展，不但为微生物的分类奠定了坚实的基础，同时也为微生物的准确鉴定提供了科学依据。

（三）微生物的命名

微生物可以用俗名和学名表示。俗名是一个国家或地区使用的普通名称，如把引起人结核病的细菌称为“结核杆菌”。俗名简单易懂，记忆方便，但是表达不够准确，使用范围存在地区性限制，不便于国际交流。因此，微生物需要用国际公认并通用的学名来表示。学名是微生物的科学名称，它是按照“国际命名法规”进行命名，并受国际学术界公认的通用正式名称。学名的表示方法一般分为双名法和三名法两种。

1. 双名法 最初由瑞典分类学家林奈（Carl Linnaeus）提出，指一个物种的学名由属名（generic name）和种名加词（specific epithet）两部分组成。属名首字母需大写，斜体印刷，它表示该微生物的主要特征；种名加词字母一律小写，斜体印刷，它表示该微生物的次要特征。出现在分类文献中的学名，有的在上述两部分之后还加写 3 项内容，即首次定名人（正体字，置于括号内），现定名人（正体字）和现名的定名年份。如枯草芽孢杆菌（简称枯草杆菌）的学名为 *Bacillus subtilis*（Ehrenberg）Cohn 1872，大肠埃希菌（也称大肠杆菌）的学名为 *Escherichia coli*（Migula）Castellani & Chalmers 1919。一般情况下，后面的首次定名人、现定名人和现定名年份可以省略。

学名 = 属名（首字母大写）+种名加词 +（首次定名人）+现定名人 + 现定名年份
斜体字　　　　　　　　　　　　正体字（一般省略）

有时在对某个或某些分离物进行分类鉴定时，属名已肯定，但种名加词由于种种原因而一时尚难确定，这时就可在属名后暂时用“sp.”（正体，species 单数的缩写）或者“spp.”（正体，species 复数的缩写）的方式来解决。例如 *Methanobrevibacter* sp. 表示一个尚未确定其种名的甲烷短杆菌物种；而 *Methanobreibacter* spp. 表示尚未定种名的甲烷短杆菌物种，如果是新种，则要在新种学名之后加“sp. nov.”（其中 sp. 为物种 species 的缩写；nov. 为 nova 的缩写，新的意思）。例如当初我国学者自行筛选到的谷氨酸发酵新菌种——北京棒杆菌，学名写为“*Corynebacterium pekinense* sp. nov.”。

2. 三名法 当某种微生物是一个亚种（subspecies，简称“subsp.”）或变种（variety，简称“var.”）时，学名就应按三名法拼写。属名和种名加词的书写原则与双名法相同；subsp 和 var 排成正体，亚种和变种加词排成斜体。即：

学名 = 属名 + 种名加词 + 符号 subsp. 或 var. + 亚种或变种名的加词
斜体字　　　　　　正体字　　　　　　斜体字

例如：*Alcaligenes denitrificans* subsp. *xylosoxydans*（反硝化产碱杆菌氧化木糖亚种）；*Saccharomyces cerevisiae var. ellipsoideus*（酿酒酵母椭圆变种）。

四、微生物与人类的关系 微课3

微生物在地球上无处不在，无孔不入，与人类的关系十分密切。对人类有益的微生物是人类的朋友，而对人类有害的则是人类的敌人。我们深入了解和认识微生物的目的是趋利除弊，让微生物更好地造福人类。

（一）微生物是人类的朋友

1. 微生物是自然界物质循环的关键环节　在生物圈内的物质循环过程中，异养微生物是有机物分解（矿化）作用的主体。微生物分解地球上的动植物残体和各种有机物，保证了自然界中的各类元素及物质可以周而复始地循环利用。微生物对生态系统乃至整个生物圈的能量流动、物质循环发挥着独特且不可替代的作用。没有微生物，就没有我们今天五彩缤纷的世界。

2. 微生物有益于人体健康　人体肠道中存在着大量微生物，如大肠埃希菌、产气杆菌、变形菌、粪产碱菌、产气荚膜梭菌、乳酸杆菌等，称人体肠道正常菌群。身体的正常菌群是人及动物健康的重要保障：它们组成生理屏障，对其他微生物有生物拮抗作用，通过生态竞争排阻、抑制外来致病菌；它们帮助消化、提供必需的营养物质，如合成维生素 B_2、维生素 B_{12}、维生素 K 等多种维生素以及氨基酸（天冬氨酸、丙氨酸等）以供人体吸收利用；正常菌群的抗原刺激还可以使宿主产生免疫，产生的免疫分子可在一定程度上抑制或杀灭具有交叉抗原组分的致病菌，某些诱发的自身免疫过程具有抑癌等作用。此外，归属高等真菌的食用菌，如灵芝、猴头菇、虫草菌、金针菇、香菇、灰树花等，味道鲜美，营养丰富，能增强人体免疫力，有一定防病治病的药效，已被国内外医学专家所公认。

3. 微生物对工业、农业、医药、科研等领域具有重要贡献　微生物涉及食品、制药、冶金、采矿、饲料、肥料、环保等多种行业。微生物可以为我们提供很多有用的物质，如有机酸、酶、各种药物、疫苗、面包、奶酪、啤酒、酱油等。有些特殊微生物能参与冶金、采矿等生产过程，大量微生物还被发现在环境污染治理中具有独特作用。微生物对生命科学基础研究具有突出贡献，如在 DNA 功能的阐明、中心法则的提出、遗传工程的成功及人类基因组计划实施中都发挥着关键作用。

（二）微生物是人类的敌人

1. 微生物导致人类疾病　微生物对人类最重要的影响之一是导致传染病的流行，如鼠疫、肺结核、艾滋病、流行性感冒、乙型肝炎、疯牛病、严重急性呼吸综合征（SARS）、新型冠状病毒感染等。

2. 微生物导致腐败变质　各种工业器材，如金属、仪表、电讯器材、绝缘材料和纺织品等，它们含有一些可被微生物利用的成分，会受到微生物的侵蚀，从而老化变质。各种农产品和食品等含有丰富的养分，是微生物的天然培养基，如果保藏不当，会因为微生物的过度繁殖引起腐败变质。

由此可见，微生物不只是人类的敌人，更是人类的朋友。微生物是一把名副其实的“双刃剑”，我们应该一分为二地客观看待微生物与人类的关系。对人类有害的微生物，我们要想办法进行控制和预防；对人类有益的微生物，我们要充分进行开发利用，更好地为我们服务。这也正是我们学习微生物学这门课程的目的所在。

五、微生物发展简史 微课4

（一）经验阶段（史前期）（约 8000 年前至 1676 年）

早在人类发现微生物之前，其实就已经在利用微生物了。这一时期虽然并未真正认识到微生物的存在，但却凭实践经验进行了大量利用微生物的有益活动，属于典型的“知其然，不知其所以然”的状态。我国在应用微生物方面有着悠久的历史和丰富的经验。例如，8000 年前已有曲蘖酿酒的记载，4000 年前“龙山文化”时期酿酒已很普遍，而埃及在 2000 年前才有酿造葡萄酒的记载。用微生物方法制酱、酿醋也为我国首创。3000 年前（周朝）酱油已相当发达，2500 年前（春秋战国时期）开始酿醋，公元 6 世纪（北魏时期）贾思勰《齐民要术》就详细记载了酿造酱油需接种“黄衣”（黄曲霉的孢子）和制酢（酿醋）的 33 种方法。公元前 1 世纪，西汉农学专著《胜之书》记载肥田要用熟粪、瓜与小豆轮作等；《齐民要术》也详细记载了豆类和谷类作物的轮作制。相比之下，1730 年英国才施行“Norfolk rotation（诺福克轮作制）”，比中国晚 1000 多年。公元 998—1022 年，宋真宗时期《医宗金鉴》就有用鼻苗法种人痘的记载，16 世纪中叶（明朝隆庆年间）种人痘法广为流传，后经土耳其传至欧洲，比 1796 年英国琴那（Edward Jenner）医师采用接种牛痘预防天花的方法早 800 年。公元 1034 年（宋仁宗时期），许申就以“胆水浸铜”，采用细菌浸出法炼铜；而 1670 年西班牙里奥廷托（Rio Tinto）被誉为细菌炼铜的创始人，比许申“胆水浸铜”晚 600 多年。在应用微生物方面，大量的史实充分证实了“中国是世界文明发达最早的国家之一”。

（二）形态学描述阶段（初创期）（1676—1861）

真正第一个看到并描述微生物的人是荷兰的安东·列文虎克（Anthony van Leeuwenhoek，1632—1723）（图 1－4），他一生制作了 400 多架显微镜，最大放大倍数可达 200～300 倍。他用自制的显微镜观察雨水、污水、血液、牙垢、腐败了的物质等，找到了许多称为“animalcules”（微动体）的微小生物。从 1676 年起，列文虎克先后给英国皇家学会写了 376 封信，描绘了镜下微小生物的种种形态和活动方式（图 1－5）。列文虎克是第一个发现微生物的人，被称为“微生物学的先驱者”。由于他的划时代贡献，列文虎克于 1680 年当选为英国皇家学会会员。此后，对微生物的研究停滞了一段时期，主要是因为没有放大倍数更高的显微镜。另外，当时人们对微生物的研究仅停留在形态描述上，没有对微生物的生理活动进行研究。

图 1－4　列文虎克（1632—1723）

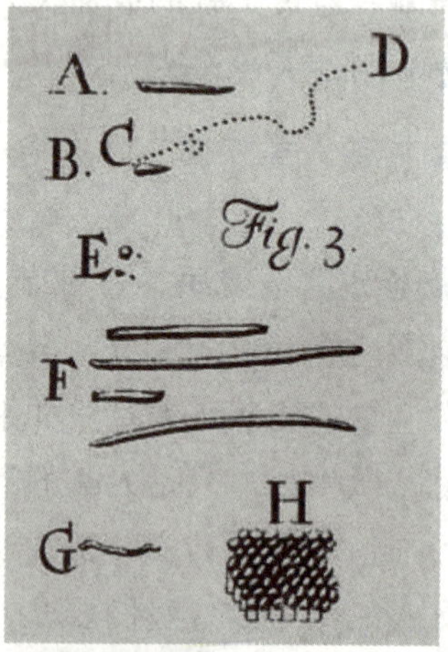

图 1－5　列文虎克的微生物画（出版于 1684 年）

（三）生理水平研究阶段（奠基期）（1861—1897）

微生物学作为一门学科，是在 19 世纪中期才发展起来的。19 世纪 60 年代，在欧洲一些国家占有重要经济地位的酿酒工业和蚕丝业，出现了酒变质和蚕病危害等问题，促进了对微生物的研究。当时，以法国巴斯德（Louis Pasteur，1822—1895）和德国科赫（Robert Koch，1843—1910）为代表的科学家们研究了微生物的生理活动，并与生产和预防疾病联系起来，为微生物学奠定了理论和技术基础。

1. 巴斯德 通过大量研究，巴斯德（图1-6）发现未变质的陈年葡萄酒和啤酒中有一种圆球状的酵母细胞，而变质的酒中有一根根细棍似的乳酸杆菌，正是它们使得酒质变酸。他通过反复试验，终于找到了简便而有效的解决牛奶、酒类等变质的消毒方法，即时至今日仍一直使用的巴氏消毒法（62.8℃ 30分钟或72℃ 15秒）。

图1-6 巴斯德（1822—1895）

巴斯德还用曲颈瓶实验彻底地否定了统治长久的微生物"自然发生学说"。该学说认为一切生物是自然发生的，可以从一些没有生命的材料中产生。巴斯德设计了具有细长弯曲的长颈的玻璃瓶，内装有机物浸汁，将浸汁煮沸灭菌后，瓶口虽然开放，但不会腐败。这是由于空气虽能进入玻璃瓶，但其中所含有的微小生物不能从弯曲的细管进入瓶内，而附着在管壁上。一旦将瓶颈打破，或将瓶内的浸汁倾湿管壁再倒回去，则瓶内浸汁才有了微生物而腐败（图1-7）。这个实验证明了空气中含有微生物，可引起有机质的腐败，从而否定了"自然发生学说"。

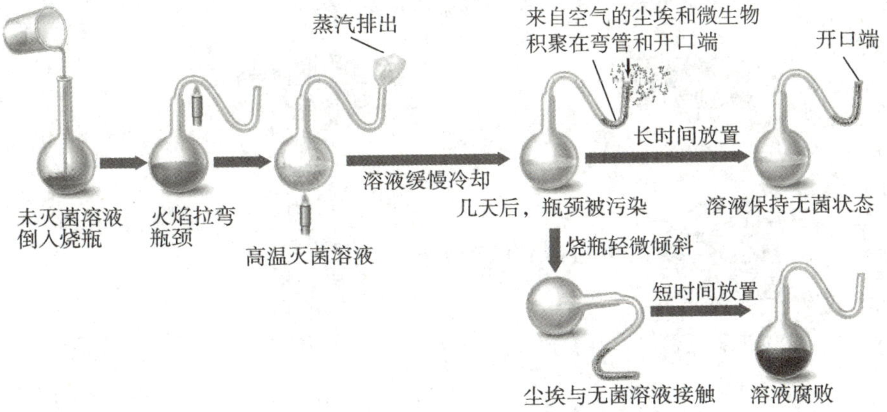

图1-7 巴斯德的曲颈瓶实验

随后，巴斯德又对蚕病进行研究，发现蚕病是由微生物导致的一种传染病，并找到了预防方法，从而遏止了蚕业病害的蔓延。此外，巴斯德还证明鸡霍乱、炭疽病、狂犬病等都是由相应微生物引起，发明并使用了狂犬病疫苗。巴斯德为微生物学的发展建立了不朽的功勋，被誉为"微生物学之父"。

2. 科赫 是在微生物学生理水平研究阶段另一位做出杰出贡献的科学家（图1-8）。他本是德国的一位乡村医生，由于对传染病的兴趣而开始对微生物进行探索。科赫被誉为"细菌学之父"，在病原菌的研究和细菌的分离培养等方面有突出的贡献。

（1）发明固体培养基，首创固体培养基分离、纯化微生物的方法 利用自创的"细菌纯种培养技术"，科赫先后分离、纯化了炭疽芽孢杆菌（1877）、结核分枝杆菌（1882）、链球菌（1882）、霍乱弧菌（1883）等微生物。

图 1－8 科赫（1843—1910）

（2）确证病原菌与疾病的相关性，提出了著名的“科赫法则”（Koch′s postulates）” 即证明某种微生物是否为某一疾病病原体所必须具备的条件（图 1－9）。“科赫法则”的要点是：①在所有的患者（人或动、植物）和病患部位都能发现这种病原体；②能把这种病原体从受感染部位分离出来，并得到病原体的纯培养；③将纯培养接种到健康的个体中能引起相应的病，表现出同一病害症状；④能从因接种而患病的个体中，分离获得与接种菌相同的病原体。在这一法则的指导下，大量的病原微生物被发现，使得应用药物针对性地控制和治疗由病原微生物引起的疾病成为可能。

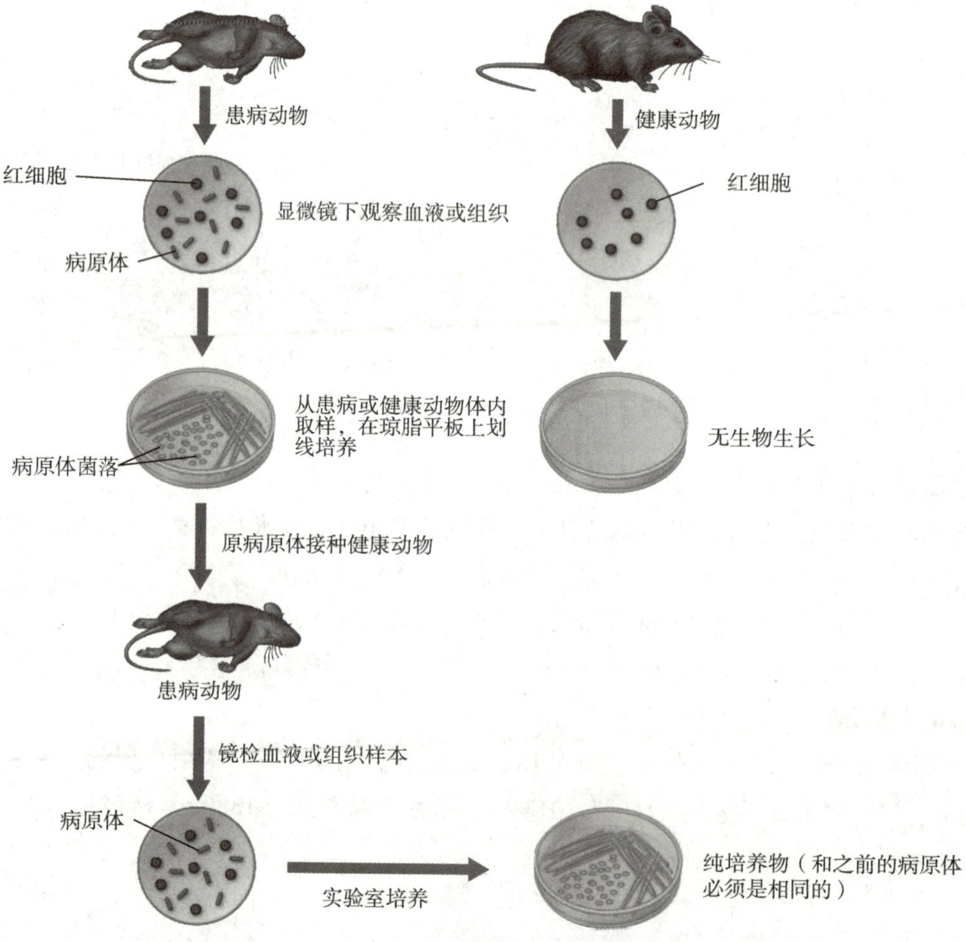

图 1－9 科赫法则示意图

（3）创立了细菌染色法 在研究肺结核病的过程中，科赫发现，由于病原细菌个体微小、通体透明，在光学显微镜下很难观察清楚。他采用苯胺染料给菌体染色，使菌体与视野形成明显的反差，这样一来，菌体就便于观察了。科赫还是世界上第一个给细菌鞭毛染色的人。

细菌染色法、固体培养基技术和微生物分离纯化技术，是科赫在微生物研究技术上的三大发明。除此之外，科赫还用血清培养基人工培养结核分枝杆菌，将这种培养获得的结核分枝杆菌人工接种到豚鼠体内，引起了肺结核，至此，完全证实了结核分枝杆菌是这种传染病的病原。由于在肺结核研究方面的特殊贡献，科赫于1905年获得诺贝尔生理学或医学奖。

（四）生化水平研究阶段（发展期）（1897—1953）

19世纪后期到20世纪初期是微生物学全面发展的时期。

1897年，德国的布赫那（Edward Büchner，1860—1917）用酵母菌无细胞滤液进行乙醇发酵取得成功，建立了现代酶学，开创了微生物生化水平研究的新时代。

俄国微生物学家维诺格拉德斯基（Serge Winogradsky，1856—1953）发现在土壤中存在一类化能自养菌，它们只需氧化无机物就可以存活。他还着重研究了在温泉中生活的一种硫细菌，证明这种细菌能将H_2S氧化成S，并在菌体内积累硫颗粒。其后他还研究了铁细菌和硝化细菌，这不仅丰富了细菌的种类，而且揭示了新的一类代谢类型。

荷兰微生物学家拜耶林克（Martinus Willem Beijerinck，1851—1931）提出了自养型微生物和土壤中微生物的研究方法，奠定了土壤微生物学基础。

1929年，英国细菌学家弗莱明（Alexander Fleming，1885—1955）在培养葡萄球菌的实验中发现了青霉素。后来，美国的弗洛里（Howard Florey）和柴恩（Ernst Chain）提纯了青霉素，用于治疗革兰阳性菌所引起的疾病，从而挽救了无数患者的生命。抗生素的发现及其在疾病治疗上的应用具有划时代的意义。随后，科学家们纷纷从微生物中寻找抗生素。后来，氯霉素、四环素、金霉素等一系列抗生素被发现，为治疗和预防传染性疾病做出了重大贡献。

（五）分子生物学水平研究阶段（成熟期）（1953年至今）

20世纪30年代以来，由于电子显微镜和同位素示踪技术的运用，人们将微生物学、生物化学、遗传学、细胞生物学、生物物理学和计算机科学综合起来，在分子水平开展研究，形成了现代微生物学的新分支——分子微生物学。

1953年，沃森（J. D. Watson）和克里克（F. H. Crick）借助微生物发现并证明了DNA的双螺旋结构，极大地促进了分子遗传学的发展，标志着分子生物学的诞生。1961年，法国生物学家雅各布（F. Jacob）和莫诺德（J. Monod）用实验证实了大肠埃希菌乳糖代谢的调节是由一套调节基因控制的，提出乳糖操纵子学说，建立了研究微生物代谢调控的基础。1965年，尼伦伯格（M. W. Nirenberg）借助大肠埃希菌破译了DNA碱基组成的三联密码，揭示了生物同一性的本质。此外，以微生物为模型，DNA复制机制、DNA分子杂交、DNA序列分析、蛋白质生物合成以及PCR技术等均以惊人的速度发展。微生物学促进了许多重大理论问题的突破，极大地推动了生命科学的发展。

六、微生物学及其分支学科

微生物学是一门在分子、细胞或群体水平研究微生物的形态结构、生理代谢、遗传变异、生态分布和分类进化等生命活动基本规律，并将其应用于工业发酵、医药卫生、生物工程和环境保护等实践领域的科学，目前已分化出大量的分支学科（图1-10）。

- 微生物学
  - 普通微生物学
    - 按微生物种类分：微生物分类学、细菌学、放线菌学、真菌学、病毒学、系统微生物学、厌氧菌生物学、古菌学等
    - 按生命活动规律分：微生物生理学、微生物遗传学、微生物生态学、微生物生物化学、分子微生物学、微生物基因组学等
    - 按生态环境分：环境微生物学、土壤微生物学、海洋微生物学、极端微生物学、微生态学等
  - 应用微生物学
    - 按应用领域分：工业微生物学、农业微生物学、食品微生物学、医学微生物学、病原微生物学、药用微生物学、抗生素学、流行病学、能源微生物学等
    - 按方法技术分：微生物学方法、实验微生物学、鉴定微生物学、检验微生物学、微生物数值分类学、分析微生物学等
  - 微生物学交叉学科：合成微生物学、微生物信息学、免疫生物学、化学微生物学、微生物地球化学、遗传工程、发酵工程、细菌冶金等

图1-10 微生物学及其分支学科

复习思考题

答案解析

1. 什么是微生物？微生物有哪些特点？
2. 你认为微生物最重要的特点是什么？为什么？
3. 按照有无细胞结构以及细胞进化程度的差异，可将微生物分为哪些类型？分别包括哪些微生物？
4. 微生物分类学的任务有哪些？
5. 微生物的界级分类学说是如何发展的？各学说间的核心区别在哪里？
6. 常用的微生物命名法有哪些？命名规则分别是什么？
7. 怎样辩证理解微生物与人类之间的关系？
8. 微生物学发展史如何分期？各期的时间、开创者和特点分别是什么？
9. 被誉为“微生物学的先驱者”的是哪位科学家？有何重要贡献？
10. 被誉为“微生物学之父”的是哪位科学家？有何重要贡献？
11. 被誉为“细菌学之父”的是哪位科学家？有何重要贡献？
12. 简述微生物学研究的新进展，说明微生物在工业、农业、医药、环境等领域中的应用。

书网融合……

本章小结　微课1　微课2　微课3　微课4　题库

第二章　原核微生物

PPT

学习目标

【知识要求】

1. 掌握　细菌的细胞结构、繁殖方式、菌落特征和实际应用。

2. 熟悉　放线菌的形态构造、菌落特征、繁殖方式和实际应用。

3. 了解　其他原核微生物的基本特征。

【技能要求】

能区分细菌和放线菌；能分析细菌的结构及功能；能根据细菌特征指导疾病防范和合理用药。

【素质要求】

具备自我学习能力及一定的知识迁移能力，运用正确的学习策略和恰当的学习方法，获得良好的学习效果；培养良好的生活习惯和科学用药习惯；培养获取信息、语言表达、团队合作、社会交往等综合素质。

微生物依据进化水平和各种性状上的明显差别，可分为原核微生物（prokaryotic microorganism）、真核微生物（eukaryotic microorganism）和非细胞型微生物（acellular microorganism）三大类群。从本章起，将分三章分别介绍它们的形态、构造和功能。

原核微生物是指一大类没有核膜和复杂的内部细胞器，仅有一个裸露 DNA 分子原始核区（nuclear region）的原始单细胞微生物，与真核微生物不同，原核微生物主要包含真细菌和古生菌两大类群，真细菌主要是指细菌、放线菌、蓝细菌、支原体、立克次体、衣原体和螺旋体等。

知识链接

可生产再生能源的细菌

细菌是杰出的“化学家”，它们不但能制造强大的抗癌药物，还能生产大量的可再生燃料。2020 年初，英国科学家斯克鲁顿团队的一项研究展示了细菌的发电潜能。许多细菌都含有一种成纤维细胞激活蛋白（简称 FAP，是一种具有催化作用的酶），他们对 FAP 进行了修饰，经修饰的 FAP 能通过发酵来分解人类食物残渣并产生丙烷气体，而丙烷气体可用作交通运输、家用取暖和烹饪的燃料。

另外，科学家还发现一种长在电活性细菌表面的导电鞭毛，将这些鞭毛从细菌表面刮落，并把它们夹在两片导板中间，利用湿度差直接从空气中获取电能，这个简单装置竟然就这样开始发电了。经过计算，科学家推测，如果“空气发电装置”的尺寸够大，其发电效率甚至可超过太阳能电池板，而且“空气发电装置”不依赖于光照，即使在夜晚也能稳定输出电能。

第一节 细 菌

细菌（bacteria）是一类个体微小、结构简单、具有细胞壁，并以二分裂方式进行繁殖的单细胞原核细胞型微生物。它是自然界中分布最广、数量最大，与人类关系极为密切的一类微生物。了解细菌的形态、结构和生理等基本性状，对研究细菌的致病性和免疫性，以及鉴别细菌、诊断和防治细菌性感染等具有重要的理论和实践意义。

一、细菌的大小和形态 微课1

（一）细菌的大小

细菌（bacteria）个体一般都很小，必须借助光学显微镜才能观察到，因此细菌的大小通常要使用放在显微镜中的显微测微尺来测量。细菌的长度单位为微米（μm）。

不同种类细菌的大小不同，同一种类细菌的大小也可受菌龄和环境影响而有所差异。球菌的大小一般以其直径表示，大多数球菌的直径为 0.20 ~ 1.25μm。杆菌和螺旋菌的大小一般以其长度和宽度表示。常见杆菌的大小一般为（1.0 ~ 5.0）μm ×（0.5 ~ 1.0）μm。螺旋菌一般为（0.3 ~ 1.0）μm × 5.0μm，螺旋菌的长度是菌体两端点间的距离，而不是真正的长度。

（二）细菌的基本形态

虽然细菌种类很多，但就单个有机体而言，其基本形态可分为球状、杆状和螺旋状三种，分别称为球菌、杆菌和螺形菌。

1. 球菌（coccus） 细胞呈球形或近似球形，根据其繁殖时细胞分裂面的方向，以及分裂后菌体之间相互粘连的松紧程度和组合状态，可形成若干不同的排列方式（图 2 – 1），在分类鉴定上具有重要意义。

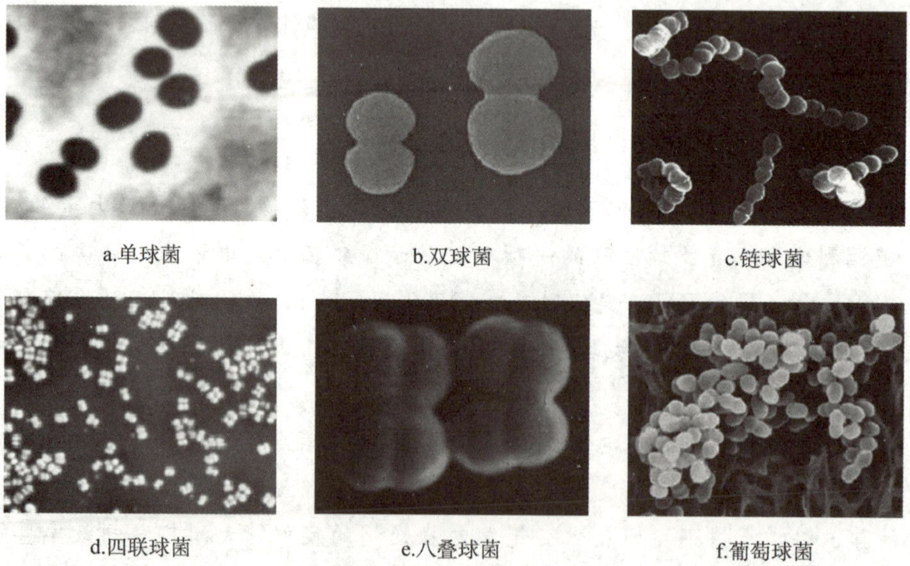

图 2 – 1 球菌的排列方式

（1）单球菌（single coccus） 分裂后的细胞分散而单独存在，如尿素微球菌（*Micrococcus ureae*）。

（2）双球菌（diplococcus）　在一个平面上分裂，分裂后的两个子细胞成对排列，如肺炎链球菌（*Diplococcus pneumoniae*）。

（3）四联球菌（tetrad）　在两个相互垂直的平面上分裂，分裂后的四个子细胞呈正方形排列，如四联微球菌（*Micrococcus tetragenus*）。

（4）八叠球菌（*Sarcina*）　在三个相互垂直的平面上分裂，分裂后的八个子细胞呈立方体排列，如藤黄八叠球菌（*Sarcina ureae*）。

（5）链球菌（*Streptococcus*）　在一个平面上分裂，分裂后的子细胞粘连成链状，如溶血性链球菌（*Streptococcus hemolyticus*）。

（6）葡萄球菌（*Staphylococcus*）　在多个不规则的平面上分裂，分裂后的子细胞堆积成葡萄串状，如金黄色葡萄球菌（*Staphylococcus aureus*）。

2. 杆菌（bacillus）　细胞呈杆状或球杆状，在细菌中，杆菌种类最多。杆菌形态多样（图2－2），有长宽相近的短杆菌或球杆菌，如产谷氨酸短杆菌（*Brevibacterium glutamigenes*）；长宽相差较大的长杆或棒杆状，如枯草芽孢杆菌（*Bacillus subtilis*）。不同杆菌的端部形态各异，多数杆菌两端呈钝圆形，如大肠埃希菌（*Escherichia coli*）；少数为平齐呈竹节状，如炭疽芽孢杆菌（*Bacillus anthracis*）；有些尖细似梭状或末端膨大呈棒状，如破伤风梭菌（*Clostridium tetani*）（图2－3）、谷氨酸棒状杆菌（*Corynebacterium glutamicum*）。杆菌两端的不同形状，常作为鉴别菌种的依据之一。另外还有些杆菌可以产生芽孢，称芽孢杆菌，而不产生芽孢的亦称为无芽孢杆菌。生产中用到的细菌大多数是杆菌，例如用来生产谷氨酸的谷氨酸北京棒杆菌（*Corynebacterium pekinense*）、生产淀粉酶与蛋白酶的枯草芽孢杆菌（*Bacillus subtilis*）、乳品工业中的保加利亚乳杆菌（*Lactobacillus bulgaricus*）等。

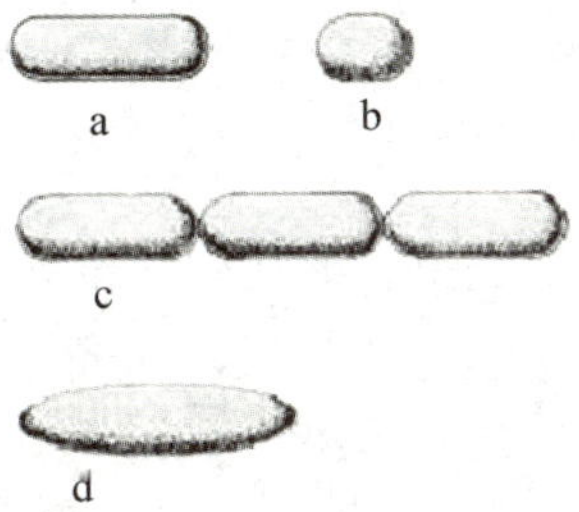

图2－2　杆菌的排列方式

a. 典型杆菌；b. 球杆菌；c. 链杆菌；d. 梭杆菌

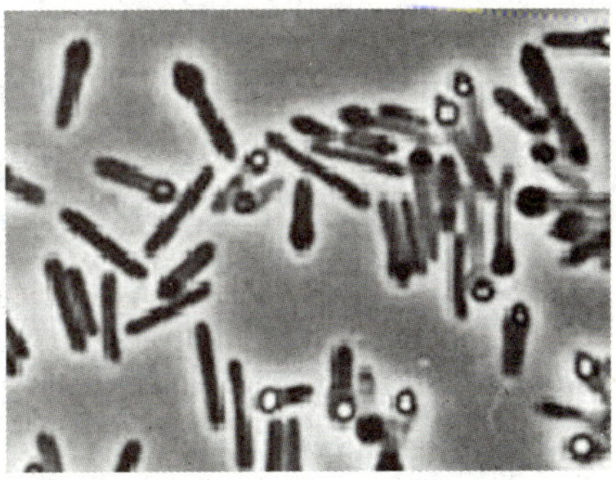

图2－3　破伤风梭菌标本片

3. 螺形菌（spirillar bacterium）　细胞呈弯曲状，按其弯曲程度的不同分为两大类（图2－4）。

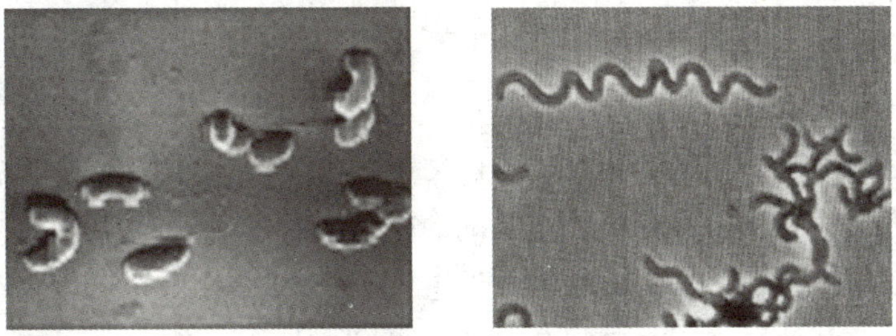

a　　b

图2－4　螺形菌的形态

a. 弧菌；b. 螺菌

（1）弧菌（*Vibrio*）　菌体只有一个弯曲，呈弧状或逗点状，如霍乱弧菌（*Vibrio cholera*）。

（2）螺菌（*Spirillum*）　菌体有数个弯曲，呈螺旋状，如红色螺菌。

细菌的形态受环境因素的影响很大，如培养温度、培养时间、培养基成分和浓度、pH 等。细菌在不适宜的环境中生长或培养时间过长，其基本形态往往发生变化，出现梨形、气球形、丝状等不规则形态，称多形性。由环境条件改变而引起的多形性是暂时的，将细菌转移到合适的环境后，它又能恢复原来的形态。因此，在观察细菌大小和形态时，必须掌握好细菌培养的时间。

二、细菌细胞的一般结构和功能 微课 2

细菌的结构对细菌的生存、致病性和免疫性等均有一定作用。细菌细胞结构主要分为一般结构和特殊结构两部分。由于细菌个体微小，研究细菌一般结构可采用染色法在光学显微镜下观察；而对其超微结构，则需采用超薄切片、电子显微镜、细胞化学等新技术。细菌细胞的模式结构见图 2－5。

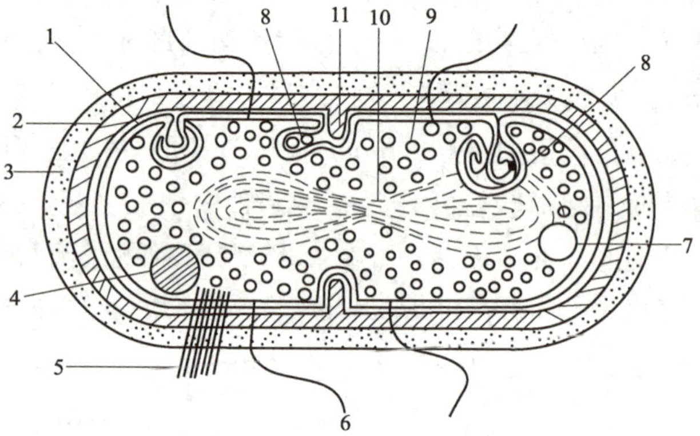

图 2－5　细菌细胞模式结构图

1. 细胞质膜；2. 细胞壁；3. 荚膜；4. 异染颗粒；5. 菌毛；6. 鞭毛；7. 脂质颗粒；8. 中介体；9. 核糖体；10. 核质；11. 横隔壁

细菌的一般结构是所有细菌都具有的细胞结构，包括细胞壁、细胞膜、细胞质、核质及细胞质内的内含物等，是细菌维持细胞正常生理功能所必须具备的结构。

（一）细胞壁（cell wall）

细胞壁是包围在细胞表面，内侧紧贴细胞膜的一层较为坚韧、略具弹性的结构，占细胞干重的 10%～25%。利用特殊的染色法在光学显微镜下或直接利用电镜可观察到细菌的细胞壁。

细菌细胞壁的主要成分为肽聚糖（peptidoglycan），又称黏质复合物（mucocomplex）、胞壁质（murein），该成分是原核细胞型微生物所特有的；此外，还含有磷壁酸、外膜层等特殊成分。由于不同细菌细胞壁的结构组成不同，用革兰染色法可将细菌分成革兰阳性菌（G^+）和革兰阴性菌（G^-）两大类。

1. 革兰阳性菌细胞壁　较厚，20～80nm，其在化学组成上是由致密的肽聚糖层和磷壁酸组成（图 2－6）。其中肽聚糖含量相对较高，占细胞壁干重的 50%～80%。

（1）肽聚糖　以最典型的金黄色葡萄球菌为代表，其肽聚糖结构如图 2－7 所示。革兰阳性菌的肽聚糖是由若干肽聚糖单体聚合而成的多层网状结构大分子化合物。每一个肽聚糖单体含有三种组分：*N*－乙酰葡糖胺（*N*－acetylgluco samine，NAG）、*N*－乙酰胞壁酸（*N*－acetylmuramic acid，NAM）和四肽链。*N*－乙酰葡糖胺与 *N*－乙酰胞壁酸交替排列，通过 β－1,4 糖苷键连接成聚糖链骨架。四肽链则是通

过一个酰胺键与 N－乙酰胞壁酸相连，肽聚糖单体聚合成肽聚糖大分子时，主要是两条不同聚糖链骨架上与 N－乙酰胞壁酸相连的两条相邻四肽链间相互交联。不同种类细菌的肽聚糖的聚糖链骨架基本是相同的，不同的是四肽链氨基酸的组成以及两条四肽链间的交联方式。

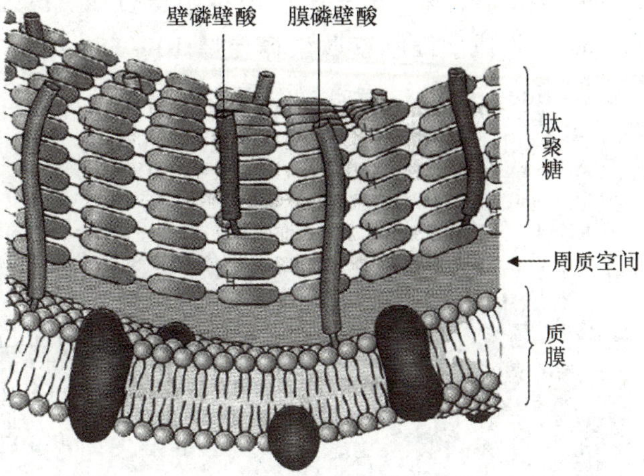

图 2－6　革兰阳性菌细胞壁结构示意图

革兰阳性菌如金黄色葡萄球菌的四肽链是 L－丙氨酸－D－谷氨酸－L－赖氨酸－D－丙氨酸，二条四肽链间通过五聚甘氨酸肽桥链而间接交联；肽桥的一头连接 L－赖氨酸，另一头连接着另一条四肽链的 D－丙氨酸，交联度高，从而形成紧密编织、质地坚硬和机械性强度很大的多层三维空间网格结构（图 2－8）。

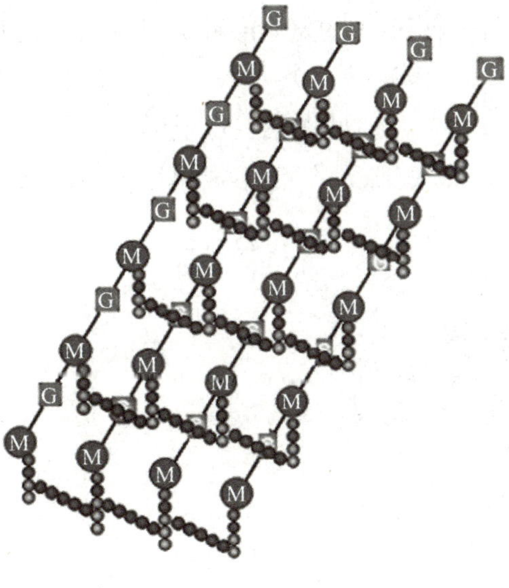

图 2－7　革兰阳性菌（金黄色葡萄球菌）肽聚糖结构示意图

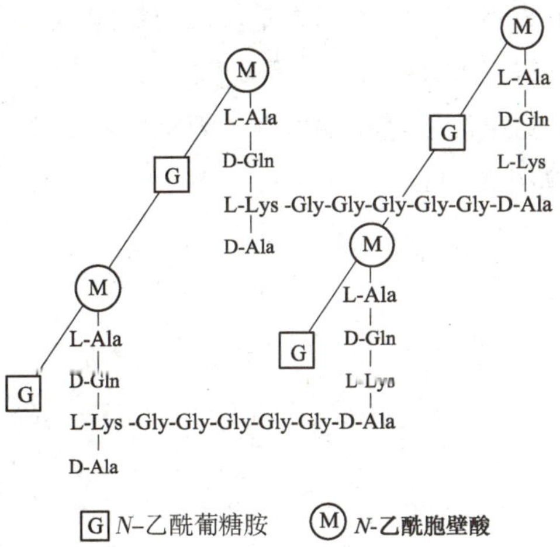

图 2－8　革兰阳性菌（金黄色葡萄球菌）肽聚糖交联方式

（2）磷壁酸　又称垣酸或菌壁酸，是革兰阳性菌细胞壁所特有的化学组分，一般占细胞壁干重的10% 左右，有时可达 50%，由几十个分子组成的长链穿插于肽聚糖中，主要成分为甘油磷酸或核糖醇磷酸。它有两种类型，一为壁磷壁酸，与肽聚糖的 N－乙酰胞壁酸相结合，其含量会随培养基成分而变化；二为膜磷壁酸，与细胞膜中的磷脂相连。两种磷壁酸的另一端均伸到肽聚糖的表面。

磷壁酸的主要功能：①磷壁酸带负电性，吸附高浓度的 Mg^{2+} 离子，有利于维持细胞膜的完整性和提高细胞壁合成酶的活性；②调节细胞内自溶素的活力，防止细胞自溶而死亡；③革兰阳性菌表面抗原的主要成分，可用于菌种鉴定；④作为某些噬菌体的吸附受体，与噬菌体感染有关；⑤增强某些病原菌（如 A 组链球菌）对宿主细胞的粘连，避免被白细胞吞噬，与其致病性有关。

2. 革兰阴性菌细胞壁 结构和化学组成与革兰阳性菌细胞壁有显著的差异，它是由薄而疏松的肽聚糖层和外膜层（outer membrane）组成。细胞壁肽聚糖层厚 10 ~ 15nm，占细胞壁干重的 5% ~ 20%；外膜层则由脂多糖（lipopolysaccharide，LPS）、脂质双层和脂蛋白等组成，如图 2 – 9 所示。

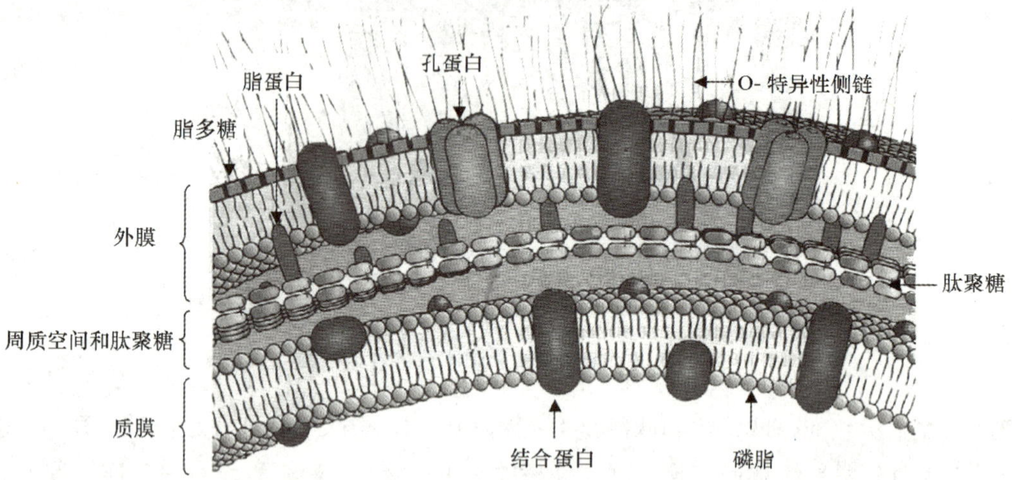

图 2 – 9　革兰阴性菌细胞壁结构

（1）肽聚糖层　以大肠埃希菌为代表（图 2 – 10），它的肽聚糖含量低、肽聚糖层薄（1 ~ 3 层）、结构疏松。其结构单体与革兰阳性菌基本相同，差别仅在于它们短肽上的氨基酸种类以及两条短肽相联结的方式不同：①大肠埃希菌肽聚糖肽链中的四个氨基酸是 L – 丙氨酸、D – 谷氨酸、内消旋二氨基庚二酸（m – DAP）及 D – 丙氨酸；②短肽侧链的交联不需要肽桥，一股肽链第三位上的二氨基庚二酸与相邻的另一股肽链末端的 D – 丙氨酸相连接。由于没有肽桥，交联度低，只能形成单层平面网格的二维结构（图 2 – 11）。

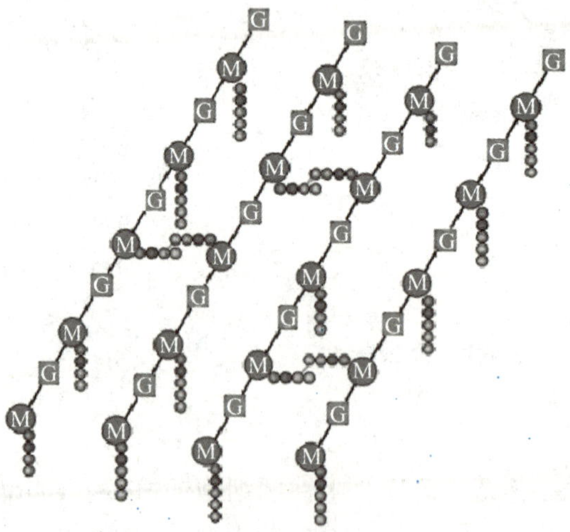

图 2 – 10　革兰阴性菌（大肠埃希菌）肽聚糖结构示意图

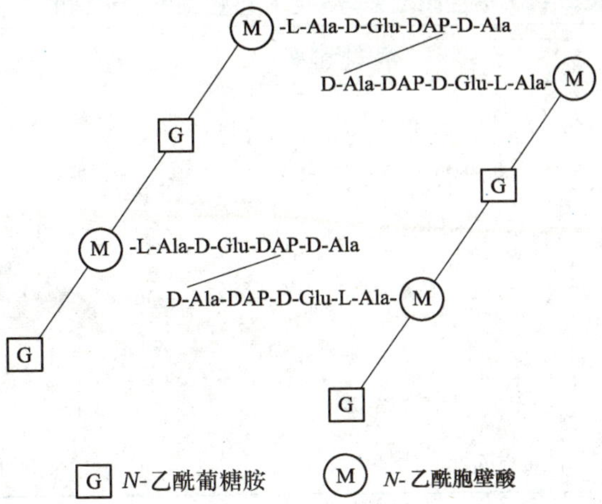

图 2－11　革兰阴性菌（大肠埃希菌）肽聚糖交联方式

（2）外膜层　位于肽聚糖层外部，主要由 LPS、脂质双层、脂蛋白组成。外膜是革兰阴性菌的一层保护性屏障，可阻止或减缓抗体、其他有害物质侵入，也可阻止细胞成分外流。①脂多糖：是革兰阴性菌细胞壁的特有成分，其化学组成因种不同而有差异，它由 O－特异性多糖、核心多糖和类脂 A 三部分组成（图 2－12）。O－特异性多糖向外，由若干个低聚糖的重复单位组成，由于具有抗原性，故又称 O－抗原或菌体抗原。不同种或型的细菌，O－特异性多糖的组成和结构（如多糖的种类和序列）均有变化，构成了各自的特异性抗原，因此具有种的特异性。核心多糖由庚糖、半乳糖、2－酮基－3－脱氧辛酸组成，所有革兰阴性菌都有此结构，故具有属特异性。类脂 A 是一种糖磷脂，由氨基葡萄糖、脂肪酸和磷酸组成，它是革兰阴性菌内毒素的毒性中心。各种革兰阴性菌的类脂 A，其结构类似，无种属特异性。②脂质双层：与细胞膜的结构类似。③脂蛋白：由类脂质和蛋白质组成，其脂质部分连接在脂质双层的磷脂上，蛋白部分连接在肽聚糖的侧链上，使外膜和肽聚糖构成一个整体。

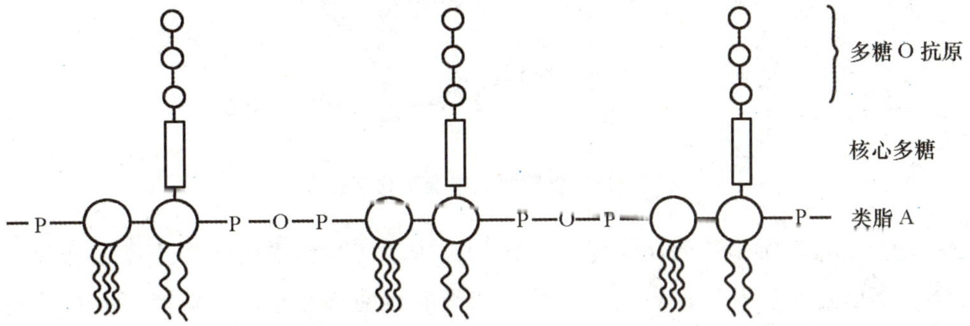

图 2－12　脂多糖的结构示意图

（3）周质空间（periplasmic space）　又称壁膜空间，指革兰阴性菌细胞壁与细胞质膜之间的狭窄空间。其中含有多种周质蛋白，如碱性蛋白酶、磷脂酶等。这些酶对细菌的营养吸收、核酸代谢、趋化性和抗药性等常有重要作用。

综上所述，革兰阳性菌与革兰阴性菌细胞壁的结构和组成存在较大的差异，见表 2－1。

表 2-1 革兰阳性菌与革兰阴性菌细胞壁结构的比较

特征	革兰阳性菌	革兰阴性菌
强度	较坚韧	较疏松
厚度	厚，20~80nm	薄，5~10nm
肽聚糖层数	多，可达 50 层	少，1~3 层
肽聚糖含量	多，可占细胞壁干重的 50%~80%	少，占细胞壁干重的 5%~20%
磷壁酸	+	-
外膜	-	+
结构	三维空间（立体结构）	二维空间（平面结构）

3. 作用于细菌细胞壁的抗生素及酶 由于肽聚糖是细菌细胞壁的主要成分，凡能破坏肽聚糖结构或抑制其合成的物质，都能损伤细胞壁而杀死细菌。如溶菌酶能水解肽聚糖中 *N*-乙酰葡糖胺与 *N*-乙酰胞壁酸之间的 β-1,4糖苷键，破坏肽聚糖骨架，致使细菌裂解。许多抗生素抑菌或杀菌的原因，也是它们作用于肽聚糖合成的某个阶段。例如青霉素的作用是抑制肽聚糖合成最后阶段的转肽作用，青霉素是肽聚糖单体五肽尾末端的 D-丙氨酰-D-丙氨酸的结构类似物，两者竞争转肽酶的活力中心，转肽酶一旦被青霉素结合，前后两个肽聚糖单体间无法形成肽桥，造成细胞壁缺损，细菌因不能形成完整的细胞壁而裂解死亡。革兰阴性菌外膜的通透屏障作用使青霉素不易达到它的作用靶位，从而使革兰阴性菌对青霉素不敏感（图 2-13）。此外，头孢菌素也作用于五肽桥形成阶段；环丝氨酸、磷霉素作用于聚糖支架合成阶段；万古霉素、杆菌肽则作用于四肽链形成阶段。由于人和动物的细胞均无细胞壁结构和肽聚糖，这类抗菌药物对人和动物的细胞均无毒性。

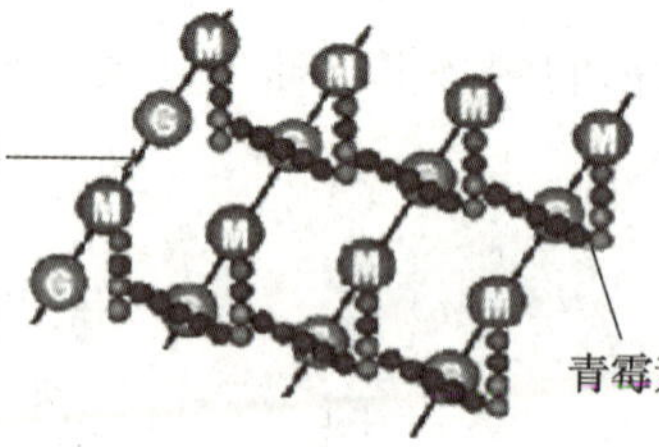

图 2-13 青霉素、溶菌酶作用位点

4. 细胞壁的功能 细菌细胞壁的功能为：①保护细胞，使其免受由于渗透压改变而引起的细胞破裂；②维持菌体基本形态；③为细胞的生长、分裂和鞭毛运动所必需；④阻挡有害物质进入细胞。此外，细菌细胞壁还与细菌致病性、抗原性和对某些药物及噬菌体的敏感性有关。

5. 细胞壁缺陷型细菌 细胞壁对细菌非常重要，但经自然界长期进化、自发突变或者用溶菌酶处理细胞或者在培养基中加入青霉素、甘氨酸或丝裂霉素 C 等因子，可使细菌失去细胞壁成为缺陷细菌，通常包括原生质体、原生质球和 L 型细菌。

（1）原生质体（protoplast） 指在人工条件下，用溶菌酶完全水解或通过青霉素阻止其细胞壁的正常合成而获得的仅有细胞膜包裹的原球状结构。一般由革兰阳性菌在高渗环境中形成。原生质体由于没有坚韧的细胞壁，任何形态的菌体均呈球形。原生质体对环境条件很敏感，而且特别脆弱，渗透压、振荡、离心甚至通气等因素都易引起其破裂。

（2）原生质球（Spheroplast） 又称球状体或原球体，指在人工条件下，用溶菌酶部分水解或用青霉素不完全抑制细胞壁形成后，所获得的仍带有部分细胞壁的原球状结构。一般由革兰阴性菌在高渗环境中形成。原生质球细胞壁肽聚糖虽被除去，但外壁层中脂多糖、脂蛋白仍然保留，外壁的结构尚存。故原生质球较原生质体对外界环境具一定抗性，并能在普通培养基上生长。

（3）L－型细菌（bacterial L－form）　指细菌在实验室培养过程中通过自发突变而产生的遗传性状稳定的细胞壁缺陷菌株。它最先被英国 Lister 医学研究院发现，故而得名。

上述三种细胞壁缺陷型细菌的共同特征是对环境因素的影响非常敏感，其对环境的敏感度为：原生质体＞原生质球＞L 型细菌。原生质体和原生质球比正常细菌更易于导入外源性遗传物质，因而是遗传育种和进行细胞融合的基础研究材料。

（二）细胞膜（cell membrane）

细胞膜又称为细胞质膜（cytoplasmic membrane），是紧靠在细胞壁内侧的一层柔软而富有弹性的半透性薄膜，厚约 8nm，占细胞干重的 10% 左右。细胞膜的化学成分主要为磷脂（20% ~30%）、蛋白质（50% ~70%）和少量的多糖。组成细胞膜的骨架结构成分为磷脂分子，它由磷酸、甘油和脂肪酸及含氮碱基组成，它既具有疏水性的非极性基团，又具有亲水性的极性基团，它在水溶液中很容易形成具有高度定向性的双分子层，相互平行排列，亲水的极性基朝外，疏水的非极性基朝内，这样就形成了膜的基本骨架（图 2－14）。细胞膜中的蛋白质则不同程度地贯穿或镶嵌在双层磷脂分子之间，并可以在磷脂双分子层中做侧向运动，由此组成具有一定流动性的膜结构，这就是 Singer 在 1972 年提出的所谓“流动镶嵌学说”。

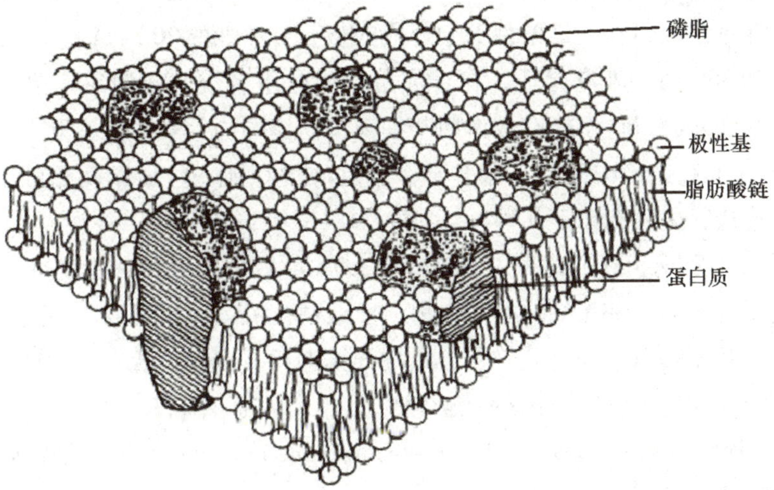

图 2－14　细菌细胞膜模式结构图

由于细菌细胞内没有行使独立功能的细胞器，其细胞膜具有非常重要的生理功能：①控制细胞内、外的物质（营养物质和代谢废物）的运送、交换；②维持细胞内正常渗透压的屏障作用；③作为合成细胞壁各种组分（LPS、肽聚糖、磷壁酸）和荚膜等大分子的场所；④作为进行氧化磷酸化或光合磷酸化的产能基地；⑤传递信息。

某些细菌的细胞膜内陷形成一种管状、层状或囊状结构，称间体（mesosome），又称中体或中介体（图 2－15），它与细胞壁的合成、核质分裂、细胞呼吸以及芽孢形成有关。中介体由于具有类似真核细胞线粒体的作用，又称拟线粒体。

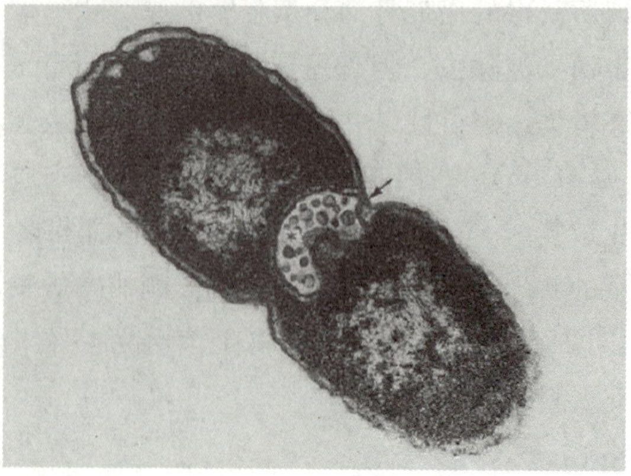

图 2-15 细菌的中介体

（三）细胞质（cytoplasm）及内含物

细胞质是细胞膜包围的除核质外的全部物质。它无色透明，呈黏胶状，主要成分为水、蛋白质、核酸、脂类，也含有少量的糖和盐类。细胞质由于富含 RNA，在生长旺盛的幼龄菌中含量更高，因而细胞嗜碱性强。细胞质是细菌的内环境，含丰富的酶系统，是细菌蛋白质和酶类生物合成的重要场所。此外，细胞质内还含有核糖体、颗粒状内含物和气泡等物质。

1. 核糖体（ribosome） 亦称核蛋白体，是分散存在于细菌细胞质中的亚微颗粒，由 RNA 和蛋白质组成，细菌细胞中绝大部分（约 90%）的 RNA 存在于核糖体内。在电子显微镜下可见到细菌的核糖体由 50S 和 30S 两个亚基组成，在一定条件下聚合成完整、有活性的 70S 核糖体，用以合成蛋白质。真核细胞核糖体由 60S 和 30S 两个亚基组成，在合成蛋白质时组装成 80S 的活性单位，完成蛋白质的合成。由于两者组成上存在差异，许多能有效作用于细菌核糖体的抗生素对人体无害。

2. 颗粒状内含物（inclusion body） 很多细菌细胞质内存在一些显微镜下可见、形态相对较大的有机或无机的颗粒状构造，主要有以下几种。

（1）异染颗粒 最早发现于迂回螺菌（*Spirillum volutans*）中，故又称迂回体。异染颗粒是以无机偏磷酸盐聚合物为主要成分的一种无机磷的贮备物。异染颗粒嗜碱性或嗜中性较强，用蓝色染料（如甲苯胺蓝或甲烯蓝）染色后不呈蓝色而呈紫红色，故称异染颗粒。白喉棒状杆菌和结核分枝杆菌细胞中都有比较典型的异染颗粒，在菌种鉴定中具有一定意义。

（2）脂肪颗粒 由聚 β-羟基丁酸（poly-β-hydroxybutyic acid）组成，易被脂溶性染料如苏丹黑着色，是细菌碳源和能源性贮藏物。

（3）肝糖粒和淀粉粒 肝糖粒为糖原（glycogen），用稀碘液可染成红褐色，淀粉粒可用碘液染成深蓝色，它们均为细菌碳源和能源性贮藏物。

（4）磁小体 为趋磁细菌胞内合成的磁性纳米粒子，数目不等（2~20 颗），大小为 20~120nm，有立方体、立方八面体、子弹状、齿状、薄片状等多种形态，成分为 Fe_3O_4 或 Fe_3S_4，外有一层磷脂、蛋白质或糖蛋白膜包裹，无毒，一般沿细胞长轴排列成链，具有导向功能。

（5）羧酶体 又称羧化体，是存在于一些自养细菌细胞内的多角形或六角形内含物，大小与噬菌体相仿（约 10nm），内含 1,5-二磷酸核酮糖羧化酶，在自养细菌的 CO_2 固定中起着关键作用。

（四）核质（nuclear material）

细菌的细胞核没有核膜、核仁，没有固定形态，这是原核细胞型微生物和真核细胞型微生物的主要区别。细菌的核比较原始，故一般细菌的核称为原始形态的核（primitive form nucleus）或拟（类）核

(nucleoid)。细菌核物质的主要成分是 DNA，它实际上是与高等生物细胞核功能相似的核物质，故又称染色质体（chromatin body）或细菌染色体（bacteria chromosome）。细菌核物质比其周围的细胞质电子密度低，因而在电子显微镜下呈现透明的核区域（图 2－16），用高分辨率电镜可观察到细菌的核为丝状结构，这是 DNA 分子折叠缠绕的表现。细菌的核实际上是一个大型的环状双链 DNA 分子，其长度可大于 1mm，例如大肠埃希菌的细胞长约 2μm，而它的 DNA 丝的长度却是 1100～1400μm。细菌核质与其他生物细胞的细胞核一样，含有细胞生长繁殖所必需的遗传信息。

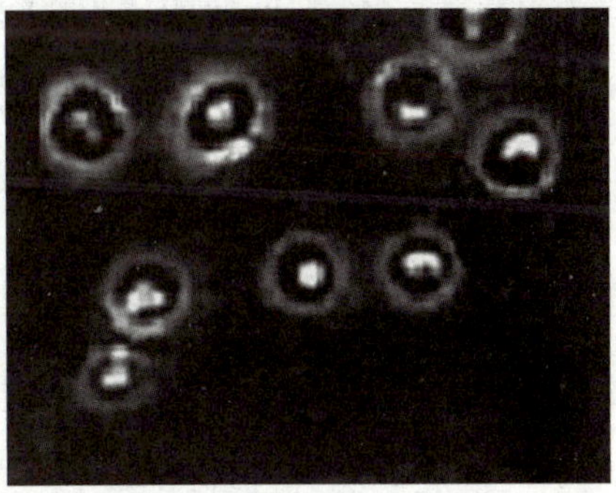

图 2－16 细菌的核质

质粒（plasmid）是细菌染色体外的遗传物质，又称附加体，实质为闭环双链 DNA 分子。质粒分子量较细菌染色体小，为 $(2\sim100)\times10^6$ Da，所携带的基因数也比染色体少，通常只有 1～200 个。质粒携带某些特殊的遗传基因，控制多种遗传性状，如致育性、抗药性、产生抗生素、降解某些化学物质等，但质粒对细菌的生存并不是必需的，它可在菌体内自行消失，也可经一定处理后从细菌中除去，但不影响细菌的生存。

三、细菌细胞的特殊结构和功能 微课 3

细菌的特殊结构是指某些细菌在一定条件下所特有的结构，具有某些特定的功能，如荚膜、芽孢、鞭毛、菌毛等。

（一）荚膜（capsule）

某些细菌在一定营养条件下可向细胞壁表面分泌一层松散透明、黏度极大的胶状物质，即为荚膜。根据荚膜在细胞表面存在的状况，可分为四种情况，如这些黏液性物质具有一定外形，厚度在 0.2μm 以上，并在光学显微镜下可观察到与其周边有明显界限，称荚膜或大荚膜（macrocapsule）；有些细菌的荚膜很薄（＜200nm），就称微荚膜（microcapsule）；如这些物质稀疏地附着，没有明显的边缘，而可扩散到周围环境中的，就称黏液层（slime layer）；多个细菌存在于一个共同的荚膜内，称菌胶团（zoogloea）。

荚膜本身不易着色，用负染色法使菌体和背景着色后，就可在光学显微镜下观察到菌体外围绕一层透明发亮的荚膜层（图 2－17）。荚膜的主要成分因菌种而异。细菌荚膜成分除 90% 的水分外，大多数细菌的荚膜由多糖组成，如肺炎链球菌；少数细菌的荚膜为多肽，如炭疽芽孢杆菌的荚膜为 D－谷氨酸的多肽。因此，荚膜对于细菌的鉴别和分型具有重要的作用。

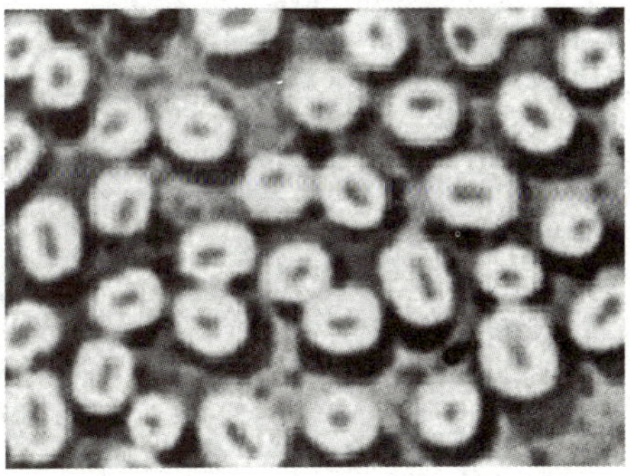

图 2－17 负染色法下的肺炎双球菌荚膜

荚膜的形成受遗传特性控制，但并非细菌细胞必不可少的结构，失去荚膜的细菌同样能正常生长，但可导致菌落特征发生变化。产荚膜的细菌菌落通常光滑透明，称光滑型（smooth，S 型）菌落；不产荚膜的细菌菌落表面干燥粗糙，称粗糙型（rough，R 型）菌落。条件发生改变可使两者之间发生转变。

荚膜的主要功能是保护细菌，一方面保护细菌免受干燥的影响；另一方面，对一些病原菌来说，荚膜能保护其免受吞噬细胞的吞噬和消化。因此，荚膜是构成细菌致病力的因素之一，细菌失去荚膜，其致病力就降低。另外，荚膜还具有贮藏养料的功能，以备营养缺乏时重新利用。

产荚膜细菌对人类既有利又有害。人们可以从肠膜明串珠菌的荚膜中提取葡聚糖，葡聚糖已被作为治疗失血性休克的血浆代用品。也可利用荚膜物质具有抗原性，对细菌进行分型、鉴定。另外，产荚膜细菌常给人类带来一定的危害，除了上述的致病性外，还常常使糖厂的糖液以及酒类、牛乳等饮料和面包等食品发黏变质，给制糖工业和食品工业等带来一定的损失。此外，有些细菌能借助荚膜牢固地黏附在牙齿表面，引起龋齿。

（二）芽孢（spore）

某些细菌在其生活史的一定阶段，于营养细胞内形成一个圆形或椭圆形，对不良环境有极强抗性的特殊结构，称芽孢，又称内生孢子（endopsore）。每个细菌细胞内一般只形成一个芽孢，而一个芽孢遇到适宜的环境条件也只能萌发产生一个营养细胞。因此，芽孢仅仅是芽孢细菌生活史中的一环，是细菌的休眠体，并不是繁殖体。

当产芽孢的细菌所处环境中营养物缺乏和代谢产物浓度过高时，就会引起细胞生长停止，进而形成芽孢。其形态变化过程分为7个时期：①DNA浓缩，形成束状染色质；②细胞膜内陷，细胞发生不对称分裂，其中小体积部分即为前芽孢（forespore）；③前芽孢的双层隔膜形成，这时芽孢的抗热性提高；④在上述两层隔膜间充填芽孢肽聚糖后，合成吡啶2,6－二羧酸钙（DPA－Ca），开始形成皮层，再经脱水，使折光率提高；⑤芽孢衣合成结束；⑥皮层合成完成，芽孢成熟，抗热性出现；⑦芽孢囊裂解，芽孢游离出来。以枯草芽孢杆菌（*Bucillus subtilis*）为例，芽孢形成过程约为8小时，其中约有200个基因参与。芽孢的形成过程见图2－18。

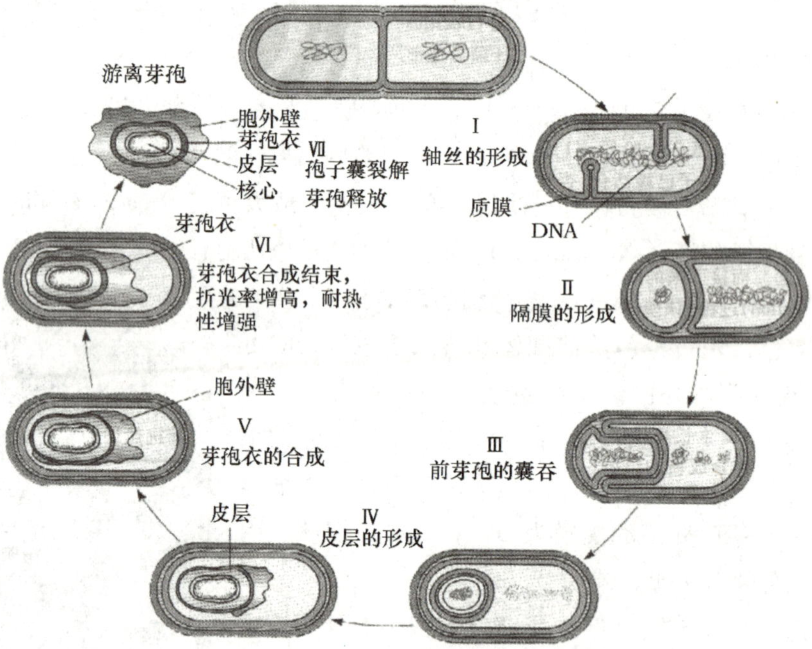

图2－18 芽孢的形成过程

生成芽孢的细菌多为杆菌，球菌和螺形菌仅少数种能产生芽孢。各种细菌芽孢着生的位置、形状、大小因菌种而异（图2－19），故在分类鉴定上有一定意义。如破伤风梭菌（*Clostridium tetani*），芽孢在菌体顶端，其直径比菌体大，呈鼓槌状；枯草芽孢杆菌（*Bacillus subtilis*），芽孢位于菌体的中央，卵圆形，比菌体小；丁酸梭菌（*Clostridium butyricum*），芽孢位于菌体的中央，椭圆形，比菌体大，呈两头小中间大的梭形。

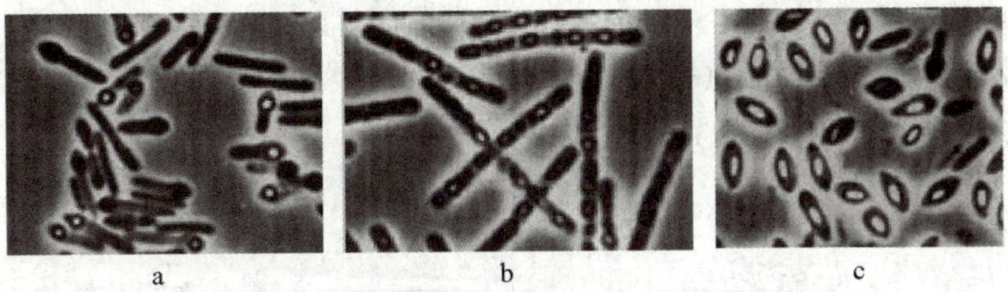

图 2-19　细菌芽孢的各种类型

a. 破伤风梭菌；b. 炭疽芽孢杆菌；c. 丁酸梭菌

芽孢具有厚而致密的壁和高度的折光性，一般染料不易着色，必须采用特殊的芽孢染色法，才能在光学显微镜下观察到菌体内的芽孢。利用电子显微镜，不仅可观察到芽孢的表面特征，还可观察到一个成熟的芽孢具有核心、皮层、芽孢衣、胞外壁等多层结构（图 2-20）。

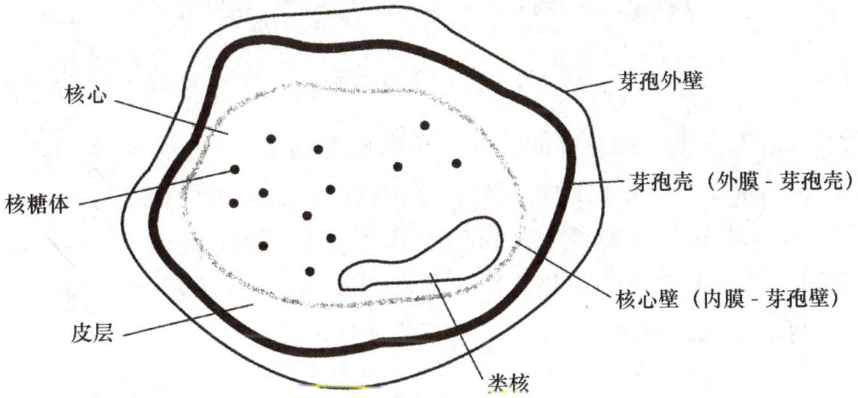

图 2-20　细菌芽孢的结构模式图

芽孢的形成需要一定的外界条件，这些条件因菌种而异。然而，芽孢一旦形成，则对热、干燥等恶劣环境条件均具有很强的抵抗能力。有的芽孢在一定条件下可保存几十年而不丧失其生活力。芽孢尤其能耐高温，如在沸水中，枯草芽孢杆菌的芽孢可存活 1 小时，破伤风梭菌的芽孢可存活 3 小时，而肉毒梭菌的芽孢则可忍受 6 小时以上，肉毒梭菌即使在 180℃ 的干热中仍可存活 10 分钟。除耐热外，芽孢也能抵抗低温，它在液氮温度（-190℃）中 6 个月仍能存活。芽孢对辐射、干燥和大多数化学杀菌剂也具有极大的抗性。芽孢之所以具有如此高度的抗逆性，与其结构及成分有关。芽孢含水量低，是由致密且厚的多层结构包裹成的坚实小体，故通透性差，化学消毒剂不易渗入。此外，芽孢含有 2,6-吡啶二羧酸（dipicolinic，DPA），此成分以钙盐形式存在，与芽孢耐热性有关。

芽孢在自然界分布广泛，因此要严防芽孢污染伤口、用具、敷料、手术器械等。芽孢对各种不良环境抵抗力强，用一般的方法不易将其杀死。目前杀灭芽孢最可靠的方法是高压蒸汽灭菌法。当进行消毒灭菌时，往往以芽孢是否被杀死作为判断灭菌效果的指标。

伴孢晶体（parasporal crystal）：芽孢杆菌属有些种如苏云金芽孢杆菌（*Bacillus thuringiensis*）在形成芽孢的同时，会在细胞内产生一颗菱形或双锥形的碱性蛋白晶体，称伴孢晶体。它主要对鳞翅目的昆虫有毒性，由于这种晶体毒素对人、畜毒性很低，国内外均以工业化方式大量生产菌剂，以杀死某些农业害虫。

（三）鞭毛（flagella）

某些细菌的细胞表面伸出细长、弯曲的丝状物，称鞭毛。其数目为 1～10 根，具有运动的功能。鞭毛细而长，其长度为菌体的若干倍，一般为 5～20μm，直径只有 10～20nm。因此，用光学显微镜必须采用特殊的鞭毛染色法，才能观察到细菌鞭毛，最直接的方法就是利用电子显微镜察（图 2－21）。

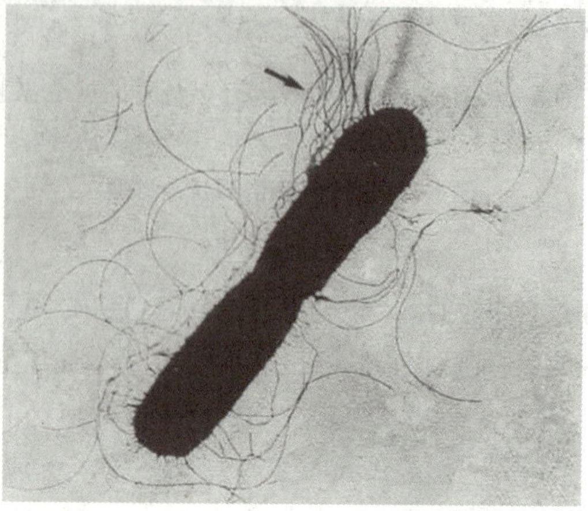

图 2－21　细菌鞭毛

细菌鞭毛的数目和着生位置是细菌种的特征。根据鞭毛的不同，大致可将细菌分为四类（图 2－22）。①单毛菌（monotrichaete）：在菌体的一端只生一根鞭毛，如霍乱弧菌（*Vibrio cholerae*）。②端毛菌（amphitrichaete）：菌体两端各具一根鞭毛，如鼠咬热螺旋体（*Spirochaet a morsusmuris*）。③丛毛菌（lophotrichaete）：菌体一端或两端生一束鞭毛，如铜绿假单胞菌（*Pseudomonas aeruginosa*）。④周毛菌（peritrichaete）：周身都有鞭毛，如大肠埃希菌、枯草芽孢杆菌等。

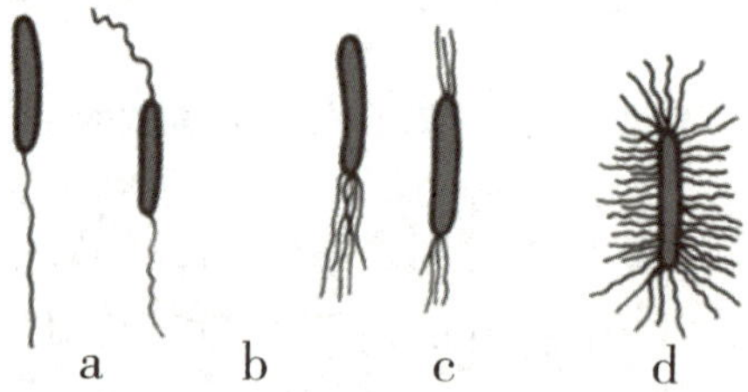

图 2－22　细菌的鞭毛示意图

a. 单毛菌；b. 端毛菌；c. 丛毛菌；d. 周毛菌

细菌鞭毛结构简单，主要由鞭毛丝（filament）、钩形鞘（hook）和基体（basalbody）组成（图 2－23）。

鞭毛丝伸出细胞表面，主要由鞭毛蛋白组成。钩形鞘连接鞭毛丝和基体。基体埋于细胞膜和细胞壁中。革兰阴性菌鞭毛的基体上有两对环，一对为 L 环和 P 环，与细胞壁的外壁层相连；另一对为 S 环和 M 环，与细胞膜相连。而革兰阳性菌鞭毛的基体上只有 S 环和 M 环。

鞭毛的化学组分主要是蛋白质，只含有少量的多糖或脂类。鞭毛蛋白具有很强的免疫原性，又称鞭毛抗原，各种细菌的鞭毛蛋白由于氨基酸组成的不同而导致鞭毛抗原特性上的差别，因而在细菌的分类、分型、鉴定上具有一定意义。

鞭毛与细菌的运动密切有关，菌体借助鞭毛的旋转运动实现其趋光性（phototaxis）、趋氧性（oxygenotaxis）和趋化性（chemotaxis）。周毛菌一般按直线慢而稳定地运动和旋转；而端毛菌运动较快，经过左右旋转由一个地方冲撞到另一个地方，其运动速率为 20～80pm/s，即每秒钟的移动距离为细胞长度的 10 倍以上，这比最快的动物还快。

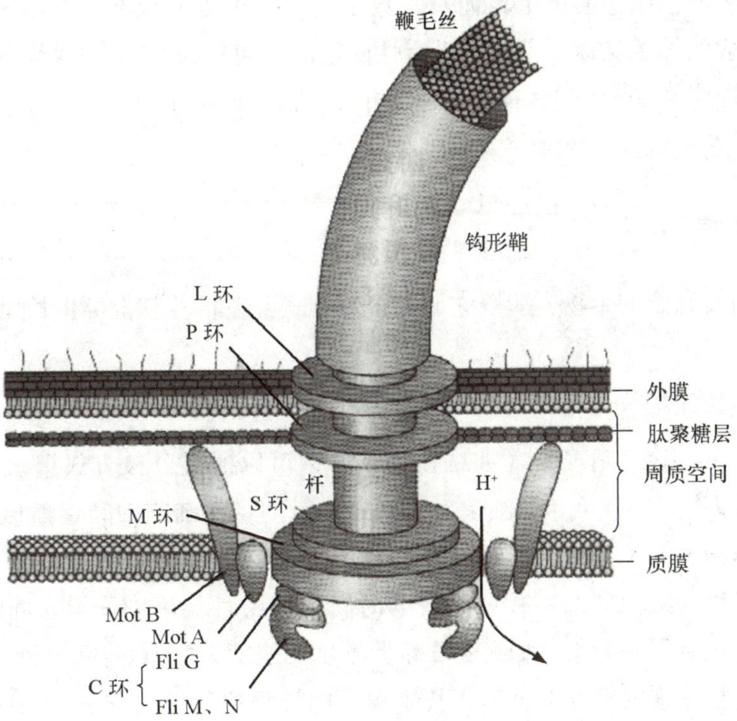

图 2-23 革兰阴性菌鞭毛结构示意图

某些细菌的鞭毛还与细菌的致病性有一定的关系，如空肠弯曲菌、霍乱弧菌等，由于鞭毛运动活泼，可帮助细菌穿透小肠黏膜表面覆盖的黏液层，有利于细菌黏附于小肠上皮细胞并产生毒性物质导致病变发生。

（四）菌毛（fimbria）

多数革兰阴性菌及少数革兰阳性菌的细胞表面有一些比鞭毛更细、较短而直硬的丝状物，称菌毛，亦称伞毛或纤毛。菌毛直径比鞭毛更小，所以必须用电子显微镜才能观察到。菌毛由菌毛蛋白组成，与鞭毛相似，但菌毛不具运动功能，所以也见于非运动的细菌中。根据形态、功能的不同，可将菌毛分为普通菌毛和性菌毛两种类型。

1. 普通菌毛（common pili） 短而直，周身分布，数目可达百根以上（图 2-24）。普通菌毛主要与细菌的黏附性有关，能与宿主细胞表面的相应受体结合，导致感染的发生。如大肠埃希菌的普通菌毛能黏附于肠道和下尿道黏膜上皮细胞，引发肠炎或尿道炎。无菌毛的细菌则易因黏膜细胞的纤毛运动、肠蠕动或尿液冲洗而被排除，失去菌毛，致病力亦随之丧失。因此，普通菌毛与细菌的致病性有关。

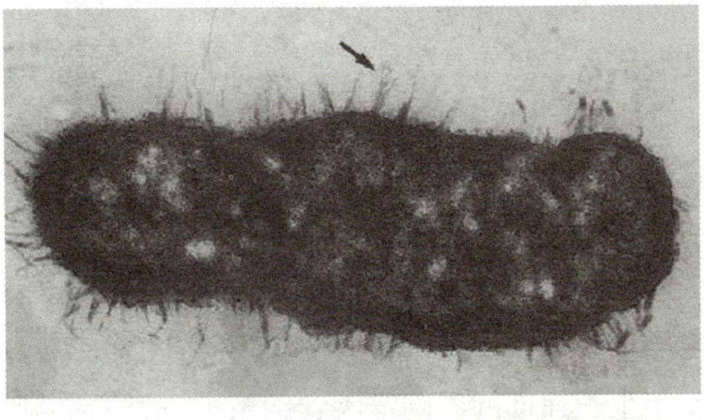

图 2-24 奇异变形杆菌菌毛电镜照片

2. 性菌毛（sex pili） 比普通菌毛粗而长，数量少，一个细胞仅具1～4根。性菌毛是在性质粒（F因子）的控制下形成的，故又称F菌毛。带有性菌毛的细菌称为F^+菌或雄性菌，无菌毛的细菌称为F^-菌或雌性菌。性菌毛能在细菌之间传递DNA，细菌的毒性及耐药性即可通过这种方式传递，这是某些肠道杆菌容易产生耐药性的原因之一。

四、细菌的繁殖

细菌是非常微小而又原始的生物，所以它们的繁殖方式及在培养基上的生长情况与高等动植物细胞有较大的差异。

（一）细菌个体生长繁殖

原核细胞型微生物中，除个别现象（如结核分枝杆菌可以通过分枝方式繁殖）外，一般所进行的繁殖为无性二分裂方式繁殖（裂殖）。即细菌生长到一定时期，在细胞中间逐渐形成横隔，由一个母细胞分裂成两个大小基本相等的子细胞。

细菌的繁殖速度极快，细菌繁殖一代所需要的时间随细菌种类不同而异，同时又受环境条件的影响。在上述各种条件满足时，一般细菌如大肠埃希菌繁殖的速度为每20～30分钟分裂一次，称为一代。接种于肉汤培养的细菌在适宜的温度下迅速生长繁殖，肉汤很快即可变浑浊，表明有细菌的大量生长。个别细菌如结核分枝杆菌分裂较慢，繁殖一代用时为18～20小时，故结核患者的标本培养需较长时间。

（二）细菌群体生长繁殖

细菌在液体培养基中的生长繁殖具有一定的规律性。描述细菌群体在整个培养期间的菌数变化规律的曲线，称生长曲线（growth curve）。按生长繁殖速率的不同，细菌生长曲线可分为4期：延滞期、指数期、稳定期和衰亡期（详见第七章第二节中“单细胞微生物的典型生长曲线”）。

五、细菌的培养和群体形态

（一）培养条件

细菌具有独立的生命活动能力，可从外界环境中摄取营养物质，合成自身组成成分并获得能量，进行新陈代谢和生长繁殖。人工培养细菌，不但要提供其生长所需的营养物质，还需要适宜的酸碱度、温度及一定的气体环境。

1. 充足的营养物质 是细菌新陈代谢及生长繁殖的物质基础，为细菌生长繁殖提供必需的原料和足够的能量。主要包括水分、碳源、氮源、无机元素和生长因子。在一定范围内，菌体细胞的生长繁殖速度与其营养物质的浓度成正比。

2. 合适的酸碱度 细菌生长繁殖有最适宜的pH和一定的pH适应范围。一般在pH 4.0～9.0之间都可生长。但大多数细菌最适宜的pH为6.8～7.4，在此范围内，细菌的酶活性强，生长繁殖速率快。少数种类细菌在偏酸或偏碱的情况下也能生长，如嗜酸乳杆菌的最适pH为5.8～6.6，而霍乱弧菌最适pH则为8.4～9.2。在适宜pH条件下，特别在含糖液体培养基中，细菌代谢旺盛，很快分解糖产生有机酸，降低了培养基中的pH，不利于细菌继续生长和代谢。因此，在配制培养基时，不仅要注意调节至合适的pH，还应加入适宜的缓冲物质，如磷酸盐、碳酸盐或有机物（如氨基酸）等。

3. 适宜的温度 温度对细菌生长速度的影响最大，细菌生长繁殖必须要有适宜的温度范围。根据对温度范围要求的不同，细菌可分为低温菌、中温菌和高温菌三类（表2－2），都有各自的最低、最适、最高生长温度范围。大多数细菌属于中温菌（最适温度为25～32℃），人体致病菌的最适温度为37℃。

表2－2 细菌生长的温度范围

细菌类型		最低温度范围	最适温度范围	最高温度范围	代表类型
低温菌		5～0℃	10～20℃	25～30℃	极地、冷藏物中的细菌
中温菌	室温菌	10～20℃	25～32℃	40～50℃	腐生菌
	体温菌	10～20℃	37℃	40～50℃	寄生病原菌
高温菌		25～45℃	50～55℃	70～80℃	温泉、堆肥中的细菌

4. 必要的气体环境 主要是O_2和CO_2。固氮菌能固定空气中的N_2。通常根据细菌生长与氧气的关系，将细菌分为好氧菌、兼性厌氧菌、微好氧菌、耐氧菌和厌氧菌五种类型（详见第七章第三节 影响微生物生长的主要因素）。

一般细菌在代谢过程中都需要微量的CO_2，主要是参与生成草酰乙酸以补偿中间代谢产物而进入三羧酸循环以及合成菌体中的许多重要化合物，如嘌呤、嘧啶和氨基酸。一般细菌在代谢过程中产生的CO_2即可满足需要，但有些细菌如脑膜炎奈瑟菌等在初次分离培养时，需要在5%～10% CO_2条件下才能生长。

（二）群体形态

将细菌接种在适宜培养基上，于一定条件下培养，就能看到细菌生长。因培养方法不同，其群体形态也不相同。

1. 在固体培养基上（内） 固体培养法常用于微生物分离、纯化、保存和计数等。微生物在固体培养基上的生长现象如下。①菌落：在固体培养基上，由单个微生物细胞繁殖而成的肉眼可见的集团，称菌落（colony）。理论上，一个菌落是由一个细菌繁殖而来，是同种的纯菌，故可用作纯种分离。同理，计数平板上生长的全部菌落数，可以计算出标本中单位体积中的活菌总数，常用单位体积中菌落形成单位（colony forming unit，CFU/ml）表示。在一定种类的平板固体培养基上，每一种细菌的菌落各有特点，如菌落的大小、形状、黏稠度、湿度、色泽、边缘形状、凸起或扁平、表面光滑或粗糙等都不尽相同，这些性状是鉴别细菌的重要依据之一（图2－25）。据细菌菌落表面特征的不同，可将菌落分为3型。A. 光滑型菌落（S型菌落）：菌落表面光滑、湿润、边缘整齐，新分离的细菌大多呈光滑型菌落。B. 粗糙型菌落（R型菌落）：菌落表面粗糙、干燥、呈皱纹或颗粒状，边缘大多不整齐。R型菌落多为S型细菌变异失去菌体表面多糖或蛋白质而形成。R型细菌抗原不完整，毒力和抗吞噬能力都比S型细菌弱。但也有少数细菌新分离的毒力株就是R型，如炭疽芽孢杆菌、结核分枝杆菌等。C. 黏液型细菌（M型菌落）：菌落黏稠、有光泽、似水珠样，多见于有厚荚膜或丰富黏液层的细菌、结核分枝杆菌等。②菌苔：在固体培养基上，形成的菌落没有分开，互相粘连在一起，密集如苔，称菌苔。

2. 在液体培养基上（内） 液体培养法常用于观察微生物的生长状况、检测生化反应及代谢产物或使细菌大量增殖。细菌在液体培养基中典型的生长现象有以下三种。①均匀浑浊：细菌分散在液体培养基中，清亮的培养基变得浑浊，是大多数兼性厌氧菌的生长现象。菌数越多，浊度越大，从而用比浊法可以估计细菌的数值。②液面菌膜：培养基表面有一层膜状物，这是专性需氧菌的生长形成的，如枯草芽孢杆菌。③沉淀生长：培养基底部见絮状或渣样沉淀，上部基本澄清，见于厌氧菌及少数呈链状生长的细菌，如炭疽芽孢杆菌在肉汤液体培养基中的生长。

3. 在半固体培养基上（内） 将细菌穿刺接种到半固体培养基中，经培养后，如是无动力的细菌，可见到细菌仅沿穿刺线呈清晰的线形生长，周围培养基仍透明澄清；如是有动力的细菌，则细菌沿穿刺线扩散生长，可见沿穿刺线呈羽毛状或云雾状，穿刺线模糊不清。因此，可通过细菌在半固体培养基上的生长现象来判断细菌是否有动力，进而断定有无鞭毛的存在，这是常用的鉴别细菌的方法之一。半固体培养法除用于观察细菌的运动能力外，也常用于菌种保存。

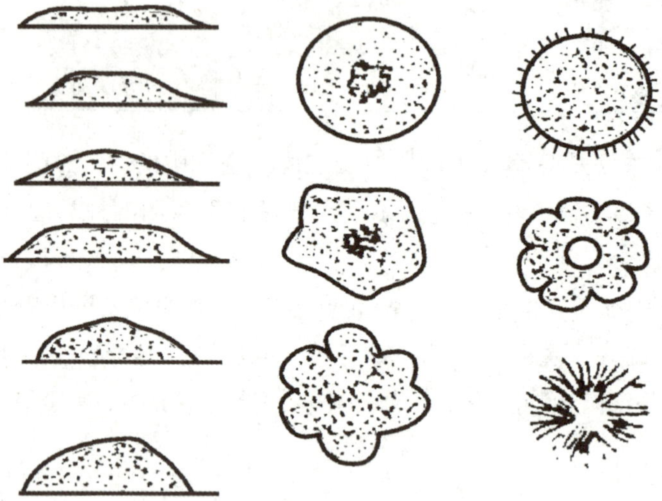

图 2－25 细菌菌落部分特征

六、细菌的感染与致病性

细菌的致病性（pathogenicity）是指细菌在宿主体内定居、增殖并引起疾病的性能。凡能引起人体或动物疾病的细菌，称致病菌或病原菌。感染（infection）是指病原菌侵入机体后，在一定的部位生长繁殖，进一步表现出临床症状。病原菌的致病作用取决于它的毒力、侵入数量和侵入途径。

（一）细菌的毒力

细菌的毒力（virulence）是指细菌致病力的强弱程度。常用半数致死量（median lethal dose，LD50）或半数感染量（median infective dose，ID50）表示，即在一定时间内，通过一定接种途径，能使一定体重或年龄的某种动物半数死亡或感染所需要的最少细菌数或毒素量。构成细菌毒力的物质是侵袭力和毒素。

1. 侵袭力（invasiveness） 是细菌突破宿主的防御机能，在体内定居、繁殖、扩散的能力。主要包括三个方面，即病原菌的吸附与侵入能力，繁殖与扩散能力，以及对宿主细胞防御功能的抵抗力。

（1）吸附与侵入能力 病原菌可通过外伤、蚊虫叮咬或与宿主细胞直接吸附而侵入机体。革兰阴性菌通常借助于菌毛，革兰阳性菌则常借助于其细胞表面的毛发样突出物（如A群链球菌的膜磷壁酸）吸附宿主细胞。细菌吸附具有组织特异性，如痢疾杆菌吸附于结肠黏膜上，A群链球菌吸附于咽喉部。吸附作用的组织特异性与宿主细胞表面致病菌的特异性受体有关，吸附是致病菌感染机体的开始。

（2）繁殖与扩散能力 由于机体的自我保护作用，细菌由侵入部位向周围和深层组织扩散必须破坏机体组织屏障，这是通过细菌产生的一些侵袭性酶类实现的。常见的侵袭性酶类如下。①血浆凝固酶（coagulase）：使血液凝固成纤维蛋白屏障，保护病原菌不被吞噬和免受抗体的中和作用，如金黄色葡萄球菌的某些菌株。②透明质酸酶（hyaluronidase）：又称扩散因子，可水解机体结缔组织中的透明质酸，使组织疏松并增加通透性，有利于病原菌的扩散，产气荚膜梭菌和乙型溶血性链球菌。③链激酶（streptokinase）：激活血浆中纤维蛋白酶原并形成纤维蛋白酶，酶解血浆中的纤维蛋白凝块，即凝血成分，便于病原菌在机体内扩散，如乙型溶血性链球菌。④胶原酶（collagenase）：水解肌肉和皮下结缔组织中的胶原蛋白，便于细菌在组织中扩散，如产气荚膜梭菌。⑤sIgA（分泌型免疫球蛋白A）酶：破坏黏膜表面的sIgA，有利于病原菌的黏附和扩散，如淋病奈瑟菌。

（3）对宿主细胞防御功能的抵抗力　病原菌借助其表面结构或细菌产生的毒性物质等对抗宿主细胞的吞噬作用。如肺炎链球菌表面的荚膜、大肠埃希菌的K抗原、金黄色葡萄球菌的A蛋白、沙门菌的Vi抗原、链球菌的M蛋白等均可对抗吞噬细胞的吞噬作用。

2. 毒素　是细菌致病性的关键因素。按其来源、性质和毒性作用的不同，可分为外毒素和内毒素两大类。

（1）外毒素（exotoxin）　通常由革兰阳性菌产生，如破伤风杆菌、白喉棒状杆菌、肉毒梭菌、金黄色葡萄球菌和产气荚膜梭菌等，某些革兰阴性菌如霍乱弧菌、痢疾杆菌、铜绿假单胞菌等亦能产生。大多数外毒素是细菌在生长繁殖过程中合成并分泌到菌体外的毒性物质；但也有的存在于菌体细胞内，当细胞破裂后才被释放到胞外，如产毒型大肠埃希菌和痢疾杆菌的外毒素。

外毒素的化学成分为蛋白质，对热和其他理化因素敏感，一般加热60～80℃30分钟即可被破坏。外毒素多数由两个蛋白亚基组成。其中，A亚基为毒性作用部分，决定毒素的致病特点和作用方式；B亚基为结合成分，无毒性，但能与宿主细胞膜上的特异性受体结合，决定毒素对宿主细胞的选择亲和性。A或B亚单位单独对宿主无致病作用，因而外毒素分子的完整性是致病的必要条件。

外毒素一般具有很强的免疫原性，可刺激机体产生抗毒素抗体，抗体能中和游离的外毒素的毒性作用。如果用0.3%～0.4%的甲醛处理，外毒素就会成为失去毒性而仍保留免疫原性的类毒素。用类毒素免疫动物可以制备抗毒素，因此，类毒素在某些传染病的防治上具有重要的意义。

外毒素的毒性极强，尤其是肉毒毒素，其毒性比KCN强1万倍，1mg肉毒梭菌的外毒素纯品可杀死2亿只小鼠。不同细菌产生的外毒素，对机体组织器官的毒性作用具有选择性，能引起特定的病变和症状。例如肉毒梭菌、破伤风梭菌及白喉棒状杆菌所产生的外毒素，虽对神经系统都有作用，但作用部位不同，临床症状亦不相同。根据外毒素对宿主细胞的亲和性及作用方式的不同，可将外毒素分为细胞毒素、神经毒素和肠毒素三大类。肉毒毒素和破伤风毒素为典型的神经毒素；白喉毒素是细胞毒素；而霍乱弧菌和产毒型大肠埃希菌产生的则为肠毒素。

（2）内毒素（endotoxin）　通常是革兰阴性菌细胞壁中的脂多糖（LPS）成分，存在于菌体中，细菌死亡、自溶或人工裂解后释放出来，故称内毒素。

内毒素的主要化学成分为脂多糖，性质稳定，耐热，100℃加热1小时不被破坏，必须加热160℃经2～4小时，或用强酸、强碱、强氧化剂加热煮沸30分钟才能被灭活。

内毒素的毒性相对于外毒素较弱，作用时无组织细胞选择性，主要引起发热、糖代谢紊乱、白细胞增多及微循环障碍等症状，严重时，大量的内毒素还能引发内毒素血症、中毒性休克及弥散性血管内凝血（DIC）等疾病，死亡率高。注射药品按现行版《中华人民共和国药典》（以下简称《中国药典》）的规定进行细菌内毒素检查。

内毒素的抗原性较弱，故用甲醛处理不能使其脱毒成为类毒素。

细菌内、外毒素的区别见表2－3。

表 2-3 外毒素与内毒素的比较

区别要点	外毒素	内毒素
毒素来源	革兰阳性菌和部分革兰阴性菌产生	革兰阴性菌产生
存在部位	胞质内合成，分泌至胞外	菌体细胞壁成分，细菌裂解后释放
化学组成	蛋白质	脂多糖
毒素性质	不稳定，易被热、酸及消化酶破坏	较稳定，耐热
毒性作用	强，对机体组织器官有选择性毒害作用，引起特殊的临床症状	较弱，毒性作用大致相同，可引起发热、微循环障碍、感染性休克、DIC 等
抗原性质	强，可刺激机体产生抗毒素，经甲醛处理后可脱毒成类毒素	弱，刺激机体产生抗菌性抗体，经甲醛处理不形成类毒素

（二）细菌侵入的数量

侵入病原菌的数量足够多时，才可致病。致病所需的数量与毒力成反比，毒力越强，则致病所需的菌数越少。如毒性较强的鼠疫耶尔森菌，在无特异性免疫力的机体中，只要有数个细菌侵入就可导致感染；而毒力较弱的细菌，如沙门菌，则需摄入上亿个细菌才能引起感染。

（三）细菌侵入的适当部位

病原菌感染宿主菌须通过适当的感染途径，它与细菌的种类有关。细菌感染途径主要有：①消化道感染，如伤寒沙门菌、痢疾杆菌，只有侵入消化道才能引起肠道传染病；②深部创口，如破伤风梭菌为厌氧菌，只有侵入深部创口才能致病，而经口则不引起疾病；③呼吸道感染，如肺炎链球菌、脑膜炎奈瑟菌均可经呼吸道感染致病；④有些细菌可通过多种途径感染，如结核分枝杆菌和炭疽芽孢杆菌通过呼吸道、消化道及皮肤伤口均可引起感染。

（四）细菌感染的类型

病原菌的感染类型包括隐性感染（inapparent infection）和显性感染（apparent infection）。隐性感染是指机体抵抗力较强且侵入的病原菌数量少、毒力较弱，病原菌的感染对机体不产生明显的临床症状。显性感染是指病原菌感染机体并出现明显的临床症状。根据感染部位与性质的不同，显性感染又可分为局部感染和全身感染。全身感染是感染中比较严重的类型，感染发生后，病原菌及其毒性代谢产物向全身扩散，引起全身性症状，临床有如下表现。①毒血症：病原菌在机体局部生长繁殖，不侵入血流，其产生的毒素进入血流引起特殊的毒性症状，如白喉和破伤风等。②菌血症：病原菌由局部侵入血流，但不在血流中大量繁殖，无明显中毒症状，如伤寒早期可发生菌血症。③败血症：病原菌侵入血流并在血液中大量繁殖，使机体严重损伤并产生明显的全身中毒等临床症状，如铜绿假单胞菌等引起的败血症。④脓毒血症：化脓性细菌引起败血症时，病原菌通过血流扩散至机体组织和脏器并引起多发性化脓性病灶，如金黄色葡萄球菌可引起脓毒血症。另外，经隐性感染或传染病痊愈后，病原菌可能在机体内继续存在，并不断向体外排出病原菌，称带菌状态。处于带菌状态的人称为带菌者，带菌者也是重要的传染源。

第二节　放线菌 微课 4

放线菌（actinomyces）是一类菌丝呈分枝状生长的原核细胞型微生物。其菌落呈放射状，故称放线菌。放线菌具有菌丝和孢子结构，革兰染色呈阳性。

放线菌在自然界分布广泛，主要以孢子或菌丝状态存在于土壤、空气和水中，特别以含水量低、有机质丰富、中性偏碱性的土壤中数量最多。每克土壤中，孢子数高达10^7个。土壤特有的“泥腥味”主要由放线菌产生的代谢产物土腥味素（geosmin）所引起。

放线菌与人类生产和生活的关系极为密切，目前广泛应用的抗生素约70%是由各种放线菌产生的，例如β-内酰胺类、大环内酯类、氨基糖苷类、氯霉素类、蒽环类和四环素类等。近年来筛选到的许多新的生化药物，多数是放线菌的次生代谢产物，包括抗癌剂、酶抑制剂、抗寄生虫剂、免疫抑制剂和农用杀虫（杀菌）剂等。一些种类的放线菌还能产生各种酶制剂（例如蛋白酶、淀粉酶、纤维素酶等）、维生素（例如维生素B_{12}）和有机酸等。此外，放线菌还可用于甾体转化、烃类发酵、石油脱蜡和污水处理等。少数放线菌也会对人类构成危害，引起人类疾病以及动植物病虫害。因此，放线菌与人类关系密切，在医药工业上有重要意义。

一、放线菌的形态和结构

放线菌是介于细菌和真菌之间，又接近于细菌的单细胞分枝微生物，基本结构与细菌相似，细胞壁由肽聚糖组成，并含有二氨基庚二酸（DAP），不含有真菌细胞壁所具有的纤维素或几丁质。目前在进化上已经把放线菌列入广义的细菌。

放线菌由菌丝（mycelium）和孢子（spore）两部分组成。

（一）菌丝

菌丝是由放线菌孢子在适宜环境下吸收水分，萌发出芽，芽管伸长呈放射状、分枝状的丝状物。放线菌的菌丝基本为无隔的多核菌丝，直径细小，大量菌丝交织成团，形成菌丝体（mycelium）。

菌丝按着生部位及功能的不同，可分为基内菌丝、气生菌丝和孢子丝三种（图2-26）。

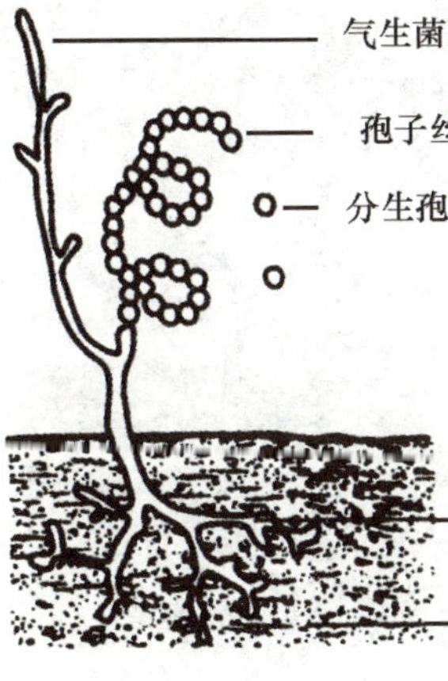

图2-26 链霉菌的一般形态和构造示意图

1. 基内菌丝 伸入培养基质表面或伸向基质内部，像植物的根一样，具有吸收水分和营养的功能，又称营养菌丝或一级菌丝。基内菌丝无隔，直径较小，通常为0.2~1.2μm。有的无色，有的产生色素，呈现不同的颜色，常见的有白、黄、橙、红、绿、紫、蓝、褐、黑色等。色素分为脂溶性和水溶性两类。若是水溶性色素，则可以扩散到培养基内，使培养基呈现相应色素的颜色；若是脂溶性色素，则使其菌落或菌苔的背面呈现相应色素的颜色。基内菌丝的颜色及是否产生水溶性色素，在放线菌的分类鉴定上是定种的重要依据。

2. 气生菌丝 基内菌丝不断向空中生长，分化出直径比基内菌丝小、颜色较深的分枝菌丝，称气生菌丝或二级菌丝。不同种类放线菌的气生菌丝发育程度不同，有的发育良好，有的发育不良，还有的基本不形成气生菌丝。气生菌丝同样可以分泌一些色素，多数为脂溶性色素，使菌落或菌苔的表面呈现该色素的颜色。

3. 孢子丝 气生菌丝发育到一定阶段，顶端可分化形成孢子（spore），这种形成孢子的菌丝称为孢子丝。孢子丝的形状、着生方式以及螺旋的方向、数目、疏密程度、形态特征是鉴定放线菌的重要依据（图2－27）。

孢子丝的形态分为直型、波曲型和螺旋型三种类型。螺旋状孢子丝的特征最为突出，其螺旋的结构与长度均很稳定，螺旋的数目一般为5～10圈，旋转方向多为左旋，少数为右旋。

孢子丝的着生方式有对生、互生、丛生和轮生等。轮生状的孢子丝是从主干菌丝的一点分出，生长出至少3个以上的孢子枝，称轮生枝。轮生分为一级轮生和二级轮生，二级轮生是在一级轮生枝上又长出新的轮生枝。

个别种类放线菌的孢子丝还可进一步特化形成孢囊结构。孢囊的形成一般有两种方式：一种是由孢子丝高度卷绕而成；另一种是由特化的孢囊梗逐渐膨大形成的。孢囊有圆形、瓶状、棒状等形状。孢囊的外面一般都有囊壁，不具备孢囊壁的称为假孢囊，这些特征也可作为鉴定放线菌的依据。

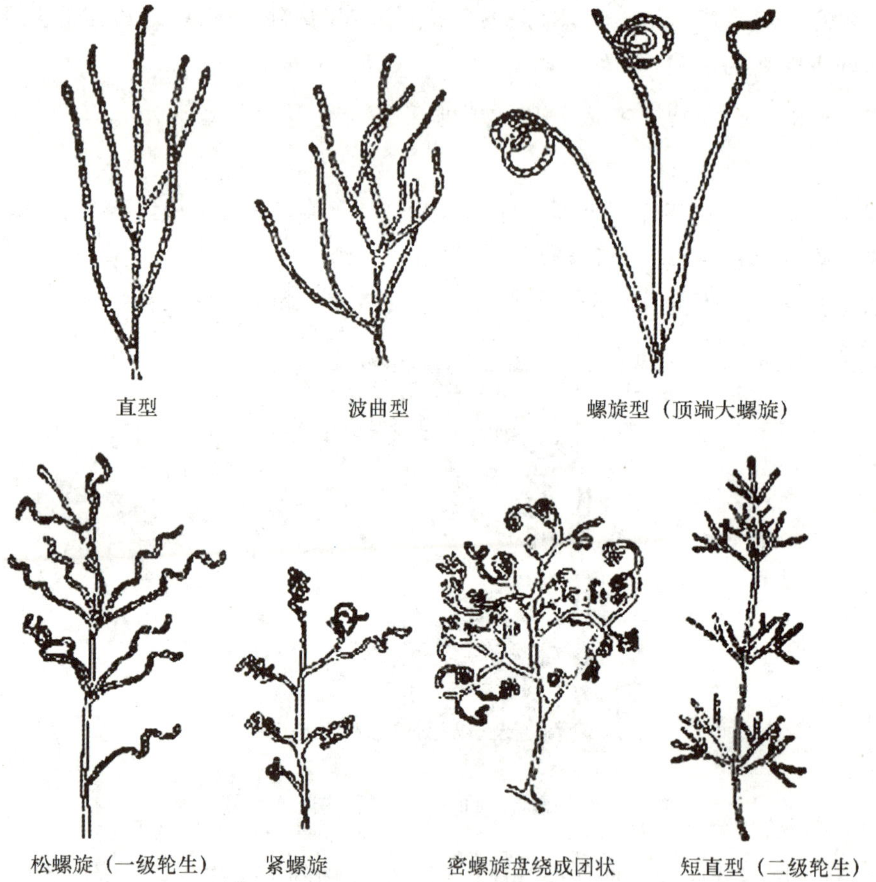

图2－27 放线菌孢子丝的类型

（二）孢子

气生菌丝发育到一定阶段，即分化形成孢子，孢子成熟后，可从孢子丝中逸出飞散。放线菌的孢子属无性孢子，是放线菌的繁殖器官。孢子的形状不一，有球形、椭圆形、杆状或柱状。排列方式不同，有单个、双个、短链或长链状。在电镜下可见孢子表面结构不同，有的表面光滑，有的为疣状、鳞片状、刺状或毛发状。孢子颜色多样，呈白、灰、黄、橙黄、淡黄、红、蓝等色。孢子的形态、排列方式和表面结构以及色素特征是鉴定放线菌的重要依据（图2－28）。

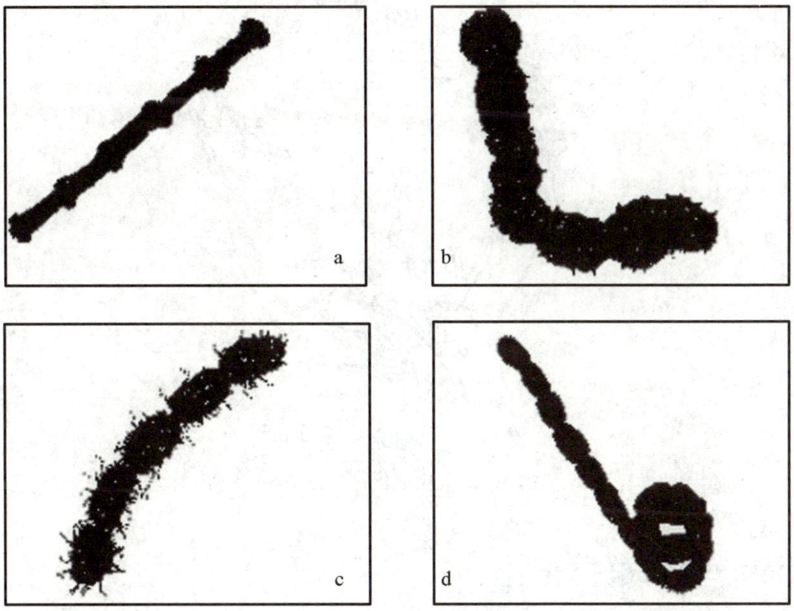

图2－28　放线菌的孢子形状

a. 表面光滑，呈竹节状；b. 表面呈短刺状；c. 表面呈毛发状；d. 表面光滑，呈盘绕状

二、放线菌的繁殖

放线菌以无性方式繁殖，主要是形成孢子，也可通过菌丝断裂繁殖。

（一）无性孢子

放线菌形成的无性孢子类型主要有三种。一种是由气生菌丝特化的孢子丝发育形成，多数放线菌如链霉菌属的种类普遍采用这种方式。另一种是由高度特化的孢囊发育形成，当孢囊成熟后，囊破裂并释放出大量的孢子，如游动放线菌属和链孢囊菌属中的一些微生物。还有一种是在基内菌丝特化的孢子梗上发育而成，特点是单个着生，如小单孢菌属的放线菌。

（二）菌丝断裂

菌丝断裂也是放线菌的一种常见繁殖方式，一般发生在液体培养中。由于震荡、机械搅拌等因素的作用，菌丝常常断裂成小的片段，每一个断裂的菌丝片段都能重新生长为新的菌丝体。工业发酵生产抗生素时常采用搅拌培养即是依此原理进行的。值得注意的是个别种类，如诺卡菌属的放线菌，在固体培养基上培养时就可出现菌丝断裂现象，这是该菌的特性决定的。

（三）生活史

以链霉菌的生活史（图2－29）为例，说明放线菌的生活周期：①孢子萌发，长出芽管；②芽管延长，生出分枝，形成基内菌丝；③基内菌丝向培养基外空间生长，形成气生菌丝；④气生菌丝顶部分化形成孢子丝；⑤孢子丝发育形成孢子，如此循环反复。孢子是繁殖器官，一个孢子可长成许多菌丝，然后再分化形成许多孢子。

图 2-29 链霉菌生活史

1. 孢子萌发；2. 基内菌丝；3. 气生菌丝；4. 孢子丝；5. 孢子丝分化为孢子

三、放线菌的培养和群体形态

（一）培养条件

绝大多数放线菌为异养菌，营养要求不高，能在简单培养基上生长。多数放线菌分解淀粉的能力较强，故培养基中大多含有一定量的淀粉。放线菌对无机盐的要求较高，培养基中常加入多种元素如钾、钠、硫、磷、镁、铁、锰等。

放线菌大多为需氧菌，所以在抗生素生产中，需进行通气搅拌培养，以增加发酵液中的溶氧量。

放线菌最适生长温度 28～30℃，对酸敏感，最适 pH 为中性偏碱，在 pH 7.2～7.6 环境中生长良好。

放线菌生长缓慢，培养 3～7 天才能长成典型菌落。

（二）群体形态

1. 在固体培养基上 多数放线菌有基内菌丝和气生菌丝的分化，气生菌丝成熟时又会进一步分化成孢子丝并产生成串的干粉状孢子，它们伸展在空间中，菌丝间没有毛细管水存积，于是就使放线菌产生与细菌有明显差别的菌落。通常为圆形，类似或略大于细菌的菌落，比真菌菌落小。菌落表面干燥，有皱褶，致密而坚实。当孢子丝成熟时，形成大量孢子堆，铺于菌落表面，使菌落上有一薄层彩色的“干粉”；由于大量基内菌丝伸入培养基内，菌落和培养基的连接紧密，难以挑取；菌落的正反面颜色常不一致，以及在菌落边缘的琼脂平面有变形的现象。放线菌在固体平板培养基上培养后形成的菌落特征，可作为菌种鉴别的依据。

少数原始的放线菌如诺卡菌属（*Nocardia*）等缺乏气生菌丝或气生菌丝不发达，因此，其菌落外形就必然与细菌接近。

2. 在液体培养基上（内） 在实验室对放线菌进行摇瓶培养时，常可见到在液面与瓶壁交界处黏附着一圈菌苔，培养液清而不混，其中悬浮着许多珠状菌丝团，以及一些大型菌丝团则沉在瓶底等现象。产生这些特征的原因，都可从放线菌细胞所特有的形态构造中找到答案。

第三节 古细菌

古细菌又称为古生菌或古菌，是1977年Carl Woese和George Fox提出的概念。古细菌的16S rRNA与其他原核生物有明显区别。在与真核生物的18S rRNA序列进行比较后，他们提出了生命的“三域学说”，即细菌域、古细菌域和真核生物域。古细菌没有核膜及内膜系统，具有原核生物的基本特征，但在很多方面也具有真核生物的特征，比如RNA聚合酶与真核细胞的相似、核糖体对氯霉素不敏感、以甲硫氨酸起始蛋白质的合成、DNA具有内含子并结合组蛋白等。同时，古细菌还具有既不同于真细菌也不同于真核生物的特征，例如细胞壁和细胞膜的结构和组成等。

一、古细菌的形态和大小

单个古细菌的细胞直径一般在0.1～15μm之间，有一些种类形成细胞团簇或者纤维，长度可达200μm。它们可有各种不同的形状，如球形、杆形、螺旋形、叶状、三角形或方形等。

二、古细菌的细胞结构

（一）细胞壁

除热原体属（*Thermoplasma*）没有细胞壁外，其他的古细菌都有细胞壁。但古细菌细胞壁的化学成分与真细菌不同，没有肽聚糖，含有多糖（假肽聚糖）、糖蛋白或蛋白质等。

在目前所有已经研究过的古细菌中，细胞壁都不含肽聚糖，有些含有假肽聚糖，如甲烷杆菌属（*Methanobacerium*）。假肽聚糖的多糖骨架是由*N*－乙酰葡糖胺和*N*－乙酰塔罗糖胺糖醛酸以β－1,3－糖苷键交替相连，连在后一个氨基糖上的肽尾由L－Glu、L－Ala和L－Lys 3个L型氨基酸组成，肽桥由L－Glu一个氨基酸组成。溶菌酶不能分解假肽聚糖的β－1,3－糖苷键，所以溶菌酶对这类古细菌没有效果。

除假肽聚糖细胞壁外，还有些种类的古细菌含有酸性杂多糖细胞壁、糖蛋白细胞壁和蛋白质细胞壁等。近年来的研究发现，几乎所有古细菌的细胞壁都以一层类结晶形式的表面层形态存在，这是一种由蛋白质或糖蛋白等组成的六角形对称结构。

（二）细胞膜

古细菌细胞膜的特点主要如下。

1. 古细菌的疏水尾由长链烃组成，通常都是异戊二烯组成的重复单位（如四聚体植烷、六聚体鲨烯等），而真细菌或真核生物中细胞膜的疏水尾则是脂肪酸。

2. 古细菌的亲水头和疏水尾是通过醚键而不是酯键相连。

3. 古细菌的细胞膜中存在着单分子层膜或单、双分子层混合膜，而真细菌或真核生物的细胞膜都是双分子层膜。

4. 在古细菌甘油分子的C_3位上，可以连接的基团具有多样性，如可连接磷酸酯基、硫酸酯基和多种糖基，这是与真细菌和真核生物细胞膜完全不同的。

5. 古生菌的细胞膜上有多种独特的脂类，例如，仅在各种嗜盐菌中就有细菌红素、番茄红素、视黄醛、α－胡萝卜素、β－胡萝卜素和萘醌等。

三、古细菌的繁殖

目前，在古细菌中尚未发现可以利用孢子进行繁殖的种类。古细菌通常利用二分裂、分裂和出芽进行无性繁殖，不进行减数分裂。古细菌的细胞分裂被它们的细胞周期所控制；在细胞的染色体复制并分离后，细胞开始一分为二。例如硫化叶菌和真核生物一样，染色体可以从多个位点（复制起点）用DNA 聚合酶复制。广古生菌细胞分裂蛋白会在细胞周围形成收缩环，在细胞中央形成分离两个子细胞的隔膜部分，这些与细菌的二分裂相似。

四、古细菌生态学

（一）生活环境

古细菌可以在各种各样的栖息地中出现并且是全球生态重要的一部分，大多数古细菌生活在极端环境中，如高盐、极热、极冷、强酸、强碱和绝对厌氧的环境。极端环境下的古细菌主要可以分为四种生理群：嗜盐生物、嗜热生物、嗜碱生物及嗜酸生物。例如“121 菌株”是从太平洋海底的“黑烟囱”火山口附近分离到的能在 120℃高温下存活的古细菌。很多产甲烷的古细菌生存在动物的消化道中，如反刍动物、白蚁或者人类。

（二）古细菌在地球化学循环中的作用

古细菌参与地球上碳、氮、硫的循环，但也可能制造与人为变化类似的环境影响，甚至可能造成环境污染。

古细菌可以进行大部分氮循环中的化学反应。某些种类可以通过硝酸盐代谢和反硝化反应等从一个生态系统中移除有机氮，其他种类又可以通过氮吸收和固氮作用把氮气加入生态形成有机氮。古细菌也可参与氨的氧化，例如海洋和土壤里的这些古细菌会制造硝酸盐，而其他微生物则进一步氧化硝酸盐，被植物和其他生物吸收利用。

在硫循环中，利用硫化物氧化代谢的古细菌可以把硫从岩石中释放出来，进而提供给其他生物。但是这些古细菌，例如硫化叶菌，会利用硫代谢并最终产出硫酸，这种古细菌在废弃矿场中的生长会因产生矿渣酸性废水而导致环境污染。

在碳循环中，古细菌可参与二氧化碳固定、大分子有机质转化和甲烷代谢。产甲烷菌是大气甲烷的主要来源，它们排放的甲烷加速了全球的温室气体排放和全球变暖。

（三）古细菌与其他生物的关系

古细菌与其他生物之间的关系主要是互利共生或者偏利共生。至今还没有发现古细菌是任何其他生物的病原体或寄生虫。

第四节　蓝细菌

蓝细菌以前又称为蓝藻或蓝绿藻，是一类进化历史悠久、革兰染色阴性、无鞭毛、含叶绿素 a，但不含叶绿体（区别于真核生物的藻类）、能进行产氧性光合作用的大型单细胞原核生物。蓝细菌与光合细菌的区别是，光合细菌进行比较原始的光合磷酸化作用，反应过程不放氧，为厌氧生物，而蓝细菌可以进行光合作用并且放氧。蓝细菌启动了地球大气从无氧状态到有氧状态的转变过程，从而孕育了一切好氧生物的进化和发展。蓝细菌分布广泛，在自然界各种水体、土壤中和部分生物体内外，甚至在岩石表面和其他恶劣环境（高温、低温、盐湖、荒漠和冰原等）中都可找到它们的踪迹，故有“先锋生物”的美誉。

一、蓝细菌的形态和大小

蓝细菌有单细胞和丝状体两大类。单细胞类群一般呈球状、椭圆状和杆状，单生或聚集成团，如粘杆蓝细菌和皮果蓝细菌等属。丝状体蓝细菌是由许多细胞排列而成的群体，包括有异形胞的，如鱼腥蓝细菌属；无异形胞的，如颤蓝细菌属；有分支的，如费氏蓝细菌属。

蓝细菌的细胞一般比细菌大，通常直径为3～10μm，最大的可达60μm，如巨颤蓝细菌（*Oscillatoria princeps*）。

二、蓝细菌的细胞结构

蓝细菌的细胞壁有内、外两层，外层为脂多糖层，内层为肽聚层，细胞构造与革兰阴性菌相似。许多种可以不断地向细胞壁外分泌胶黏物质，将一群细胞或丝状体结合在一起，形成黏质糖被或胶鞘。细胞膜单层，很少有间体。大多数蓝细菌无鞭毛，但可以“滑行”。蓝细菌有很多光合片层，是进行光合作用的部位，以平行或卷曲方式分布于细胞膜附近，其中含有叶绿素和藻胆素（一类辅助光合色素）。蓝细菌的细胞内含有糖原、聚磷酸盐、蓝细菌肽等贮藏物以及能固定的羧酶体，少数水生性种类还有气泡。在化学组成上，蓝细菌最独特之处是含有两个或多个双键组成的不饱和脂肪酸，而细菌通常只含有饱和脂肪酸和一个双键的不饱和脂肪酸。

蓝细菌的细胞有几种特化形式，其中比较重要的有异形胞、静息孢子、链丝段和内孢子。①异形胞：是存在于丝状体蓝细菌中的，比营养细胞稍大、色浅、壁厚、位于细胞链中间或末端，且数目少而不定的特化细胞。异形胞是固氮蓝细菌的固氮部位。营养细胞的光合产物与异形胞的固氮产物，可通过胞间连丝进行物质交换。②静息孢子：是一种着生于丝状体细胞链中间或末端的形大、色深、壁厚的休眠细胞，胞内有贮藏性物质，具有抗干旱或冷冻的能力。③链丝段：又称连锁体或藻殖段，是长细胞断裂而成的短链段，具有繁殖功能。④内孢子：是少数蓝细菌种类在细胞内形成的许多球形或三角形的内孢子，成熟后可释放，具有繁殖功能。

三、蓝细菌的繁殖方式

蓝细菌通过无性方式繁殖。单细胞类群以裂殖方式繁殖，包括二分裂或多分裂；丝状体类群可通过单平面或多平面的裂殖方式加长丝状体，还常通过链丝段繁殖。少数蓝细菌以内孢子方式繁殖。在干燥、低温和长期黑暗等条件下，可形成休眠状态的静息孢子，条件适宜可继续生长。

四、蓝细菌的应用与危害

蓝细菌出现后进行光合作用产氧，使地球由无氧环境转化为有氧环境，推动了好氧生物的进化。蓝细菌具有一定的经济价值，包括许多食用种类，如普通木耳念珠蓝细菌（即葛仙米，俗称地耳，*Nostoc commun*）、盘状螺旋蓝细菌（*Spirulina platensis*）、最大螺旋蓝细菌（*Smaxima*）等，后两种已开发成有一定经济价值的“螺旋藻”产品。

有的蓝细菌在受氮、磷等元素污染后引起富营养化的海水“赤潮”和湖泊的“水华”，给渔业和养殖业带来严重危害。此外，还有少数水生种类如微囊蓝细菌属（*Microcystis*）会产生可诱发人类肝癌的毒素。

第五节　其他原核微生物

一、支原体

支原体（mycoplasma）是一类无细胞壁、多形态、可通过滤菌器、能在无生命培养基中生长繁殖的最小原核细胞型微生物。支原体种类较多，在自然界分布广泛，也存在于人类、家禽、家畜等动物体内，多数不致病。对人致病的主要有支原体属（*Mycoplasma*）和脲原体属（*Ureaplasma*）。支原体还经常污染传代细胞，给细胞培养和病毒分离带来困难。

支原体的特点如下：①细胞小，直径一般为 0.1～0.3μm，光学显微镜下可见，是已知的可以独立生长和生活的最简单的生命形式，也是最小的细胞型生物，能通过细菌滤器；②无细胞壁，故细胞柔软，形态多变，有球状、分支状及丝状等不同形态（图 2－30），革兰染色阴性，不易着色；③支原体的生长不受能抑制细胞壁合成的抗生素如青霉素、环丝氨酸等的影响，对溶菌酶也无反应，但对干扰蛋白质合成的土霉素、四环素等很敏感；④大多数支原体以二分裂方式繁殖，也有芽殖等繁殖方式；⑤支原体的营养要求比一般细菌高，能在富含胆固醇、10%～20%的动物血清及胶木浸膏的低琼脂培养基上生长繁殖，菌落微小，呈典型的“油煎蛋”状，中央厚，周围薄而透明（图 2－31）。

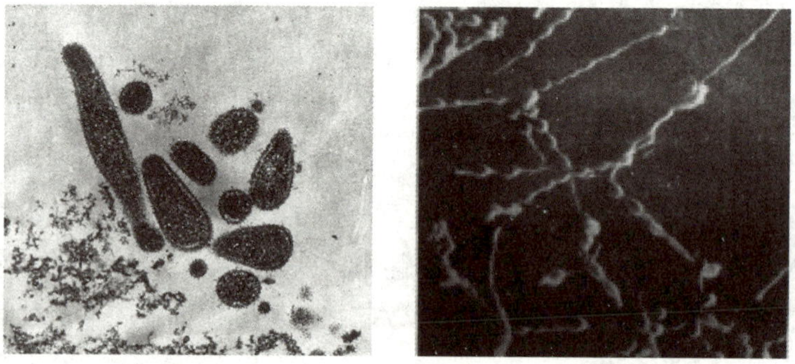

a　　　　b

图 2－30　支原体形态

a. 球杆状支原体；b. 分枝状支原体

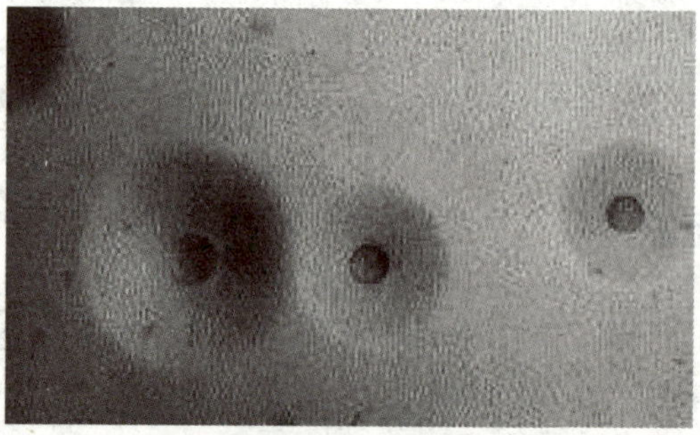

图 2－31　支原体“油煎蛋”状菌落

对人致病的支原体主要有肺炎支原体，可引起原发性非典型肺炎。溶脲脲原体及生殖支原体在一定条件下能引起泌尿生殖系统感染和不育症，其致病性主要是通过不同机制引起细胞损伤，如获取细胞膜上的脂质与胆固醇造成膜的损伤，释放神经（外）毒素、磷酸酶及过氧化氢等。巨噬细胞、IgG 及 IgM 对支原体均有一定的杀伤作用。呼吸道黏膜产生的 sIgA 已证明有阻止支原体吸附的作用。在儿童中，致敏淋巴细胞可增强机体对肺炎支原体的抵抗力。

二、立克次体

立克次体（rickettsia）是一类严格细胞内寄生的原核细胞型微生物，生物学性状与细菌类似。立克次体是 1909 年美国医生 Rickettsia 在研究落基山斑疹伤寒时首先发现的病原体，Rickettsia 被它感染而夺去生命，故名。它与支原体的区别是有细胞壁和不能独立生活；与衣原体的区别在于其细胞较大、无滤过性和存在产能代谢系统。

立克次体的特点有：①细胞较大，大小为(0.3~0.6)μm×(0.8~2.0)μm，光镜下清晰可见；②细胞呈球状、杆状或丝状，有的具多种形态；③有细胞壁，革兰染色阴性；④酶系统不完整，不能独立生活，为专性细胞内寄生，宿主为虱、蚤等节肢动物和人、鼠等脊椎动物；⑤以二分裂方式繁殖，但繁殖速度较细菌慢，一般 9~12 小时繁殖一代；⑥大多数不能用人工培养基培养，须用鸡胚、敏感动物及动物组织细胞来培养；⑦对四环素和青霉素等抗生素敏感；⑧对热敏感，一般在 56℃以上经 30 分钟即可灭活。

立克次体是引起斑疹伤寒、恙虫病和 Q 热等传染病的病原体。大多可经节肢动物如虱、蚤、蜱螨等叮咬或其粪便污染伤口而传播。其主要类群有：借助体虱传播流行性斑疹伤寒的普氏立克次体（*Rickettsia prowazekii*）、借助螨传播恙虫热斑疹伤寒的恙虫热立克次体（*R. tsutsugamushi*）、借助虱传播战壕热的五日热罗卡利马氏体（*Rochalimaea quintana*）和借助蜱或直接传播 Q 热病的伯氏科克次体（*Coxiella burnetii*）。

三、衣原体

衣原体（chlamydia）是介于立克次体与病毒之间、能通过细菌滤器、专性活细胞内寄生、有独特发育周期的一类原核细胞型微生物。

衣原体的特点有：①有细胞构造；②细胞内同时含有 RNA 和 DNA 两种核酸；③具有细胞壁，但无肽聚糖，革兰染色阴性；④有核糖体；⑤缺乏产生能量的酶系，须严格细胞内寄生；⑥有独特发育周期，仅在活细胞内以二分裂方式繁殖；⑦对抑制细菌的抗生素和药物敏感；⑧只能用鸡胚卵黄囊膜、小鼠腹腔或 HeLa 细胞组织培养物等活体进行培养。

衣原体在宿主细胞内生长繁殖具有独特的生活周期，即存在原体和始体两种形态。具有感染力的细胞称为原体（elementory body），呈小球状，直径约 300nm，细胞厚壁、致密，不能运动，不生长，抗干旱，有传染性。原体经空气传播，一旦遇到合适的新宿主，就可通过吞噬作用进入细胞，在其中生长，转化成无感染力的细胞，称始体（initial body）或网状体（reticulate body）。始体比原体大，呈大型球状，直径为 800~1200nm，细胞壁薄而脆弱，易变形，无传染性，但能在空泡中以二分裂方式反复繁殖，直至形成大量的原体，积聚于细胞质内，形成各种形状的包涵体（inclusion body），当宿主细胞破裂时释放，重新通过气流传播并伺机感染新的宿主。整个生活史约需 48 小时。

衣原体不需要媒介，可直接感染人类或动物。如引起人类沙眼（trachoma）的沙眼衣原体（*Chlamydia trachomatis*）、引起各种呼吸道综合征的肺炎衣原体（*C. pneumoniae*）和引起鸟疫（ornithosis）的鹦鹉热衣原体（*C. psittaci*）。我国微生物学家汤飞凡首先用鸡胚成功分离培养沙眼衣原体，并两次将分离的病原体接种自己眼中进行实验，这种勇于为科学献身的精神深受世人赞誉。

四、螺旋体

螺旋体（spirochaeta）是一类细长、柔软、富有弹性、弯曲呈螺旋状、运动活泼的原核微生物。螺旋体与螺形菌不同。它是介于细菌与原生动物（原虫）之间的原核生物，形态和运动机制均较独特。

螺旋体的特点如下：①细胞弯曲成螺旋状，细而长，大小为(0.1~3.0)μm ×(3.0~5.0)μm，但钩端螺旋体呈 C 或 S 形；②有细胞壁，但不僵硬，极柔软，无鞭毛，借助轴丝收缩运动；③革兰染色阴性，但不易着色，故常用 Fontana 镀银染色法；④均以二分裂方式繁殖；⑤抵抗力较弱，对抗生素和溶菌酶敏感；⑥广泛分布于自然界，有腐生和寄生两大类，腐生型常存在于污泥和垃圾中，而寄生型引起人、畜疾病；腐生型能在人工培养基上生长，但使人致病的寄生型螺旋体除钩端螺旋体外均未培养成功。

螺旋体的运动机制：螺旋体的细胞主要由原生质柱（protoplasmic cylinder）、轴丝（axial fiber，axial filment）和外鞘（outer sheath）三部分组成。螺旋卷曲的原生质柱构成细胞的主要部分，其中包含原生质体、微管、液泡、核糖体和拟核等，其外包裹细胞质膜和细胞壁，最外面由外鞘包裹。其运动有赖于轴丝，每个细胞具有 2~100 条轴丝，其一端插入细胞膜，围着螺旋体而缠绕，其化学组成、运动方式等均与细菌的鞭毛相似。螺旋体可在液体环境中游动或沿纵轴旋转和做屈曲运动，在固体培养基上可爬行或蠕动，螺旋体的运动是一种变形的鞭毛式运动。

螺旋体在自然界和动物体内广泛存在，种类很多。根据螺旋数目、大小与规则程度以及两螺旋间距离，分为 6 个属，其中对人和动物有致病性的有以下 3 个属。①疏螺旋体属（*Borrelia*）：有 3~10 个稀疏、不规则的螺旋。对人致病的有回归热螺旋体、伯氏螺旋体（Lyme 病螺旋体）等。②密螺旋体属（*Treponema*）：有 8~14 个细密、规则的螺旋。对人致病的主要是梅毒螺旋体（图 2-32）和雅司螺旋体。③钩端螺旋体属（*Leptospira*）：螺旋数目较多，且更加细密和规则，菌体一端或两端弯曲呈钩状（图 2-33）。其中有许多群和型能引起人类钩端螺旋体病。

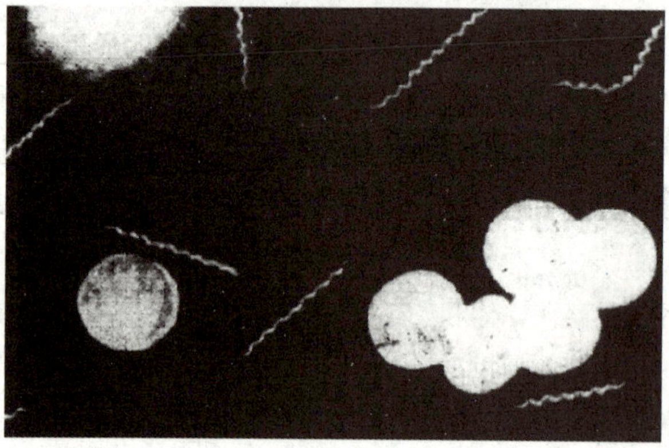

图 2-32 梅毒螺旋体

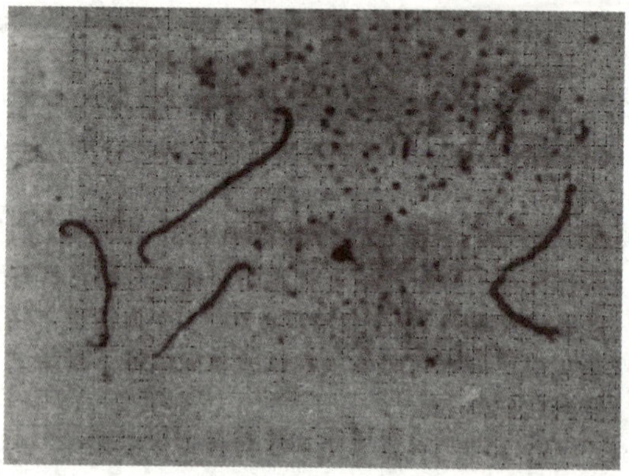

图 2-33 钩端螺旋体

案例分析

超级细菌

超级细菌可以是一种利用基因工程技术培养出来的细菌。一般的细菌只能分解一种或两种污染物，而科学家用基因工程技术将分解污染物的不同基因植入同一种细菌体内，使其形成可以同时分解多种污染物的细菌，应用于海洋、湖泊、江河的净化。

另一种超级细菌是自然界突变的细菌。例如，澳大利亚科学家最近发现一种专吃砒霜的超级细菌，该细菌可生存在受到砒霜污染的土壤中。这种细菌将极毒的砒霜（砷酸盐）氧化，变成毒性较低的亚砷酸盐。澳大利亚的农民以前用砒霜来控制牛羊的寄生虫而污染了农场，可利用这种超级细菌清理污染。

有的超级细菌是指突破了人类当前对付细菌感染的“最后堡垒”——抗生素，成为超级耐药细菌。例如，一种名为耐万古霉素肠球菌（简称 VRE）和耐甲氧西林（一种青霉素类抗生素）的金黄色葡萄球菌，一旦感染人体，对数种抗生素都具有抗药性，很难治疗。欧美国家首先发现了这两种超级细菌，曾导致数百个婴儿感染、多名死亡。超级细菌的危害引起了世人的高度关注。

据报道，美国每年因“超级细菌”导致的死亡人数达 18000 例，超过了 2005 年美国死于艾滋病的 16000 人。同时，感染“超级细菌”的人数也越来越多，发病率也呈上升趋势。

启发与思考

1. 认识到科学家对微生物研究的成就与集体智慧，启发善于思考发现及创新钻研的敬业精神。
2. 重视滥用抗生素的危害，在日常生活中正确、合理、规范地用药。

讨论

1. 认识微生物的两面性，并举例说明。
2. 生活中该如何正确使用抗生素？

复习思考题

答案解析

1. 名词解释：鞭毛、芽孢、伴孢晶体、菌落、菌苔。
2. 分析革兰阳性菌和革兰阴性菌肽聚糖结构的差别。
3. 细菌的特殊构造有哪些？并说明其功能及应用。
4. 芽孢在什么时候形成？试从其特殊结构与成分的角度说明芽孢的抗逆性。
5. 细菌、放线菌的菌落各有什么特征？
6. 简述放线菌的菌丝种类。
7. 比较细菌与放线菌的异同。
8. 说明古细菌在地球化学循环中的作用。
9. 简述蓝细菌在细胞结构上的特点。
10. 衣原体与立克次体都为专性活细胞内寄生，两者有何差别？

书网融合……

本章小结　微课 1　微课 2　微课 3　微课 4　题库

第三章　真核微生物

PPT

学习目标

【知识要求】

1. **掌握**　真核微生物的形态与结构、繁殖方式与生活史。
2. **熟悉**　真核微生物的培养特征与群体形态；真核生物与原核生物的特点。
3. **了解**　真核微生物的分布与人类的关系以及主要类群。

【技能要求】

能对真核微生物的特征进行分析；能根据真菌的特征有目的性地进行培养并科学应用。

【素质要求】

培养自主学习真菌研究新方法和新技术的能力；培养爱护大自然与菌物世界、科学利用自然资源为人类服务的意识；培养浓厚的科研兴趣与科学精神。

真核生物（eukaryotes）是所有单细胞或多细胞构成的、其细胞具有细胞核的生物的总称。它包括原生生物界、真菌界、植物界和动物界的所有生物。真核生物与原核生物的根本区别是前者的细胞内有以核膜为边界的细胞核，因此以真核来命名这一类细胞。许多真核细胞中还含有如线粒体、叶绿体、高尔基体等细胞器。

而真核微生物则是指真核生物中结构相对简单、形态比较微小的生物类群，其主要代表有真菌、显微藻类和原生动物等。

知识链接

神秘而致命的超级真菌

据《纽约时报》2022 年 4 月 6 日的报道，纽约市西奈山医院去年 5 月在为一名老年男子做腹部手术时，发现他感染了一种“神秘而致命”的真菌，医院迅速将其隔离在重症监护室。该男子最终在住院 90 天后死亡，但这种致命的真菌却顽强地存活下来。这种致命的真菌拉丁学名是 *Candida auris*，最早是从患者的耳朵里分离出来，孢子形状类似佛珠串，属于念珠菌属，所以取名为“耳念珠菌”，潜伏时间可达数周，并且难以根除。该真菌已经在美国半数以上的州内发现。2023 年 3 月 20 日，美国疾病控制与预防中心（CDC）将耳念珠菌列入“紧急威胁”名单。

根据美国 CDC 官网相关数据，2022 年全年，全美临床感染患者共计 2377 例，死亡率在 15% ~30% 甚至更高。截至 2022 年年底，中国已发现 18 例“超级真菌”临床感染病例。不过从目前的监测结果来看，中国出现耳念珠菌多为零星散发性病例，暴发性流行的可能性很低。

第一节 概 述 微课1

真菌、显微藻类和原生动物等是属于真核生物类的微生物，故称真核微生物（eukaryotic microoganisms）。典型的真核生物细胞构造与原核细胞相比较，形态更大、结构更加复杂，细胞器的功能更专一，更重要的是真核细胞具有一整套更完善的膜系统。

一、真核生物与原核生物的比较

众所周知，真核生物与原核生物在细胞结构、繁殖方式、代谢类型、遗传变异等方面都有着较大的区别，具体比较见表3-1。

表3-1 真核生物与原核生物的比较

比较项目		真核生物	原核生物
细胞大小		较大（通常 >5μm）	较小（一般 <5μm）
如有细胞壁，其主要成分		纤维素，几丁质	肽聚糖
细胞膜	成分	通常含甾醇	一般无甾醇
	呼吸或光合组分	无	有
细胞质	线粒体	有	无
	间体	无	有
	溶酶体	有	无
	核糖体	80S（细胞质核糖体）	70S
	叶绿体	光能自养生物中有	无
	真液泡	有些有	无
	贮藏物	淀粉等	聚-β-羟基丁酸等
	高尔基体	有	无
	微管系统	有	无
	流动性	有	无
细胞核	核膜	有	无
	DNA含量	少（约5%）	多（约10%）
	组蛋白	有	无
	有丝分裂	有	无
	减数分裂	有	无
	核仁	有	无
	染色体数目	一般多于1个	一般为1个
鞭毛结构		如有，则复杂（9+2型，有膜）	如有，则简单（单丝，无膜）
遗传重组方式		有性生殖、准性生殖	转化、转导、接合
生物固氮能力		无	有些有
专性厌氧生活		无	常见
氧化磷酸化部位		线粒体	细胞膜
光合作用部位		叶绿体	细胞膜
化能合成作用		无	有
繁殖方式		有性或无性，方式多种	多数进行二分裂

二、真核微生物的主要类群

真核微生物主要包括动物界（Animalia）的原生动物（Protozoa），植物界（Plantae）的显微藻类

（Microalgae），以及菌物界（Mycetalia）的黏菌（Myxomycetes）、假菌（Pseudofungi）和真菌（Fungi）。

- 真核微生物
  - 植物界：显微藻类
  - 动物界：原生动物
  - 菌物界
    - 黏菌
    - 假菌
    - 真菌
      - 单细胞真菌——酵母菌
      - 丝状真菌——霉菌
      - 大型子实体真菌——蕈菌

菌物界是指一大群无叶绿素，依靠细胞表面吸收有机养料，细胞壁一般含有几丁质或纤维素、葡聚糖的真核微生物。菌物种类繁多，是自然界中仅次于昆虫的一大类生物，已被记载的有10多万种，估计全球有500多万种之众。菌物界一般包括真菌、黏菌和假菌（卵菌等），其中真菌是很重要的真核微生物，本章将重点介绍。真菌按其外观形态又可分为酵母菌、霉菌及各类蕈菌（即高等真菌），蕈菌在自然界分布广泛、种类众多，其中不乏食用菌和药用菌。

三、真核微生物的细胞结构

（一）细胞壁

具有细胞壁的真核微生物主要是真菌（包括酵母菌和丝状真菌）和藻类。

1. 真菌的细胞壁 主要成分是多糖，另有少量的蛋白质和脂类。多糖构成细胞壁中有形的微纤维与无定形基质的物质基础。微纤维部分似建筑物中的钢筋，都是单糖的$\beta(1\rightarrow4)$聚合物，可使细胞壁保持坚韧；基质似混凝土等充填物，包括甘露聚糖、$\beta(1\rightarrow3)$、$\beta(1\rightarrow6)$和$\alpha(1\rightarrow3)$葡聚糖以及少量蛋白质。许多研究发现，不同的真菌，其细胞壁所含多糖的种类也不同，在低等真菌中以纤维素为主，酵母菌以葡聚糖为主，而发展至高等陆生真菌时，则以几丁质为主。

即便是同一种真菌，在其不同生长阶段，细胞壁的成分也会出现明显的变化，且与其功能和进化历史相关。例如鲁氏毛霉（*Mucor rouxianus*）细胞壁的几丁质含量在孢囊孢子中仅2%，至酵母型阶段含8%，菌丝型阶段为9%，而在孢囊梗中则含18%。真核微生物细胞壁的功能与原核微生物类似，除具有固定外形作用外，还有保护细胞免受各种外界因子（如渗透压、病原微生物等）损伤等功能。

（1）酵母菌的细胞壁 厚度为25～70nm，重量约占细胞干重的25%，主要成分为葡聚糖、甘露聚糖、几丁质和蛋白质，另有少量脂质。它们在细胞壁上自外而内的分布次序是甘露聚糖、蛋白质、葡聚糖。葡聚糖位于细胞壁的内层，是赋予酵母细胞机械强度的主要物质基础。甘露聚糖是甘露糖分子以$\alpha-(1\rightarrow6)$相连的分枝状聚合物，位于细胞壁外侧，呈网状，假如将甘露聚糖去除，细胞仍可维持正常形态。蛋白质夹在葡聚糖和甘露聚糖中间，呈三明治状，它常与甘露聚糖共价结合而形成复合物。这些蛋白质除少数为结构蛋白外，多数是起催化作用的酶，如葡聚糖酶、甘露聚糖酶、蔗糖酶、碱性磷酸酶和酯酶等。

不同种、属酵母菌的细胞壁成分差异也很大，且并非所有酵母都含有甘露聚糖。例如，酵母属（*Saccharomyces*）和荚膜内孢霉（*Endomyces capsulata*）的细胞壁成分以葡聚糖为主，只含少量甘露聚糖；一些裂殖酵母则仅含葡聚糖而不含甘露聚糖，并含有较多的几丁质来取代甘露聚糖。

（2）丝状真菌的细胞壁 以研究较多的粗糙脉孢菌为例，其最外层由$\beta(1\rightarrow3)$和$\beta(1\rightarrow6)$无定形葡聚糖组成（厚度为87nm）；接着是由糖蛋白组成的、嵌埋在蛋白质基质层中的粗糙网（厚49nm）；再下为蛋白质层（厚9nm）；最内层的壁由放射状排列的几丁质微纤维丝组成（厚18nm）。

2. 藻类的细胞壁　厚度一般为10～20nm，也有更薄的，如蛋白核小球藻的壁仅为3～5nm。其结构骨架多由纤维素组成，它以微纤丝的方式成层状排列（占干重的50%～80%），其余为间质多糖。间质多糖主要是杂多糖，还含少量蛋白质和脂类。杂多糖的具体种类随种而异。

（二）鞭毛与纤毛

在某些真核微生物细胞的表面着生或长或短的毛发状细胞器，具有运动功能，较长者（150～200μm）称为鞭毛（flagellate），较短者（5～10μm）则称为纤毛（cilia）。真核生物的鞭毛与原核生物鞭毛在运动功能上虽相同，但在构造、运动机制和所耗能源形式等方面都有显著的差别。

具有鞭毛的真核微生物有鞭毛纲的原生动物以及藻类和低等水生真菌的游动孢子或配子等。具有纤毛的真核微生物主要是属于纤毛纲的各种原生动物，例如常见的草履虫等。

鞭毛与纤毛的构造基本相同，都由伸出细胞外的鞭杆、嵌埋在细胞质膜上的基体以及把这两者相连的过渡区这三部分组成。鞭杆的横切面呈“9+2”型，即中心有一对包在中央鞘内的相互平行的中央微管，其外围绕一圈（9个）微管二联体，整个鞭杆由细胞质膜包裹。

（三）细胞质膜

细胞质膜（cytoplasmic membrane）简称细胞膜，作为细胞与外界环境的一道屏障，具有物质交换、细胞间的关联、表面吸附以及生物合成与分泌等诸多功能。真核生物的细胞都有细胞质膜的构造，对没有细胞壁的真核细胞来说，细胞质膜就是它的外部屏障。真核细胞与原核细胞在其质膜的构造和功能上十分相似，因此仅以表格形式说明二者的主要差别（表3-2）。

表3-2　真核生物与原核生物细胞质膜的差异

项目	原核生物	真核生物
甾醇	无（支原体例外）	有（胆甾醇、麦角甾醇等）
磷脂种类	磷酯酰甘油和磷酯酰乙醇胺等	磷酯酰胆碱和磷酯酰乙醇胺等
脂肪酸种类	直链或分枝、饱和或不含饱和脂肪酸；每一磷脂分子常含饱和与不饱和脂肪酸各一	高等真菌：含偶数碳原子的饱和或不饱和脂肪酸 低等真菌：含奇数碳原子的不饱和脂肪酸
糖脂	无	有（具有细胞间识别受体功能）
电子传递链	有	无
基团转移运输	有	无
胞吞作用	无	有

（四）细胞核

细胞核（nucleus）是细胞内遗传信息（DNA）储存、复制和转录的主要场所，外形为球状或椭圆体状。

一切真核生物都有形态完整、由核膜包裹的细胞核，它对细胞的生长、发育、繁殖和遗传、变异等生命活动起着决定性的作用。每个细胞通常只含1个核，有的含2个甚至多个，例如须霉属和青霉属的真菌，有些细胞内可含有多达20～30个核，占细胞总体积的20%～25%；而在真菌的菌丝顶端细胞中，常常找不到细胞核。

真核生物的细胞核由核被膜、染色质、核仁和核基质等构成。核被膜是包在细胞核外、由核膜和核纤层两部分所组成的外被，其上有许多核孔。染色质是DNA与组蛋白、其他蛋白和少量RNA组成的一种线形复合构造，其基本单位是核小体，可被苏木精等碱性染料染色。当细胞不处于复制时期，这种复合结构呈分散的胶团状物质，称染色质；当细胞处于有丝分裂或减数分裂时期，染色质浓缩并卷曲形成致密结构，称染色体。真菌的染色体形状较小，而且从遗传学的研究已知，不同真菌的染色体数量差异较大。核仁则是细胞核中一个没有膜包裹的圆形或椭圆形小体，是染色质浓缩形成的区域，它依附于染色体的一定位置上，在细胞有丝分裂前期消失，后期又重新出现；每个核内有 1 至数个，富含蛋白质和 RNA；其大小随细胞中蛋白质合成的强弱而相应变化，是真核细胞中合成 rRNA 和装配核糖体的主要部位。

（五）细胞质和细胞器

位于细胞质膜和细胞核间的透明、黏稠、不断流动并充满各种细胞器的溶胶，称细胞质（cytoplasm）。组成真核生物细胞质的有细胞基质、细胞骨架和各种细胞器。

1. 细胞基质和细胞骨架 在真核细胞质中，除可分辨的细胞器以外的胶体状溶液，称细胞基质或细胞溶胶，它含有赋予其一定机械强度的细胞骨架和丰富的酶等蛋白质（占细胞总蛋白的 25% ~ 50%）、各种内含物以及中间代谢物等，因此是细胞代谢活动的重要基地。

细胞骨架是由微管、肌动蛋白丝和中间丝三种蛋白质纤维构成的细胞支架。其中的微管是直径为 24nm 的中空管状纤维，其成分是微管蛋白。它含有 α 和 β 两个十分相似的亚基，这种双体分子按螺旋方式盘绕成只有一层分子的微管壁。微管可分散或成束存在于细胞基质中，具有支持功能，有的还有运输功能；此外，还可构成细胞分裂时的纺锤体以及鞭毛和纤毛。

肌动蛋白丝又称为微丝，是一种宽 4 ~ 7nm、由肌动蛋白组成的实心纤维。其单体呈哑铃状，许多单体连成长串，两长串以右手螺旋方式缠绕成束后即为肌动蛋白丝，若对它提供 ATP 形式的能量，就能发生收缩。中间丝即中间纤维，是一种直径为 8 ~ 10nm（介于微管与肌动蛋白丝之间）的蛋白纤维，具有支持和运动功能。

2. 内质网和核糖体 内质网（endoplasmic reticulum，ER）是指细胞质中一个与细胞基质相隔离但彼此相通的囊腔和细管系统，内质网膜为脂质双分子层结构。其内侧与核被膜的外膜相通，核周间隙也是内质网腔的一部分。内质网分为两类，它们间相互连通，其中之一是在膜上附有核糖体颗粒，称粗面内质网（rough ER），具有合成和运送胞外分泌蛋白的功能；另一类为膜上不含核糖体的光面内质网（smooth ER），与脂类代谢和钙代谢等密切相关，主要存在于某些动物细胞中。

核糖体（ribosome）又称为核蛋白体，是存在于一切细胞中的无膜包裹的颗粒状细胞器，具有蛋白质合成功能。真核生物中的核糖体直径为 25 ~ 30nm，主要成分是蛋白质（约 40%）和 RNA（约 60%），两者共价结合在一起。核糖体蛋白分布在核糖体表面，核糖体 RNA（ribosome RNA，rRNA）位于核糖体内侧。每个细胞都含有大量核糖体，即使是最简单的原核生物如支原体的细胞中也含有数百个核糖体。真核细胞的核糖体较原核细胞的大，其沉降系数为 80S，由 60S 和 40S 的两个小亚基组成。核糖体除分布在内质网和细胞基质中外，还分布于线粒体和叶绿体中。细胞质中游离的核糖体主要合成细胞内所需的蛋白质；附着于粗面内质网和细胞核膜上的核糖体主要合成插入细胞质膜的蛋白质（包括胞外蛋白）；存在于线粒体的核糖体则合成线粒体自身所需的蛋白质。

3. 高尔基体（golgi body） 由意大利学者高尔基于 1898 年首先在神经细胞中发现，是一种由若干（一般 4 ~ 8 个）平行堆叠的扁平膜囊和大小不等的囊泡所组成的膜聚合体，其上无核糖体颗粒附着。由粗面内质网合成的蛋白质输送到高尔基体中浓缩，并与其中合成的糖类或脂类结合，形成糖蛋白和脂蛋白的分泌泡，再通过外排作用而分泌到细胞外。

因此，高尔基体是合成、分泌糖蛋白和脂蛋白以及对某些无生物活性的蛋白质原如胰岛素原、胰高血糖素原和血清白蛋白原等进行酶切加工的重要细胞器，也是对合成新细胞壁和质膜提供原材料的重要细胞器。总之，高尔基体是协调细胞生化功能和沟通细胞内外环境的一个重要细胞器，通过它的参与和对“膜流”的调控，就把细胞核被膜、内质网、高尔基体和分泌泡囊的功能连成了一体。在真菌中，目前发现高尔基体者仅限于根肿菌、前毛壶菌、卵菌和腐霉等少数低等真菌。

4. 溶酶体（lysosome） 是一种由单层膜包裹、内含多种酸性水解酶的囊泡状细胞器。动物、真菌和一些植物细胞中都存在着溶酶体。溶酶体中一般含有40种以上的酸性水解酶，它们的最适pH在5左右，因此消化作用只在溶酶体内部发生。它可以水解外来蛋白质、多糖、脂类以及DNA和RNA等大分子。溶酶体的功能是进行细胞内消化，它与吞噬泡或胞饮泡结合后，可消化其中的颗粒状或水溶性有机物，也可消化自身细胞产生的碎渣，因而具有提供细胞营养及防止外来微生物或异体物质侵袭的作用。溶酶体的种类很多，根据其所结合对象的性质可分为吞噬溶酶体（与吞噬泡结合）、多泡体（与胞饮泡结合）或自噬溶酶体（与内源性结构结合）等。当细胞坏死时，溶酶体膜破裂，其中的酶会导致细胞自溶。

5. 微体（microbody） 是单层膜包裹的、与溶酶体相似的球形细胞器，但微体中所含的酶与溶酶体不同。在动、植物和真核微生物细胞中，微体主要含有过氧化物酶和过氧化氢酶，所以又称为过氧化酶体，它可使细胞免受H_2O_2的毒害，并能分解氧化脂肪酸。在不同生物、不同个体和不同的内外条件下，过氧化物酶体的数目、形态、大小和功能有所不同，这点与溶酶体很相似。例如，在糖液中生长的酵母菌，其过氧化物酶体很小；如果在甲醇溶液中培养，则其过氧化物酶体相对较大；而当其生长在脂肪酸培养基中时，过氧化物酶体的活动非常发达，并可迅速将脂肪酸分解成乙酰辅酶A。

6. 线粒体（mitochondrion） 是一种进行氧化磷酸化反应的重要细胞器，其功能是把蕴藏在有机物中的化学潜能转化成生命活动所需能量（ATP），所以线粒体可以说是一切真核细胞的“动力车间”。典型线粒体的外形和大小酷似一个杆菌，一般直径为0.5~1.0μm，长度为1.5~3.0μm。不同细胞种类或在不同生理状态下，其形态和长度变化很大。每个细胞所含线粒体数量一般为数百至数千个，变化也很大。例如，有的鞭毛虫只有一个线粒体，而巨大变形虫则有50万个线粒体。

线粒体的构造较为复杂，外形囊状，由内、外两层膜包裹，囊内充满液态的基质。外膜平整，内膜则向基质内伸展，从而形成大量由双层内膜构成的嵴，嵴的存在极大地扩展了内膜进行生物化学反应的面积。在内膜的表面上着生有许多基粒，即ATP合成酶复合体，每个线粒体中有10^4~10^5个。

线粒体的功能是将底物通过电子传递链和氧化磷酸化反应的偶联来实现呼吸产能。在酵母菌的实验中，过去曾因电镜制片技术的缺陷而认为它在无氧条件下进行发酵时是没有线粒体的，后来采用冰冻刻蚀技术后发现，在无氧条件下，酵母菌形成的是只有外膜而无内膜和嵴的极其简单的线粒体，当把它转移到有氧条件下进行呼吸产能时，不是从无到有，而是从无功能的简单结构转变成有正常结构和功能的线粒体。

7. 叶绿体（chloroplast） 是一种由双层膜包裹、能转化光能为化学能的绿色颗粒状细胞器，只存在于绿色植物（包括藻类）的细胞中。具有进行光合作用（利用太阳能将CO_2和H_2O合成为葡萄糖，并释放O_2）的重要功能。

叶绿体的外形多为扁平的圆形或椭圆形，略呈凸透镜状；但在藻类中，叶绿体的形态变化很大，有的呈螺旋带状，如水绵属，有的呈杯状，如衣藻属，也有呈板状或星状的。叶绿体的构造由叶绿体膜（或称外被）、类囊体和基质三部分组成。

叶绿体膜是控制代谢物质进出叶绿体的屏障。外膜的特点是通透性大，内膜的特点是选择性强。基质是一种充满在叶绿体膜与类囊体之间的胶状物质，内含核糖体、双链环状DNA以及RNA、淀粉粒和核酮糖二磷酸羧化酶等物质。

8. 液泡（vacuole） 是存在于真菌和藻类等植物细胞中的一种由单位膜分隔的细胞器。其形态、大小随细胞年龄和生理状态而变化，一般老龄细胞有大而明显的液泡。真菌的液泡中主要含有糖原、脂肪、多磷酸盐等贮藏物，精氨酸、鸟氨酸和谷氨酰胺等碱性氨基酸，以及蛋白酶、酸性和碱性磷酸酯酶、纤维素酶、核酸酶等各种酶类。液泡不仅具有维持细胞渗透压、贮存营养物等功能，而且还有溶酶体的作用，因为它可以把蛋白酶等水解酶与细胞质隔离，防止细胞损伤。

9. 膜边体（lomasome） 又称须边体，是许多真菌所特有的细胞器，位于菌丝细胞四周质膜和细胞壁间，由单层膜包裹。形态多样，有管状、囊状、球状、卵圆状或多层折叠膜状，内含泡状物或颗粒状物。其功能可能与分泌水解酶或合成细胞壁有关。

10. 几丁质酶体（chitosome） 又称壳质体，是活跃于各种真菌菌丝顶端细胞中的微小泡囊，直径40～70nm，内含几丁质合成酶。其功能主要是把其中所含的几丁质酶运送到菌丝顶端细胞壁表面，使该处不断合成几丁质微纤维，从而保证菌丝不断向前延伸。

11. 氢化酶体（hydrogenosome） 是单层膜包裹的球状细胞器，内含氢化酶、氧化还原酶、铁氧还蛋白和丙酮酸。通常存在于鞭毛基体附近，为其运动提供能量。目前仅在反刍动物瘤胃中的厌氧性原生动物和厌氧性真菌中发现了氢化酶体。

第二节　酵母菌 微课2

酵母菌（yeast）泛指以出芽生殖为主、形态结构简单、可进行糖类发酵的各种单细胞真菌。“酵母菌”不是一个分类学上的名称，而是一类单细胞真菌的通俗称谓。

酵母菌在分类学上通常隶属于子囊菌亚门。虽然很难给酵母菌一个准确的定义，不过酵母菌通常具有以下几点特征：在形态上，个体一般以单细胞状态存在；在繁殖方面，多数进行出芽繁殖（无性）或裂殖，少数酵母菌在特定环境下可产生子囊孢子；产能方式，常以发酵糖类产能；细胞壁成分，通常含甘露聚糖；经常生活在含糖较高、酸度较大的水生或潮湿的环境中。

一、酵母菌的分布及与人类的关系

近代酿酒工业的发展，极大促进了人类对于酵母菌的认识与研究。在1875年，丹麦嘉士伯啤酒厂就建立了全球首个酵母菌生物学实验室。1883年，E. C. Hansen首次获得了酿酒酵母的纯种。目前，已发现500多种酵母菌与人类生产、生活密切相关。酵母菌对人有利也有害，不过通常是利大于害。

酵母菌在自然界的分布很广，主要生长在偏酸的含糖环境中。部分酵母菌可以利用石油，因此在油田和炼油厂附近的土层中能发现此类酵母菌。也有些酵母菌生活在高等动物的肠道内，或是人的指甲、头发、眼、血液、肾、呼吸道等处。

酵母菌的应用起源很早，在食品酿造、医药化工、废水处理、石油加工等方面占有重要地位。酵母菌的菌体及其细胞成分也可以作为实验研究材料。酵母菌生长快，蛋白含量高，所以也是一种优良的单细胞蛋白（sing - cell protein，SCP），基因工程中酵母菌被用作表达外源蛋白的优良“工程菌”。在石油工业中，酵母菌能把石油中的多种烃氧化，并生成产物如α - 酮戊二酸、柠檬酸等；在环境保护方面用于处理各种工业废水，效果很好。

然而，部分酵母菌也会给人带来危害。腐生型酵母菌能使食物、纺织品和其他原料腐败变质，有的酵母菌是发酵工业的污染菌，致病性酵母菌还会引起人和动物病害，例如白假丝酵母（*Canidia albicans*）和新型隐球菌（*Cryptococcus neoformans*）可引起皮肤黏膜、呼吸道、消化道以及泌尿系统炎症等多种疾病。

二、酵母菌细胞的形态与构造

酵母菌是一类单细胞真菌，常见的形态有卵圆形、球形、圆柱形或香肠状，有时子代与母代细胞连在一起暂不分开，故呈假菌丝状。最典型的酵母菌是酿酒酵母（*Saccharomyces cerevisiae*），其细胞的大小为(2.5～10)μm×(4.5～21)μm，其形态与构造见图3－1。

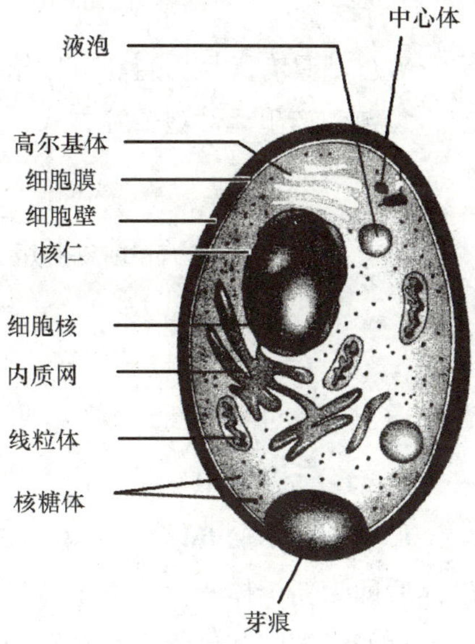

图3－1　酵母菌细胞构造模式图

（一）细胞壁

酵母菌的细胞壁厚约25nm，重量为细胞干重的25%，主要成分为葡聚糖（30%～34%）和甘露聚糖（30%），此外含有脂类（8.5%～13.5%）、蛋白质（6%～8%），几丁质含量因种类而异，一般在2%左右。酵母菌的细胞壁可用蜗牛消化酶水解，制成原生质体，这种酶还可用来水解酵母菌的子囊壁，以便释放其中的子囊孢子。

（二）细胞膜

酵母菌细胞膜由三层结构组成，主要成分为蛋白质（约50%）、类脂（约40%）和少量糖类。细胞膜中含有甾醇，能够增强细胞膜强度，甾醇中的麦角甾醇是维生素D合成的原料，所以细胞膜也是维生素D的重要来源。

酵母菌细胞膜成分
- 蛋白质（50%）：包括一些酶
- 类脂（40%）
  - 甘油的单、双、三酯
  - 甘油磷脂
    - 磷脂酰胆碱（卵磷脂）
    - 磷脂酰乙醇胺
  - 甾醇
    - 麦角甾醇：维生素D的前体
    - 酵母甾醇
- 糖类：甘露聚糖等

（三）细胞核

酵母菌的细胞核由双层核膜包围，形状比较固定。核内有可见的线状染色体，其数目因种而异，少则几条，多则十几条。由DNA与组蛋白牢固结合而成，每条染色体上都有着丝点。核内还有一个或多个核仁，是合成核糖体的场所。细胞核的主要功能是携带有整个细胞的遗传信息，是酵母菌所有生化反应、遗传学过程的控制中心，在代谢和繁殖中起主要作用。

除了酵母菌细胞核内含有DNA外，在线粒体、2μm质粒（2μm plasmid）和线状质粒中也含有DNA。这里提到的2μm质粒是1967年在酿酒酵母（*Saccharomyces cerevisiae*）中发现的，是一个位于细胞核内的闭合环状超螺旋DNA分子，因其长度约为2μm（6kb）而得名。一般每个酵母菌细胞含有60～100个2μm质粒，其生物学功能虽然还不清楚，但是可以作为研究基因调控和染色体复制的理想系统，也可以作为酵母菌转化的重要有效载体，并由此构建“工程菌”。

此外，某些成熟的酵母菌细胞中，还有液泡、线粒体及微体等细胞器，可参考本章第一节中的相关部分，这里不再重复介绍。

三、酵母菌细胞的繁殖方式与生活史

酵母菌具有无性繁殖和有性繁殖两种繁殖方式，大多数酵母菌以无性繁殖为主。无性繁殖又包括芽殖、裂殖和产生无性孢子等方式，有性繁殖主要是产生子囊孢子。繁殖方式对酵母菌的鉴定极为重要。

- 酵母菌的繁殖方式
  - 无性
    - 芽殖：各属都存在
    - 裂殖：在裂殖酵母菌（*Schizaccharomyces*）中存在
  - 产无性孢子
    - 节孢子
    - 掷孢子：有性（产子囊孢子）
    - 厚垣孢子

通常把只进行无性繁殖的酵母菌称为假酵母（拟酵母），把进行有性繁殖的酵母菌称为真酵母。

（一）无性繁殖

1. 芽殖（budding） 是酵母菌最普遍的繁殖方式。母细胞表面通常外突长出芽细胞，芽细胞脱离母体后即为新个体——芽孢子或芽细胞（图 3－2，图 3－3）。某些酵母菌如产朊假丝酵母（*Candida utilis*）的子细胞和母细胞有时不会立即分开，其间仅以狭小面积相连，形成藕节状的细胞串，称假菌丝（pseudohyphae）。如果子细胞和母细胞连接，其间横隔面积与细胞直径一致，形成竹节状细胞串，则称真菌丝（euhyphae），比如丝状真菌的菌丝。当芽细胞离开母细胞后，遗留在母细胞上的痕迹称为出芽痕（bud scar），留在子细胞上的痕迹则称为诞生痕（birth scar）。

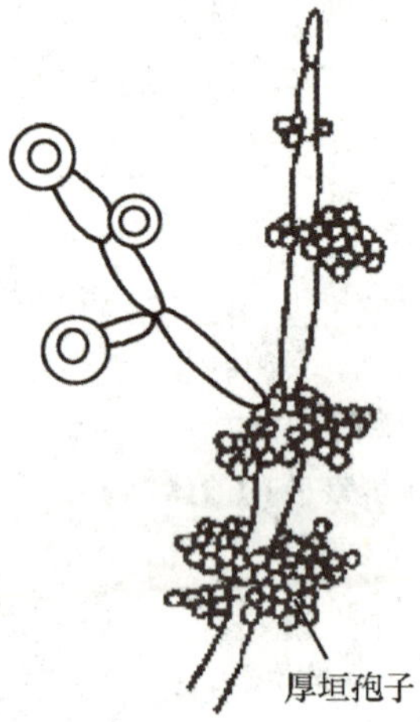

图 3－2　酵母菌假菌丝的形成

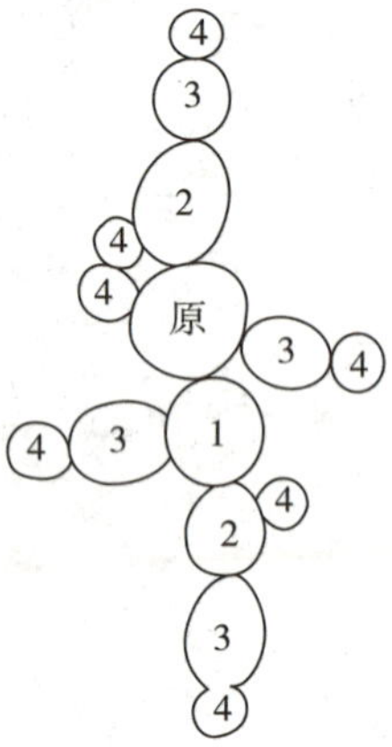

图 3－3　酵母菌出芽顺序模式图

2. 裂殖（fission） 酵母菌的裂殖与细菌裂殖相似。其过程是细胞伸长，核分裂为二，细胞中央出现隔膜，将细胞横分为两个大小相等、各具一个核的子细胞。进行裂殖的酵母种类很少，比如裂殖酵母属（*Schizosaccharomyces*）中的八孢裂殖酵母（*Schizosaccharomyces octosporus*）就是其中一种。

3. 无性孢子繁殖 有些酵母菌可通过形成一些无性孢子进行繁殖。如地霉属（*Geotrichum*）可让成熟菌丝呈竹节状断裂，产生大量的节孢子（arthrospore）；掷孢酵母属（*Sporobolomyces*）可在卵圆形营养细胞上生出小梗，其上产生掷孢子（ballistospore），掷孢子成熟后通过特有的喷射机制射出；白假丝酵母（*Candida albicans*）等则能在假菌丝的顶端产生细胞壁加厚的厚垣孢子（chlamydospore）。

（二）有性繁殖

一些酵母菌如酵母属（*Saccharomyces*）和接合酵母属（*Zygosaccharomyces*）等可通过形成子囊

（ascus）和子囊孢子（ascospore）的方式进行有性繁殖。其过程是通过邻近的两个形态相同而性别不同的细胞分别伸出一根管状原生质突起，相互接触、融合并形成一个通道，细胞质结合（质配），两个细胞核在此通道内结合（核配），形成双倍体细胞，并随即进行减数分裂，形成4个或8个子核，每一子核和其周围的原生质形成孢子。含有孢子的细胞称为子囊，子囊内的孢子称为子囊孢子。

酵母菌的菌种不同，其子囊和子囊孢子的形状也会有所差异，子囊孢子形状是酵母菌分类鉴定的重要依据之一。通常，处于幼龄的酵母细胞在适宜的培养基和良好的环境条件下，才易形成子囊孢子。在合适的条件下，子囊孢子又可萌发成新的菌体。

（三）酵母菌的生活史

上一代个体经过一系列生长、发育阶段而产生下一代个体的全部过程，为该生物的生活史或生命周期。根据营养体细胞中染色体的套数是单倍体（n）还是双倍体（$2n$），通常将酵母菌的生活史分为单双倍体型、单倍体型和双倍体型三种类型。

1. 单双倍体型　该类型以酿酒酵母（*Saccharomyces cerevisiae*）为主要代表，主要特征表现为：通常情况下均以营养体的状态通过出芽方式进行繁殖；营养体既可以单倍体也可以双倍体形式存在；在某些特定的条件下，如在产孢培养基中可进行有性繁殖（图3－4）。

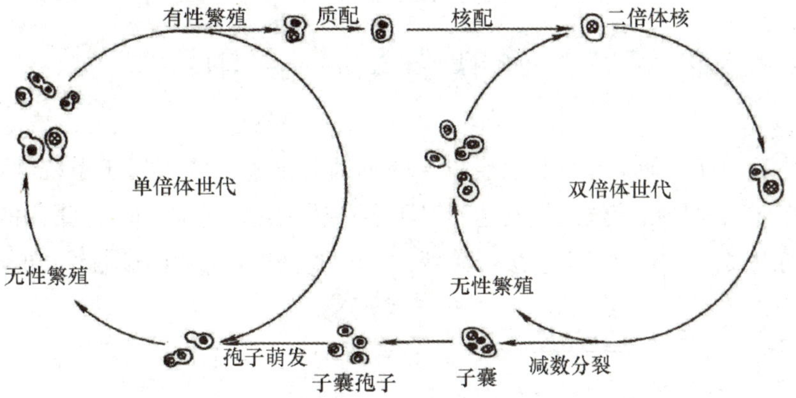

图3－4　酿酒酵母（*S. cerevisiae*）的生活史

2. 单倍体型　八孢裂殖酵母（*Schizosaccharomyces octosporus*）是这类生活史的代表（图3－5）。其特点是：营养细胞为单倍体；无性繁殖方式为裂殖；双倍体细胞不能独立生活，故双倍体的阶段很短。

3. 双倍体型　这类生活史以路德类酵母（*Saccharomyces ludwigii*）代表（图3－6）。其特点为：营养体为双倍体，不断进行芽殖，双倍体阶段较长；单倍体的子囊孢子在子囊内发生结合；单倍体阶段只以子囊孢子形式存在，因此不能进行独立生活。

（四）酵母菌的菌落

典型的酵母菌都是单细胞的真核微生物，所以菌落的形态特征与细菌很相似，但比细菌大而厚、更湿润，表面光滑，多数不透明，黏稠，菌落颜色单调，多数呈乳白色，少数红色，个别黑色。酵母菌生长在固体培养基表面，容易用针挑起，菌落质地均匀，正、反面及中央与边缘的颜色基本一致。不产生假菌丝的酵母菌的菌落更隆起，边缘十分圆整；形成大量假菌丝的酵母，菌落较平坦，表面和边缘粗糙。另外，由于存在乙醇发酵，酵母菌的菌落还会散发出一股酒香味。其菌落的主要特征也是分类鉴定的重要依据之一。

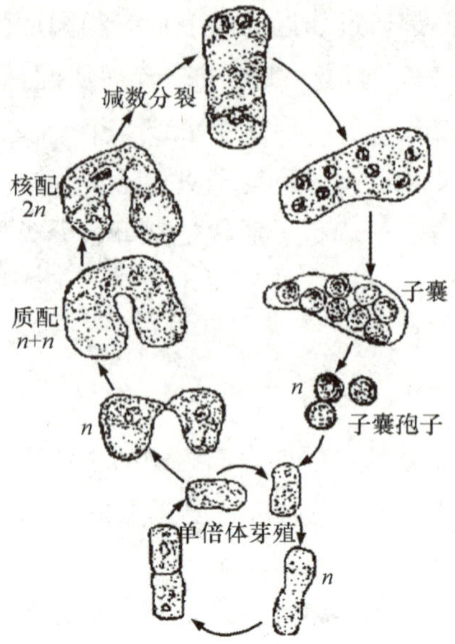

图3-5 八孢裂殖酵母（*S. octosporus*）的生活史

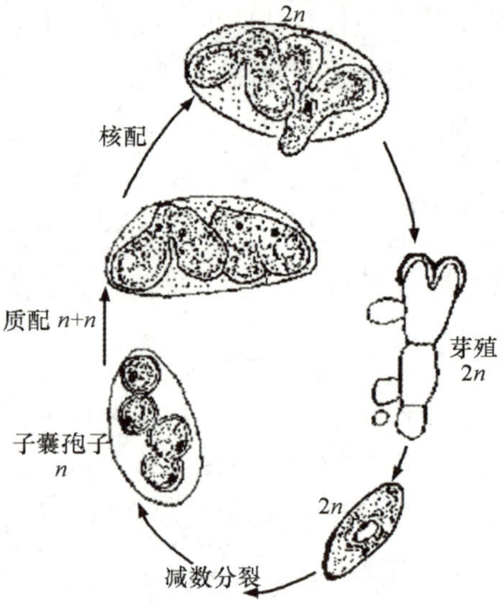

图3-6 路德类酵母（*S. ludwigii*）的生活史

第三节 丝状真菌——霉菌 微课3

丝状真菌俗称霉菌，有“能引起物品发生霉变的真菌”之意，它不属于系统学或分类学上的概念，只是一个通俗的名称，通常是指菌丝体较发达而又不会产生大型子实体的一类真菌的统称。在 Ainsworth 的分类系统中，它们隶属于鞭毛菌亚门、接合菌亚门、子囊菌亚门、担子菌亚门和半知菌亚门。

一、霉菌的分布与人类的关系

霉菌在自然界的分布极其广泛。在土壤、水域、空气、生物体、腐败的有机物上均有分布。和酵母菌一样，霉菌喜欢偏酸性和含糖的环境，大多数霉菌为好氧型微生物，多数腐生，少数寄生。霉菌在适宜的条件下能够大量繁殖，是一群数量非常庞大的真核微生物，也是人类最早认识并加以利用的微生物，但有时也会给人类带来许多危害，兼具利和害的双重作用。

霉菌与人类的关系极其密切，很多霉菌具有较强并完善的酶系统，其糖化酶、淀粉酶、蛋白酶、纤维素酶等的活性较高，因此广泛应用于工业、农业、医药、环保等领域。①在食品生产方面，霉菌多用于制曲、造酱、酿酒和食品发酵；②在近现代工业中，被用于生产乙醇、氨基酸、维生素、有机酸、抗生素、酶制剂、甾体药物、植物生长激素和生物碱等；③在环保方面，霉菌还可用于污水和生活垃圾的处理等；④在生物学研究方面，霉菌还作为良好的研究材料，如粗糙脉孢菌（*Neurospora crassa*）和构巢曲霉（*Aspergillus nidulans*）等在生化与遗传学研究中发挥着重要的作用。因此，霉菌具有非常广阔的开发、应用前景。

然而，部分霉菌也会给人类带来很多危害：①有的可以引起食品、药品、服装、纺织品、皮革、木器、光学仪器、电工器材等工农业产品的霉变；②霉菌是植物的主要病原菌，引起植物病害如马铃薯晚疫病、稻瘟病、玉米黑粉病、大豆和小麦秆锈病等；③不少致病性霉菌还能引起动物和人体传染病，如皮肤癣菌引起各种癣症，球状鳞斑霉（*Malasszia globosa*）可以头皮上的脂肪为营养进行繁殖，引起人的头皮屑症；④另外，少数霉菌能产生毒性极强的真菌毒素，如黄曲霉菌（*Aspergillus flavus*）产生的黄曲霉毒素（aflatoxin）等。

二、霉菌细胞的形态与结构

（一）营养菌丝及其延伸过程

丝状真菌即霉菌的营养体的基本单位是菌丝（单数形式 hypha，复数形式 hyphae），菌丝为分枝管状，根据其是否具有隔膜，可分为无隔菌丝和有隔菌丝两类，较为低等的霉菌如毛霉属（*Mucor*）和根霉属（*Rhizopus*）一般没有隔膜，较为高等的如曲霉属（*Aspergillus*）和青霉属（*Penicillium*）一般有隔膜。菌丝直径一般为 3 ~ 10 μm，大小与酵母细胞类似，是细菌或放线菌的细胞大小的 10 倍左右。利用载片培养等技术，能够容易地观察到菌丝的形态和构造。

1. 菌丝细胞的构造 菌丝细胞由厚实、坚韧的细胞壁所包裹，其内有细胞膜，再向内就是充满着细胞质的细胞腔。细胞核也由双层的核膜包裹，其上有许多膜孔，核内有核仁。在细胞质中存在着液泡、线粒体、内质网、核糖体、泡囊和膜边体（lomasome）等细胞器。其中，膜边体是一种特殊的膜结构，位于细胞壁和细胞膜之间，由单层膜包围而成，形状变化很大，有管状、囊状、球状、卵圆状或为多层折叠状等存在于细胞周围，有点类似于细菌中的间体。尚未清楚其具体功能，可能与细胞壁形成有关。

2. 菌丝顶端构造与延伸 霉菌菌丝的顶端包括延伸区、硬化区、次生壁形成区、成熟区、隔膜区。菌丝顶端延伸区和硬化区的内层是几丁质层，外层为蛋白质层；次生壁形成区就是亚顶端部位，其由内至外是几丁质层、蛋白质层和葡聚糖蛋白质层；再下面就是成熟区，其由内至外相应地为几丁质层、蛋白质层、葡聚糖蛋白质层和葡聚糖层；最后就是隔膜区。

霉菌菌丝的细胞结构与酵母细胞相近似，但是菌丝的生长却是由顶端细胞不断延伸来实现的，随着顶端细胞不断向前伸展，细胞壁的成分与形态都会逐渐发生变化，加厚并趋于成熟（图 3－7）。

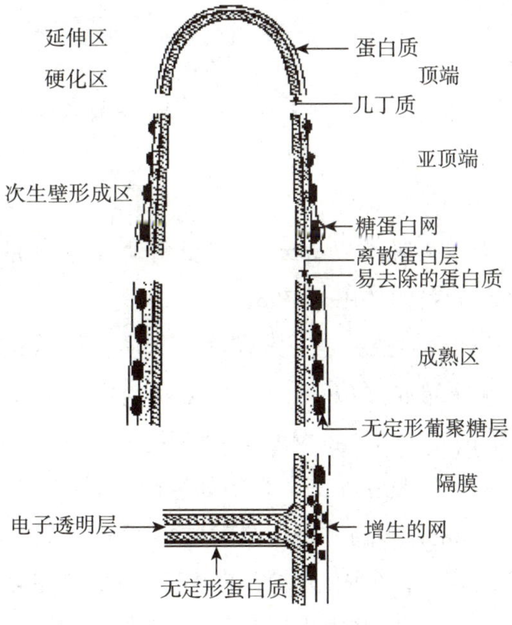

图 3－7 粗糙脉孢菌（*N. crassa*）菌丝尖端成熟过程与细胞壁成分变化

从图 3－7 可看出，粗糙脉孢菌（*N. crassa*）的菌丝顶端包括延伸区和硬化区，硬化区的内层是几丁质，外层是蛋白质，而在亚顶端的次生壁形成区则分别是几丁质层、蛋白质层、糖蛋白网层；在成熟区，由内到外则是几丁质层、蛋白质层、糖蛋白网层和无定形葡聚糖层；最后在隔膜区是由细胞内壁向里延伸而成的环片状构造。

（二）菌丝体及其分化形式

生长基质等条件适宜时，霉菌的孢子就会发芽、生长并形成管状的菌丝，由许多菌丝相互交织的菌丝集团称为菌丝体（单数 mycelium，复数 mycelia）。菌丝体分为两种：可以深入到营养基质内，具有固着与营养吸收功能的营养菌丝体（vegetative mycelium）；伸展到空气或空间中的气生菌丝体（aerial mycelium）。在长期的进化过程中，这两类菌丝体由于自身生理功能的变化和对不同环境的高度适应性，通常会分化成各种特化的构造。以下将分别介绍营养菌丝体和气生菌丝体的特化形态。其中，营养菌丝体的特化形态主要有假根、吸器、附着胞、附着枝、匍匐菌丝、菌环、菌网、菌核、菌索等；气生菌丝体的特化则可形成各种形态的子实体。

- 菌丝体
  - 特化的营养菌丝
    - 吸取养料
      - 假根
      - 吸器
    - 附着
      - 附着胞
      - 附着枝
    - 休眠（或蔓延）
      - 菌核
      - 菌索
    - 延伸：匍匐菌丝
    - 捕食线虫
      - 菌环
      - 菌网
  - 特化的气生菌丝（子实体）
    - 简单
      - 无性
        - 分生孢子头
        - 孢子囊
      - 有性：担子
    - 复杂
      - 无性
        - 分生孢子器
        - 分生孢子座
      - 有性（子囊果）
        - 闭囊壳
        - 子囊壳
        - 子囊盘

1. 营养菌丝体的特化形态

（1）假根（rhizoid）　存在于根霉属（*Rhizopus*）等低等真菌中，是匍匐状菌丝与基质接触分化出来的根状结构，起固着菌体和吸取养料的作用（图 3－8）。

（2）匍匐菌丝（stolon）　又称匍匐枝，是通常在固体基质上形成的、与表面近乎平行又具有延伸功能的匍匐状菌丝。最典型的可在根霉属（*Rhizopus*）中见到（图 3－8）。

（3）吸器（haustorium）　是由专性寄生菌从菌丝上产生的旁枝，为侵入细胞内吸收养料的器官。形态有球状、指状、根状和丝状等。一般专性寄生真菌如锈菌、霜霉菌、白粉菌等都有吸器。

（4）附着胞（appressorium）　是许多植物寄生真菌的孢子萌发后，由其芽管或菌丝顶端膨大而形成的附着性结构。附着胞可分泌黏状物，牢固地黏附在寄主表面，并有利于侵入寄主细胞的角质层。

（5）附着枝（attached branches）　一些寄生真菌的菌丝细胞可以生出 1～2 个细胞的短枝，便于将菌丝附着于宿主上。

（6）菌环和菌网　是捕食性真菌产生的、由菌丝分枝形成的环状或网状组织，主要用于捕捉线虫和其他微小动物。

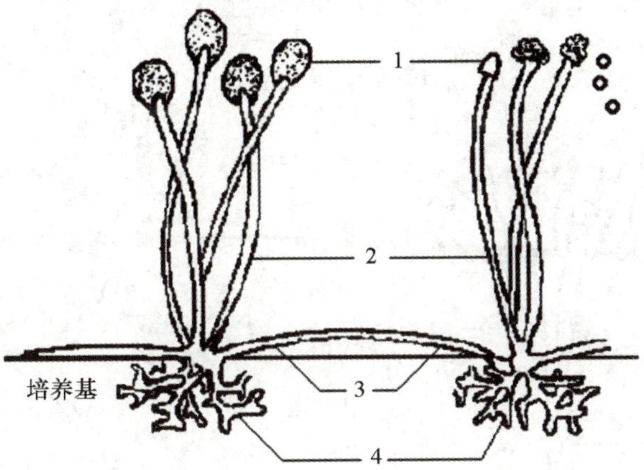

图3-8 根霉属（*Rhizopus*）的形态与结构

1. 孢子囊；2. 孢子囊梗；3. 匍匐菌丝；4. 假根

（7）菌核（sclerotium） 是由菌丝体交织成团状的一种坚硬休眠体。它的外层由深色厚壁菌丝组成，内层由淡色菌丝构成。不同真菌所产生的菌核，其形状和大小也各不相同，药用的茯苓、猪苓、茯神、雷丸和麦角等都是真菌的菌核。引起水稻纹枯病的离心丝核菌（*Rhizoctonia centrifuga*）所形成的菌核仅油菜籽大小，大的茯苓重量可达60kg。在条件适合时，菌核可萌发产生子实体，菌丝和分生孢子等菌核的外层色深、坚硬，内层疏松，大多呈白色。还有许多产生菌核的真菌是植物的病原菌。

（8）菌索（funiculus） 是有些高等真菌的菌丝体平行排列组成长条状似绳索的结构。菌索周围有外皮，尖端是生长点，多生在树皮下或地下，根状，白色或其他各种颜色。它有助于真菌迅速运送物质和蔓延侵染的功能，在不适宜的环境条件下呈休眠状态。

（9）子座（stroma） 是由菌丝体组成的、容纳子实体的一种垫座状组织，是从营养阶段到繁殖阶段的一种过渡的菌丝组织体，由疏丝组织和拟薄壁组织构成。通常是由真菌菌丝和寄主组织混合构成。子座有垫状、壳状及其他各种形状。在子座上面或里面产生各种子实体。子座和子实体是连续形成的，故子座可称作繁殖体的一部分。常见的子座如子囊菌类的冬虫夏草（*Cordyceps sinensis*）、竹黄菌（*Shiraia bambusicola*）等。

2. 气生菌丝体的特化形态 霉菌的气生菌丝体在生长发育后期，通常分化形成各种形态的子实体（fruiting body）。子实体是指在其里面或上面可产生无性或有性孢子，有一定形态和构造的任何菌丝体组织。

（1）结构简单的子实体 产生无性孢子的简单子实体有分生孢子头（如曲霉属 *Aspergillus* 和青霉属 *Penicillium*）和孢子囊（如根霉属 *Rhizopus* 和毛霉属 *Mucor*）（图3-9）。产生有性孢子的简单子实体有担子菌可产生担孢子的担子（basidium）。

（2）结构复杂的子实体 霉菌中可以产生无性孢子，结构复杂的子实体有分生孢子器（pycnidium）、分生孢子座（sporodochium）、分生孢子盘（acervulus）等。①分生孢子器：近圆形，顶部有一小孔口，内壁生有许多短小的分生孢子梗，梗上长有分生孢子。分生孢子器遇水后，大量成熟的分生孢子即从孔口呈纽带状溢出。②分生孢子座：是由菌丝体组成的瘤座状物，上生许多短小的分生孢子梗，梗上着生分生孢子。分生孢子梗以聚生的着生形式聚集成垫状的短梗形式，顶端产生分生孢子，形成孢子座的结构。③分生孢子盘：呈浅碟状，通常在寄主某部位的表皮细胞下发育，产生分生孢子梗和分生孢子。由基质表面突起的盘状菌丝块生出密集的短分生孢子梗的结构。分生孢子梗之间常常生有刚毛。半知菌黑盘孢属（*Melanconium*）即以形成这类分生孢子盘为典型特征。

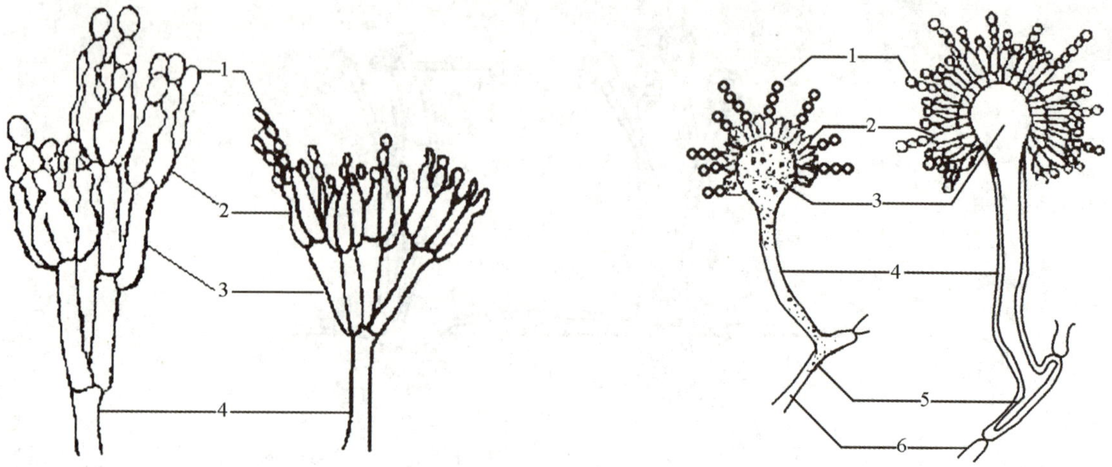

图3-9 青霉（左）和曲霉（右）的分生孢子头

左图：青霉穗。1. 分生孢子；2. 小梗；3. 梗基；4. 分生孢子梗

右图：曲霉穗。1. 分生孢子；2. 小梗与梗基；3. 顶囊；4. 分生孢子梗；5. 足细胞；6. 基内菌丝

在子囊菌中，能够产生有性孢子、结构复杂的子实体称为子囊果（闭囊壳、子囊壳、子囊盘），子囊果是子囊被菌丝包围形成的特殊构造，其结构、形态、大小随菌种而异，根据其外形的差异分为三类（图3-10）。①闭囊壳（cleistothecium）：为无孔口、完全封闭式、呈球形的子囊果，是不整囊菌纲（*Plectomycetes*）中的部分曲霉属（*Aspergillus*）和青霉属（*Penicillium*）真菌的典型重要特征。②子囊壳（perithecium）：近烧瓶形，有孔口，子囊孢子成熟时可从子囊壳突出部分的顶端口孔中散出，为核菌纲（*Pyrenomycetes*）真菌的典型特征之一。③子囊盘（apothecium），是一种开口的、呈盘状或杯状的子囊果，为盘菌纲（*Discomycetes*）真菌特有的构造。

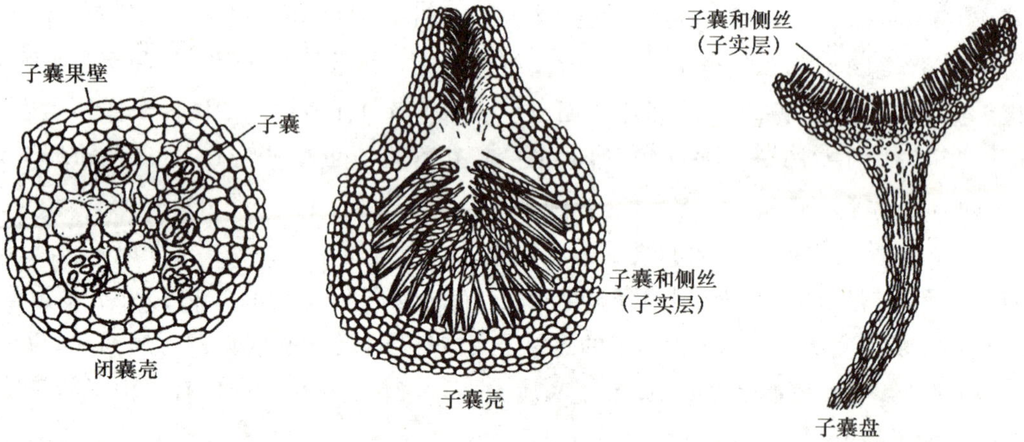

图3-10 三类产生有性孢子的结构复杂子实体

而在担子菌中，能产生有性孢子、结构复杂的子实体称为担子果（basidiocarp），是高等担子菌的产孢构造，形状多样，可分为三种类型。①裸果型：子实层裸露在外，如多孔菌类的非褶菌目（*Aphyllophorales*）等的担子果。②半被果型：子实层开始是封闭的，后来因为子实体开裂而暴露在外，如伞菌类的伞菌目（*Agaricales*）。③被果型：子实层包被在子实体内，担孢子只有在子实体分解或开裂时才能释放出来，如腹菌类的马勃目（*Lycoperdal*）。

3. 菌丝体在液体培养时的特化形态 霉菌在液体培养基中进行通气培养或振荡培养时，会产生菌丝球（mycelial pellet）。这种特化形态有利于氧的传递、营养物和代谢产物的输送，便于菌丝的生长和代谢产物形成。

有研究发现，利用某些霉菌菌株进行深层发酵培养时，菌丝形态对发酵产物的产量有明显的影响。例如产黄青霉菌的深层液体培养，当细胞壁的几丁质酶活性增强时，会促使菌丝体膨胀变短、分支增多，并伴随青霉素产量的提高。此外还发现，黑曲霉（*Aspergillus niger*）和双胞蘑菇（*Agaricus campestris*）在深层液体发酵培养时，也易形成菌丝球。

三、霉菌的孢子

霉菌具有很强的繁殖能力，繁殖方式多种多样，除了菌丝断片可以生长成新的菌丝体外，霉菌主要通过产生大量无性孢子或有性孢子来完成生命的传递。无性繁殖是指不经过两性细胞结合而直接由菌丝分化形成孢子的过程，所产生的孢子称为无性孢子。有性繁殖则是经过两个不同性别细胞的结合，经质配、核配、减数分裂三个阶段形成孢子的过程，产生的孢子称为有性孢子。霉菌孢子的形态和产孢结构的特征是霉菌分类的重要依据。霉菌是真菌中的一大类，其孢子具有真菌孢子的特点（表3-3），一般体积小、数量多而且较为干燥，形态色泽各异，休眠期较长，具有较强的抗逆性。这些特点有助于孢子在自然界的传播和生存。

表3-3　真菌孢子的类型、主要特点和代表种属

孢子名称		染色体倍数	外形	数量	外或内生	其他特点	实例
无性孢子	游动孢子	n	圆、梨、肾形	多	内	有鞭毛，能游动	壶菌
	孢囊孢子	n	近圆形	多	内	水生型有鞭毛	根霉、毛霉
	分生孢子	n	极多样	极多	外	少数为多细胞	曲霉、青霉
	节孢子	n	柱形	多	外	各孢子同时形成	白地霉
	厚垣孢子	n	近圆形	少	外	在菌丝顶或中间形成	总状毛霉
	芽孢子	n	近圆形	较多	外	在酵母细胞上出芽形成	假丝酵母
	掷孢子	n	镰、豆、肾形	少	外	成熟时从母细胞射出	掷孢酵母
有性孢子	卵孢子	$2n$	近圆形	1至几	内	厚壁，休眠	德氏腐霉
	接合孢子	$2n$	近圆形	1	内	厚壁，休眠，大，深色	根霉、毛霉
	子囊孢子	n	多样	一般8	内	长在各种子囊内	脉孢菌、红曲霉
	担孢子	n	近圆形	一般4	外	长在特有的担子上	蘑菇、香菇

（一）无性孢子

霉菌的无性繁殖主要是通过产生各种无性孢子的方式来实现的，常见的无性孢子主要有孢囊孢子、分生孢子、厚垣孢子、节孢子、芽孢子等（图3-11）。

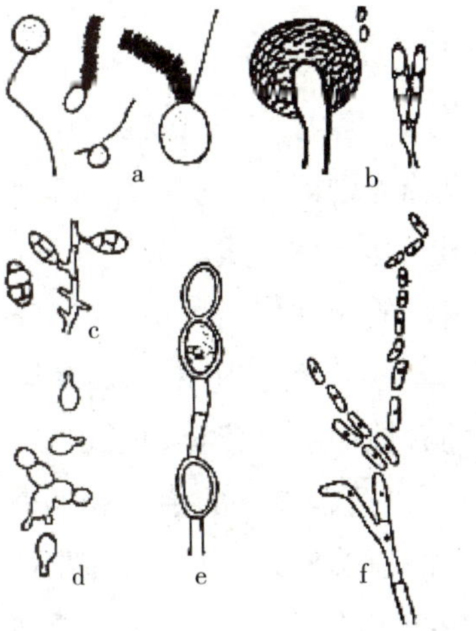

图3-11　霉菌的无性孢子类型

a. 游动孢子　b. 孢囊孢子　c. 分生孢子
d. 芽孢子　e. 厚垣孢子　f. 节孢子

1. 游动孢子　鞭毛菌的菌丝可直接形成或发育成各种形状的游动孢子囊，游动孢子囊内的原生质体分割成许多小块，小块逐渐变圆，围以薄膜而形成游动孢子（zoospore）。游动孢子多为肾形、梨形或球形，具有1根或2根鞭毛，在水中游动一段时间后，鞭毛收缩，产生细胞壁进行休眠，然后萌发形成新个体。

2. 孢囊孢子　接合菌（*Zygomycota*）是一类真菌，其孢子分为有性及无性两种，有性生殖产生的孢子称为接合孢子，无性生殖为孢囊孢子。无性繁殖所产生的孢子着生在孢子囊内，孢子囊一般生于营养菌丝或孢囊梗的顶端。孢子囊内的原生质体割裂成许多小块，每一块发育成一个孢囊孢子（sporangiospore），数量一般都相当大。

3. 分生孢子（conidiospore，conidium） 是最常见的无性孢子，大多数真菌均以此方式进行无性繁殖。有的分生孢子着生于菌丝或其分枝的顶端，单生、成链或成簇排列，分生孢子梗分化不太明显，如红曲霉（*Monascus purpureus*）、绿色木霉（*Trichoderma viride*）等。有的分生孢子具有明显分化的分生孢子梗（conidiophore），有单生、散生、成丛或成束，梗的顶端再形成分生孢子，如曲霉属和青霉属。有的分生孢子梗自垫状菌丝生出，使产孢总体结构呈盘状，称分生孢子盘。有的霉菌是在菌丝堆上生出分生孢子梗和分生孢子。还有些真菌的分生孢子着生在结构复杂的子实体如分生孢子器、分生孢子座或分生孢子盘中。分生孢子的结构、大小、形状、着生方式随种类不同而差异较大。

4. 厚垣孢子 有些霉菌如总状毛霉（*Mucor racemosus*）在菌丝顶端或中间的细胞质浓缩变圆、细胞壁加厚产生一个孢子，圆形或圆柱形。它的外围被厚壁包围着，称厚垣孢子（chlamydospore），又称厚壁孢子，也是真菌的休眠体，可抵抗干燥与不良环境。

5. 节孢子（arthrospore） 由菌丝断裂形成，菌丝生长到一定阶段出现许多横隔膜，然后断裂，产生很多单个如竹节状的孢子，如白地霉（*Geotrichum candidum*）等。

（二）有性孢子

霉菌的有性繁殖不及无性繁殖普遍，仅发生于特定条件下，一般在人工培养基上不常出现。真菌的有性结合是较为复杂的过程，它们的发生需要种种苛刻的条件。霉菌的有性孢子主要有卵孢子、接合孢子和子囊孢子（图 3－12）。另外，担子菌类的有性孢子则为担孢子。

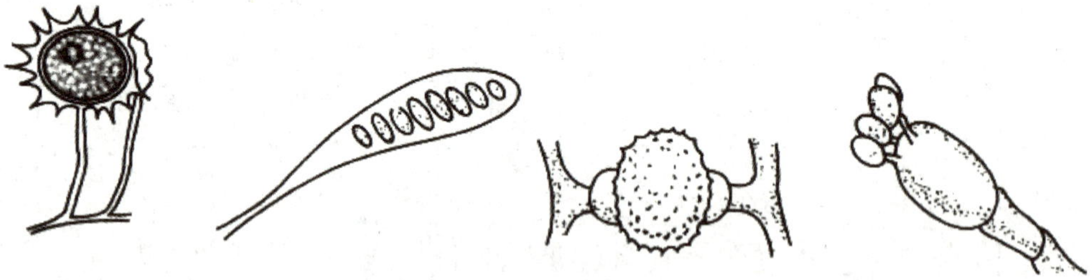

a b c d

图 3－12 霉菌的有性繁殖类型

a. 卵孢子；b. 子囊孢子；c. 接合孢子；d. 担孢子

1. 卵孢子（oospore） 是由两个大小、形状不同的配子囊结合后发育而成的有性孢子。其小型配子囊称为雄器，大型配子囊称为藏卵器。藏卵器中原生质与雄器接合前，往往收缩成一个或数个原生质小团，即卵球。雄器与藏卵器接触后，雄器生出一根小管刺入藏卵器，并将细胞核与细胞质输入卵球。受精后的卵球生出外壁，发育成双倍体的厚壁卵孢子。

2. 接合孢子（zygospore） 主要分布在接合菌类中，如毛霉属（*Mucor*）和根霉属（*Rhizopus*）产生的有性孢子为接合孢子。接合孢子是由菌丝生出的形态相同或略有不同的配子囊接合而成（图 3－13）。当两个邻近的菌丝相遇时，各自向对方生长出极短的侧枝，称原配子囊。两个原配子囊接触后，各自的顶端膨大，并形成横隔，融成一个细胞，称配子囊。相接触的两个配子囊之间的横隔消失，细胞质和细胞核互相配合，同时外部形成厚壁，即为接合孢子。

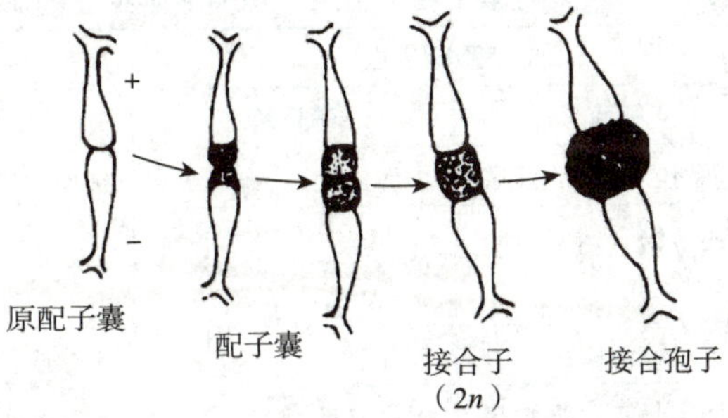

图 3-13 根霉接合孢子及发育过程

3. 子囊孢子（ascospore） 产生于子囊中。子囊是一种囊状结构，形状有圆球形、棒形、圆筒形或长方形。一个子囊内通常含有 2~8 个孢子。除了酵母菌有性过程产生的子囊孢子相对简单外，大多数真菌产生子囊孢子的过程相当复杂。大多数子囊包裹在由很多菌丝聚集而形成的特殊的子囊果中。子囊果的类型有闭囊壳、子囊壳和子囊盘三种。子囊孢子、子囊及子囊果的形态、大小、质地和颜色等随菌种而异，在分类上有重要意义。

4. 担孢子（basidiospore） 是担子菌类的有性孢子。担孢子的形成过程与子囊孢子相似，所不同的是：①核配后减数分裂所形成的 4 个核不再进行分裂；②以核为中心所形成的担孢子最终是在担子外部形成的；③担子有纵隔的，也有生横隔的，但多数是单室无隔（图 3-14）。

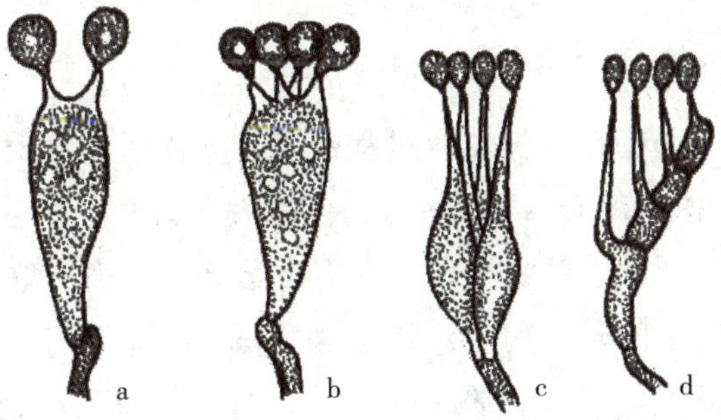

图 3-14 担子的类型

a、b. 无隔担子；c. 纵隔担子；d. 横隔担子

四、霉菌的菌落

霉菌在自然基质或人工培养基上由一段（或一丛）菌丝或一个（或一堆）孢子发展而成的菌丝体的集团或整体，称菌落。霉菌的菌落和放线菌一样，也由分枝状菌丝组成。因菌丝较粗而长，形成的菌落较疏松，呈绒毛状、絮状或蜘蛛网状，一般比细菌菌落大几倍到几十倍。有些霉菌如根霉、毛霉等生长很快，菌丝在固体培养基表面蔓延，以至菌落没有固定大小；有的霉菌菌落生长则有一定的局限性，直径 1~2cm 或更小。菌落表面常呈现出肉眼可见的不同结构和色泽，这是因为霉菌形成的孢子有不同形状、构造和颜色，有的水溶性色素可分泌到培养基中，使菌落背面呈现不同颜色。

霉菌的菌落特征是鉴定霉菌的重要依据，也是鉴定各类微生物的重要形态学指标，在实验室和生产实践中具有重要意义。现将细菌、放线菌、酵母菌和霉菌这四大类微生物的细胞和菌落形态等特征做一比较，详见表 3-4。

表 3-4 四大类微生物的细胞形态和菌落特征的比较

菌落特征 \ 微生物类别			单细胞微生物		菌丝状微生物	
			细菌	酵母菌	放线菌	霉菌
主要特征	细胞	形态特征	小而均匀，个别有芽孢	大而分化	细而均匀	粗而分化
		相互关系	单个分散或按一定方式排列	单个分散或假丝状	丝状交织	丝状交织
	菌落	含水情况	很湿或较湿	较湿	干燥或较干燥	干燥
		外观特征	小而突起或大而平坦	大而突起	小而紧密	大而疏松或大而致密
参考特征	菌落透明度		透明或稍透明	稍透明	不透明	不透明
	菌落与培养基结合度		不结合	不结合	牢固结合	较牢固结合
	菌落的颜色		多样	单调	十分多样	十分多样
	菌落正反面颜色		相同	相同	一般不同	一般不同
	细胞生长速度		一般很快	较快	慢	一般较快
	气味		一般有臭味	多带酒香	常有泥腥味	霉味

第四节 蕈 菌

一、概述

蕈菌只是一个通俗的名称，是指在生长发育过程中能够分化形成大型子实体的高等真菌，也泛指广义上的蘑菇（mushroom）或大型真菌（macrofungi），包括大多数的担子菌类和极少数的子囊菌类。按照经济价值可分为食用蕈菌、药用蕈菌、观赏类蕈菌和有毒蕈菌等。由于蕈菌的外形不像微生物而类似于植物，长期以来一直都作为植物学的研究内容。近年来，随着人们对于其药用与食用价值的广泛关注，蕈菌才逐渐被列为微生物学、真菌学或菌物学（mycology）的主要研究对象。

蕈菌分布极为广泛，而且与人类的生产、生活密切相关。在分类学上主要隶属于子囊菌亚门和担子菌亚门，我国目前已知的种类有 3800 种以上，其中担子菌类 1600 多种，子囊菌类 400 多种。在担子菌类中，多孔菌类为 1300 多种，腹菌类 300 多种，木耳和银耳等胶质菌类 100 余种。蕈菌中还不乏美味的食用菌，例如羊肚菌（*Morchella*）、牛肝菌（*Boletus*）、松茸菌（*Tricholoma matsutake*）等；还有许多蕈菌可供药用，例如冬虫夏草（*C. sinensis*）、灵芝（*Ganoderma*）、樟芝（*Antrodia camphorata*）、猴头（*Hericium alpestre*）、竹黄菌（*Shiraia bambusicola*）、竹红菌（*Hypocrella bambusae*）、肉球菌（*Engleromyces goetzii*）、桑黄菌（*Phellinus linteus*）等。也有少数蕈菌会引起木材朽烂，一些甚至有毒、对人类有害，如鹅膏菌属（*Amanita*）中有很多种毒鹅膏菌有剧毒，大部分的毒菇致死案例都与毒鹅膏菌有关。

蕈菌子实体有极高的营养价值和药用价值。人类对蕈菌的利用，经历了野外采集和人工栽培两个发展阶段。蕈菌栽培业的诞生和栽培技术的进步是人类文明进步的产物，充实了人类的物质生活，也发展了人类文明。早在 6000 ~ 7000 年前的仰昭文化时期，人类就开始采食蕈菌。蕈菌栽培的主要目的在于获得子实体，可以采用固体发酵或液体制菌发酵的方法，其中固体发酵以其生产成本低、操作简单而受到青睐。蕈菌栽培的优点是原料来源广泛、技术简单易行、投资少见效快，既可变废为宝，又可综合开发利用，具有十分显著的经济效益、社会效益和生态效益。

二、担子菌类

担子菌类蕈菌在生长发育过程中，按照其菌丝的分化过程可分成5个阶段。①形成一级菌丝即初生菌丝：担孢子萌发，形成由许多单核细胞构成的菌丝，称一级菌丝，即初生菌丝。②形成二级菌丝即次生菌丝：不同性别的一级菌丝发生接合后，通过质配形成由双核细胞构成的二级菌丝，它通过独特的锁状联合（clamp connection），即形成喙状突起而连合两个细胞的方式不断使双核细胞分裂，从而使菌丝尖端不断向前延伸（图3－15）。③形成三级菌丝即三生菌丝：当条件合适时，大量的二级菌丝分化为多种菌丝束，即为三级菌丝。④形成子实体：菌丝束在适宜条件下会形成菌蕾，然后再分化、膨大成大型子实体。⑤产生担孢子：子实体成熟后，双核菌丝的顶端膨大，细胞质变浓厚，在膨大的细胞内发生核配形成双倍体的核。双倍体的核经过减数分裂和有丝分裂，形成4个单倍体子核。这时，顶端膨大细胞发育为担子，担子上部随即突出4个小梗，每个单倍体子核进入一个小梗，小梗顶端膨胀生成担孢子（图3－16）。

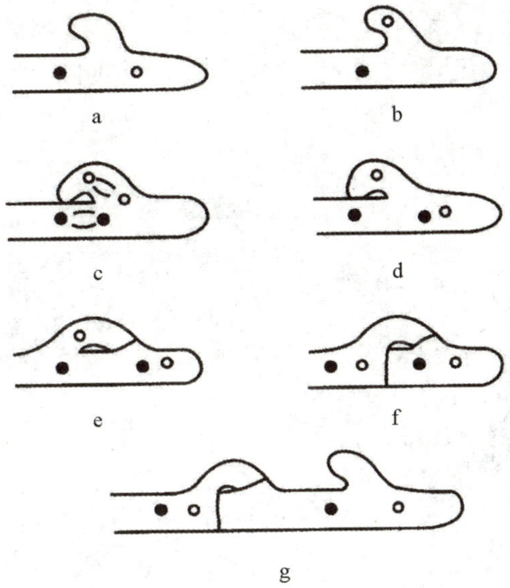

图3－15　锁状联合形成过程示意图

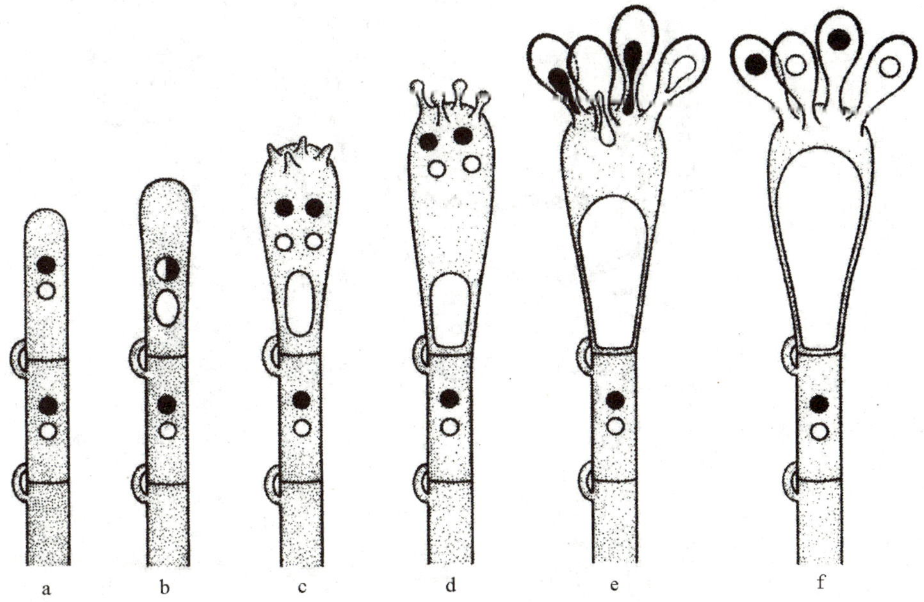

图3－16　担子和担孢子的形成

担子菌的典型特征是形成形状、大小、颜色各异的肉质、胶质或革质的大型子实体，通常子实体是由顶部的菌盖（背面着生菌褶）、中部的菌柄（常有菌环和菌托）和基部的菌丝体三部分组成（图3-17）。

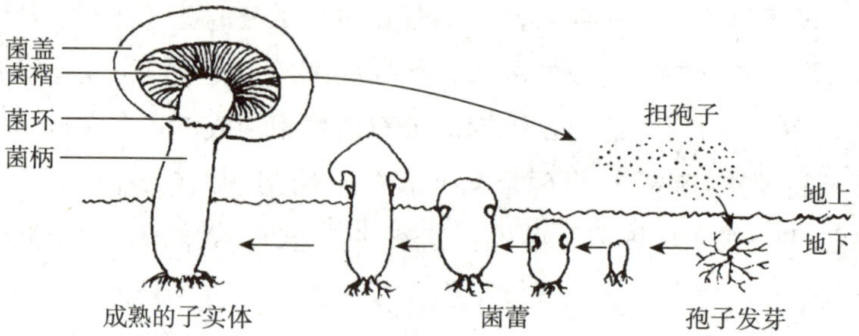

图3-17　蕈菌的典型构造及发育过程

在自然条件下，子实体成熟后，担孢子随机释放，随风飘散或洒落在土壤中。当生长条件适宜，孢子开始萌发，先后产生单核菌丝、双核菌丝（有些甚至会产生三生菌丝），经过锁状联合形成担子和担孢子，然后从菌蕾阶段逐渐发育为幼嫩子实体直至成熟的子实体，完成其完整的生活周期及生活史（life cycle），见图3-18。

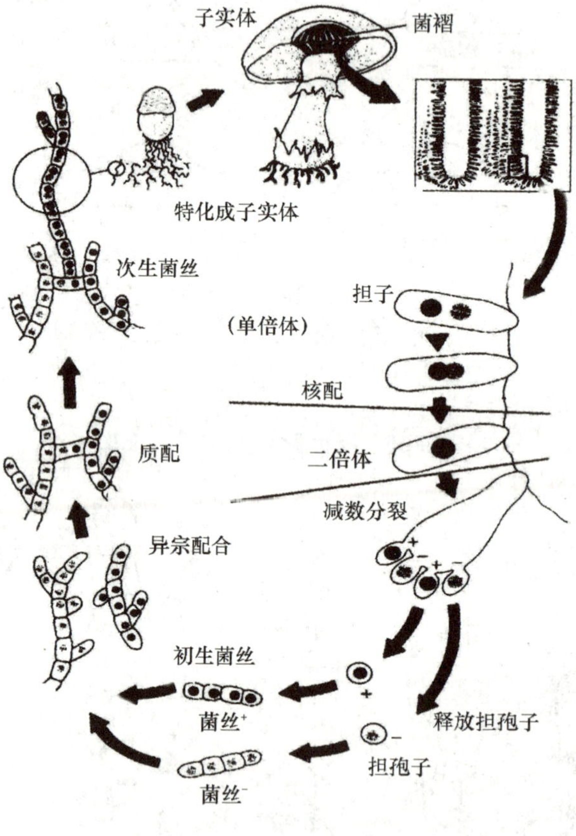

图3-18　担子菌类蕈菌的生活史

担子菌类蕈菌的常见种类主要有香菇、金针菇、猴头菇、平菇、木耳、银耳、灵芝、牛肝菌、桑黄菌、鸡枞菌等。

三、子囊菌类

子囊菌类蕈菌生长发育的主要特征是形成钩状联合（aduncous connection），见图3-19。子囊和子囊孢子的形成过程比较复杂，有性生殖开始时，部分菌丝体的分枝先分别分化形成较小的雄器（antheridium）和较大的产囊体（ascogonium）。当雄器与产囊体上的受精丝（trichogyne）接触后，在接触点形成一个孔口，产囊体接受雄器的原生质，发生质配，形成成对的双核。随后在产囊体上形成产囊丝（ascogenous hypha），成对的核（雌核和雄核）移入产囊丝，顶端双核细胞伸长，并弯曲成钩状的产囊丝钩（crozier）。产囊丝钩中发生双核并裂，即两个细胞核同时分裂，产生四个子核的现象，随之形成两个隔膜，将产囊丝钩分隔为3个细胞，顶端和基部细胞都是单核，中间双核的细胞称为子囊母细胞。子囊母细胞中的双核进行核配，成为一个双倍体的细胞核，该双倍体细胞核又很快进行减数分裂形成4个单倍体细胞核，每个单倍体细胞核又各自进行一次有丝分裂，最后形成8个单倍体细胞核。这些细胞核和它们周围的细胞质形成8个子囊孢子。

与此同时，子囊母细胞不断膨大伸长，发育形成子囊。子囊母细胞发育过程中，产囊丝钩顶部的单核细胞可以向下弯曲与基部的单胞融合形成双核细胞，并继续生长形成一个新的产囊丝钩，再次形成子囊母细胞并发育成子囊和子囊孢子。这一过程可以重复多次，结果为形成成丛的子囊。

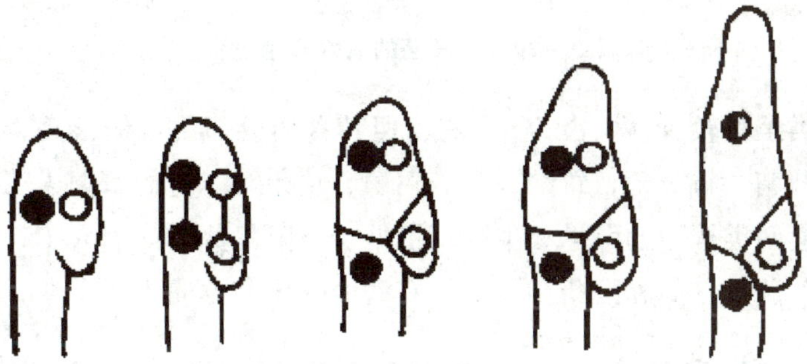

图3-19　子囊菌钩状联合模式图

子囊通常呈囊状结构，大多呈圆筒形或棍棒形，少数为卵形或近球形，有的子囊具有柄状结构。一个典型的子囊内含有8个子囊孢子。子囊主要有三种类型：①原始壁子囊，壁薄，易破裂，子囊孢子释放在子囊果内，然后从子囊果孔口排出；②单层壁子囊，子囊内层和外层紧密结合，孢子通过顶端孔口、裂缝或囊盖开裂而释放；③双层壁子囊，子囊内层吸水膨胀到原来子囊长度的两倍以上，外层顶端崩解，内层以孔开裂，自孔口释放子囊孢子。

子囊孢子的形状多种多样，有近球形、椭圆形、腊肠形或线形等。单细胞、双细胞或多细胞，无色至黑色，细胞壁表面光滑或具条纹、瘤状突起、小刺等。呈单行、双行或平行排列，或者不规则地聚集在子囊内。

子囊菌类蕈菌在有性繁殖过程中，由于其中的产囊丝钩被分隔为3个细胞并逐渐形成钩状的结构，此过程通常被称为钩状联合，与担子菌的锁状联合过程相对应。子囊菌就是通过钩状联合最终形成子囊和子囊孢子，进行较为复杂的有性繁殖过程（图3-20）。

需要加以总结的是，担子菌类和子囊菌类的有性繁殖过程既有相同之处，但也存在很多差别，具体的相同之处有4个方面：①担子菌的双核菌丝即次生菌丝与子囊菌的产囊菌丝来源相同，都是经过有性结合后产生的双核体；②整个过程都可以分为质配、核配和减数分裂三个阶段；③有性结合方式均有三种，即同宗配合、次生同宗配合和异宗配合。其中，同宗配合只占10%，绝大多数为异宗配合；④子囊菌和担子菌分别通过钩状联合、锁状联合产生子囊孢子和担孢子。

不同之处则主要表现在5个方面：①担子菌次生菌丝双核时期相当长，而子囊菌的产囊菌丝在质配后只经过一个短期的双核阶段；②子囊菌有性生殖的器官为雄器和产囊体，担子菌有性生殖不产生特殊的生殖器官；③子囊菌孢子经减数分裂和有丝分裂形成8个子囊孢子，担子菌的双核进行核配后，经减数分裂形成4个单倍的核，核要流入担子顶端的小梗才能形成单倍的担孢子；④子囊菌产生的子囊孢子为内生孢子，担子菌产生的担孢子则为外生孢子；⑤子囊菌通常只产生一种菌丝，而担子菌能产生多种菌丝，即初生菌丝、次生菌丝和三生菌丝。

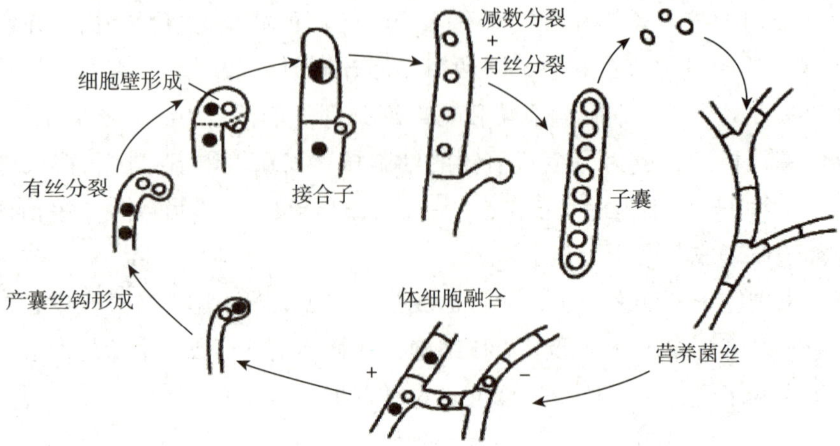

图3-20 子囊菌的有性繁殖过程

子囊菌类蕈菌的种类虽然较少，仅占5%左右，但其食用或药用价值很高，价格也昂贵，如冬虫夏草、蛹虫草、蝉花、羊肚菌、竹黄菌、竹红菌、麦角菌、块菌等。有的蕈菌人工栽培难度大，大部分为野生状态，并且部分子囊菌类蕈菌的数量和生存环境处于下降趋势。如何人工、科学、大量培育有食用或药用价值的子囊菌类蕈菌是食品和医药行业中具有潜力的研究方向。

知识链接

前景广阔的真菌天然产物生物合成的研究与应用

真菌是存在于几乎所有生态位的一类微生物，大规模真菌基因组序列测序的研究表明，真菌具有产生丰富的次级代谢产物的潜能。真菌次级代谢产物是活性天然产物及临床药物的重要来源，真菌次级代谢产物可分为萜类化合物、聚酮类化合物、生物碱、非核糖体肽、氨基酸衍生物和细胞松弛素等。

然而，许多真菌存在生长缓慢、化合物产量极低、不适宜在实验室条件下培养、难以进行遗传操作等缺点，这些因素都会导致大量有价值的真菌天然产物难以获得。因此，利用异源表达系统对真菌天然产物进行生产，是发现新天然产物及解析其生物合成途径的有效手段，并为定向地以合成生物学手段来合成重要活性分子奠定了坚实基础。目前对于原核生物（如大肠埃希菌）系统、酵母菌系统（如酿酒酵母）、丝状真菌系统（如构巢曲霉）等异源表达体系均有研究报道，而且表达效果较好。

目前，真菌类天然产物的生物医学价值正受到国内外的广泛关注。随着对微生物资源的开发，对天然产物化学合成和生物合成基因簇研究的进一步深入，将有越来越多的新菌株和新天然产物不断被发现，真菌必将成为药用天然产物的另一个重要来源。对真菌天然产物的生物合成研究，可以帮助研究者更加容易地获取活性天然产物，为后续进行的构效关系研究、药理机制研究提供便利，对新药研发有着重要意义。

复习思考题

答案解析

1. 列表比较原核生物与真核生物的主要差别。
2. 简述真菌无性繁殖、有性繁殖的方式。
3. 图示三种类型酵母菌的生活史，并简要说明其主要特点。
4. 简述霉菌营养菌丝体主要特化形态的特点与功能。
5. 比较担子菌锁状联合与子囊菌钩状联合的特点。
6. 简述食药用蕈菌的主要化学成分与生物活性。
7. 简述真核生物主要细胞器的主要结构与功能。
8. 现有分别接种了细菌、放线菌、酵母菌、霉菌的四个没有标签的平板培养物，请自行设计一个实验方案，用最简便的方法来区分这四种菌株。

书网融合……

本章小结　微课 1　微课 2　微课 3　题库

第四章　非细胞型微生物

PPT

学习目标

【知识要求】

1. **掌握**　病毒的特点、形态构造及增殖过程。
2. **熟悉**　噬菌体的种类和特点。
3. **了解**　噬菌体的应用；各类亚病毒的主要特征；病毒的培养方法。

【技能要求】

能够说明各类常见病毒的主要特征；认识与病毒相关的疾病，进而分析病毒感染性疾病的种类、主要传播途径和预防措施。

【素质要求】

培养观察、分析、表达能力；认识到生物界的多样性，关注病毒与其他生物的关系，特别是与人类的关系；认同病毒可以为人类所利用，培养辩证思维。

病毒（virus）是一类非细胞型微生物。自19世纪末发现烟草花叶病毒（tobacco mosaic virus，TMV）以来，病毒学的研究得到飞速的发展，新的病毒不断被发现，如引起艾滋病的人类免疫缺陷病毒（HIV），引起疯牛病的朊病毒，感染人类的禽流感病毒H7N9等。在微生物引起的疾病中，大约有75%是由病毒引起的，远远超过其他微生物所引起的疾病。常见的疾病有流行性感冒、胃肠炎、肝炎、艾滋病、SARS、禽流感等。许多病毒性疾病不仅传染性强、传播快、流行广，而且病死率高。某些病毒感染还与肿瘤、免疫缺陷、自身免疫性疾病、神经系统疾病和先天性畸形等密切相关。病毒引起的疾病严重影响人类的健康，而且目前很多病毒性疾病缺乏理想的治疗药物。

虽然病毒是众多疾病的罪魁祸首，但也可以为人类所利用。在治理富营养水体的藻类时，可以采用引起藻类自溶的病毒来抑制藻类生长。在一些欧美国家，细菌病毒被用于治疗由细菌引起的感染。如2006年，美国食品药品管理局首次批准将病毒用作食品添加剂，杀灭肉制品中的李斯特菌，预防食物中毒。这种食品添加剂由6种噬菌体病毒混合而成，在食物包装前喷洒在肉制品上。产品中的噬菌体只会攻击李斯特菌，对人体和植物细胞都不会产生影响。研究和掌握病毒学对于保护人类的身体健康，保护自然环境，促进农、林、渔、牧等产业的发展等都有着非常重要的意义。

知识链接

人类免疫缺陷病毒

人类免疫缺陷病毒（human immunodeficiency virus，HIV）又称为艾滋病病毒，是造成人类免疫系统缺陷的一种病毒。

1983年，人类免疫缺陷病毒在美国首次被发现。它是一种感染人类免疫系统细胞的慢病毒（*Lentivirus*），主要侵犯$CD4^+$ T细胞、$CD4^+$单核细胞和B淋巴细胞，属逆转录病毒。该病毒破坏人体的免疫功能，导致免疫系统失去抵抗力，从而导致各种疾病及癌症，发展到最后导致艾滋病。

艾滋病又称为获得性免疫缺陷综合征（acquired immune deficiency syndrome，AIDS），它是一种由于感染了HIV而引起的致死性传染病。当人体处于正常状态时，体内免疫系统可以有效抵抗各种病原菌的袭击。一旦HIV侵入人体，这种良好的防御体系便会土崩瓦解，各种病原菌乘机通过血液、破损伤口等途径长驱直入。此外，人体内一些像癌细胞之类的不正常细胞，也会迅速生长、繁殖，最终发展成肿瘤。

第一节 病毒的形态结构

一、病毒的特点 微课1

病毒以其结构简单、特殊的繁殖方式以及严格的活细胞内寄生，显著区别于其他生物（表4-1）。具体来说，病毒具有以下独特的生物学特点：①形体极其微小，一般都能通过细菌滤器，故必须在电镜下才能观察；②没有细胞构造，其主要成分仅为核酸和蛋白质两种，故又称“分子生物”；③每一种病毒只含一种核酸，不是DNA就是RNA；④既无产能酶系，也无蛋白质和核酸合成酶系，只能利用宿主活细胞内已有的代谢系统合成自身的核酸和蛋白质组分，即专性活细胞内寄生生活；⑤以复制方式进行繁殖；⑥对一般抗生素不敏感，但对干扰素敏感；⑦在离体条件下，能以无生命的生物大分子状态存在，并可长期保持其侵染活力；⑧有些病毒的核酸还能整合到宿主的基因组中，并诱发潜伏性感染。

表4-1 病毒与其他微生物主要特征的比较

特征	病毒	细菌	支原体	衣原体	立克次体	放线菌	真菌
细胞壁	-	+	-	+	+	+	+
细胞核	-	-	-	-	-	-	+
核酸	DNA或RNA	DNA RNA	DNA RNA	DNA RNA	DNA RNA	DNA RNA	DNA RNA
无生命人工培养基上生长	-	+	+	-	-	+	+
通过细菌滤器	+	-	+	+	-	-	-
增殖方式	复制	二分裂	二分裂	二分裂	二分裂	无性孢子	无性或有性
抗生素敏感性	-	+	+	+	+	+	+
干扰素敏感性	+	-	-	-	-	-	-

二、病毒的形态、结构和化学组成 微课2

成熟、结构完整、有感染性的病毒颗粒称为病毒体（virion）。病毒体具有一定的大小、形态、结构，是一个完整的传染单位。

（一）病毒的大小与形态

绝大部分病毒个体极其微小，通常需要借助电子显微镜才能观察到形态结构。不同类型病毒大小相差悬殊，大多数在10～300nm之间。小者如菜豆畸矮病毒（bean dwarf mosaic virus），其大小为9～11nm，植物的双生病毒（geminiviruses）直径为18～20nm；较大者如动物的痘病毒（poxviruses），大小达(300～450)nm×(170～260)nm。在发现巨型病毒之前，人们一直沿用着病毒极其微小的假设。2003年，法国科学家Jean Michel Claverie和Chantal Abergel发现了第一种巨病毒——米米病毒（mimivirus），其大小为0.65μm左右；2013年，发现第二种巨病毒——潘多拉病毒（pandoravirus），其大小约为1μm；2014年，发现了迄今最大的病毒——西伯利亚阔口罐病毒（pithovirus），大小为1.5μm×0.5μm。

尽管已发现的病毒达数千种，形态各异，但病毒体的基本形状大致可分为球形或拟球形状（如花椰菜花叶病毒、腺病毒）、杆状（烟草花叶病毒）、蝌蚪状（大肠埃希菌T系偶数噬菌体）、砖块状（痘病毒）、子弹状（狂犬病毒）和丝状（大肠埃希菌fd噬菌体）等几类。病毒的形状往往同其壳体的基本结构有着紧密的联系，如球形病毒的壳体一般为二十面体对称，杆状病毒的壳体常为螺旋对称。另外有的病毒毒粒呈多形（pleomorphic），如流行性感冒病毒（influenza virus）新分离的毒株常呈丝状，在细胞内稳定传代后则变为直径约10nm的拟球形状（图4－1）。

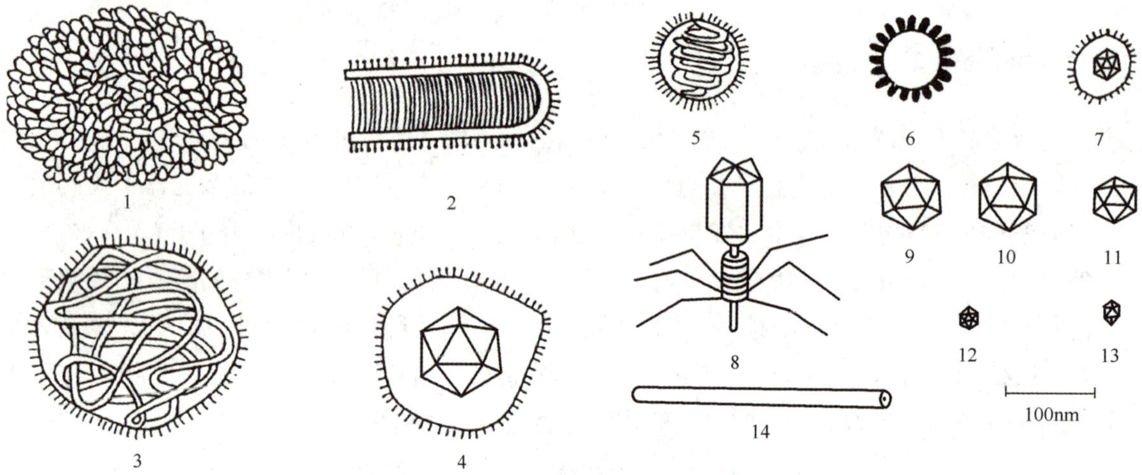

图4－1　几种常见病毒体的形态示意图

1. 痘病毒；2. 弹状病毒；3. 副黏病毒；4. 疱疹病毒；5. 正黏病毒；6. 冠状病毒；7. 包膜病毒；8. T2噬菌体；9. 腺病毒；10. 呼肠孤病毒；11. 乳多空病毒；12. 小RNA病毒；13. 小DNA病毒；14. 烟草花叶病毒

（二）病毒的结构与化学组成

病毒主要由核酸和蛋白质组成。核酸构成病毒的核心（core），蛋白质包裹在核酸外，称衣壳（capsid）。核心与衣壳构成最简单的病毒体，亦称核衣壳（necleocapsid），即裸病毒。有的病毒如腺病毒在衣壳上还具有纤维突起（fiber protruding），又称触须纤维（antennal fiber）。较复杂的病毒在核衣壳外还有一层包膜（envelope），这类病毒又称为包膜病毒（图4－2）。

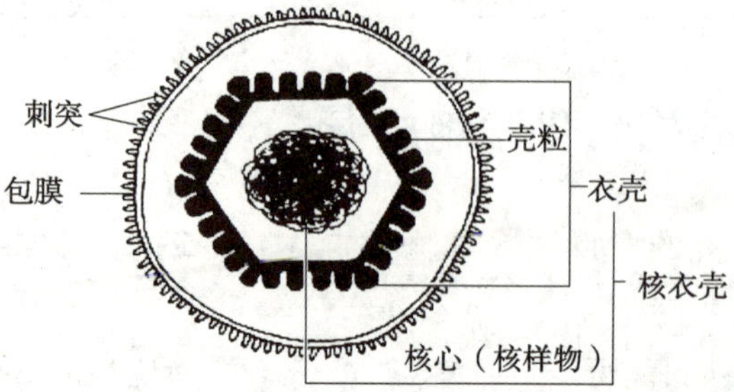

图4－2　包膜病毒结构模式图

1. 病毒核酸　即病毒基因组，位于病毒的核心，化学成分为DNA或RNA。携带病毒的全部遗传信息，决定病毒的遗传特性。根据病毒所含基因类型的不同，分为DNA病毒和RNA病毒。DNA病毒大多为双链（微小 DNA 病毒除外），RNA 病毒大多为单链（呼肠孤病毒除外）。单链 RNA（ssRNA）有正链和负链之分，双链 DNA（dsDNA）或双链 RNA（dsRNA）皆有正链和负链。此外，病毒核酸还可分为线型和环型的，有的则是分节段的（表 4-2）。病毒核酸的大小差别亦十分显著，最大的痘病毒为 dsDNA 病毒，由约 4×10^6 个核苷酸组成；最小的微小病毒（parvovirus）为 ssDNA 病毒，仅由 5×10^3 个核苷酸组成。不同种的病毒，其核酸含量有差异，如流感病毒的核酸含量为 1%，而某些细菌病毒的核酸含量高达 50%。有些病毒的核酸具有传染性，称传染性核酸。传染性核酸进入易感细胞内可以产生子代病毒。有些病毒核心除核酸外，还含有一些酶蛋白，如聚合酶、转录酶等。

表 4-2　若干有代表性病毒的核酸类型

核酸类型			动物病毒	植物病毒	微生物病毒
DNA	ssDNA	线状	细小病毒 H-1（5176bp）等	玉米条纹病毒等	核盘菌 SsHADV-1 病毒
		环状	待发现	待发现	*E. coli* 的 φX174（5386bp）、fd 和 M13 噬菌体等
	dsDNA	线状	单纯疱疹病毒（1 型，152260bp）和腺病毒等	待发现	*E. coli* 的 T 系（T4 为 168903bp）和 λ 噬菌体（48514bp）等
		环状	猿猴病毒 40（SV40，5243bp）等	花椰菜花叶病毒（8025bp）等	铜绿假单胞菌的 PM2 噬菌体等
RNA	ssRNA	线状	脊髓灰质炎病毒（7433bp）、人类免疫缺陷病毒（HIV）等	豇豆花叶病毒（两个不同分子共 9370bp）和 TMV 等	*E. coli* 的 MS2 噬菌体和 Qβ 噬菌体等
	dsRNA	线状	呼肠孤病毒（3 型，10 个不同分子共 23549bp）和昆虫质型多角体病毒等	玉米矮缩病毒和植物伤流病毒等	各种真菌病毒及假单胞菌的 φ6 噬菌体等

2. 病毒衣壳　裹在病毒基因组外面，由衣壳粒（capsomer）即蛋白质亚单位组成。各衣壳粒之间按一定的方式排列成不同的对称类型。①螺旋对称型：衣壳通常由单一的衣壳粒沿着盘旋的病毒核酸呈螺旋形对称性排列，如烟草花叶病毒（图 4-3a）。②立体对称型：衣壳粒立体对称排列，呈有规则的多面体形。通常由 12 个顶、30 个棱形成有 20 个等边三角形的正二十面体，如乙型脑炎病毒及脊髓灰质炎病毒（图 4-3b）。③复合对称型：指同一病毒衣壳粒的排列既有立体对称又有螺旋对称，如噬菌体的头部是立体对称，尾部是螺旋对称（图 4-3c）。

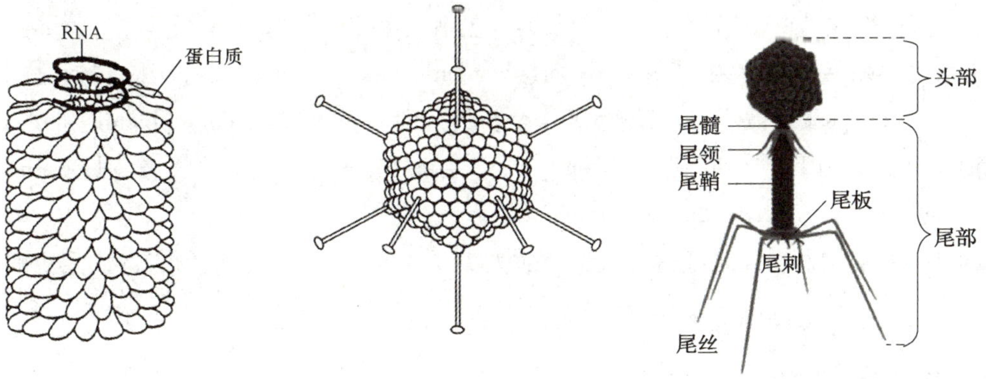

a　　b　　c

图 4-3　病毒衣壳对称类型

a. 螺旋对称型；b. 立体对称型；c. 复合对称型

病毒衣壳的形状和空间构型取决于衣壳粒的特征。螺旋对称型的衣壳还与该病毒核酸的长度有关。衣壳蛋白由病毒基因编码，其主要功能是：维持病毒的形态结构；保护病毒核酸免受核酸酶或其他有害因素的破坏；具有黏附作用，能与易感细胞受体结合，辅助病毒对易感细胞的传染；具有抗原性，能使机体发生特异性免疫应答，阻止病毒的扩散。

3. 病毒包膜 是包绕在核衣壳外面的一层膜样结构，为包膜病毒所具有。它是由病毒在宿主细胞内成熟后以出芽的方式释放时获得的宿主细胞膜或核膜，含有胞膜蛋白及宿主细胞膜的类脂和多糖成分。包膜蛋白几乎都是由病毒基因组编码的，故具有抗原特异性，是病毒鉴定、分型依据之一，与病毒的致病性和免疫性密切相关。包膜对病毒核衣壳有保护作用，并能吸附或融合易感细胞，与病毒感染细胞有关。

有些病毒包膜表面具有呈放射状排列的突起，称包膜子粒（peplomeres）或刺突（spike）。如流感病毒包膜上有两种突起：一种呈棒状的称为血凝素，另一种呈哑铃状的称为神经氨酸酶。包膜子粒具有特定的生物学性质，如流感病毒的血凝素能吸附宿主细胞并凝集某些动物的红细胞，神经氨酸酶与病毒从宿主细胞释放有关。包膜病毒对干燥、热、酸、脂溶剂、胆盐等敏感，有助于鉴别无包膜的病毒。

4. 病毒蛋白 分为结构蛋白和非结构蛋白。构成成熟的有感染性的病毒颗粒所需的蛋白质称为结构蛋白，包括衣壳蛋白、包膜蛋白和与核酸紧密结合在一起的病毒内部蛋白（或称核心蛋白）。病毒的非结构蛋白主要指病毒的酶蛋白，在病毒的复制中起重要作用，如一些重要的聚合酶、转录酶、内切酶、外切酶、磷酸单酯酶、氨酰-tRNA 合成酶等。部分抗病毒药物的设计是通过抑制病毒非结构蛋白中的蛋白酶，从而抑制病毒在宿主中的复制作用。

第二节 病毒的分类

病毒的种类繁多，但结构简单。20 世纪 50 年代前，主要以其宿主（包括不同组织、器官）和引起疾病的症状进行粗浅分类，命名也十分混乱。1961 年，Looper 建议将病毒的核酸特性作为主要分类指标。1966 年，各国病毒分类学者共同建立了国际病毒命名委员会（ICNV），1973 年更名为国际病毒分类委员会（ICTV），一致商定以此作为国际公认的病毒分类和命名的权威机构。该委员会自 1971 年发布第一次报告起，至 2020 年共发布了 10 个报告。在其第 10 次报告中，把病毒的传统 5 级分类（order、family、subfamily、genus、species）分为 15 个大类，包括 8 个主要等级（一级等级，principle or primary rank）和 7 个衍生等级（二级等级，derivative or secondary rank）。8 个一级等级除包括已经使用的 4 个（order、family、genus、species）外，又增添了 4 个新的，即 realm、kingdom、phylum 和 class。7 个二级等级除了之前一直沿用的 1 个次级等级 subfamily 外，又新添了 6 个衍生等级，分别是 subgenus、suborder、subclass、subphylum、subkingdom 和 subrealm。

从寄主的类型角度进行分类，通常把病毒分成人类和脊椎动物病毒、植物病毒、昆虫病毒和噬菌体 4 个大类。

一、人类和脊椎动物病毒

在人类、哺乳动物、禽类、爬行类以及两栖类和鱼类等各种脊椎动物中，广泛寄生着相应的病毒。目前研究较深入的仅是少数一些与人类健康和经济利益有重大关系的脊椎动物病毒。已知与人类健康有关的病毒超过 300 种，与其他脊椎动物有关的病毒超过 900 种，估计还不到自然界存在数的 1‰

(*Science*, 2018)。目前，人类的传染病有70%～80%是由病毒引起的，且至今对其中的大多数还缺乏有效的应对手段。常见的病毒病如流行性感冒、肝炎、疱疹、流行性乙型脑炎、狂犬病、SARS、禽流感、疯牛病和艾滋病等。此外，在人类的恶性肿瘤中，约有15%是由于病毒的感染而诱发的。例如，我国妇女有85%的宫颈癌就是由人乳头瘤病毒（HPV）16型和18型所诱发的，乙型肝炎病毒和丙型肝炎病毒可引起肝癌，EB病毒引起鼻咽癌等。畜、禽等动物的病毒病也极其普遍，且危害严重，如猪瘟、牛瘟、口蹄疫、鸡瘟、鸡新城疫和劳氏肉瘤等。值得注意的是，许多病毒病是人畜共患病（zoonosis），应防止相互传染。此外，在中间宿主中，蝙蝠携带的人畜共患病毒最多，其次是灵长类和啮齿类动物，最近又发现爬行类、两栖类等低等脊椎动物也不可忽视。

脊椎动物病毒（vertebrate virus）的种类很多，根据其核酸类型可分为dsDNA和ssDNA病毒以及dsRNA和ssRNA病毒，其衣壳外有的有包膜，有的无包膜。它们的增殖过程也与噬菌体和植物病毒相似，只是在一些细节上有所不同。大多数动物病毒无吸附结构的分化。少数病毒如流感病毒在其包膜表面长有柱状或蘑菇状的刺突，可吸附在宿主细胞表面的黏蛋白受体上，腺病毒则可通过五邻体上的刺突行使吸附功能。吸附之后，病毒粒可通过胞饮、包膜融入细胞膜或特异受体的转移等作用侵入细胞，接着就发生脱壳、核酸复制和衣壳蛋白的生物合成，再通过装配、成熟和释放，就形成大量有侵染力的子代病毒。

二、植物病毒

植物病毒（plant virus）大多为ssRNA病毒，基本形态为杆状、丝状和球状（二十面体），一般无包膜。植物病毒对宿主的专一性通常较差，如TMV就可侵染36科500余种草本和木本植物。已知的植物病毒有700余种（1989年），绝大多数的种子植物，尤其是禾本科、葫芦科、豆科、十字花科和蔷薇科植物都易患病毒病。其症状为：①因叶绿体被破坏或不能合成叶绿素，而使叶片发生花叶、黄化或红化；②植株发生矮化、丛枝或畸形；③形成枯斑或坏死。

植物病毒的增殖过程与噬菌体相似，但在具体细节上有许多差别。植物病毒一般无特殊吸附结构，故只能以被动方式侵入，例如可借昆虫（蚜虫、叶蝉、飞虱等）刺吸式口器刺破植物表面而侵入，借植物的天然创口或人工嫁接时的创口而侵入等。在植物组织中，则可借胞间连丝实现病毒粒的扩散和传播。与噬菌体不同的是，植物病毒必须在侵入宿主细胞后才脱去衣壳，即脱壳（uncoating）。

植物病毒在其核酸复制和衣壳蛋白合成的基础上，即可进行病毒粒的装配。TMV等杆状病毒是先初装成许多双层盘，然后因RNA嵌入和pH降低等因素而变成双圈螺旋，最后再由它聚合成完整的杆状病毒。球状病毒则是靠一种非专一的离子相互作用而运行的自体装配体系来完成装配的。它们的核酸能催化蛋白亚基的聚合和装配，并决定其准确的二十面体对称的球状外形。

三、昆虫病毒

已知的昆虫病毒（insect virus）有上千种，其中80%以上都是农、林业中常见的鳞翅目害虫的病原体，因此是害虫生物防治中的巨大资源库。目前已有近百种病毒杀虫剂在进行大田试验，有40多种已实现了商品化。

多数昆虫病毒可在宿主细胞内形成包涵体，称多角体（polyhedron），其直径一般为0.5～10μm，成分为碱溶性结晶蛋白，其内包裹着数目不等的病毒粒。多角体可在细胞核或细胞质内形成，功能是保护病毒粒免受外界不良环境的破坏，对蛋白酶有抗性，在碱中可溶解并释放出病毒粒子。

昆虫病毒主要有以下3种。

1. 核型多角体病毒（nuclear polyhedrosis virus，NPV） 是一类在昆虫细胞核内增殖的、具有蛋白质包涵体的杆状病毒，数量最多。在分类地位上属于杆状病毒科（*Baculoviridae*）A亚群。例如棉铃虫、黏虫和桑毛虫的核型多角体病毒等。其杀虫过程一般为：病毒粒→侵入宿主中肠上皮细胞→进入体腔→吸附并进入血细胞、脂肪细胞、气管上皮细胞、真皮细胞、腺细胞和神经节细胞→大量增殖、重复感染→宿主生理功能紊乱→组织破坏→死亡。2001年5月，我国和荷兰科学家合作完成了中国棉铃虫单核衣壳核型多角体病毒（HaSNPV）的基因组全序列测定（全长为131403bp）。该病毒是我国自主研究并应用于农业实践的第一个病毒杀虫剂，截至2012年，每年产量已达2000t；此外，甘蓝夜蛾核型多角体病毒（悬浮剂）也在江西大量生产。

2. 质型多角体病毒（cytoplasmic polyhedrosis virus，CPV） 是一类在昆虫细胞质内增殖的、可形成蛋白质包涵体的球状病毒。例如家蚕、马尾松毛虫、茶毛虫、棉铃虫、舞毒蛾、小地老虎和黄地老虎等昆虫，都有相应的质型多角体病毒。

CPV群的病毒属于呼肠孤病毒科的质型多角体病毒属（*Cypoins*）。CPV多角体的大小为0.5～10μm，形态不一。一般在pH>10.5时即发生溶解。CPV的病毒粒呈球状，为二十面体，直径48～69nm，无脂蛋白包膜存在，有双层蛋白质构成的衣壳，其核心有转录酶活性，在其12个顶角上各有一条突起，病毒粒的分子量为$6.5\times10^{7}\sim2.0\times10^{8}$，核酸为线状dsRNA，由10～12个片段构成，占病毒总量的14%～22%。

CPV先通过昆虫的口腔进入消化道，在碱性胃液的作用下，多角体蛋白溶解，释放出病毒粒，它们侵入中肠上皮细胞，在细胞核内合成RNA，然后经核膜而进入细胞质，并与这里合成的蛋白质一起装配成完整的病毒粒，最后再包埋入多角体蛋白。

3. 颗粒体病毒（granulosis virus，GV） 是一类具有蛋白质包涵体，而每个包涵体内通常仅含一个病毒粒的昆虫杆状病毒。颗粒体长200～500nm，宽100～350nm，形态多为椭圆形。病毒核酸为dsDNA。菜青虫、小菜蛾、茶小卷叶蛾、赤松毛虫、稻纵卷叶螟和大菜粉蝶等均易受颗粒体病毒侵染。幼虫被感染后，会出现食欲减退、体弱无力、行动迟缓、腹部肿胀变色，随即因发生表皮破裂，流出腥臭、混浊、乳白色脓等症状而死亡。

四、亚病毒

病毒性质比较明确的，称典型病毒或寻常病毒。此外，还有一些病毒或因子，其本质及在病毒学中的位置尚不明确或比较特殊，称非典型病毒或亚病毒（subvirus）。亚病毒比病毒更小、更简单。属于亚病毒因子的主要有以下几类。

（一）类病毒

类病毒（viroid）是一类只含RNA一种成分、专性寄生在活细胞内的分子病原体。它是目前已知的最小可传染致病因子，只在植物体中发现。其所含核酸为裸露的环状ssRNA，但形成的二级结构却像一段末端封闭的短dsRNA分子，通常由246～399个核苷酸分子组成，分子量很小$(0.5\sim1.2)\times10^{5}$，还不足以编码一个蛋白质分子；G+C占比为53%～60%；抗热性较强，抗脂溶剂，依赖宿主的酶系进行复制。

类病毒自20世纪70年代在马铃薯纺锤形块茎病（potato spindle tuber disease，PSTD）中发现以来，已在30余种植物病害中找到踪迹，例如番茄簇顶病、柑橘裂皮病、菊花矮化病、黄瓜白果病、椰子死亡病和酒花矮化病等，并使它们叶子褪绿、畸形、减产或死亡。类病毒一般存在于宿主细胞核上，与核仁相结合。其传播方式多样，包括机械损伤、昆虫刺吸、营养繁殖（嫁接等）以及种子和花粉传播等。典型的类病毒是 PSTD 类病毒（PSTV），它是由美国植物病毒学家迪纳（T. O. Diener）于 1971 年发现的。PSTV 呈棒形，是一裸露的闭合环状 ssRNA 分子，其分子量为 1.2×10^5；整个环由两个互补的半体组成，其一含 179 个核苷酸，另一含 180 个核苷酸，两者间有 70% 的碱基以氢键方式结合，共形成 122 个碱基对，整个结构中形成了 27 个内环（图 4－4）。

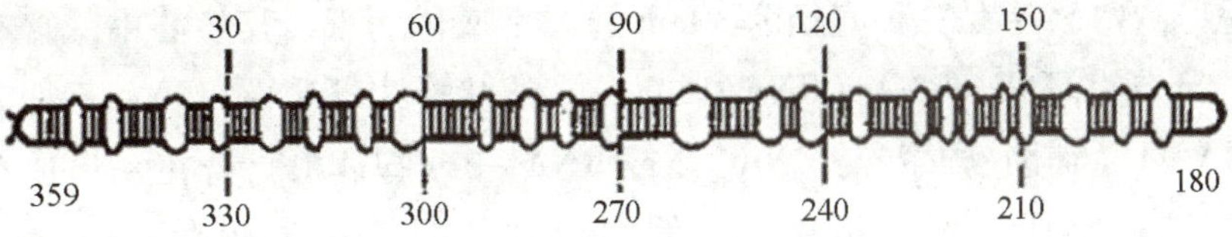

图 4－4 马铃薯纺锤形块茎类病毒（PSTV）结构示意图

（二）朊病毒

朊病毒（prion）又称为“普里昂”或蛋白侵染子（prion，是 proteinaceous infectious particle 的缩写），是一类不含核酸的传染性蛋白质分子，因能引起宿主体内现有的同类蛋白质分子（PrP^c，其中的“c”指 cellular）发生与其相似的感应性构象变化，从而可使宿主致病。由于朊病毒与以往任何病毒有完全不同的成分和致病机制，它的发现是 20 世纪生命科学包括生物化学、病原学、病理学和医学领域中的一件大事。朊病毒由美国病毒学家普鲁赛纳（S. B. Prusiner）于 1982 年研究羊瘙痒病时发现。该发现意义重大，因此普鲁赛纳于 1997 年获得了诺贝尔生理学或医学奖。至今已发现与哺乳动物脑部相关的 10 余种中枢神经系统疾病都是由朊病毒所引起，诸如羊瘙痒病（scrapie in sheep，病原体为羊瘙痒病朊病毒蛋白“PrP^{Sc}”）、牛海绵状脑病（Bovine Spongiform Encephalopathy，BSE；俗称“疯牛病”，即 mad cow disease；其病原体为 PrP^{BSE}）以及人的克雅病（Creutzfeldt－Jakob disease，一种早老性痴呆病）、库鲁病（Kuru，一种震颤病）和吉尔伯特综合征（gilbert syndrome，GS，一种遗传性代谢疾病，长期间歇性轻度黄疸，多无明显症状）等。这类疾病的共同特征是潜伏期长，对中枢神经的功能有严重影响，包括引起脑细胞减少、大脑海绵状变性、神经胶质细胞和异常淀粉样蛋白质增多，从而引起神经退化性疾病。近年来，在酵母属（*Saccharomyces*）等真核微生物细胞中也找到了朊病毒的踪迹。

朊病毒是一类小型蛋白质颗粒，约由 250 个氨基酸组成，大小仅为最小病毒的 1%，例如，PrP^{Sc} 的分子量仅为 $3.3\times10^4\sim3.5\times10^4$。据报道，其感染毒性很强，1g 含朊病毒的鼠脑可感染 1 亿只小鼠。它与真病毒的主要区别为：①呈淀粉样颗粒状；②无免疫原性；③无核酸成分；④由宿主细胞内的基因编码；⑤抗逆性强，能耐紫外线辐射、杀菌剂（甲醛）和高温（经 120～130℃处理 4 小时后仍具感染性）。初步研究表明，朊病毒侵入人体大脑的过程为：借食物进入消化管，再经淋巴系统侵入大脑。由此可以说明为何患者的扁桃体中总可找到朊病毒颗粒。目前已知，朊病毒的发病都是因存在于宿主细胞内的一些正常形式的细胞朊蛋白（PrP^c）发生错误折叠后变成致病朊蛋白（PrP^{Sc}）而引起的。翻译后的 PrP^c 受 PrP^{Sc} 的作用而发生相应的构象变化，从而转变成大量的 PrP^{Sc}。有人曾形象地把它比喻为“把一只霉烂苹果投到一筐好苹果中央所产生的后果”。所以，PrP^c 和 PrP^{Sc} 均来源于宿主中同一编码基因并具有相同的氨基酸序列，所不同的只是两者的三维结构相差甚远。不同种类或株、系的朊病毒，其一级结构和三维结构是不同的，这种差异是造成朊病毒病传播中宿主种属特异性和病毒株、系特异性的原因。有国外学者发现，在自然界分离到的 700 种酵母中，有 1/3 存在着“天然的”朊病毒，并能赋予宿主某些有益的特性。

（三）拟病毒

拟病毒（virusoid）又称为类病毒（viroid－like）或壳内类病毒，是指一类包裹在真病毒粒中的有缺陷的类病毒。拟病毒极其微小，一般仅由裸露的 RNA（300～400 个核苷酸）组成。与拟病毒“共生”的真病毒又称为辅助病毒（helper virus），拟病毒则成了它的“卫星”。拟病毒的复制必须依赖辅助病毒的协助。同时，拟病毒也可干扰辅助病毒的复制，减轻其对宿主的病害。因此，可将它们用于生物防治。拟病毒首次在绒毛烟（*Nicotiana veluina*）的斑驳病毒（velvet tobacco mottle virus，VTMoV）中分离到（Randles，1981）。VTMoV 是一种直径为 30nm 的二十面体病毒，其核心中除含有大分子线状 ssRNA（RNA－1）外，还含有环状 ssRNA（RNA－2）及其线状形式（RNA－3），后两者即为拟病毒。实验证明，只有当 RNA－1（辅助病毒）与 RNA－2 或 RNA－3（拟病毒）合在一起时才能感染宿主。

目前已在许多植物病毒中发现了拟病毒，例如苜蓿暂时性条斑病毒（LTSV）、莨菪斑驳病毒（SNMV）和地三叶草斑驳病毒（SCMoV）等。

（四）卫星病毒和卫星核酸

卫星病毒（satellite virus）和卫星核酸（satellite nucleic acid）可统称为卫星因子，是一类严格依赖于辅助病毒而繁殖的小 DNA 或 RNA 分子。因为卫星因子必须依赖相关的病毒才能复制，这种与其复制有关的病毒称为辅助病毒（helper vins）。卫星因子大多以植物病毒为辅助病毒，也有以少数噬菌体或动物病毒作为辅助病毒的卫星因子。根据卫星因子是否具有编码自身衣壳蛋白的能力，分为卫星病毒和卫星核酸。他们的主要区别在于卫星病毒能够编码自己的衣壳蛋白；而卫星核酸分子本身没有编码衣壳蛋白的遗传信息，而是被包裹于辅助病毒编码的衣壳蛋白中。卫星因子必须与辅助病毒共感染宿主细胞才能复制，但其与缺损干扰病毒（缺损性干扰颗粒，DI 颗粒，defective interfering particle，DI）不同，尽管二者均需要依赖辅助病毒的基因产物进行复制，但卫星因子和辅助病毒基因组之间几乎没有或根本没有相似的核苷酸序列；此外，卫星因子依赖辅助病毒复制而复制，但又干扰辅助病毒的复制，多数还能改变由其辅助病毒引起的寄主植物致病性。

第三节 噬菌体 微课 3

噬菌体（bacteriophage 或 phage）是指感染细菌、放线菌、真菌或螺旋体等微生物的病毒。噬菌体具有其他病毒的共同特性，比如个体微小、结构简单、专性活细胞内寄生等，它们广泛存在于自然界，而且有严格的宿主专一性。

一、噬菌体的形态和结构

噬菌体种类很多，在电子显微镜下常见三种形态，即蝌蚪状、球状和丝状，大多数噬菌体呈蝌蚪状。Bradley（1967 年）根据噬菌体形态将其细分为 6 型：A 型，dsDNA，蝌蚪状，收缩性尾；B 型，dsDNA，蝌蚪状，非收缩性长尾；C 型，dsDNA，非收缩性短尾；D 型，ssDNA，球状，大顶衣壳粒；E 型，ssRNA 和 dsRNA，球状，小顶衣壳粒；F 型，sDNA，丝状，无头尾。

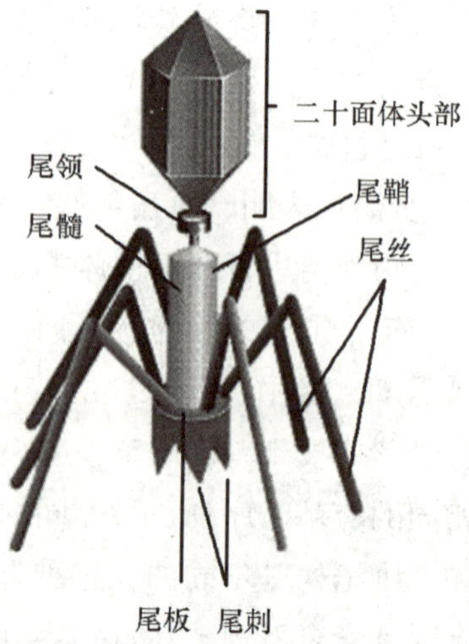

图 4－5 A 型蝌蚪状噬菌体结构模式图

以 A 型蝌蚪状噬菌体为例（图 4－5），其菌体结构由头部和尾部两部分组成。头部呈六边形、立体对称，内含核酸

（dsDNA，线状），外裹一层蛋白质外壳。尾部是一管状结构，由一个中空的尾髓和外面包着的尾鞘组成。在头、尾连接处，有些噬菌体具尾领结构，尾部末端有尾板、尾刺和尾丝。尾鞘具有收缩功能，可使头部核酸注入宿主菌；尾板内有裂解宿主菌细胞壁的溶菌酶；尾丝为噬菌体的吸附器官，能识别宿主菌体表面的特殊受体。

二、烈性噬菌体

根据与宿主菌的相互关系，噬菌体可分成两种类型。一种能在宿主菌细胞内复制增殖，产生许多子代噬菌体，并最终裂解细菌，称烈性噬菌体（virulent phage）或毒性噬菌体（virulent phage）。另一种噬菌体的基因与宿主菌染色体整合，不产生子代噬菌体，但噬菌体 DNA 能随细菌 DNA 复制，并随细菌的分裂而传代，称温和噬菌体（temperate phage）或溶原性噬菌体（lysogenic phage）。

噬菌体的繁殖一般分为 5 个阶段，即吸附、侵入、生物合成、成熟（装配）和裂解（释放）。凡在短时间内能连续完成以上 5 个阶段而实现其繁殖的噬菌体，称烈性噬菌体。烈性噬菌体所经历的繁殖过程，称裂解性周期（lytic cycle）或增殖性周期（productive cycle）。现以 *E. coli* 的 T 系偶数噬菌体为例进行介绍。

（一）吸附（adsorption，attachment）

当噬菌体与其相应的特异宿主在水环境中发生偶然碰撞后，如果尾丝尖端与宿主细胞表面的特异性受体（蛋白质、多糖或脂蛋白 - 多糖复合物等）接触，就可触发颈须把卷紧的尾丝散开，随即附着在受体上，从而把刺突、基板固着于宿主细胞表面。吸附作用受许多内外因素的影响，如噬菌体的数量、阳离子浓度、温度和辅助因子（色氨酸、生物素）等。

（二）侵入（penetraion，injection）

噬菌体吸附后，尾丝收缩，基板从尾丝中获得一个构象刺激，促使尾鞘中的 144 个蛋白亚基发生复杂的移位，并紧缩成原长的一半，由此把尾髓推出并插入细胞壁和细胞膜。此时尾髓端所携带的少量溶菌酶可把细胞壁上的肽聚糖水解，以利于侵入。头部的核酸迅速通过尾管及其末端小孔注入宿主细胞，并将蛋白质外壳留在壁外。从吸附到侵入的时间极短，例如 T4 只需 15 秒。

（三）生物合成（biosynthesis）

噬菌体生物合成包括核酸的复制和蛋白质的生物合成。首先，噬菌体以其核酸中的遗传信息向宿主细胞发出指令并提供“蓝图”，使宿主细胞的代谢系统按严密程序、有条不紊地逐一转向或适度改造，从而转变成能有效合成噬菌体所特有的组分和“部件”。其中所需“原料”可通过宿主细胞原有核酸等的降解、代谢库内的储存物或从外界环境中取得。由于烈性噬菌体的核酸类型多样，其复制和生物合成的方式也截然不同。*E. coli* 的 T 系偶数 dsDNA 噬菌体是按早期（early，immediate early）、次早期（delayed early）和晚期（late）基因的顺序来进行转录、翻译和复制的（图 4 -6）。

当噬菌体的 dsDNA 注入宿主细胞后，首先是设法利用寄主细胞内原有的 RNA 聚合酶转录出噬菌体的 mRNA，再由这些 mRNA 进行翻译，从而合成噬菌体特有的蛋白质。这一过程称为早期转录（early transcription），由此产生的 mRNA 称为早期 mRNA，其后的翻译称为早期翻译（early translation），而产生的蛋白质则称为早期蛋白（early protein）。早期蛋白的种类很多，最重要的是一种只能转录噬菌体次早期基因的次早期 mRNA 聚合酶（如 T7 噬菌体 RNA 聚合酶）；而在 T4 等噬菌体中，其早期蛋白则称为更改蛋白，特点是它本身并无 RNA 聚合酶的功能，却可与宿主细胞内原有的 RNA 聚合酶结合以改变后者的性质，把后者改造成只能转录噬菌体次早期基因的酶。至此，噬菌体已能大量合成其自身所需的 mRNA。利用早期蛋白中新合成的或更改后的 RNA 聚合酶来转录噬菌体的次早期基因，借以产生次早期

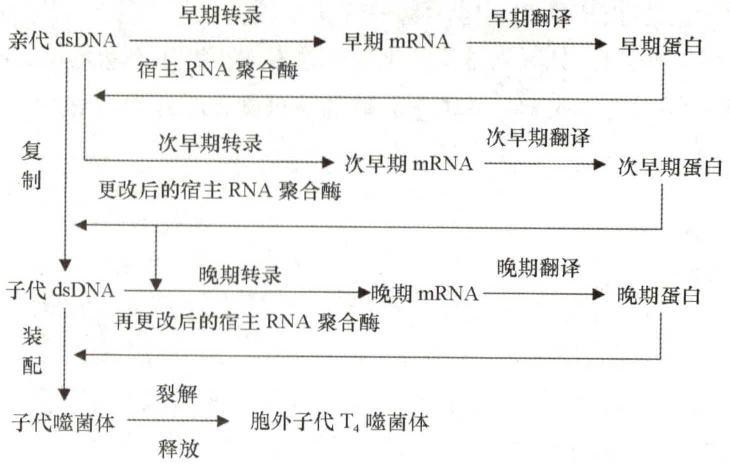

图 4－6　噬菌体的生物合成过程

mRNA 的过程，称次早期转录，由此合成的 mRNA 称为次早期 mRNA，进一步的翻译即为次早期翻译，其结果为产生多种次早期蛋白，例如分解宿主细胞 DNA 的 DNA 酶、复制噬菌体 DNA 的 DNA 聚合酶、5－羟甲基胞嘧啶（HMC）合成酶以及供晚期基因转录用的晚期 mRNA 聚合酶等。晚期转录是指在新的噬菌体 DNA 复制完成后，对晚期基因所进行的转录作用，其结果为产生晚期 mRNA，由它再经晚期翻译后，就产生了一大批可用于子代噬菌体装配用的“部件”——晚期蛋白，包括头部蛋白、尾部蛋白、各种装配蛋白（约 30 种）和溶菌酶等。至此，噬菌体核酸的复制和各种蛋白质的生物合成就完成了。

（四）装配（assembly）

装配也可称为成熟（maturity），实际上就是把已合成的各种“部件”进行自装配（self assembly）的过程。一旦大批成套的“部件”已合成，就在细胞“工厂”中进行突击装配，于是就产生了一大群形状、大小完全相同的子代噬菌体。在 T4 噬菌体的装配过程中，约需 30 种不同蛋白和至少 47 个基因参与，其装配过程如图 4－7 所示。主要步骤有：DNA 分子的缩合，通过衣壳包裹 DNA 而形成完整的头部，尾丝和尾部的其他“部件”独立装配完成，头部和尾部相结合，最后再装配上尾丝。

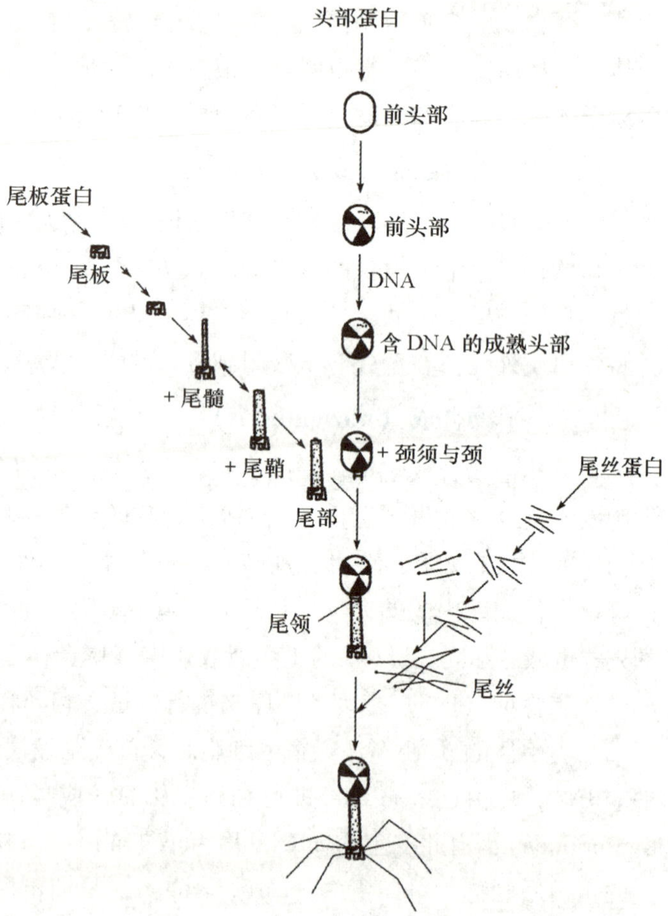

图 4－7　噬菌体装配过程

（五）释放（release）

释放也可称为裂解（lysis），当宿主细胞内的大量子代噬菌体成熟后，水解细胞膜的脂肪酶和水解细胞壁的溶菌酶等的作用促进了细胞的裂解，从而完成子代噬菌体的释放。另一种表面上与此相似的现象为一种自外裂解（lysis from without），是指大量噬菌体吸附在同一宿主细胞表面并释放众多的溶菌酶，最终因外在的原因而导致细胞裂解。可以想象，这种自外裂解仅是一种单纯的溶菌作用，它是绝不可能导致大量子代噬菌体产生的。上述增殖的全过程是很快的，例如，*E. coli* T 系噬菌体在合适温度等条件下仅为 15 ~ 25 分钟。平均每一宿主细胞裂解后产生的子代噬菌体数称为裂解量（burst size），在不同的噬菌体有所不同，例如 T2 的裂解量为 150 左右（5 ~ 447），T4 的裂解量约为 100。

在某些病毒的增殖过程中，侵入宿主细胞后还有“脱壳”这一步骤，脱壳是指病毒的核酸从衣壳内释放出来的过程。有包膜病毒脱壳包括脱包膜和脱衣壳两个步骤，无包膜病毒只需脱衣壳，不同病毒脱壳方式各异。绝大多数烈性噬菌体和某些直接侵入的病毒可以直接在细胞膜或细胞壁表面同步完成侵入与脱壳；有些病毒粒子以内吞方式或直接进入细胞后，经蛋白酶的降解，先后脱去包膜和衣壳。以膜融合方式侵入的病毒，其包膜在与细胞膜融合时即已脱掉衣壳，核衣壳被移至脱壳部位并在酶的作用下进一步脱壳，病毒核酸游离并进入细胞的一定部位进行生物合成。

三、温和噬菌体

烈性噬菌体在繁殖过程中引起宿主细胞裂解，但有些噬菌体会与宿主建立一种特殊的关系。它们在吸附和侵入宿主后，其基因组并不接管和杀死宿主，而是存留在宿主细胞内并整合于宿主核基因组中，同宿主基因组一起复制，产生携带噬菌体基因的后代细胞，宿主依然可长期生长和繁殖，但这些细胞在特定的环境条件下会产生并释放噬菌体。这些已经携带有噬菌体基因的细胞不能被同种病毒再次感染，即具有超感染免疫性（superinfection immunity）。这种噬菌体同宿主间的关系称为溶原性（lysogeny），能够导致溶原性现象发生的噬菌体称为温和噬菌体（temperate phages）。潜伏于宿主体内而不具有破坏性的噬菌体基因组称为前噬菌体（prophage）。我们把核染色体上整合有前噬菌体并能正常生长繁殖而不被裂解的细菌（或其他微生物）称为溶原性细菌（lysogenic bacteria，简称溶原菌），前噬菌体通常以整合态（整合入宿主染色体）存在，有时也可以游离于核染色体外。诱导（induction）可激发前噬菌体脱离宿主染色体而转向裂解生活周期，导致感染细胞被破坏并释放子代噬菌体，这个过程的前噬菌体是以营养态的形式存在（图 4 – 8）。

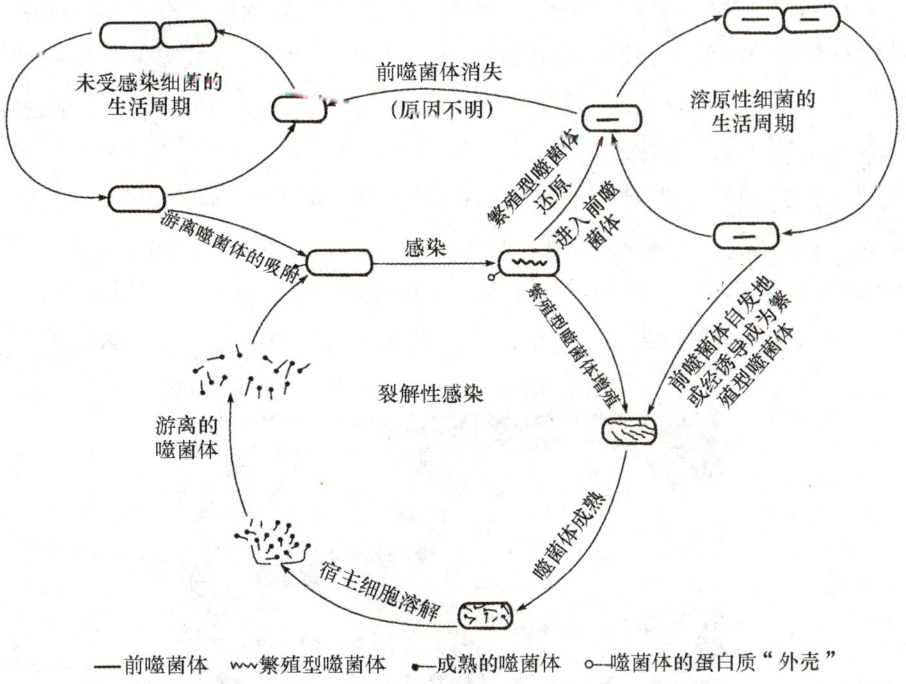

图 4 – 8　前噬菌体及溶原性细菌的生活周期

自然界大部分噬菌体都是温和噬菌体，溶原化对噬菌体的生存是有利的。因为噬菌体在宿主细胞中进行的核酸复制和蛋白质合成会消耗宿主体内的大量营养物质，进而影响宿主细胞的新陈代谢，导致宿主自身的 mRNA 和蛋白质（酶）被降解而进入休眠状态。如果宿主细胞进入休眠状态前，噬菌体装配尚未完成，其增殖便会因缺乏必要的物质条件而永久中断，而溶原化（即噬菌体同宿主一起进入休眠态）可以解决这一困难。

此外，溶原化的另一个优势在于，当细胞被感染后，持续不断的复制将最终导致所有宿主细胞裂解，这会使噬菌体失去宿主细胞的屏蔽而长期直接暴露于危险的环境中，这显然不利于噬菌体的生存。此时，如果噬菌体与宿主能够出现溶原现象，则宿主将携带病毒基因存活下去，并在宿主繁殖时合成新的病毒基因，有利于噬菌体的生存。

λ 噬菌体以 *E. coli* K－12 为宿主，是目前研究最为详尽的温和噬菌体。λ 噬菌体是一种 dsDNA 病毒，其头部为二十面体，直径约 55nm，尾部为非收缩性且尾部末端附着有细尾丝。其 DNA 为线性分子，具有黏性末端，黏性末端为单链，长度为 12 个碱基。由于这种黏性末端的存在，线性基因组会在侵染后立刻连接成环，宿主 *E. coli* 的 DNA 连接酶会随即封闭缺口，从而形成一个闭合环状基因组。已知 λ 噬菌体的基因组中有 40 余个基因，其中的大部分根据功能聚集成不同的簇，分管头部合成、尾部合成、溶原化及其调控、DNA 复制和细胞裂解。

λ 噬菌体可通过正常的裂解性生活周期进行增殖。λ 噬菌体进入 *E. coli* 后，立即转变成共价环状，并由宿主 RNA 聚合酶启动转录。聚合酶与右向启动子和左向启动子结合，以不同的 DNA 链为模板从两个方向开始转录。首先被转录的是编码调节蛋白的基因，该蛋白控制左向和右向特定基因的转录和翻译，确保噬菌体蛋白按照生活周期的时间顺序合成。

大部分温和噬菌体在溶原菌内以整合的前噬菌体形式存在，但是噬菌体基因组的整合并非溶原化所必需。同 λ 噬菌体一样，*E. coli* 的 P1 噬菌体在侵染宿主后，基因组环化并生成阻遏蛋白，但其基因组却以游离的环状 DNA 分子形式存在于溶原菌中，并随宿主基因组一起复制。当 *E. coli* 分裂时，P1 噬菌体 DNA 分配在子代细胞内，从而使所有的溶原菌都会携带 1～2 个噬菌体基因组的拷贝。

溶原菌是一类常见的细菌，它们能够分泌各种酶，从而分解并利用有机物质。这些菌类广泛存在于土壤、水体和动植物等自然环境中，同时也可以在药品、食品、医疗器械等生产过程中出现。因此，为了保证公共卫生和产品质量安全，检测溶原菌的方法尤为重要。目前对于溶原菌的检测，常见的方法有培养法、PCR 法、免疫学法、生化法等。

以培养法为例，具体说明检验某菌株是否为溶原菌的方法：将少量溶原菌与大量的敏感性指示菌（遇溶原菌裂解后所释放的温和噬菌体会发生裂解循环者）混合培养，然后与半固体培养基混匀，倒入已经凝固的固体培养基平板，经培养后，溶原菌就长成菌落。可利用物理方法（如紫外线、高温等）或化学方法（如丝裂霉素 C）诱导大部分溶原菌裂解并释放温和噬菌体，其释放的温和噬菌体可不断侵染溶原菌菌落周围的指示菌菌苔，于是就会形成中央有溶原菌小菌落、四周有透明圈围着的独特噬菌斑（图 4－9）。

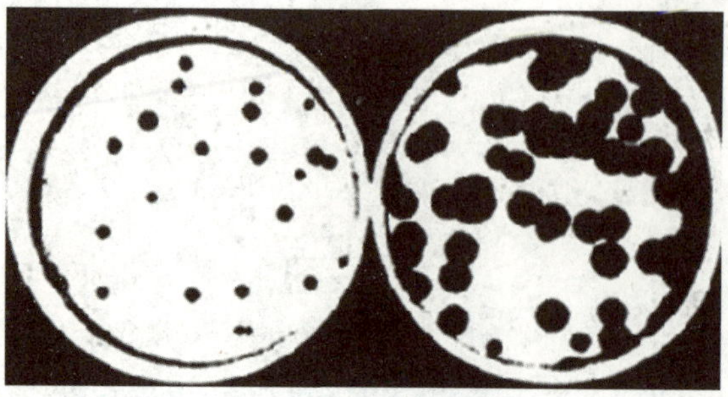

图 4－9 溶原菌及其独特噬菌斑

四、噬菌体效价的测定

在涂布有敏感宿主细胞的固体培养基表面，若接种上相应噬菌体的稀释液，其中每一噬菌体粒子由于先侵染和裂解一个细胞，然后以此为中心，再反复侵染和裂解周围大量的细胞，就会在菌苔上形成一个具有一定形状、大小、边缘和透明度的噬菌斑（plaque）。每种噬菌体的噬菌斑有一定的形态，故可作为该噬菌体的鉴定指标，也可用于纯种分离和计数。这种情况与利用菌落进行其他微生物的分离、计数和鉴定类似，所不同的是噬菌体只形成“负菌落”而已。据测定，一个直径仅2mm的噬菌斑，其所含的噬菌体粒子数高达10^7～10^9个。

效价（titre，titer）这一名词在不同场合有不同的含义。在这里，效价表示每毫升试样中所含有的具侵染性的噬菌体粒子数，又称噬菌斑形成单位数（plaque－forming unit，pfu）或感染中心数（infective centre）。测定效价的方法很多，如液体稀释法、玻片快速测定法和单层平板法等。

较常用且较精确的方法为双层平板法（two layer plating method），主要操作步骤如下。预先分别配制含2%和1%琼脂的底层培养基和上层培养基。先用底层培养基（7～8ml）在培养皿上浇一层平板，待凝固后，再把预先融化并冷却到45℃左右、加有较浓的敏感宿主菌液（对数期菌液0.2ml）和一定体积待测噬菌体样品（合适稀释液0.1ml）的上层培养基（3ml），在试管中摇匀后，立即倒在底层培养基上铺平待凝，然后在37℃下保温。一般经10余小时后，即可对噬菌斑计数。此法有许多优点，如：加了底层培养基后，可弥补培养皿底部不平的缺陷；可使所有的噬菌斑都位于近乎同一平面上，因而大小一致、边缘清晰且无重叠现象；又因上层培养基中琼脂较稀，可形成形态较大、特征较明显以及便于观察和计数的噬菌斑。

用双层平板法计算出来的噬菌体效价总是比用电镜直接计数得到的效价低。这是因为前者是计有感染力的噬菌体粒子，后者是计噬菌体的总数（包括有感染力和无感染力的全部个体）。同一样品根据噬菌斑计算出来的效价与用电镜计算出来的效价之比，称成斑率（efficiency of plating，EOP）。噬菌体的成斑率一般均超过50%，而动物病毒或植物病毒用类似的方法（如单层细胞空斑法或叶片枯斑法）所得的成斑率一般仅为10%。

五、一步生长曲线

1939年，Ellis和Delbrick设计了一种实验，它可定量描述烈性噬菌体生长规律的实验曲线，称一步生长曲线或一级生长曲线（one－step growth curve），如图4－10所示为T4噬菌体一步生长曲线。它可反映每种噬菌体（或病毒）的3个最重要的特征参数，即潜伏期（latent phase）和裂解期（rise phase）的长短以及裂解量（burst size）的大小，故十分重要。

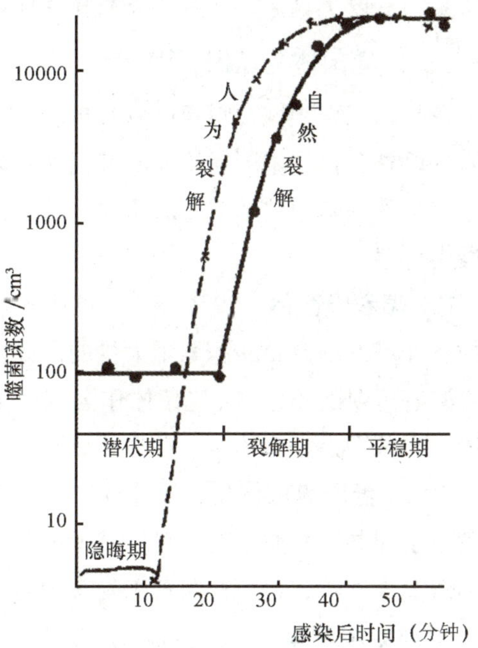

图4－10　T_4噬菌体一步生长曲线

1. 潜伏期　指噬菌体的核酸侵入宿主细胞后至第一个成熟噬菌体粒子释放前的一段时间。它又可分为两段。①隐晦期（eclipse phase）：指在潜伏期前期人为地（用三氯甲烷等）裂解宿主细胞后，此时裂解液仍无侵染性的一段时间，这时细胞内正处于形成早期蛋白、复制噬菌体核酸和合成其蛋白质衣壳的阶段。②成熟期（maturation phase）：又称胞内累积期（intracellular accumulation phase）或潜伏后期，指在隐晦期后，若人为地裂解细胞，其裂解液已呈现侵染性的一段时间，这意味着细胞内已开始装配噬菌体粒子，并可用电镜观察到。

2. 裂解期 指紧接在潜伏期后的，宿主细胞迅速裂解、溶液中噬菌体粒子急剧增多的一段时间。噬菌体或其他病毒粒因只有个体装配而不存在个体生长，再加上其宿主细胞裂解的突发性，从理论上来分析，其裂解期应是瞬间出现的。但事实上，宿主群体中各个细胞的裂解不可能是同步的，故出现了较长的裂解期。

3. 平稳期 指感染后的宿主细胞已全部裂解，溶液中噬菌体效价达到最高点的时期。在本时期，每一宿主细胞所释放的平均噬菌体粒子数，即称裂解量。

一步生长曲线的基本实验步骤如下。用噬菌体的稀释液去感染高浓度的宿主细胞，以保证每个细胞所吸附的噬菌体至多只有一个。经数分钟吸附后，在混合液中加入适量的相应抗血清，借以中和尚未吸附的噬菌体。然后用保温的培养液稀释此混合液，同时终止抗血清的作用，随即置于适宜的温度下培养。其间每隔数分钟取样，连续测定其效价，再把结果绘制成图即可。

六、噬菌体的应用

噬菌体在科学研究以及生产实践中应用广泛，比如噬菌体因其宿主具有高度特异性（一种噬菌体只能裂解一种或与该种相近的细菌），可用于细菌的鉴定和分型；检测标本中是否存在相应细菌可应用噬菌体效价增长试验，若在检品中检出某种噬菌体，常提示有相应细菌存在；此外，噬菌体因基因数量少，易制备成为某种遗传基因缺陷株，噬菌体经人工诱导的变异性状容易控制和辨认，因此是分子生物学研究的重要工具。以下主要介绍噬菌体在基因工程中的应用以及噬菌体在发酵工业中的危害和控制。

（一）噬菌体与基因工程

在基因工程领域，噬菌体以其独特的优点大展身手。基因工程是一项在已有细胞（受体细胞）内引入一段外源目的基因，使外源基因在受体细胞内复制并产生新基因产物的技术。这项技术的关键环节之一就是外源基因的运载，除质粒之外，目前应用最广泛的载体即为病毒，而在病毒中又以噬菌体的使用最为普遍。

1. λ 温和噬菌体 1974 年，λ 噬菌体第一次被证明可以作为克隆载体使用。从此以后，针对 λ 噬菌体的研究广泛展开，并积累了大量的研究资料，使其迅速发展成为有多种种类的克隆载体，在分子克隆中扮演着重要的角色。λ 噬菌体作为基因工程载体，具有很多优点：①由于 λ 噬菌体的 50 个基因中只有约一半基因是噬菌体生长和噬菌斑形成所必需的，其他的基因区段可被外源基因取代而不影响其生长繁殖；②λ 温和噬菌体具有将其自身基因组与宿主基因组进行整合的能力，从而可以使插入的外源基因随宿主基因共同复制，便于目标基因的获取；③λ 噬菌体载体感染效率极高（几乎可达 100%），且对宿主不需要像质粒转化那样制备感受态细胞，从而使操作极为简便。

2. 丝状噬菌体 主要包括大肠埃希菌丝状噬菌体 M13、fd、fl 等，仅感染雄性即带有 F 因子的大肠埃希菌或 F^+ 菌株。丝状噬菌体的基因组是一单链闭合环状 DNA，一级结构极为相似，同源性高达 98% 以上。它的全序列已测出，共有 10 个基因，分别编码 10 种蛋白质。研究发现丝状噬菌体也非常适合用作基因载体，它具有以下优点：①基因Ⅱ和基因Ⅳ之间的间隔区对噬菌体的生长不是必需的，可以接受基因改造；②丝状噬菌体的子代病毒粒子并不是像其他病毒那样通过裂解宿主细胞得到释放，而是通过病毒 DNA 穿出宿主细胞膜，与预先锚在细胞膜上的衣壳蛋白进行细胞外装配，宿主细胞并不裂解，只是生长速度变慢，这一显著优点可使病毒粒子实现持续的合成和分泌；③丝状噬菌体的基因组为 ssDNA，是 DNA 测序和突变分析的理想材料，同时胞内复制型的 dsDNA 便于基因重组的操作，因而是一种理想的基因载体。

（二）噬菌体与发酵工业

噬菌体的防治在以细菌和放线菌为菌种的发酵生产中是非常重要的环节。在工厂中，由于采用大罐发酵，投入资金高，如若发酵液中菌体被污染，将会导致生产周期延长、发酵液变清、发酵产物不易形成、减产甚至倒罐等严重事故，给企业带来巨大的损失。但只要防治工作充分，此类事故完全可以避免。

噬菌体污染发酵液时，将发酵液接种于敏感菌平板上会形成噬菌斑。生产中要对斜面菌种、各级种子液以及发酵液进行严格的检查，此类事故发现得越早，带来的损失越小。防治工作，重在预防。预防噬菌体污染的主要措施有：①绝不使用污染或有污染嫌疑的菌种，并经常轮换生产菌种；②严格保持环境卫生；③各种非生产菌液及时灭活；④生产设备定期清洗、灭菌；⑤严格遵守操作守则。

一旦发现发酵液被噬菌体污染，切不可听之任之，应立即采取有效措施，将损失减至最低。常用的抑制噬菌体吸附或增殖的措施有：①加入少量的表面活性剂，如 0.1% ~0.2% 聚山梨酯 20 等；②加入少量的抑制蛋白质合成的抗生素，如 1 ~2μg/ml 的四环素、氯霉素等；③一些金属螯合剂，如草酸钠等也对抑制噬菌体的吸附有帮助。另外，如要继续发酵，应及时向发酵液中补加抗噬菌体的菌种。如果是在发酵后期感染噬菌体，应尽快终止发酵并分离发酵液中的产品以减少损失。

第四节　病毒的人工培养

由于病毒必须在活的易感的细胞中才能增殖，在分离培养病毒时必须提供活的细胞。目前实验室最常用的方法是细胞培养法，其次还有鸡胚培养法和动物接种法。细胞培养法包括器官培养、组织培养和细胞培养等。这就要求实验室必须具备一定的实验条件（如洁净操作台、CO_2培养箱等）和一定的技术条件（如无菌操作技术）。

一、细胞培养

1. 制备单层贴壁细胞　将离体的活组织，用机械法捣碎并用胰蛋白酶消化，从而把组织分散成单个细胞，然后经洗涤和计数，并用细胞培养液配制成一定浓度的细胞悬液，再分装入细胞培养瓶或培养管，细胞则将贴附于瓶壁或管壁上，培养数天后瓶壁或管壁将被一层细胞覆盖，形成单层贴壁细胞，可供病毒分离培养用。为防止细菌污染，培养液内还需加入一定浓度的抗生素，常用的抗生素是青霉素和链霉素。

根据细胞的来源、染色体特征及传代次数，可将细胞分为 3 种类型：①原代细胞株；②双倍体细胞株；③传代细胞系。

2. 标本的接种　将所要分离的病毒标本接种入培养好的单层贴壁细胞，在适宜的环境下进行培养后，观察病毒在细胞内的增殖情况。

二、鸡胚培养

发育中的鸡胚可提供多种部位供培养某些病毒使用，不同种类的病毒适于在鸡胚的不同部位生长。

常用于接种病毒的鸡胚部位有绒毛尿囊膜、尿囊腔、羊膜腔、卵黄囊（图 4－11）。

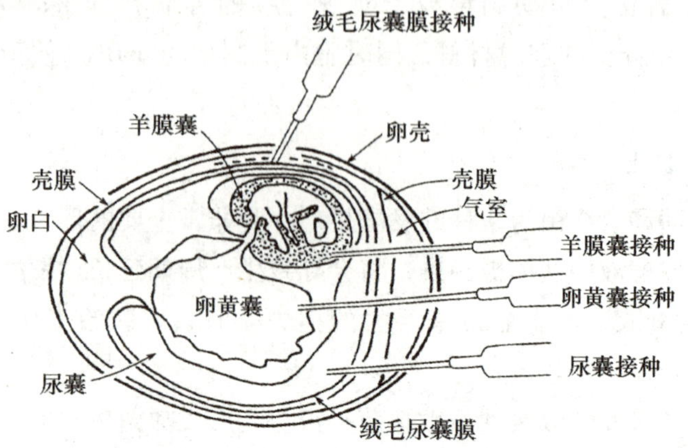

图 4－11 病毒鸡胚接种部位示意图

三、动物接种

动物接种是最原始的病毒培养方法。常用的动物有小鼠、豚鼠、家兔、雪貂和猴等。接种途径随病毒而异，有鼻腔、皮内、皮下、腹腔内、脑内、静脉内等途径。动物接种后，应逐日观察动物的发病情况。当动物濒临死亡时，应及时剖杀动物并取病变组织进行传代和鉴定。动物接种培养病毒的影响因素过多，目前已较少采用。但是，对少数目前还不能用鸡胚培养或细胞培养来进行人工培养的病毒，如乙型肝炎病毒等，仍须采用动物接种来培养。

案例分析

天花病毒及疫苗

天花（smallpox）是由天花病毒引起的一种烈性传染病，无药可治，历史上曾经导致数以亿计的人感染和死亡，因患者痊愈后脸上会留有麻子而得名。1979 年 10 月 26 日，世界卫生组织宣布天花在地球上绝迹——人类彻底消灭了天花。天花是人类靠自身的力量消灭的第一个，也是目前唯一的一个病毒性传染病。

早在我国唐宋时期，医者就从日常的观察中发现了天花病毒一旦感染就终身免疫的现象，进而提出了“以毒攻毒”，即人工诱发一次微弱的天花感染从而获得天花免疫力的“种痘”方法，有效将天花病毒致死率从 30% 左右降低到约 1%。

启发与思考

1. 认识我国古代医者对抗传染病的集体智慧与成就，学习他们善于发现、创新钻研的精神，树立民族自豪感；

2. 从事人类传染病防治工作，要有国际视野和世界大同的博大胸怀。

讨论

1. 天花病毒具有哪些弱点？什么原因导致它成为第一个，也是迄今为止唯一一个被人类在自然界范围内灭绝的病毒？

2. 分享自己曾接种过的病毒类疫苗并讨论这些疫苗的特点。

复习思考题

答案解析

1. 病毒与其他生物相比有哪些重要生物学特性？
2. 病毒的大小一般为多少？试图示病毒的典型构造。
3. 病毒的化学成分有哪些？试分别简述它们的功能。
4. 病毒衣壳有哪几种对称类型？试举例说明。
5. 什么是类病毒、朊病毒和拟病毒？
6. 烈性噬菌体的生活周期可分为哪几个阶段？试述各阶段的主要过程及特点。
7. 什么是温和噬菌体、前噬菌体、溶原菌及溶原性？
8. 在发酵工业中，如何防治噬菌体的污染？
9. 如何人工培养病毒？常用的方法是哪种？
10. 如何预防病毒性疾病？

书网融合……

本章小结　　微课 1　　微课 2　　微课 3　　题库

第二篇
微生物学技术

第五章　微生物的染色和镜检技术

PPT

学习目标

【知识要求】

1. 掌握　细菌革兰染色法的原理；油镜的使用原理。

2. 熟悉　细菌的一般染色方法；普通光学显微镜的使用步骤。

3. 了解　生物相关显微镜种类及其使用范围。

【技能要求】

能够熟练掌握革兰染色法的步骤；会分析判断细菌的革兰染色结果；学会正确使用并维护光学显微镜。

【素质要求】

培养自主学习新技术、新知识的能力；培养对微观事物科学的实事求是、认真细致的学习态度。

第一节　显微镜的种类及原理

显微镜是由一个或几个透镜组合构成的，主要用于放大微小物体以实现人类肉眼能看到的一种光学仪器。目前，显微镜主要分为光学显微镜和电子显微镜。光学显微镜是利用光学原理进行放大的显微镜，由荷兰的詹森父子于1590年首创，目前光学显微镜可把物体放大1500倍，分辨的最小极限达0.2μm，主要包括普通光学显微镜、暗视野显微镜、相差显微镜、荧光显微镜。电子显微镜由德国柏林的克诺尔和哈罗斯卡在1931年首次装配完成，这种显微镜用高速电子束代替光束，由于电子流的波长比光波短得多，电子显微镜的放大倍数可达80万倍，分辨的最小极限达0.2nm，主要有透射电子显微镜、扫描电子显微镜等。随着科技的发展，近年来又出现了扫描隧道显微镜、原子力显微镜和超声波显微镜等。

一、光学显微镜

（一）普通光学显微镜

普通光学显微镜由光学系统和机械装置两大部分组成。光学系统由物镜、目镜、聚光器等组成，是显微镜的核心。机械装置包括镜座、镜臂（支架）、载物台、调焦螺旋等部件，是显微镜的基本组成单位，主要保证光学系统的准确配置和灵活调控，在一般情况下是固定不变的。

分辨率是显微镜的重要指标。分辨率越高，说明最小分辨距离越小，放大后的图像就越清晰。从物理学角度看，光学显微镜的最小分辨距离（分辨率）受光的干涉现象及所用物镜的限制，它们之间的关系如下：

$$最小可分辨距离（分辨率）=0.5\lambda/(n\sin\theta)$$

其中 λ 为所用光源的波长，波长越短，所能提供的最小可分辨距离越小（分辨率越高）。这是因为用于形成物像的光波须穿过被检验物体，波长越小，光能穿越的间隙也越小，形成的物像越清晰；相反，两个物像点的间距如果小于波长，将无法被光波穿过，成像后只能形成一个模糊的点，无法被辨析。θ 为物镜镜口角的半数（图 5－1），它取决于物镜的直径和工作距离，n 为玻片与物镜之间介质的折射率。显微镜观察时可根据物镜的特性选用不同的介质，如香柏油（$n=1.52$）、水（$n=1.33$）、空气（$n=1.0$）等。$n\sin\theta$ 也被表示为数值孔径值（numberical aperture，NA），它是决定物镜性能的重要指标。光学显微镜在使用最短波长的可见光（$\lambda=450$nm）作为光源时，在油镜下可以达到的最大分辨率为 0.18μm。由于肉眼的正常分辨能力一般为 0.25mm 左右，光学显微镜有效的最大放大倍数只能达到 1000～1500 倍（表 5－1）。

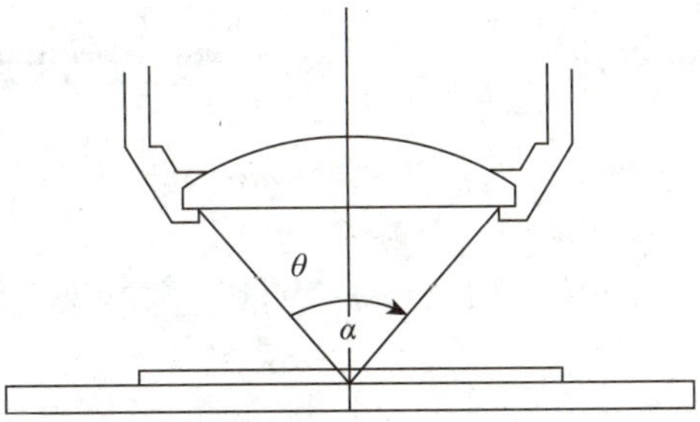

图 5－1　物镜的镜口角 α 和半角 θ

表 5－1　普通光学显微镜不同物镜的特性比较

特性	物镜		
	低倍镜	高倍镜	油镜
放大倍数	10 ×	（40～45）×	（90～100）×
数值孔径值	0.25	0.55～0.65	1.25～1.4
焦深（mm）	16	4	1.8～2.0
工作距离（mm）	4～8	0.5～0.7	0.1
蓝光时可到达的分辨率（μm）	0.9	0.35	0.18

（二）暗视野显微镜

暗视野显微镜（dark field microscope）也称为超显微镜（ultramicroscope），是光学显微镜的一种。它的特点是视野的背景是黑的。照明光线直接进入视野的显微镜为明视野显微镜，属于透射照明。活的细菌在该显微镜下是透明的，不易看清。人们利用特殊的聚光器实现斜射照明，使给样品照明的光不直接穿过物镜，而是由样品折射或反射后再进入物镜，故样品是亮的，而观察的视野是暗的。犹如我们在白天看不到的星辰，而它在黑暗的夜空中可以清楚地显现一样（图 5－2）。在暗视野显微镜中，通过增大样品与背景之间的反差，可以清晰地观察到在明视野显微镜中不易看到的活菌体等透明的微小颗粒，并且即使所观察的微小颗粒尺寸小于显微镜的分辨率，仍然可以通过他们散射的光而发现它们的存在。

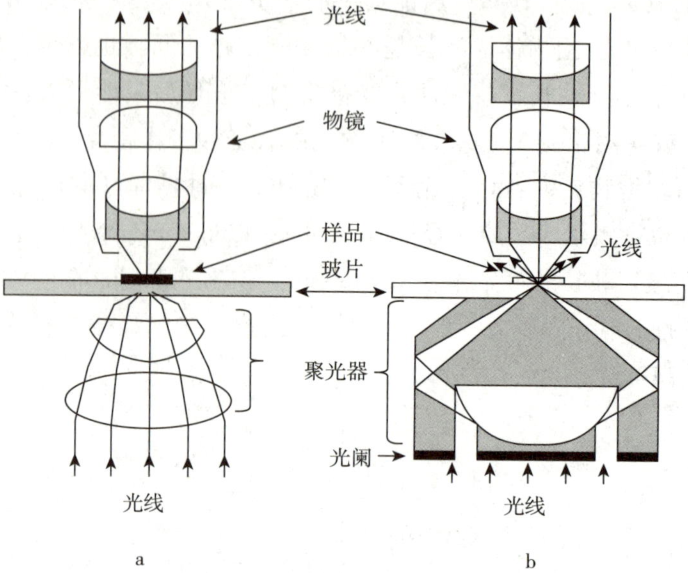

图 5-2 明视野（a）和暗视野（b）显微镜照明示意图

（三）荧光显微镜

荧光显微镜（fluorescence microscope）是以人眼不可见的一定波长紫外线为光源照射被检物体，使之受激发后产生人眼可见的荧光，通过显微镜成像系统放大来进行镜检。

荧光显微镜与光学显微镜的主要区别是二者的激发波长不同，由此决定了荧光显微镜与普通光学显微镜结构和使用方法上的不同。荧光显微镜的照明方式通常为落射式（光源通过物镜投射于样品上）；结构上，表现为有两个特殊的滤光片，位于光源前的用于滤除可见光，位于目镜和物镜之间的用于滤除紫外线，用以保护人眼。

荧光显微镜的工作原理：滤色块是荧光显微镜的重要部位，其核心部件由激发光滤色片（first barrier filter）、发射光滤色片（second barrier filter）和半透半反滤色片（beam - splitting mirror）组成。

1. 激发光滤色片及发射光滤色片 通常根据光源和荧光色素的特点选用以下三类配套，提供一定波长范围的激发光，并使样品激发出的荧光透过，然后到达目镜成像。

（1）紫外光激发 激发光滤色片阻挡 400nm 以上的可见光通过，使紫外光透过。与之相应的发射光滤色片可允许蓝光通过，视野内呈现蓝色光（如应用于 DAPI 染色）。

（2）蓝光激发 激发光滤色片阻挡其他波段的光，使蓝光通过。与之相应的发射光滤色片可允许绿光通过（如 GFP 染色标记）。

（3）绿光激发 激发光滤色片阻挡其他波段的光，使绿光通过。与之相应的发射光滤色片通常可允许红光通过（如 Rhodamine 染色）。

2. 半透半反滤色片 它的作用是完全阻挡激发光通过，而将其反射；并透过相应波长范围的发射光。

3. 光路 光线在荧光滤色块中的传播光路为：透过反射光滤光片的特定波长的光线到达半透半返滤色片时，被反射后通过物镜照射到样品上，样品中的荧光基团被激发光激发，发射出长波长的荧光；发射光通过物镜，透过半透半反滤色片后到达发射光滤色片，此时又只有特定波长的光线透过，最后通过目镜被肉眼看到的就是样品中的荧光了。

（四）相差显微镜

镜检时，视野中的样品只有在其透射光的波长（颜色）和振幅（亮度）与周围介质有明显变化时，才能被眼睛所分辨。而当照明光线通过无色透明的标本时，透射光的波长和振幅都不发生明显改变，所以用普通光学显微镜观察时，难以辨清这样物体的结构，必须借助固定和染色等理化方法，使样品和背景的透射光在波长或振幅上发生变化，即在颜色和亮度上有所差异，以供识别。因此，活细胞很难通过普通显微镜进行观察。针对这种情况，F. Zemike 发明了不仅能观察活细胞的形态，还能看到细胞内部结构及细胞分裂的连续过程的相差显微镜，这是显微技术的一大突破，为此，F. Zemike 等人获得了 1953 年的诺贝尔物理学奖。

相差显微镜（phase contrast microscope）与普通光学显微镜的结构基本相同（图 5-3），不同的是它有四个特殊的结构：相差物镜（内有相板）、具有环状光阑的转盘聚光器、合轴调中望远镜、绿色的滤光镜。其关键是相差物镜和环状光阑，更具体地说是相板和环状光阑。光源产生的光透过环状光阑和聚光器成为环形光锥，照射在被检物上，产生了直射光和衍射光。二者分别通过相板上的共轭面和补偿面，并产生了干涉。共轭面和补偿面上的涂层分别能使直射光和衍射光产生 1/4λ 的相位滞后，因此导致干涉光的振幅加强和减弱，并由此产生了明反差和暗反差。因此，相差显微镜可使被检物在不经染色的情况下，也可清晰分辨。

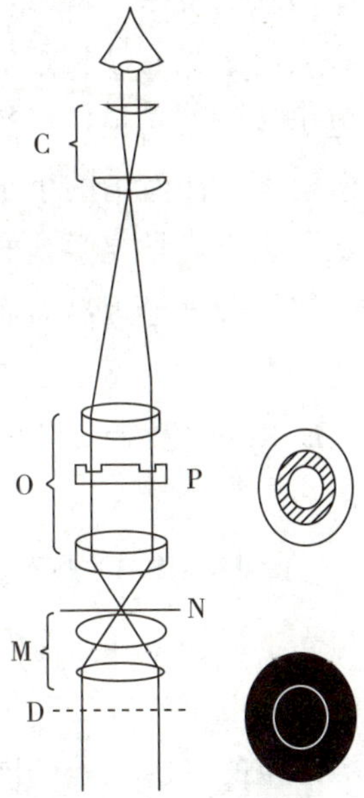

图 5-3　相差显微镜示意图

P. 相板；D. 环状光阑；C. 目镜；N. 载物台；M. 集光器；O. 透镜

知识链接

新型量子显微镜

光学显微镜看似简单，实际上其背后的原理却十分复杂。从粒子物理学的角度来讲，光学显微镜观测的其实就是特定的光子，被观测目标的尺寸越小，光子的数量就越少，而“背景噪声”也就越来越难区分，使得显微镜看到的物体模糊不清。为解决这个问题，科学家们发明了激光显微镜。然而激光显微镜的激光能量太高，不适合观测那些对光线敏感的材料，例如微小的生命结构和对激光敏感的材料。因此，科学家们开始思考新的解决方案，于是新型量子显微镜随之问世。

新型量子显微镜的原理与量子纠缠密不可分。量子纠缠是一种神奇的现象，当两个微观粒子在经过特定的相互作用之后，就会处于一种特殊的“纠缠态”，这两个微观粒子之间会产生一种无论距离多远也不受干扰的联系。也就是说，如果测量其中一个粒子，另一个粒子就会产生与之相对应的状态。新型量子显微镜就是利用了这种纠缠特性，在观测时向被观测目标发射大量处于“纠缠态”状态的光子，然后侦听反射。处于“纠缠态”的光子很相似，彼此对应，因此很容易将它们从“背景噪声”中区分出来，从而获得清晰的图像。

二、电子显微镜

（一）透射电子显微镜

透射电子显微镜（transmission electron microscope，TEM）由德国人 E. Ruska 等于 1933 年发明，他

们制成了世界上第一台以电子束为光源的显微镜，即电子显微镜。其理论依据为：电子束通过磁场时会产生螺旋式的复杂运动，而最终会如光线通过玻璃透镜一样，产生偏转、发散或汇聚，并可以聚集成像。一束电子具有波长很短的电磁波的性质，其运动速度与波长成反比，速度越快，波长越短。理论上，电子波的波长最短可达0.005nm，所以电子显微镜的分辨能力要远高于光学显微镜，可以看到在光学显微镜下无法看清的小于0.2μm的细微结构。其工作原理与光学显微镜十分相似，而“光源”的不同决定了它与光学显微镜的诸多差异，主要有：①电镜镜筒中要求高真空，因为电子的运行过程中如遇到有的气体分子会因碰撞而发生偏转，导致物像散乱不清；②电子是带电荷的粒子，因此电镜是用电磁圈来使“光线”汇聚和聚焦；③电子像人眼看不到，需要通过感光胶片做记录或通过荧光屏来显示。由此，E. Ruska及后来发明扫描隧道显微镜的H. Rohrer和G. Binning 3人一起获得了1986年的诺贝尔物理学奖。

（二）扫描电子显微镜

与光学显微镜和透射电子显微镜不同，扫描电子显微镜（scanning electron microscope，SEM）的工作原理为：电子枪发出电子束，磁透镜将这些电子束汇聚成极细的“探针”，“扫描”样品表面并激发被扫描部位的二次电子（同时也有一些其他信号）。样品表面的立体样貌（电子束入射角度）决定二次电子产生的多少。与此同时，在另一个电子束（来自观察用的荧光屏）也做同步扫描。二次电子由探测器收集，并在那里被闪烁器变成光信号，再经光电倍增管和放大器又变成电压信号来控制荧光屏上的电子束强度。因此，荧光屏上某一部位越亮说明该部位上产生二次电子越多，我们就能得到一幅放大的样品立体图像。此外，扫描电镜产生的其他物理信号如X线谱线、阴极荧光、背散射电子等，对这些信号进行收集、分析，还可以得到有关样品的其他信息。比如，收集X线信号可以分析样品各个微区的元素。

三、其他显微镜

（一）扫描隧道显微镜

扫描隧道显微镜（scanning tunneling microscope，STM）是20世纪80年代才出现的显微镜领域新成员，其原理主要是利用量子力学中的隧道效应。

STM有一个半径极细，其针尖通常小到只有一个原子大小的金属探针，在样品表面进行近距离（0.5～2nm）扫描，这样，针尖顶部可以在不损坏样品的同时接触到样品表面的电子云，此时及时在探针和样品之间加零点几伏的电压，就会有纳安级的电流产生，该电流就是隧道效应电流。该电流受针尖到样品表面的距离的影响，当距离发生一个原子大小（0.3nm）的变化时，电流将改变1000倍。当保持探针扫描时的电流或高度恒定的时候，就可以通过记录电压或电流的变化来了解样品表面的形貌。STM的横向分辨率可以达到0.1～0.2nm，纵向的分辨率可达到0.001nm，是目前分辨率最高的显微镜，能够对单个原子进行观察。另外，因为STM在扫描时不接触样品，也没有高能电子束轰击，理论上讲可以避免样品的变形。并且，它对工作环境的要求不是很苛刻：可以在真空环境下工作，也可以在保持样品生理条件的大气压及液体环境下工作。因此，STM在生命科学研究领域具有重要作用。目前，人们主要利用STM直接观察DNA、RNA和蛋白质等生物大分子，以及病毒生物膜等结构。

（二）原子力显微镜

原子力显微镜（atomic force microscope，AFM）由STM发明者之一的葛宾尼（GerdBinnig）博士在美国斯坦福大学与C. FQuate和C. Gerber等人于1986年研制成功。

它主要由微悬臂、微悬臂运动检测装置、反馈回路（用于监控微悬臂运动）、对样品进行扫描的压电陶瓷扫描器件以及图像采集、显示和处理系统组成。微悬臂运动可用如隧道电流检测等电学方法或干涉法、光束偏转法等光学方法检测，当样品与针尖充分接近而相互之间存在短程相互斥力时，检测该斥力可获得表面原子级分辨图像，一般情况下分辨率也在纳米级水平。AFM 测量对样品无特殊要求，可用于测量固体表面、吸附体系等。

原子力显微镜的基本原理：将一个对微弱力极敏感的微悬臂一端固定，另一端有一微小的针尖，针尖与样品表面轻轻接触，由于针尖尖端原子与样品表面原子间存在极微弱的排斥力，通过控制扫描时这种力的恒定，带有针尖的微悬臂将对应于针尖与样品表面原子间作用力的等位面而在垂直于样品的表面方向做起伏运动。利用隧道电流检测法或光学检测法，可测得微悬臂对应于扫描各点的位置变化，从而获得样品表面形貌的信息。

（三）超声波显微镜

超声波扫描显微镜（scanning acoustic microscope）的特点在于能够精确地反映出声波和微小样品的弹性介质之间的相互作用，并对从样品内部反馈回来的信号进行分析。通过发射高频超声波传递到样品内部，在经过两种不同材质之间的界面时，由于不同材质的声阻抗不同，对声波的吸收和反射程度就不同，进而采集反射或者穿透的超声波能量信息或者相位信息的变化来检查样品内部出现的分层、裂缝或者空洞等缺陷。

第二节　常用微生物染色方法

因为微生物个体小，而且大部分菌体呈无色透明，在光学显微镜下很难看清它们的形状，更谈不上识别微生物的结构，所以如果不是观察活体微生物及其运动的情况，均需采用染色后才能在光学显微镜下观察其形态。因此，微生物染色技术是观察微生物形态及其结构的重要手段，本节以细菌为例来介绍微生物染色方法。

一、基本原理

微生物染色是借助物理因素和化学因素的作用进行的。物理因素如细胞及细胞物质对染料的毛细现象、渗透作用、吸附作用等。化学因素则是因细胞物质和染料性质的不同而发生的各种化学反应。酸性物质对于碱性染料较易吸附，且吸附作用稳固；同样，碱性物质对酸性染料较易于吸附。如酸性物质细胞核对于碱性染料就有化学亲和力，易于吸附。但是，要使酸性物质染上酸性材料，必须把它们的物理形式加以改变（如改变 pH），才利于吸附作用的发生；相反，碱性物质（如细胞质）通常仅能染上酸性染料，若把它们变为适宜的物理形式，也同样能与碱性染料发生吸附作用。

微生物中细菌的等电点较低，pH 在 2 ~5 之间，故在中性、碱性或弱酸性溶液中，菌体蛋白质电离后带负电荷，而碱性染料电离时染料离子带正电荷，故而带负电荷的细菌常与带正电荷的碱性染料结合。所以，在细菌学上常用碱性染料进行染色。

二、影响因素

菌体细胞的构造和其外膜的通透性，如细胞膜的通透性、膜孔的大小和细胞结构完整与否，在染色上都起一定作用。此外，菌龄、染色液中的电介质含量和 pH、温度、培养基的组成、药物的作用等也都能影响染色效果。

三、染色方法

微生物染色方法一般分为单染色法和复染色法两种，此外还有鉴别细胞各部分结构（如芽孢、鞭毛、荚膜等）的特殊染色法。

（一）单染色法

单染色法是利用单一染料对细菌进行染色的一种方法。此法操作简便，适用于菌体一般形态的观察。不同细菌或者由于观察者所侧重观察内容的不同，使用的染料也有差异，但是单染色的方法是一样的。制成需要观察的玻片后，使用相对应的染料滴加到玻片上的菌膜区域，以覆盖菌膜为准。按照不同染料的要求，结合所观察的内容确定染色时间，染色时间到达时，进行水洗、干燥等步骤。

细菌染色一般要经过涂片、固定、染色、水洗、干燥等步骤，然后用显微镜观察。

单染色法多采用结晶紫、美蓝、碱性复红等带正电的碱性染料，它们易与带负电的细菌结合而使细菌着色。此法一般只能显示细菌形态，不能辨别其结构。

（二）复染色法

复染色法是用两种或两种以上染料，有协助鉴别微生物的作用，故亦称鉴别染色法。常用的复染色法有革兰染色法和抗酸性染色法。

1. 革兰染色法 由丹麦医生汉斯·克里斯蒂安·革兰（Hans Christian Gram，1853—1938）于1884年发明，最初用来鉴别肺炎链球菌与肺炎克雷伯菌之间的关系。革兰染色的对象是细菌的细胞壁，染色后细菌与环境形成鲜明对比，可以清楚地观察到细菌的形态、排列及某些结构特征。本法是细菌学中最经典、最常用的染色方法。根据细菌细胞壁上主要成分的不同，可将细菌分成两大类，即革兰阳性菌（G^+）和革兰阴性菌（G^-）。其重要临床意义在于：①鉴别细菌，即用革兰染色法可将所有细菌分成革兰阳性菌及革兰阴性菌两大类，便于初步识别细菌；②选择药物，即临床上可根据病原菌的革兰染色性，选择有效的抗生素用于治疗；③致病物质不同，有些革兰阳性菌能产生外毒素，而革兰阴性菌则主要具有内毒素，两者致病作用不同。

2. 抗酸染色法 抗酸染色法（acid - fast staining method）是于1882年由埃利希（F. Ehrlich）首创并经F. 齐尔（Ziehl）改进而创造出的细菌染色法。其中最具代表性的为对结核分枝杆菌的齐尔 - 尼尔森（Ziehl - Neelsen）染色法和齐尔 - 加贝特（Ziehl - Gabbet）染色法。该方法也是鉴别分枝杆菌属（*Mycobacterium*）的染色法。分枝杆菌属细菌的菌体含有分枝菌酸，细胞壁内含有大量的脂质，包围在肽聚糖的外面，普通染色法难以将其着色，要经过加热和延长染色时间来促使其着色。但分枝杆菌中的分枝菌酸与染料结合后，就很难被酸性脱色剂脱色，故名抗酸染色。

齐 - 尼氏抗酸染色法是在加热条件下使分枝菌酸与石炭酸复红牢固结合成复合物，用盐酸乙醇处理也不脱色。当再加碱性美兰复染后，分枝杆菌仍然为红色，而其他细菌及背景中的物质为蓝色。

抗酸染色可将细菌分为两大类，即抗酸性细菌和非抗酸性细菌。临床上绝大多数病原菌为非抗酸性细菌，所以抗酸染色不作为临床上常规的细菌检查项目，只针对性地用于结核病、麻风病等的细菌检查。疑似结核分枝杆菌感染的标本，经抗酸染色后以油镜检查，即可做出初步鉴定。

（三）特殊染色法

1. 芽孢染色法 利用细菌的芽孢和菌体对染料的亲和力不同这一原理，用不同染料进行着色，使芽孢和菌体呈不同的颜色而便于区别。芽孢有具厚而致密的壁、折光性强、透性低的特点，着色、脱色均较困难。因此，一般染色法不适用于芽孢染色。所有的芽孢染色都基于同一个原则，即除了用着色力强的染料外，还需要加热或延长染色时间等，以促进标本着色。比如，当先用弱碱性染料如孔雀绿（malachite green）或碱性品红（basicfuchsin）在加热条件下进行染色时，此染料不仅可以进入菌体，而且也可以进入芽孢，进入菌体的染料可经水洗脱色，而进入芽孢的染料则难以透出，若再用复染液（如番红液）或衬托溶液（如黑色素溶液）处理，则菌体和芽孢因染上了不同的颜色而易于区分。

2. 荚膜染色法　荚膜是某些细菌在生活过程中分泌到细胞壁外的一层透明、疏松的黏液状物质。这些物质一般由多肽或多糖类衍生物聚集而成。荚膜的折光性低，与染料的亲和性弱，因此，往往需要通过将背景染色，使不能着色的荚膜反衬出来，在显微镜下呈现透明的荚膜层，又称负染色法。常用的荚膜染色法是黑斯（Hiss）法。

3. 鞭毛染色法　鞭毛为细菌菌体表面生长的弯曲、纤细（直径一般为 10～20nm）、能收缩的丝状物，长度为 2～5μm，最长可达 50μm，其主要化学成分为蛋白质。鞭毛一般需要采用电镜观察，也可采用特殊染色法，则在普通显微镜下也能看到。鞭毛染色法很多，但基本原理相同，即在染色前先用媒染剂处理，让它沉积在鞭毛上以加粗鞭毛，然后进行染色。常用的媒染剂一般由钾明矾和丹宁酸等配制而成。常用的鞭毛染色法是户田氏染色法。

实验一　细菌革兰染色及显微镜的使用与维护

【实验目的】

1. 掌握革兰染色操作技术及显微镜油镜的使用方法。
2. 熟悉油镜维护及保养方法。
3. 了解革兰染色的原理及油镜的工作原理。

【实验原理】

1. 革兰染色原理　现在认为，细菌对革兰染色的不同反应主要是因为细胞壁结构与化学成分不同。通过结晶紫初染和碘液媒染后，在细菌细胞壁内形成不溶于水的结晶紫－碘复合物。革兰阴性菌壁薄、肽聚糖含量低且交联松散，故遇乙醇后，肽聚糖网孔不易收缩，加上类脂含量高，所以当乙醇把类脂溶解后，在细胞壁上就会出现较大缝隙，复合物容易溶出细胞壁，因此经过乙醇脱色后，细胞就变成无色，这时再用红色染料进行复染，呈现红色；革兰阳性菌细胞壁较厚，肽聚糖含量较高且其分子交联较紧密，故在用乙醇洗脱时，肽聚糖网孔会因脱水而明显收缩，加上它基本不含类脂，故乙醇处理不能在壁上溶出缝隙，因此，结晶紫－碘复合物仍牢牢阻留在细胞壁内，使其呈现紫色。

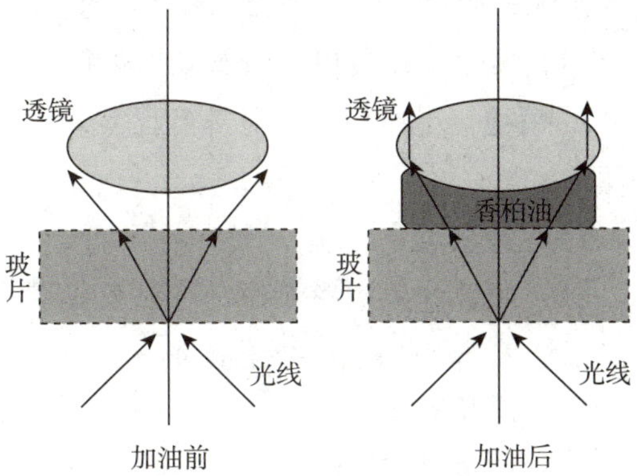

图 5－4　油镜使用原理示意图

2. 油镜原理　从本章第一节光学显微镜成像的分辨率公式及成像原理中我们可以知道，进入物镜的光线越少，视野越暗，最终会导致物像越不清晰，因此，要避免进入物镜的光线因分散而变少，加强视野的亮度以得到清晰的物像，需要在物镜和载玻片之间加上与载玻片折光率相近的介质，以减少光线因折射而发生的损失。目前一般选用香柏油（载玻片 $n=1.52$，香柏油 $n=1.515$，空气 $n=1$）（图5－4）。

【实验材料】

1. 菌种 大肠埃希菌、金黄色葡萄球菌（18～24 小时琼脂平板或斜面培养物）。

2. 试剂 结晶紫染液、碘液、95%乙醇、稀释复红（或沙黄）染液、香柏油（油镜油）、擦镜液。

3. 其他 普通光学显微镜、载玻片、生理盐水、酒精灯、接种环、吸水纸、擦镜纸、擦镜液等。

【实验内容】

（一）革兰染色法 微课 1

革兰染色法一般包括制片、染色和镜检三大步骤。

1. 制片

（1）涂片 在干净的载玻片上滴一小滴生理盐水或无菌水，用接种环蘸取培养物少许，与载玻片上的水滴混合成悬液，并涂成直径约 1cm 的薄层。

（2）干燥 涂片最好在室温下使其自然干燥，也可使标本朝上，手持载玻片一端，小心地在酒精灯火焰上方微微加热，使水分蒸发，但切勿距离火焰太近或加热时间过长。

（3）固定 标本干燥后即可进行固定。手持载玻片的一端，标本朝上，在酒精灯火焰外焰匀速来回通过 3～4 次，共 2～3 秒，并不时以载玻片的加热面触及皮肤，以不觉过烫为宜（不超过 60℃），待冷却后进行染色。固定的目的主要有两个：①杀死微生物，固定细胞结构；②使菌体更牢固地黏附在载玻片上，防止标本在接下来的染色过程中被冲洗掉。

2. 染色

（1）初染 滴加结晶紫（以刚好将菌膜覆盖为宜）染色 1 分钟，水洗（因结晶紫颗粒较大，为避免堆积，可把载玻片平铺后加少量水，待染色液漂浮起来后，再将载玻片倾斜把多余的染料冲洗干净）。

（2）媒染 用碘液冲去残水，并用碘液覆盖约 1 分钟，水洗（用细水流徐徐冲去多余染液，下同）。

（3）脱色 用滤纸吸去载玻片上的残水，将玻片倾斜，在白色背景下，用滴管流加 95%乙醇脱色，直至流出的乙醇无紫色时（一般为 20～30 秒），立即水洗。或者将 95%乙醇覆盖菌膜 20～30 秒后水洗，脱色时可轻轻摇动载玻片使乙醇分布均匀。这一步是革兰染色法的关键：脱色不足，革兰阴性菌会被误染成阳性；脱色过度，则会把革兰阳性菌误染成阴性。

（4）复染 用复红或沙黄染液进行复染约 1 分钟，水洗。

3. 镜检 干燥后，用显微镜观察，菌体被染成紫色，判断为革兰阳性菌，被染成红色的为革兰阴性菌。

4. 注意事项

（1）载玻片要洁净无油，否则菌液涂不开且影响固定效果，水洗时也易被水冲掉。可以将载玻片在酒精灯火焰上灼烧 1～2 秒除油。

（2）涂片时滴加生理盐水宜少。

（3）菌量宜少，涂片宜薄和匀，菌体间少重叠，避免造成染料的大面积堆积而影响结果观察。

（4）在染色过程中不可使染色液干燥，否则多余的染料将难以冲洗干净。

（二）普通光学显微镜的使用与维护 微课 2

显微镜的种类很多，普通光学显微镜是最常用的一种，也是微生物学研究者不可或缺的工具之一。

1. 普通光学显微镜的构造 光学显微镜由光学系统和机械系统两部分组成，构造如图 5－5 所示。

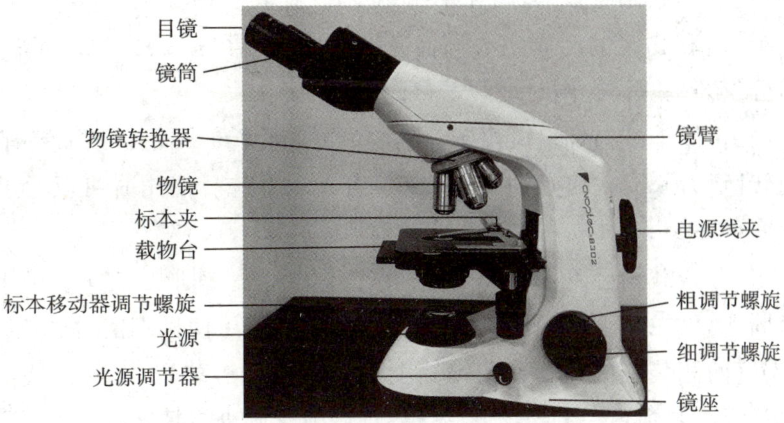

图 5－5　光学显微镜的构造

（1）光学系统　显微镜的光学系统主要包括物镜、目镜、聚光器、光阑、光源等。

1）物镜　统称镜头，是在金属圆筒内装有许多块透镜，用特殊的胶粘在一起而形成的。根据物镜和标本之间的介质性质的不同，物镜分为干燥物镜和油浸物镜（简称油镜）。干燥物镜是指物镜和标本之间的介质是空气（折光率 $n=1$），包括低倍镜和高倍镜。油镜是指物镜和标本之间的介质是一种与玻璃折光率相近的香柏油（$n=1.515$）。一般在镜头上标有 HI 或 Oil。使用油镜时需将镜头浸没在香柏油中，这是为了消除光由一种介质进入另一种介质时发生的散射。

放大倍数：物镜的放大倍数可由外形来辨别，镜头长度越短，口径越大，放大倍数越低。物镜的放大倍数都标识在镜头上，常用的低倍镜有 5×、10×、20×；高倍镜有 40×、45×，油镜有 90×、100×。

工作距离：是指观察标本最清晰时物镜下面透镜的表面与盖玻片之间的最短距离，物镜的放大倍数越大，工作距离越短。一般情况下，油镜的工作距离最短，约为 0.2mm，因此，要求盖玻片的厚度为 0.17～0.18mm（图 5－6），若盖玻片太厚，就不可能将被检物体聚焦，且易引起物镜的意外损伤。

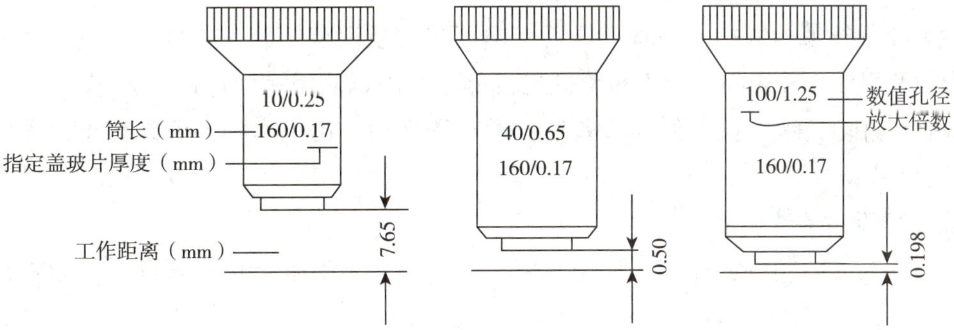

图 5－6　显微镜物镜参数示意图

2）目镜　也称接目镜，由两块透镜组成。上面的一块与眼接触，称接目透镜；下面的一块靠近视野，称汇聚透镜。

目镜的放大倍数：实验室常用的目镜放大倍数为 5×、10×、15×、20×，若 10× 的目镜与 40× 的物镜配合使用，显微镜的总放大倍数为 400 倍，一般用 40×10 来表示，即显微镜的物镜和目镜放大倍数的乘积。

（2）机械系统　显微镜的机械系统主要由镜座、镜臂、镜筒、转换器、镜台（载物台）和调节装置等组成。

1）镜座　是显微镜的基座，位于显微镜的底部。

2）镜臂　是支撑镜身和搬挪显微镜时的握持部位，一般呈弓形。

3）镜筒　是连接目镜和物镜的金属空心圆筒，圆筒的上端可插入目镜，下端与物镜转换器相连，双目显微镜的镜筒有分支，呈双筒，同时装两个目镜。

4）物镜转换器　在镜筒下端与螺纹口相接，是一个可以旋转的圆盘，其上装有3～4个不同放大倍数的物镜，可以随时转换物镜，与相应的目镜构成一组光学系统。使用时可以通过转动转换器来调换物镜。

5）镜台　又称工作台或载物台，是放置被检标本的平台。呈圆形或方形，方形居多。中间有通光孔，通光孔左右装有固定标本的压片夹和移动器装置，转动螺旋可使标本前后、左右移动。

6）调焦器　在镜臂两侧装有使载物台或镜筒上下移动的调焦装置——粗、细（微调）调节螺旋。粗调节螺旋用于粗调焦距，调到隐约看到物像后，用细调节螺旋进行精准调节，以获得清晰的物像。

2. 普通光学显微镜的使用

（1）显微镜的位置　显微镜应放在身体的左肩前方，镜与桌边相距10cm左右。

（2）选择物镜　转动转换器，将低倍镜转到和光路对准的位置。

（3）调节光源　打开光源，调节亮度。

（4）放置标本　降低载物台，将标本放在载物台上，用压片夹夹牢，然后提升载物台，使物镜下端接近载玻片。

（5）调焦　双眼接近目镜，转动粗调节螺旋，当发现模糊的物像时，通过细调节螺旋进行微调，直至物像清晰为止。

（6）观察　一般边观察边绘图，用圆规在记录本上画一个圆（直径4cm左右），再在圆内用铅笔把观察到的物像绘出，并在圆的下面标注放大倍数，一般以“物镜的放大倍数×目镜的放大倍数”表示。低倍镜观察后，利用转换器换用高倍镜观察，这时只要稍稍旋转细调节螺旋就可以观察到清晰的物像。利用油镜观察时，首先将一滴香柏油滴加在细菌染色片上（油勿过多，且勿涂开），一边侧面观察，避免镜头撞击载玻片，一边下降镜筒至油镜浸到香柏油中，调焦与观察同上。

（7）普通光学显微镜的维护　观察完毕后，向下转动粗调节螺旋，将载物台下降后取下标本，用擦镜纸擦拭物镜和目镜，并用柔软的绸布擦拭机械部分。油镜使用完毕后，需先用擦镜纸擦掉香柏油，再用另一张滴有少许擦镜液的擦镜纸擦去残留的香柏油之后，用干净的擦镜纸擦干，最后将物镜转成“八”字形，再将载物台提升到最高处。

3. 普通光学显微镜的维护

（1）显微镜是贵重且精密的仪器，使用时要小心爱护，不能随意拆散玩弄，必须熟练掌握并严格执行使用规程，严格按照说明书和操作流程使用。

（2）取送显微镜时，一定要一手握住弯臂，另一手托住底座。显微镜不能倾斜，以免目镜从镜筒上端滑出。取送显微镜时要轻拿轻放。观察时，不能随便移动显微镜的位置。

（3）保持显微镜的清洁，光学和照明部分只能用擦镜纸，切忌用口吹或用粗糙的布擦拭。机械部分用软布擦拭。

（4）水滴、乙醇或其他药品切勿接触镜头和镜台，如果沾污，应立即擦净。

（5）转换物镜镜头时，不要扳动物镜镜头，只能转动转换器。

（6）切勿随意转动调焦器。使用细调节螺旋时，用力要轻，转动要慢，转不动时不要硬转。

（7）使用高倍镜时，勿用粗调节螺旋调节焦距，以免移动距离过大，损伤物镜和玻片。

（8）不得任意拆卸显微镜上的零件，严禁随意拆卸物镜镜头，以免损伤转换器螺口，或螺口松动后使低、高倍物镜转换时不齐焦。

(9) 要养成两眼同时睁开的习惯，以左眼观察视野，右眼用以绘图。

(10) 用毕送还前，必须检查物镜镜头上是否沾有水或试剂，如有则要擦拭干净，并且要把载物台擦拭干净。

【实验结果】

观察油镜下实验菌种的形状、大小及颜色，判断革兰染色结果，并绘制显微示意图。

【思考题】

1. 为什么要选用香柏油作为油镜的介质？其原理是什么？使用油镜时应注意哪些事项？
2. 细菌革兰染色的原理是什么？
3. 为什么细菌在染色前要进行固定？
4. 革兰染色过程中，应注意哪些步骤？
5. 革兰染色中，关键步骤是哪一步？如何控制好这一步操作？
6. 革兰染色中如果不经过复染这一步骤，能否区分革兰阳性菌和革兰阴性菌？

复习思考题

答案解析

1. 查阅相关资料，列举出 3～4 种显微镜分类方法。
2. 光学显微镜和电子显微镜的工作原理分别是什么？
3. 如何才能让细菌染色后最接近其原始生理状态？
4. 比较单染色法与复染色法的异同点。
5. 革兰染色法有何实际意义？
6. 抗酸染色的原理是什么？有何实际应用意义？
7. 芽孢染色的原理是什么？
8. 鞭毛染色的原理是什么？
9. 荚膜染色的原理是什么？

书网融合……

本章小结　　微课 1　　微课 2　　题库

第六章　微生物的营养和分离培养技术

PPT

学习目标

【知识要求】

1. **掌握**　微生物所需基本营养物质的种类；培养基种类、配制原则，常用培养基的配制方法；微生物分离纯化与培养技术的原理与方法。

2. **熟悉**　营养物质跨膜运输方式；微生物的营养类型。

3. **了解**　常见的微生物培养方式及特点。

【技能要求】

学会根据微生物营养特点及培养目的选择适宜的培养基类型；能够熟练进行无菌操作；具有自己设计实验，从环境中分离筛选特定微生物菌株的能力。

【素质要求】

将职业道德、团队精神培养以适当的形式融入学习，树立认真负责、求真务实的严谨工作作风，提升职业素养，具备可持续发展能力。

微生物同其他生物一样，在其生命活动过程中，需要不断地从外部环境摄取各种营养物质，进行新陈代谢和合成自身的细胞物质，并从中获取生命活动所需要的能量，使机体进行正常的生长与繁殖。营养（nutrition）是指生物体从外部环境中摄取对其生命活动必需的能量和物质，以满足正常生长和繁殖需要的一种最基本的生理功能。营养物质是参与营养过程并具有营养功能的物质，是微生物生存的物质基础。

了解微生物的营养需求并针对不同的微生物、不同的培养目的制备符合需求的培养基，是培养和研究微生物的基础，也是了解和利用微生物的基础。

研究和认知环境中微生物的功能，并进一步开发和利用这些微生物，都需要把混杂的微生物类群分离开来，得到只含有一种微生物的纯培养，这就必须借助微生物分离培养技术。微生物的分离培养是指应用一定的技术方法，将环境（样品）中微生物区系的物种成员（菌种）分离出来，且在可控条件下可重复培养和繁殖该种微生物细胞，并获得与原分离得到的菌种性状相同的后代。微生物的分离培养技术是研究和利用微生物工作中最重要的环节之一。

知识链接

微生物世界的“暗物质”

微生物是地球上生物量最大和多样性最丰富的生命形式，同时它也是进化历史中最悠久的生命形式。大约150年前，人类运用琼脂平板分离法对微生物进行纯种分离的研究，从而进入微生物生理、生化及分子水平的研究阶段。百年之后，我们仍然主要依靠固体分离培养的方法获得纯培养菌株，但迄今可培养的微生物仅占自然界总微生物的0.1%～1.0%。自然界中大量未培养、难培养的微生物资源，被称为微生物世界的“暗物质”（microorganism dark matter，MDM）。

例如，采用经典营养琼脂平皿培养技术，海水中仅有0.001%～0.1%、淡水中约0.25%、土壤中约0.3%的微生物细胞可以生长，并最终形成菌落，这些样品中99.9%以上的微生物细胞都无法正常生长，它们即代表环境中的未（难）培养微生物。

未培养微生物蕴藏着大量的未知功能基因和代谢潜能，在生物能源、生物技术和环境领域都具有不可估量的应用潜力。尽管各种新技术的出现极大地丰富了可培养微生物类群，但在探索微生物多样性及可培养性的道路上仍然困难重重。同学们，让我们一起携手迎接挑战，去探索未知世界吧！

第一节　微生物的营养物质

微课1

微生物种类繁多，营养需求各异。根据在微生物机体中生理功能的不同，营养物质可分为6类，即碳源、氮源、能源、无机盐、生长因子和水。

一、碳源

凡是可以作为微生物细胞或代谢产物中碳素来源的营养物质，称碳源（carbon source）。碳源是除水分外微生物需求量最大的营养物质，它既是构成菌体的主要元素，又是产生各种代谢产物和胞内贮藏物质的重要原料，同时还是大多数微生物代谢所需能量的来源。

微生物可利用的碳源物质种类很多，从简单的无机碳化合物到复杂的有机碳化合物，少数微生物还能够以CO_2或CO_3^{2-}中的碳素为唯一或主要的碳源（表6－1）。其中，糖类为最常见的碳源和能源物质。

表6－1　微生物利用的碳源物质

种类	碳源物质	备注
糖	葡萄糖、果糖、麦芽糖、蔗糖、淀粉、半乳糖、乳糖、甘露糖、纤维二糖、纤维素、半纤维素、甲壳素、木质素等	单糖优于双糖和多糖；己糖优于戊糖；葡萄糖、果糖优于甘露糖和半乳糖；淀粉明显优于纤维素和几丁质；纯多糖明显优于琼脂和木质素等杂多糖
有机酸	糖酸、乳酸、柠檬酸、延胡索酸、低级脂肪酸、高级脂肪酸、氨基酸等	效果不如糖类；有机酸较难进入细胞，且会导致pH降低；环境中缺乏碳源物质时，氨基酸可作碳源
醇	乙醇	低浓度条件下，可被某些酵母和醋酸菌利用
脂	脂肪、磷脂	主要利用脂肪，特定条件下可将磷脂分解为甘油和脂肪酸而利用
烃	天然气、石油、石油馏分、石蜡油等	可利用烃的微生物细胞表面有一种由糖脂组成的特殊吸收系统，可将难溶的烃充分乳化后吸收利用
CO_2	CO_2	自养型微生物可利用
碳酸盐	$NaHCO_3$、$CaCO_3$、白垩等	自养型微生物可利用
其他	芳香族化合物、氰化物、蛋白质、肽、核酸等	环境中缺乏碳源时，可作为碳源被降解利用；此类微生物常应用于环境保护方面

不同微生物对不同种类的碳源物质的利用能力不同。有些微生物碳源谱很广，比如假单胞菌属的某些种可利用的碳源物质多达90种以上；而有些微生物可利用的碳源物质种类较少，如一些甲基营养型微生物只能利用甲醇或甲烷等一碳化合物作为碳源物质。

不同微生物对不同碳源物质的利用顺序也有差别。例如，在以葡萄糖和半乳糖为碳源的培养基中，大肠埃希菌会优先利用葡萄糖，然后利用半乳糖。因此，我们也称葡萄糖是大肠埃希菌的速效碳源，半乳糖为大肠埃希菌的迟效碳源。

工业发酵生产中所供给的碳源物质，大多来源于植物体，如山芋粉、玉米粉、麸皮、米糠、糖蜜等；实验室中，用在微生物培养基中的碳源物质主要有葡萄糖、果糖、蔗糖、淀粉、甘露醇等。

二、氮源

凡是构成微生物细胞物质或代谢产物中氮素来源的营养物质，均称氮源（nitrogen source）。氮是构成蛋白质和核酸等生命物质的主要元素。

一般地，氮源不提供能量，只有少数细菌如硝化细菌能利用铵盐、亚硝酸盐作为氮源和能源。当碳源缺乏时，一些厌氧微生物在厌氧条件下可利用某些氨基酸作为能源物质。

微生物可利用的氮源物质也很多，从 N_2、无机含氮化合物到复杂的有机含氮化合物，均能不同程度地被微生物利用（表 6－2）。

表 6－2 微生物利用的氮源物质

种类	氮源物质	备注
蛋白质类	蛋白质及其不同程度降解产物（胨、肽、氨基酸等）	大分子蛋白质难以进入细胞，多数细菌只能利用相对分子质量较小的降解产物，一些真菌和少数细菌能分泌胞外蛋白酶，将大分子蛋白质降解利用
氨及铵盐	NH_3、$(NH_4)_2SO_4$ 等	易被微生物吸收利用
硝酸盐	KNO_3 等	易被微生物吸收利用
分子氮	N_2	固氮微生物可利用，当环境中存在化合态氮源时，固氮微生物失去固氮能力
其他	嘌呤、嘧啶、脲、胺、酰胺、氰化物	可不同程度地被微生物作为氮源利用；大肠埃希菌不以嘧啶作为唯一氮源，当其在氮限量的葡萄糖培养基上生长时，可通过诱导作用先合成分解嘧啶的酶，然后分解并利用嘧啶

工业发酵生产中利用的有机含氮化合物主要来自动植物和微生物体，如鱼粉、黄豆饼粉、花生饼粉、玉米浆、酵母膏、发酵废液及废物中的菌体等；实验室中常用的有碳酸铵、硝酸盐、硫酸铵、尿素等无机氮源，和牛肉浸膏、蛋白胨、酵母浸膏等有机氮源。许多微生物通常既可以利用无机含氮化合物，也可利用有机含氮化合物。

不同微生物对氮源物质的利用能力不同。例如，土霉素发酵生产中，通常硫酸铵、玉米浆、黄豆饼粉等按一定比例混合作为氮源添加到培养基中，生产菌株会优先利用硫酸铵和玉米浆作为速效氮源，而利用黄豆饼粉的速度较慢，作为迟效氮源。速效氮源有利于微生物在快速生长期大量繁殖，迟效氮源有利于代谢产物的合成，控制两者比例可有效控制微生物生长时期和代谢产物形成期的时间，从而达到提高产量的目的。

三、能源

能够为微生物生命活动提供能量来源的物质或辐射能，称能源（energy source）。

根据来源的不同，能源可分为两类，一类是辐射能，是光能营养型微生物的能源；另一类是化学物质，其中，化能异养型微生物的能源物质同碳源，化能自养型微生物的能源是还原态无机物，如 NH_4^+、NO_2^-、S、H_2S、Fe^{2+} 等。

四、无机盐

无机盐（mineral salts）是微生物生长不可或缺的一类营养物质，可为微生物生长提供除碳源、氮源外的各种重要元素，其功能主要是参与酶组成、调节细胞渗透压、控制细胞氧化还原电位、构成细胞组分、维持生物大分子和细胞结构稳定性。此外，无机盐还可作为某些自养型微生物的能源物质。

根据微生物生长繁殖对无机盐所需浓度的差异，可将无机盐分为大量元素（10^{-4} ~ 10^{-3} mol/L）和微量元素（10^{-8} ~ 10^{-6} mol/L）。P、S、K、Mg、Na、Fe、Ca 等属于大量元素，参与细胞构成，并与能量转移、渗透压调节功能相关（表 6－3）；Cu、Mn、Zn、Co、Mo、Ni、Sn、Se 等属于微量元素，一般作为酶的组分或是酶的激活剂，同样十分重要（表 6－4）。

表 6－3　大量元素的生理功能

种类	生理功能
磷	核酸、核蛋白、磷脂、辅酶和 ATP 等的组分；作为缓冲系统，调节系统 pH
硫	含硫氨基酸（胱氨酸、半胱氨酸、甲硫氨酸等）的组成成分
钾	部分酶的辅因子；对原生质胶体特性、细胞膜通透性有调控作用；参与胞内物质运输
镁	部分酶的活化剂；细菌光合色素的重要组分；稳定核糖体、细胞质膜和核酸
钠	维持细胞渗透压和部分酶的稳定性；参与胞内物质运输
铁	固氮酶、过氧化氢酶、过氧化物酶、细胞色素氧化酶的组成元素；铁细菌能源
钙	参与调节细胞质的胶体状态、降低细胞膜通透性；蛋白酶激活剂；细菌芽孢重要组分

表 6－4　微量元素的生理功能

种类	生理功能
铜	细胞色素氧化酶、抗坏血酸氧化酶、酪氨酸酶等的成分
锰	过氧化物歧化酶、磷酸烯醇式脱酸酶、柠檬酸合成酶等的成分
锌	RNA 与 DNA 聚合酶的成分；乙醇脱氢酶、乳酸脱氢酶、碱式磷酸酶、醛缩酶的成分
钴	肽酶辅助因子
钼	硝酸还原酶、固氮酶、甲酸脱氢酶的成分
硒	甘氨酸还原酶、甲酸脱氢酶的成分

配制培养基时，通过加入相应化学试剂来补充微生物所需的大量元素，常用的有 K_2HPO_4 和 $MgSO_4$；微量元素因所需量极低，通常培养基中的各种营养物、试剂和水中就含有，如果没有特殊原因，无需额外添加。

五、生长因子

生长因子（growth factor）指微生物生长所必需且需求量很少，但微生物自身无法合成或合成量无法满足其机体生长需求的有机化合物。

根据化学结构和生理功能的不同，生长因子可分为维生素、氨基酸和碱基三大类。维生素通常作为酶的辅基或辅酶参与新陈代谢，氨基酸用于蛋白质的合成，嘌呤和嘧啶用于核苷、核苷酸和核酸的合成。目前也发现一些其他生长因子，例如流感嗜血杆菌需血红素作为生长因子，一些支原体需要胆固醇作为生长因子。

虽然生长因子是一种重要的营养元素，但并非所有的微生物都需要从外界摄取。各类微生物生长所需的生长因子种类和数量也是不同的。自养型微生物和某些异养型微生物，如大肠埃希菌，不添加外源生长因子也可正常生长；一般的乳酸菌则需要添加多种维生素。同种微生物对生长因子的需求也会随环境条件变化而变化。例如，鲁氏毛霉在厌氧条件下需维生素 B_1 和生物素作为生长因子，而在有氧条件下自身可合成这两种物质，无需额外添加。

通常在某些微生物所需生长因子未知时，可在培养基中添加酵母浸出液、牛肉膏、玉米浆、麦芽浸出液等天然物质以满足微生物生长需求。

六、水

水在微生物细胞中具有重要作用，对于维持微生物生命活动必不可缺。水在微生物细胞中的生理功能主要有：①作为溶剂和运输介质，参与营养物质的吸收和代谢产物的分泌；②参与细胞内一系列生物化学反应；③维持蛋白质、核酸等生物大分子稳定的天然构象；④水是良好的热导体，可有效吸收代谢过程中产生的热量并将其及时散发出体外，从而有效调节细胞内温度变化；⑤维持细胞正常形态；⑥通过水合作用和脱水作用，控制由多亚基组成的细胞结构（如酶、微管、鞭毛等）的组装和解离。

微生物生长环境中可实际利用的水的含量常以水活度表示。水活度是指在一定温度和压力条件下，溶液的蒸汽压力与同样条件下纯水蒸汽压力之比，即 $\alpha_w = P_s/P_w$，其中 P_s 代表溶液蒸汽压力，P_w 代表纯水蒸汽压力。

在常温常压下，纯水的 $\alpha_w = 1.00$。当溶质溶解在水中后，分子间引力增加，冰点下降，沸点上升，蒸汽压下降，因此，溶液中溶质越多，α_w 越小。溶液浓度与水活度成反比。

每一种微生物都有其适应范围及最适的 α_w 值，且 α_w 值相对恒定。微生物一般在 α_w 为 0.60 ~ 0.99 的条件下生长，通常细菌最适 α_w 高于酵母菌和霉菌，为 0.93 ~ 0.99；酵母菌最适 α_w 大多为 0.88 ~ 0.91；霉菌一般比其他微生物更耐干燥，生长的 α_w 值为 0.80 左右。

如果微生物生长环境的 α_w 值大于微生物生长最适的 α_w 值，微生物细胞会吸水膨胀，甚至破裂；反之，细胞内水分外渗，细胞代谢活动受到抑制，甚至死亡。人们利用此原理，向食物中加入高浓度食盐或蔗糖，降低环境的 α_w 值，以达到长期保存食物的目的。

第二节　微生物的营养类型

微课 2

按照微生物对所需能源、氢供体（电子供体）和基本碳源的差异，微生物的营养类型可分为 4 种基本类型：光能无机自养型（photolithoautotrophy）、光能有机异养型（photoorganoheterophy）、化能无机自养型（chemolithoautotrophy）和化能有机异养型（chemoorganoheterotrophy）（表 6－5）。

表 6－5　微生物营养类型的划分

划分依据	营养类型	特点
能源	光能营养型	以光为能源
	化能营养型	以有机物氧化释放的化学能为能源
氢供体	无机营养型	以还原性无机物为氢供体
	有机营养型	以有机物为氢供体
碳源	自养型	以 CO_2 为唯一或主要碳源
	异养型	以有机物为碳源

一、光能无机自养型微生物

此类微生物含有叶绿素或细菌叶绿素等光合色素，可利用光能，并以 CO_2 作为唯一碳源或主要碳源；它们以 H_2S 或 $Na_2S_2O_3$ 等还原态无机化合物作为氢供体，将 CO_2 还原成细胞物质。此类微生物包括蓝细菌、紫硫细菌、绿硫细菌等。例如藻类和蓝细菌可利用日光，从水中获取所需氢，还原 CO_2 并释放 O_2，与高等植物非常类似。

二、光能有机异养型微生物

此类微生物具有光合色素，能够利用光能，但 CO_2 不是其唯一或主要碳源，它们以简单有机物作为碳源和氢供体，利用光能将 CO_2 还原成细胞物质。

存在于湖泊和池塘淤泥中的红螺菌属（*Rhodospirillum*）中的一些细菌属于此营养类型。在含有机质、无机硫化物、有光及缺氧的条件下，它们能利用有机酸、醇等简单有机物作为氢供体，将 CO_2 还原成细胞物质，并积累丙酮。它们具有多种代谢途径，可高效利用废水中的小分子脂肪酸、醇，因此在有机废水处理方面具有良好的应用前景。

光能无机自养型和光能有机异养型都可利用光能，在地球早期生态环境演化过程中发挥了重要作用。

三、化能无机自养型微生物

此类微生物利用无机物氧化时释放出的化学能作为能源，以 CO_2 或碳酸盐作为唯一或主要碳源，利用电子供体如 H_2、H_2S、Fe^{2+} 或 NO_2^- 等将 CO_2 还原为细胞物质。

此类微生物广泛分布于土壤和水环境中，在自然界的物质转化过程中扮演重要角色。硫化细菌、硝化细菌、氢细菌和铁细菌等均属于此营养类型。

四、化能有机异养型微生物

此类微生物种类多、数量大、分布广、作用强，自然界中的大部分微生物都归属此类。它们以有机物作为碳源，利用有机物氧化时释放的化学能作为能源，通常同一有机物既是碳源又是能源。

根据此类利用的有机物的特性，我们又可将化能有机异养型微生物分为腐生型和寄生型。腐生型微生物利用无生命活性的有机物，如农作物秸秆或动物尸体，作为碳源和能源，多数细菌、放线菌和真菌属于这一类型；寄生型微生物必须寄生在活的细胞内，从寄生主体内吸取营养物质，如各种病原微生物。在腐生型和寄生型之间，还存在兼性腐生型和兼性寄生型两种过渡类型，如结核分枝杆菌、痢疾杆菌等。

上述 4 种微生物营养类型的主要特点如表 6－6 所示。

表 6－6　微生物的营养类型

营养类型	能源	氢供体	碳源	举例
光能无机自养型	光能	无机物	CO_2	蓝细菌、紫硫细菌、藻类
光能有机异养型	光能	有机物	CO_2 和简单有机物	红螺菌属细菌（紫色无硫细菌）
化能无机自养型	无机物氧化	无机物	CO_2	硝化细菌、硫化细菌、氢细菌、铁细菌
化能有机异养型	有机物氧化	有机物	有机物	大多数细菌和所有真核微生物

值得注意的是，以上 4 种营养类型之间的界定并不是绝对的，并且一些微生物的营养类型会随着生长条件的改变而变化，这也体现出微生物对环境条件变化的适应能力。例如，紫色无硫细菌在环境中缺乏有机物的情况下，可利用 CO_2 合成细胞物质，为自养型微生物；当环境中出现有机物后，可利用有机物进行生长，转变为异养型微生物，其代谢的灵活性表明它对环境有更强的适应能力。

第三节 微生物对营养物质的吸收 微课3

环境中的营养物质必须进入细胞，才能被微生物分解代谢并利用。细胞表面结构——细胞壁和细胞膜是物质进出微生物细胞的必经之地，其中细胞膜具有高度选择透过性，在营养物质的进入和代谢产物的排出过程中极为重要。

一般地，物质的透过性与它的分子大小及脂溶性有关。气体、小分子物质及脂溶性物质较易穿透细胞膜，而糖类、蛋白质、非脂溶性代谢产物等大分子物质较难穿透细胞膜。

营养物质多种多样，故而微生物对其运输方式也有多种。一般来说，营养物质的跨膜运输有4种方式，即单纯扩散、促进扩散、主动运输和基团转位。前两种属于被动运输，不需耗能；后两种属于主动运输，需耗能，但同时在营养物质的运输中也占主要地位。

一、单纯扩散

单纯扩散（simple diffusion）是指疏水性双分子层细胞膜在无载体蛋白参与的情况下，单纯依靠物理扩散的方式使小分子、非电离分子，尤其是亲水性分子被动通过的一种物质运输方式，不消耗能量（图6-1）。

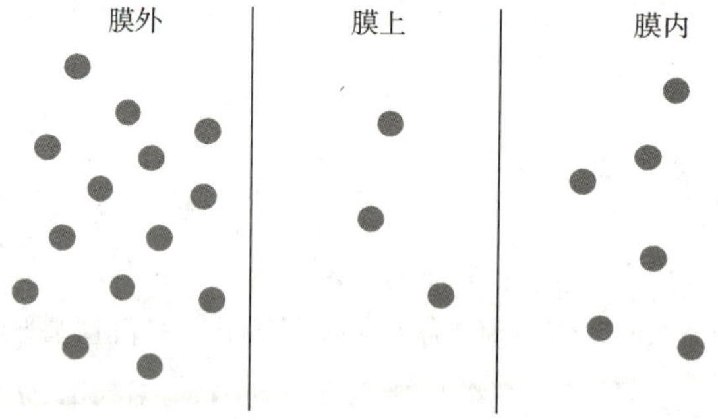

图6-1 单纯扩散

单纯扩散是非特异性的，即细胞不能自主选择被运输物质。物质扩散的动力是其在膜内外的浓度差，且该种运输方式中物质运输速率与胞内外该物质浓度差呈正相关，不可逆浓度运输。

单纯扩散是一种最为简单的营养物质吸收进入细胞的方式，但不是微生物细胞吸收营养物质的主要方式。水是唯一可通过单纯扩散自由通过细胞膜的分子，脂肪酸、乙醇、甘油、一些气体分子（如O_2、CO_2）和某些氨基酸分子在一定程度上也可通过单纯扩散进出细胞。

影响单纯扩散的因素主要包括物质的大小、溶解性、极性以及膜外pH、离子强度和温度等。

二、促进扩散

促进扩散（facilitated diffusion）是指借助细胞膜上特异性载体的协助而进行物质运输的一类扩散性运输方式，不消耗能量（图6-2）。

与单纯扩散相似，促进扩散也是一种被动运输方式，不消耗能量，不可逆浓度运输，运输速率与膜内外浓度差成正比。

与单纯扩散不同的是，促进扩散中进行跨膜运输的物质需借助载体的作用才能进入胞内，且载体具有较高的专一性。载体蛋白通过构象变化来改变与被运输物质之间的亲和力大小，使两者发生可逆性结合与分离，从而完成相应物质的跨膜运输。在此过程中，载体蛋白构象变化不需要消耗能量。

参与促进扩散的载体主要为蛋白质，载体蛋白具有以下特点：①能促进物质跨膜运输，但本身不发生化学改变；②载体蛋白饱和前，促进扩散速率与胞内外物质浓度差成正比；③载体蛋白饱和时，促进扩散的运输速率达到最大。

因载体蛋白与酶的特性相似，也称透过酶（permease）、移位酶（translocase）或移位蛋白（translocator protein）。透过酶大多为诱导酶，即当环境中存在所需运载的营养物质时，才合成相应的透过酶。

通过促进扩散进入细胞的营养物质主要包括氨基酸、单糖、维生素及无机盐等。例如酿酒酵母对各种糖、氨基酸和维生素的吸收，以及大肠埃希菌对甘油的吸收等。

微生物通常利用专一的载体蛋白运输相应的物质，但也有些微生物通过一种以上的载体蛋白来运载某种物质。例如鼠伤寒沙门菌利用4种不同的载体蛋白运输组氨酸，酿酒酵母利用3种不同的载体蛋白运输葡萄糖。另外，某些载体蛋白可同时完成几种物质的运输，例如大肠埃希菌可通过一种载体蛋白对亮氨酸、异亮氨酸和缬氨酸进行运输，但这种载体蛋白对这3种氨基酸的运输能力存在一定差别。

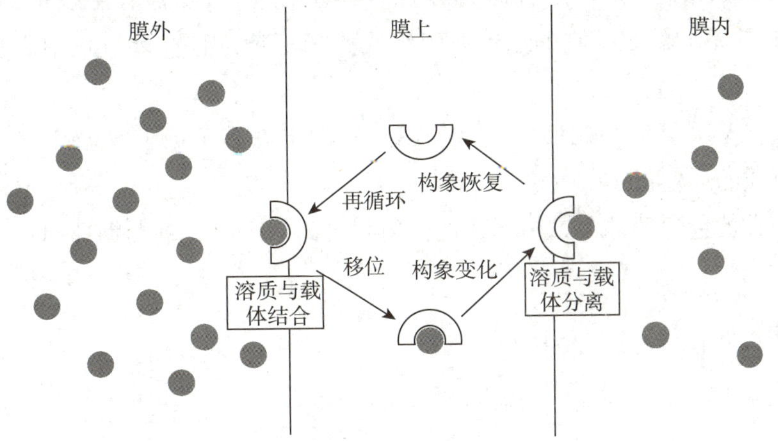

图6－2　促进扩散

三、主动运输

主动运输（active transport）是指通过细胞膜上特异性载体蛋白构象的变化，使膜外低浓度的物质进入膜内的一种运送方式，此过程需要消耗能量（包括ATP、质子动势等）（图6－3）。

主动运输过程中，载体蛋白通过构象变化来改变与被运输物质之间的亲和力大小，使两者发生可逆性结合与分离，从而完成相应物质的跨膜运输。在此过程中，载体蛋白构象变化需耗能，被运输的物质无化学变化，被运输物质的性质未发生改变。

主动运输所需的能量，其来源因微生物种类不同而不同。对于好氧型微生物与兼性厌氧型微生物来说，主动运输中的能量直接来自呼吸作用中电子传递时产生的质子动势；对于厌氧微生物来说，主要来自ATP水解时产生的质子动势；光合微生物则是利用光能，嗜盐细菌可通过紫膜利用光能。

通过主动运输吸收的营养物质主要包括糖类（乳糖、葡萄糖、麦芽糖、蜜二糖、阿拉伯糖等）、氨基酸、核苷和一些无机离子等。此外，主动运输由于可以逆浓度梯度运输营养物质，对许多生存于低浓度营养环境中的贫养菌（寡养菌）的生存极为重要。

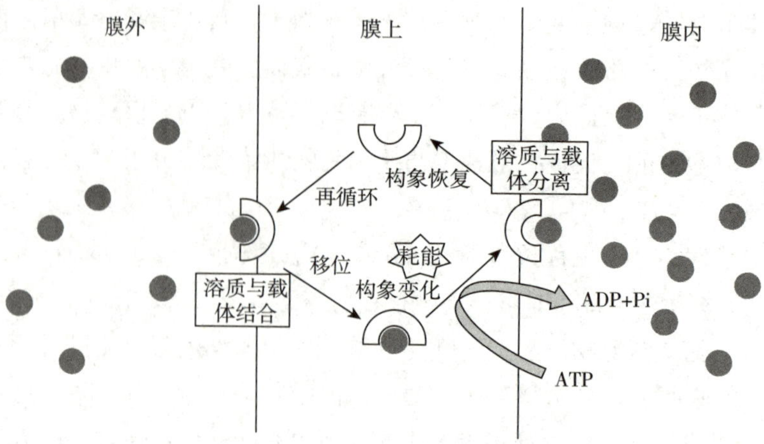

图 6－3　主动运输

四、基团转位

基团转位（group translocation）是既需特异性载体蛋白参与又需消耗能量的一种物质运送方式（图 6－4）。与主动运输不同的是，它的运输系统组成更为复杂，且在此过程中底物的分子结构发生了变化。

基团转位主要存在于厌氧型和兼性厌氧型细菌中，用于许多单糖、双糖和糖的衍生物，以及脂肪酸、核苷、碱基等物质的运输。

在大肠埃希菌、金黄色葡萄球菌、枯草芽孢杆菌和巴氏梭菌中，葡萄糖即通过基团转位方式运送进入细胞。

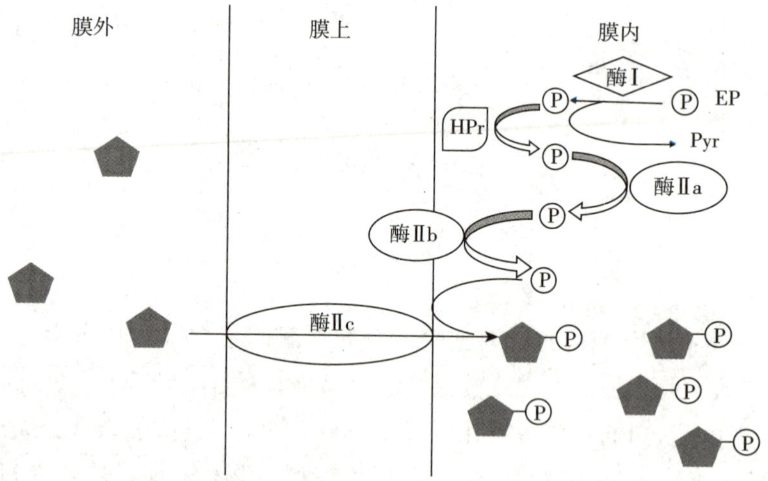

图 6－4　基团转位

PEP：磷酸烯醇式丙酮酸；Pyr：吡啶

四种营养物质吸收方式的特点的简要总结如表 6－7 所示。

表 6－7　四种营养物质吸收方式的比较

比较项目	单纯扩散	促进扩散	主动运输	基团转位
特异性载体蛋白	无	有	有	有
运输速度	慢	快	快	快

续表

比较项目	单纯扩散	促进扩散	主动运输	基团转位
溶质运输方向	由低到高	由低到高	由高到低	由高到低
运输分子特异性	无特异性	有特异性	有特异性	有特异性
能量消耗	不需要	不需要	需要	需要
运输前后溶质分子	不变	不变	不变	改变
载体饱和效应	无	有	有	有
与溶质类似物竞争性	无	有	有	有
运输抑制剂	无	有	有	有
运输对象举例	H_2O、H_2、CO_2、O_2、甘油、乙醇、少数氨基酸、盐类	SO_4^{2-}、PO_4^{3-}、糖（真核生物）	氨基酸、乳糖等糖类，Na^+、Ca^{2+}等无机离子	葡萄糖、果糖、甘露糖、嘌呤、核苷、脂肪酸

不同微生物的营养物质运输方式各不相同，且对于同一物质来说，不同微生物的摄取方式也有差异。例如，半乳糖在大肠埃希菌中通过促进扩散进入细胞，而在金黄色葡萄球菌中则是通过基团转位进行运输。

第四节　培养基

培养基（medium，culture medium）是人工配制的适合不同微生物生长繁殖或积累代谢产物的营养基质。无论是以微生物为材料进行研究，还是利用微生物进行生物制品的生产，我们都需要根据微生物种类、营养类型和培养目的等配制适宜的培养基。

一、选用和设计培养基的原则和方法

所有的微生物生长繁殖都需要碳源、氮源、能源、无机盐、生长因子和水6大要素，但根据不同微生物营养需求和培养目的的不同，培养基的组成和配比也不相同。

（一）根据微生物的营养类型选择适宜的营养物质

自养型微生物有较强的合成能力，能以简单的无机物如CO_2和无机盐合成各种细胞物质，因此这类微生物的培养基可以由简单的无机物组成，其中光能自养型微生物还需提供光照。例如，化能自养型微生物——氧化硫硫杆菌可依靠空气中和水中的CO_2作为碳源，所以培养基中无需添加其他碳源物质。

异养型微生物合成能力较弱，培养基中需加入有机物，且不同类型异养型微生物的营养需求差异较大，培养基组成也不相同。例如，大肠埃希菌的培养基组分较简单，而肠膜明串珠菌的培养基中常需添加天然有机物为其提供所需的各种生长因子。

（二）根据培养目的选择适宜的营养物质

培养目的不同，微生物对营养物质的需求也不相同。如果培养目的是获取微生物菌体，那么配制培养基时应提高含氮量高的营养成分的占比，以利于菌体蛋白的合成，从而利于微生物的生长与繁殖。如果是为了获得代谢产物，则应考虑微生物的生理和遗传特性以及代谢产物的化学组成，适当降低培养基中氮源物质含量，使微生物不会过度生长繁殖，从而利于代谢产物的积累。

（三）调整培养基中各类营养物质的浓度与配比

在配制培养基时，除了应加入微生物生长所必需的各种营养物质外，也应注意营养物质浓度和配比要适宜。

如果营养物质浓度过低，不能满足微生物正常生长需要；营养物质浓度过高，也会对微生物生长起到抑制作用，例如高浓度糖类物质、无机盐、重金属等可起到抑菌或杀菌的效果。

各营养物质之间的配比，特别是碳氮比（C/N）直接影响微生物的生长繁殖和（或）代谢产物的形成和积累。严格来说，碳氮比（C/N）是指培养基中所含的碳源物质中碳原子物质的量与氮源物质中氮原子物质的量的比值，而非碳源与氮源重量之比。一般地，细菌和酵母菌的 C/N 约为 5/1，霉菌的 C/N 约为 10/1，因此，细菌和酵母的培养基一般具有丰富的氮源物质，而霉菌适宜在含淀粉的培养基上生长。

我们可根据培养目的的改变，对培养基的碳氮比（C/N）进行调整。例如，利用微生物发酵生产谷氨酸的初期，培养基中 C/N 为 4/1，菌体大量生长，此阶段谷氨酸积累较少；后期提高 C/N 为 3/1 时，菌体生长变缓，此时谷氨酸产量增加。

此外，添加无机盐时，各离子间比例应适当，避免因单盐离子浓度过高而产生毒害作用。添加的生长因子应比例适宜，从而利于微生物平衡吸收各类生长因子。

（四）调节适当的 pH、氧化还原电位和渗透压等理化因素

微生物的生长与培养基的 pH、氧化还原电位、渗透压等理化因素密切相关。为了保证微生物能够良好地生长、繁殖或积累代谢产物，应将一系列理化因素控制在适宜的范围内。

1. pH 各种微生物都有其生长适宜的 pH 范围。一般地，真菌生长的 pH 是 4.0 ~ 6.0，细菌生长的 pH 为 6.8 ~ 7.4，放线菌生长的 pH 为 7.5 ~ 8.0。微生物生长过程中，营养物质的消耗与代谢产物（有机酸）的积累会改变培养基的 pH，如果不及时调整，微生物的生长或代谢产物的积累就会受到抑制。为了保持培养基的 pH 相对稳定，可在培养基中添加磷酸盐缓冲剂，如 K_2HPO_4 和 KH_2PO_4。K_2HPO_4 呈碱性，KH_2PO_4 呈酸性，等量的两种物质的溶液 pH 为 6.8，通过调节两者浓度比，可以使溶液体系在 pH 6.0 ~ 7.6 范围内维持相对稳定。

当微生物代谢活动产生大量酸或碱时，上述内源性缓冲剂就无法进行有效调节。此时，可在培养过程中外源添加适量的酸或碱，进行动态平衡调节。例如，乳酸菌培养过程中会产生大量酸性物质，可在培养基中添加 $CaCO_3$。$CaCO_3$ 难溶于水，本身并不会提高培养基的 pH，但它可以中和微生物代谢产生的酸性物质，从而维持培养基的 pH 相对稳定。

2. 渗透压 微生物可耐受一定程度的渗透压变化，但与胞内渗透压相等的等渗环境最适宜微生物的生长。环境渗透压过高，细胞易发生质壁分离，生长受到抑制；渗透压过低，细胞吸水膨胀，易破裂死亡。通常在培养基中加入适当浓度 NaCl 来调整渗透压。

3. 氧化还原电位 是度量某氧化还原系统中还原剂释放电子或氧化剂接受电子趋势的一种指标，以 E_h 表示，单位为伏（V）或毫伏（mV）。

不同微生物对培养基氧化还原电位的要求不同，好氧和厌氧微生物差异较大。适宜条件下，好氧微生物生长的氧化还原电势 E_h 值约为 0.3 ~ 0.4V；而厌氧微生物只能在 0.1V 以下的环境中生长。对好氧微生物必须保证充足的氧，因此在大规模生产中增加通气量（如震荡培养）以提高培养基的氧化还原电位；而培养厌氧微生物时必须除去氧，通常可在培养基中加入巯基乙酸、半胱氨酸、抗坏血酸等还原剂以降低氧化还原电位。发酵生产中，常采用深层静置发酵法创造厌氧环境。

测定培养基的氧化还原电位可借助电位计，还可使用化学指示剂（如刃天青）进行间接测定。

4. 控制成本 设计和配制培养基应遵循经济节约的原则，特别是在工业大规模发酵中，培养基用量大，更应注意控制产品成本。生产实践中，可采用“以粗代精”“以简代繁”“以纤代糖”“以废代

好”“以国产代进口”等原则，多方面降低产品成本。

例如，制糖工业中产生的废液糖蜜、乳制品工业中乳糖的废液乳清、豆制品工业废液等都可作为微生物培养基的原料。此外，许多农副产品如麸皮、米糠、酒糟、豆饼等也常常作为发酵工业原料。

5. 其他　由于培养基营养丰富，为了避免杂菌污染，培养基配制后必须及时进行严格灭菌。一般培养基在0.105MPa（121.3℃）维持15～30分钟，即可彻底灭菌。长时间高温会使某些不耐热物质被破坏，例如糖类物质形成氨基糖、焦糖，所以含糖培养基灭菌条件为112.6℃ 15～30分钟。此外，长时间高温灭菌还会引起磷酸盐、碳酸盐与钙、镁、铁等阳离子结合形成难溶性复合物，可加入少量的EDTA与金属离子络合，防止培养基中产生沉淀。

二、培养基的类型

培养基种类繁多，根据培养微生物类型以及培养基成分、物理状态、用途的不同可分为若干类型。

（一）根据培养微生物类型划分

根据培养微生物类型的不同，培养基可分为细菌培养基、放线菌培养基、酵母菌培养基和霉菌培养基。通常牛肉膏蛋白胨培养基（简称普通肉汤培养基）用于培养细菌，高氏一号合成培养基为放线菌常用培养基，麦芽汁培养基或马铃薯蔗糖培养基为酵母菌常用培养基，培养霉菌最常用的培养基为查氏合成培养基或马铃薯蔗糖培养基。

（二）根据培养基的成分划分

根据组成成分是否完全明确，培养基可分为三类，即天然培养基、合成培养基和半合成培养基。

1. 天然培养基（undefined medium）　是采用化学成分不完全明确或不恒定的天然有机物制成的培养基。常用的天然有机物有牛肉膏、蛋白胨、酵母浸汁、马铃薯、血清等（表6－8）。例如培养细菌常用的牛肉膏蛋白胨培养基、培养酵母菌的麦芽汁培养基、培养霉菌的马铃薯培养基均属于天然培养基。

表6－8　部分天然有机物的来源及主要成分

营养物质	来源	主要成分
牛肉膏	瘦牛肉组织浸出汁浓缩而成的膏状物	糖类、含氮有机物、维生素、无机盐等
蛋白胨	蛋白质（肉、酵素、明胶等）水解后干燥而成的粉末状产物	富含含氮有机物，也含一些糖类和维生素
酵母浸膏	酵母细胞水溶性提取物浓缩而成的膏状物	富含B类维生素，也含含氮有机物和糖类
玉米浆	亚硫酸浸泡玉米淀粉时的废水，经减压浓缩而成的浓缩液	可溶性蛋白质、多肽、小肽、氨基酸、还原糖和B族维生素

天然培养基具有营养丰富、配制方便和价格低廉的优点，但因为组分不完全明确，营养成分难以精准控制，会导致实验结果重复性较差。此类培养基适用于实验室中常规菌种培养，以及大规模发酵生产中的大规模培养和生产微生物产品。

2. 合成培养基（synthetic medium）　是由化学成分完全明确的物质配制而成的培养基，例如高氏一号培养基和查氏培养基。

合成培养基的优点是成分精准、实验可重复性强，缺点是价格较高、配制步骤繁琐。此类培养基一般用于微生物营养代谢、生理生化、生物量测定以及遗传育种及菌种鉴定等研究工作。

3. 半合成培养基（semi－synthetic medium）　是在天然培养基的基础上适当加入已知成分的无机盐类，或在合成培养基中添加某些天然成分的培养基。例如培养霉菌的马铃薯蔗糖培养基就属于半合成培养基。

（三）根据培养基的物理状态划分

根据物理状态的不同，培养基可分为液体培养基、半固体培养基和固体培养基。

1. 液体培养基（liquid medium） 是未加任何凝固剂、呈液态的培养基。液体培养基营养成分分布均匀，可通过振荡或搅拌增加培养基中的通气量，使微生物均匀接触并高效利用营养物质，有利于微生物快速生长和积累代谢产物。因此，液体培养基适用于大规模工业生产以及实验室基础理论研究。

2. 半固体培养基（semi－solid medium） 是指在液体培养基中加入少量凝固剂（0.2%～0.7%琼脂）而制成的坚硬度较低的培养基。将半固体培养基分装于试管中并灭菌，穿刺接种细菌后，可观察细菌运动特征，不能运动的细菌只能沿穿刺线生长，而具有运动能力的细菌沿穿刺线向外呈动力生长。此外，半固体培养基还常用于细菌分类鉴定、厌氧菌培养以及噬菌体效价滴定等方面的研究。

3. 固体培养基（solid medium） 是指在液体培养基中加入凝固剂，使之呈固体状态。理想的凝固剂应具备以下条件：①不会被所培养的微生物分解利用；②在微生物生长的温度范围内可保持固体状态；③凝固点不可太低；④对所培养微生物无毒害；⑤不会因高温灭菌而被破坏；⑥透明度好，黏附力强；⑦价格低廉，使用方便。常用的凝固剂有琼脂、明胶和硅胶，其中琼脂是一种从藻类（海产石花菜）中提取的高度分支的复杂多糖，绝大多数微生物无法利用琼脂作为碳源，是目前最广泛使用的培养基凝固剂，其常用浓度为1.0%～1.5%。琼脂与明胶的主要理化性质比较如表6－9所示。

表6－9 琼脂与明胶主要理化性质比较

比较项目	琼脂	明胶
主要来源	海藻	兽骨
主要成分	胶质多糖	蛋白质
常用浓度	1.0%～1.5%	5%～12%
熔点（℃）	96	37
凝固点（℃）	40	20
透明度	高	高
黏着力	强	强
耐加压灭菌	强	弱
pH	微酸	酸性
灰分	16%	14%～15%
氧化钙	1.15%	0
氧化镁	0.77%	0
氮	0.4%	18.3%
微生物利用能力	大多数微生物不能利用	许多微生物可利用

一些由天然固体基质（如胡萝卜条、麸皮、米糠等）制成的固体状态的培养基也属于固体培养基，例如生产食用菌的棉子壳培养基、生产酒的酒曲等。

固体培养基用途广泛，实验室中一般将固体培养基放入培养皿或试管制备成培养微生物的平板或斜面，用于微生物分离、鉴定、计数、育种、菌种保藏、生物活性物质的生物鉴定等研究。

（四）根据培养基的用途划分

根据用途的不同，培养基可分为基础培养基、加富培养基、选择培养基和鉴别培养基。

1. 基础培养基（minimum medium） 也称完全培养基，是按一般微生物生长繁殖所需要的基本营养物质配制的培养基。如牛肉膏蛋白胨培养基是适用于细菌的基础培养基，马铃薯蔗糖琼脂培养基、麦芽汁琼脂培养基可作为霉菌和酵母菌的基础培养基。基础培养基可作为一些特殊培养基的基础成分，根据不同微生物的特殊营养需求，再添加所需的特殊营养物质。

2. 加富培养基（enrichment medium） 是在基础培养基中添加血液、血清、动植物组织液等营养物质配制成的营养更为丰富的培养基。常用于培养某些营养要求较为苛刻的异养型微生物，例如百日咳鲍特菌可采用添加血液的加富培养基培养。此外，通过加富培养基中添加的某种微生物所需的特殊营养物质，可使混杂的微生物材料中的特定微生物快速生长，使目标微生物在数量上逐步占据优势，以利于下一步分离，因此加富培养基也常用于菌种的选择分离。

3. 选择培养基（selective medium） 是根据某种微生物的特殊营养要求或化学敏感性，利用其特殊抗性进行设计，使劣势菌成为优势菌的一类培养基。

一方面，我们可根据某些微生物的特殊营养需求设计选择培养基，抑制不需要的微生物的生长，而目标微生物可正常生长。例如利用缺乏氮源的选择培养基，可分离得到具有固氮能力的微生物；把待分离的混杂微生物样品涂布于以纤维素为唯一碳源的选择培养基上，能在该培养基上生长繁殖的微生物即为能利用纤维素的微生物。

另一方面，也可根据微生物对某种物理或化学因素的抗性设计选择培养基，即添加可抑制或杀灭其他微生物而对目标微生物无毒性的物理或化学因素。例如在基础培养基中添加 10% 的酚类物质可以抑制细菌和霉菌的生长，利于从混杂的微生物群体中分离出放线菌；在基础培养基中添加染料亮绿、结晶紫或刚果红，可抑制革兰阳性菌生长，从而分离得到革兰阴性菌。

上面讲到的加富培养基和选择培养基都可用于菌种筛选，两者的区别在于，加富培养基是使目标微生物形成生长优势，从而达到分离的目的；选择培养基则一般是通过抑制非目标微生物的生长，最终达到分离的目的。

4. 鉴别培养基（differential medium） 是根据微生物的代谢特点在基础培养基中加入某种试剂或化学药品，微生物产生的某种代谢产物与培养基中的特殊化学物质发生显色反应，从而区别不同微生物的培养基。一些常见的鉴别培养基如表 6－10 所示。

鉴别培养基主要用于微生物分类鉴定，分离和筛选产生某种或某些代谢产物的微生物菌株。例如伊红美蓝培养基（EMB）可用于食品、乳制品、水源标本中革兰阴性肠道菌的细菌学检验。伊红为酸性染料，美蓝为碱性染料，可抑制绝大多数革兰阳性菌生长，因此，金黄色葡萄球菌在此培养基上不生长。大肠埃希菌因其分解乳糖产生大量混合酸，造成酸性环境，使菌体带正电荷，与带负电荷的酸性染料结合而被染成红色，再与美蓝结合形成黑紫色菌落，并呈现绿色金属光泽。沙门菌和志贺菌不分解乳糖，碱性环境中细菌不着色，伊红、美蓝不能与之结合，因此为无色或琥珀色半透明菌落。

表 6－10 常见鉴别培养基

培养基名称	添加化学物质	微生物代谢产物	培养基特征变化	鉴别菌株
酪素培养基	酪素	胞外蛋白酶	蛋白水解圈	产蛋白酶菌株
明胶培养基	明胶	胞外蛋白酶	明胶液化	产蛋白酶菌株
油脂培养基	食用油、聚山梨酯、中性红指示剂	胞外脂肪酶	由淡红色变为深红色	产脂肪酶菌株
淀粉培养基	可溶性淀粉	胞外淀粉酶	淀粉水解圈	产淀粉酶菌株
H_2S 试验培养基	醋酸铅	H_2S	产生黑色沉淀	产 H_2S 菌株
糖发酵培养基	溴甲酚紫	乳酸、醋酸、丙酸	由紫色变为黄色	肠道细菌
远藤氏培养基	碱性复红、亚硫酸钠	酸、乙醛	深红色金属光泽菌落	水中大肠菌群
伊红美蓝培养基	伊红、美蓝	酸	黑紫色金属光泽菌落	水中大肠菌群

第五节　微生物的分离纯化技术

微生物广泛分布于土壤、水体、空气等自然环境中，且混杂生长。要想研究或利用某一种微生物，就必须将研究对象从混杂的微生物群体中分离出来。从混杂微生物群体中获得只含有某一种或某一株微生物的方法，称微生物的分离纯化技术。

工业生产中使用的微生物菌种，最初都是从自然环境中筛选出来的，过程主要包括采样、增殖培养、分离纯化、菌种筛选及鉴定。采用适宜的增殖培养方式及分离纯化方法，对于挑选出性能良好、符合生产需求的纯种微生物是非常关键的一步。

一、选择培养与富集培养

一般情况下，对采集到的样品可以直接进行微生物菌种分离。有时候采集到的样品中目标微生物总量不多，而其他微生物却大量存在。这时，为了容易分离到目标微生物，我们需采用选择培养或富集培养的方式来增加目标微生物占比，以增加成功分离的概率。

（一）选择培养

选择培养指根据待分离微生物的营养、生理、生长条件等特点，采用特定的选择培养条件，获取目标微生物的培养方法。例如根据微生物利用碳源的特点，可选定糖、淀粉、纤维素或石油等中的某一种作为唯一碳源，那么只有利用这一碳源的微生物才能大量正常生长，而其他微生物生长受到抑制或死亡；再如，分离某种抗生素抗性菌株，可利用添加有特定抗生素的培养基进行分离。

（二）富集培养

富集培养指从微生物混合群开始，制定特定的环境条件，使特定微生物的数量比例不断增高而引向纯培养的一种培养方法。富集培养法原理是创造有利于目标微生物生长的条件，使目标微生物在生长能力方面远超其他混杂微生物，逐渐富集而占据优势，逐步淘汰其他微生物，从而达到分离特定微生物的目的。

富集条件可根据目标微生物的特点，从物理、化学、生物及综合因素中进行选择，如温度、pH、紫外线、压力、光照、氧气和营养等方面。此外，分离一些专性寄生菌需把样品接种到相应敏感宿主细胞群体中，使其大量生长。

二、分离纯化方法

通过对样品进行选择培养或富集培养，目标微生物得以成为优势菌株，但样品中的微生物还是处于混杂生长状态，因此还必须进行分离纯化。常用的分离纯化方法有稀释分离法、划线分离法以及利用平皿的生化反应等进行分离。

（一）稀释分离法

稀释分离法包括稀释倒平板法和稀释涂布平板法（图 6－5）。将样品进行适当稀释，然后将稀释液涂布于培养基平板或与培养基混合倾注至平板内进行培养，待长出独立的菌落，进行挑选分离。由于稀释倒平板法易使热敏感菌死亡，也会造成一些严格好氧菌因被固定在琼脂内部缺乏氧气而无法正常生长，所以稀释分离法中稀释涂布平板法更常用。

以土壤样品稀释涂布平板法为例：将样品用无菌水以十倍的级差进行梯度稀释，取一定量的某一稀释度悬浮液，涂布于分离培养基的平板上培养，待长出单个菌落，挑取需要的菌落移到斜面培养基上培养。土壤样品的稀释程度因样品微生物含量差异而不同，一般有机质含量高的土样中含菌量大，稀释倍数应适当提高，反之稀释倍数应调低。稀释分离法适于分离易蔓延的微生物，在平板培养基上得到单菌落的机会较大。

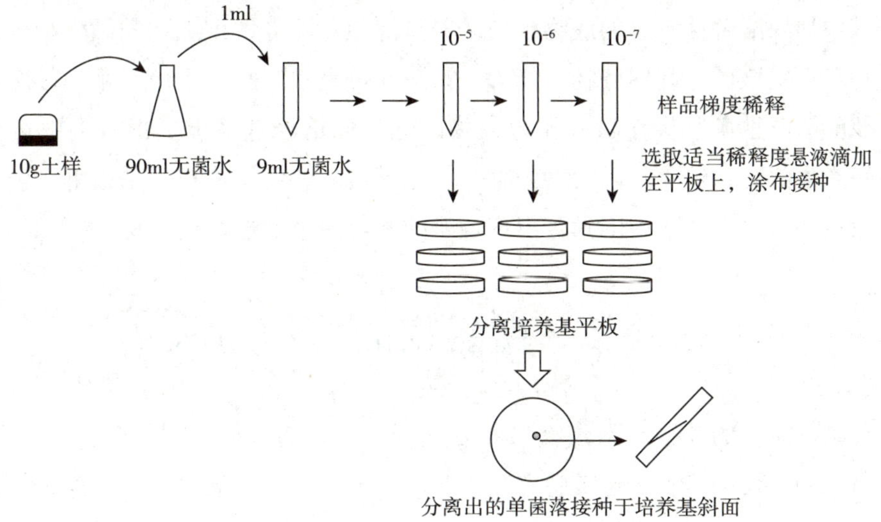

图 6－5　稀释涂布平板法

（二）划线分离法

划线分离法（图 6－6）的原理是将微生物样品在培养基表面进行多次“由点到线”稀释而达到分离的目的。该方法是把混杂在一起的微生物或同一微生物群体中的不同细胞在平板培养基表面通过划线稀释而得到独立分布的单个细胞，一般在线的开始部分，微生物往往连在一起生长，随着线的延伸，微生物数量逐渐减少，培养后可形成单菌落，经反复多次操作即可得到微生物的纯培养物。

划线方法有多种，可用连续划线法，也可用分区划线法，其原则是确保分离培养出单个菌落。该分离方法操作简便、快捷，效果较好。

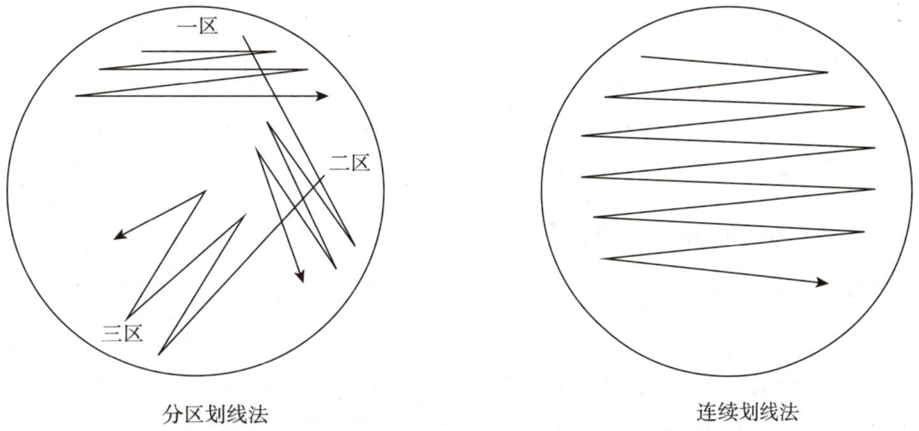

图 6－6　常见的平板划线分离微生物的方法

（三）生化反应分离法

利用平皿的生化反应进行分离是一种利用特殊的分离培养基对大量混杂微生物进行初步分离的方法。分离培养基是根据目标微生物特殊的生理特性或利用某些代谢产物生化反应来设计的。通过观察微生物在选择性培养基上的生长状况或生化反应进行分离，可显著提高菌株分离纯化的效率。该法包括透明圈法、生长圈法、变色圈法、抑菌圈法等。

在平板培养基中加入溶解性较差的底物，使培养基混浊。能分解该底物的微生物菌落周围会产生透明圈，圈的大小初步反映该菌株利用底物的能力。该法在分离水解酶产生菌时采用较多，如脂肪酶、淀粉酶、蛋白酶、核酸酶产生菌都会在含有相应底物的选择性培养基平板上形成肉眼可见的透明圈。例如，在分离淀粉酶产生菌时，培养基以淀粉为唯一碳源，待分离样品涂布到平板上，经过培养形成单个菌落后，再用碘液浸涂，根据菌落周围是否出现透明的水解圈来筛选产酶菌株。

第六节　微生物的培养方法

根据微生物对氧的需求的差异，微生物培养方式可分为好氧培养与厌氧培养；根据投料方式的不同，可分为分批培养和连续培养等。在实验室和工业生产中，微生物采取何种培养方法主要取决于微生物特性、原料特点、产物特点、设备状况、技术可行性、成本核算等。实际中，各种培养方式常结合进行以达到最佳效果。

一、纯培养

自然环境中微生物通常是混杂在一起的，而在科学研究或工业生产中，我们通常需要利用单一种类的微生物。

一定条件下培养、繁殖得到的微生物群体，称培养物。实验室条件下，从混合的培养物中分离得到由一个细胞或同种细胞群繁殖得到的后代，称纯培养（pure culture）。纯培养是利用和研究微生物的第一步。

二、分批培养

将微生物置于一定容积的培养基中，除无菌空气通入和废气排出外，培养过程中与外界无物料交换，最后一次性收获培养物，称分批培养（batch culture）。在分批培养中，培养基一次性加入，既不补充也不移除，因此随着微生物的生长繁殖，营养物质逐渐消耗，代谢产物不断积累，培养过程中各种理化条件、生物参数都随时间而变化。由于分批培养操作方便、工艺简单，在微生物研究和发酵工业生产中较为广泛采用。

分批培养的优点有：①发酵过程中只需控制温度、pH 和进行通气，操作简单，不易引起污染；②每次发酵均要重新接种，发酵时间短（十几个小时至几周），因此不会产生菌种老化和变异等问题。

分批培养的缺点有：由于每次发酵结束后都要对发酵罐进行灭菌、重新加注新培养基、接种等操作，非生产时间较长，设备利用率较低。

三、连续培养

连续培养（continuous culture）是相对于分批培养而言的，指在培养过程中向培养容器中连续流加新鲜培养液，不断补充营养物质，并去除代谢产物，进而优化生长代谢环境的开放型培养方式（图6－7）。连续培养的优势在于其可控性，它可根据研究者目的，人为延长或缩短目标微生物生长曲线中的某个时期，使某个时期的细胞比重提高或降低代谢速率。

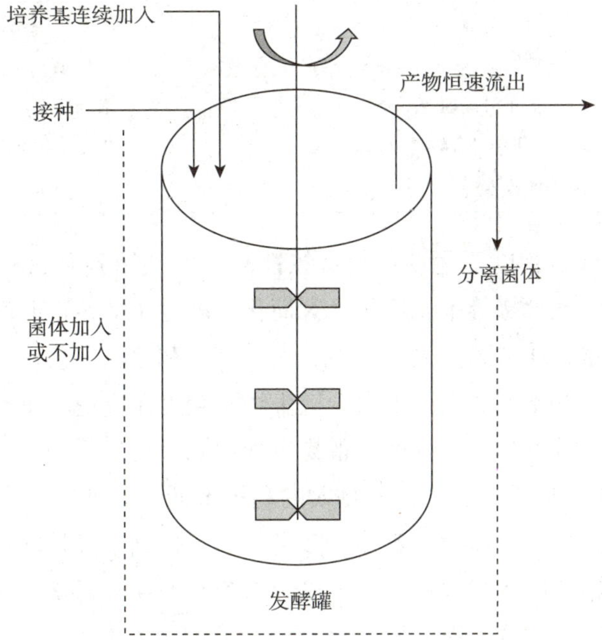

图6－7 连续培养示意图

在发酵工业中，连续培养技术已广泛用于乙醇、丙酮和丁醇等有机溶剂的生产，发酵酵母单细胞蛋白的生产，乳酸的发酵以及用假丝酵母进行石油脱蜡和污水处理方面，并取得了较好效果。

根据控制方式的不同，连续培养可分为恒化法和恒浊法两类。

（一）恒化法

恒化法是通过控制培养液以恒定流速加入培养器，并以相同速度流出代谢产物，使微生物始终在低于最高生长速率的条件下进行生长繁殖的一种连续培养方法。

营养物质浓度对微生物生长影响很大。在一定范围内，当营养物质浓度较低时，微生物的生长速率与营养物质浓度成正比。恒化法即是通过控制某种营养物的浓度，使其成为生长限制性因子，从而使微生物生长速率与限制性生长因子浓度加入速度两者达到平衡，最终获得一定生长速率的均一的菌体。

恒化法主要应用于实验室中微生物营养、生长、繁殖、代谢和基因表达与调控等基础与应用型研究。

（二）恒浊法

恒浊法是以培养器中微生物细胞的密度为监控对象，用光电控制系统来控制流入培养器的新鲜培养液的流速，同时使含有微生物细胞与代谢产物的培养液也以恒定的流速流出，从而使培养器中的细胞密度保持基本恒定，在此条件下进行培养的一种连续培养方式。

利用恒浊法连续培养微生物的过程中，当培养液流速低于微生物生长速率时，菌体密度增大，光电控制系统会调节培养液流速，从而保持微生物在最高生长速率与最高细胞密度的水平上生长繁殖，达到高效培养的目的。目前在发酵工业上，有多种微生物菌体的生产都是采用恒浊法进行连续发酵生产。此外，恒浊法连续发酵也适用于获得与菌体生长相平行的某些微生物代谢产物。

恒化法和恒浊法两者的主要差异如表 6－11 所示。

表 6－11　恒化法与恒浊法的比较

项目	恒化法	恒浊法
控制对象	培养基流速（外控制）	菌体密度（内控制）
生长限制性因子	有	无
培养基流速	恒定	不恒定
菌体生长速率	低于最高速率	最高速率
产物	不同生长速率的菌体	大量菌体或与菌体相平行的代谢产物
应用范围	实验室为主	生产为主

与分批培养相比，连续培养有以下优点：①自控性高，即利用各种仪表可进行自动控制；②效率高，装料、灭菌、出料、清洗发酵罐等单元操作大大简化，减少了非生产时间，从而提高设备利用率和生产效率；③产品质量较稳定；④节约了大量动力、人力、水和蒸汽，使水、汽、电的负荷减少。

同时，连续培养也存在一些不足之处：①由于微生物长期处于高速率繁殖，无法完全避免变异的发生，因此菌种易退化；②在连续发酵中，各种设备易出现渗漏、通气系统故障等情况，从而导致罐体内发生污染，因此，“连续”具有时限性；③营养物质的利用率低于分批培养。

实际生产中，完全的分批培养或连续培养并不多见。为了达到某种特殊目的或提高培养效率，常常采用分批培养与连续培养相结合的培养方式——半连续培养。如在金霉素、四环素等抗生素的发酵生产中，在微生物生长进入稳定期后，抗生素开始大量合成，此时进行补料，适当增加发酵液中的底物量，同时维持微生物生存所需营养物浓度在一个较低的水平，可以延长抗生素合成阶段，从而达到提高单位发酵液中抗生素总量（效价）的目的。这种类型的发酵方式在当代发酵工业中应用较为广泛。

四、厌氧培养

厌氧培养指厌氧菌或兼性厌氧菌在无分子氧的条件下进行培养的过程，整个过程在隔绝空气的状态下进行。厌氧发酵常见于生产乙醇、丙酮、丁醇、乳酸、丁酸等产品，培养厌氧微生物的关键在于使其处于去除氧或氧化还原电势低的环境中。

（一）厌氧培养基

专性厌氧菌只能在低氧化还原电位的培养基中生长，因此，配制培养基时除保证提供 6 种基本营养物质外，还需额外添加还原剂和氧化还原指示剂（刃天青等），常见还原剂有半胱氨酸、硫乙醇酸盐、Na_2S、维生素 C 等。

（二）厌氧培养方法

1. 厌氧菌固体培养法

（1）高层琼脂柱法　将含有还原剂的固体或半固体培养基装入试管，除培养基表层有部分溶解氧外，管内部的厌氧培养基氧化还原电势低，利于厌氧菌生长。例如使用韦荣氏管，厌氧培养基灭菌后，待冷却至 50℃时混入待分离培养物后装入玻璃管，形成一个琼脂柱，然后将其放入大玻璃筒内进行培养，小玻璃管内氧化还原电势较低，利于厌氧菌生长。此方法常用于稀释、分离厌氧菌及菌落计数。

(2) 厌氧培养皿法 利用特制皿盖创造一个狭窄空间，配合使用添加还原剂的厌氧培养基，从而达到厌氧培养的目的。例如，Brewer 皿利用特制皿盖内缘与培养基外围紧密接触，狭小空间内的氧气被硫乙醇酸钠还原，从而降低培养环境中的氧分压。

另一种是利用特制皿底，即两个相互隔开的空间，一侧放入焦性没食子酸，另一侧放入 NaOH 溶液，待皿盖平板上接入待培养的厌氧菌后，立即密闭并摇动，使两种试剂接触发生吸氧反应，从而创造出无氧环境。常见的有 Spray 皿和 Bray 皿。

以上三种常见厌氧培养皿如图 6－8 所示。

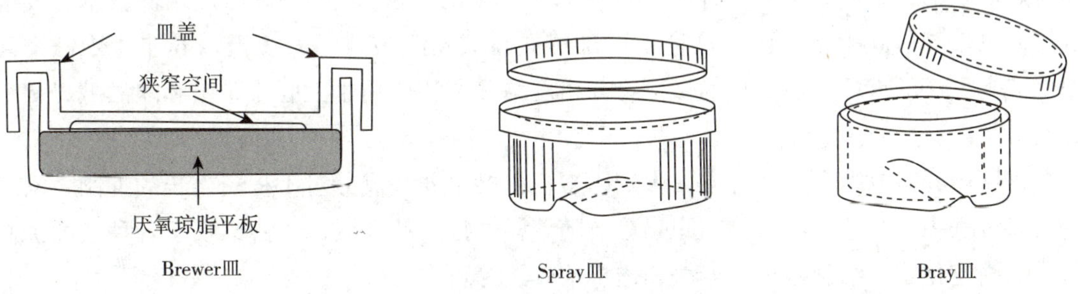

图 6－8 三种常见厌氧培养皿

(3) 亨盖特滚管技术 1950 年，美国著名微生物学家 R. E. Hungate 在分离瘤胃微生物和产甲烷菌等严格厌氧菌时，设计出一种严格厌氧技术——亨盖特滚管技术。其原理为利用除氧铜柱来制备高纯氮，利用高纯氮去除小环境中的空气，并保证菌种接种、稀释、培养、观察、分离、保藏等操作过程都处于高度无氧条件下。

利用 Hungate 的无氧操作将稀释菌液与试管中的无氧灭菌培养基混合，试管密封后置冰浴中滚动，使含菌培养基均匀布满试管内表面。因试管口面积和腔内体积很小，有利于阻止氧气与厌氧菌接触；而管内表面积较大，利于厌氧菌长出单菌落。

(4) 厌氧罐技术 是一种非严格厌氧培养技术，它可保证厌氧菌的培养过程处于无氧环境中，但无法保证培养基配制、接种、观察、分离和保藏等操作过程在严格无氧环境中进行（图 6－9）。

例如，利用 GasPak 内源性产气袋对厌氧罐进行换气。将产气袋减去一角并注入适当水后投入厌氧罐，封闭罐体，它就可释放足够的 CO_2 和 H_2，使罐体内保持无氧环境。随着技术的发展，各种智能厌氧培养罐也被广泛应用。

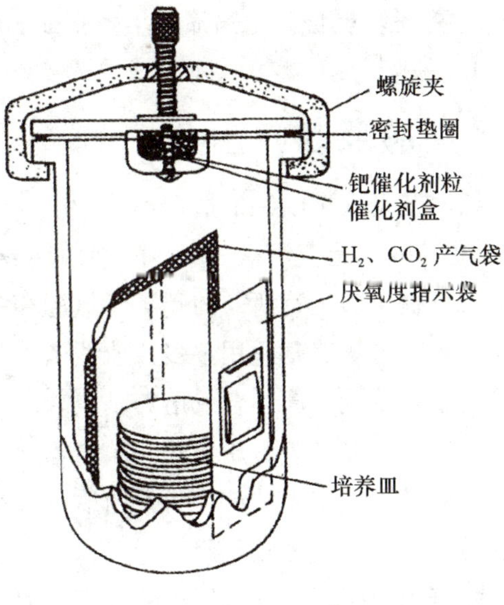

图 6－9 厌氧罐

(5) 厌氧手套箱技术 厌氧手套箱是一种用于无氧操作和培养严格厌氧菌的箱体式密闭装置。箱体密闭空间内充满惰性气体，并有钯催化剂，保证箱体内处于高度无氧状态。外界物体进出箱体通过有密闭和抽气换气装置的交换室进行，操作者可通过两个塑料手套对箱内物品进行操作。

2. 厌氧菌液体培养法 实验室中用液体培养基培养厌氧菌时，如果放入上述厌氧罐或厌氧手套箱中培养，则无需提供额外的措施。若在有氧环境中进行培养，则需在培养基中加入巯基乙酸、半胱氨酸、维生素 C 等有机还原剂或其他无机还原剂后，再进行深层培养，或同时在液面上封一层石蜡油，以保证培养基处于较低的氧化还原电势，从而保证厌氧菌的正常生长。

五、高密度培养

如果能够保持菌体细胞处于最适生长和代谢环境，且无抑制、阻遏及有害代谢产物的积累，那么菌体数量越多，其合成的代谢产物就越多。基于这一设想，人们开始研究微生物高细胞浓度的培养技术，即高密度培养技术。

高密度培养（high cell density culture）指应用一定的培养技术和装置提高微生物菌体的发酵密度，最终提高特定产物的比生产率（单位体积单位时间内产物的产量）。采用高密度培养技术，发酵液中的菌体浓度比分批培养可高十倍以上。这项技术是建立高效发酵模式、大规模培养非遗传修饰菌和工程菌、实现低成本生产的重要手段。目前微生物高密度培养主要应用于大肠埃希菌和酿酒酵母等少数兼性厌氧菌的发酵生产。

进行高密度培养时应综合考虑各方面影响因素，包括培养基成分对工程菌生长的抑制、溶解氧浓度的限制、培养过程中抑制性代谢产物的积累等。随着科学技术的发展，逐步出现了各种新的提高细胞密度的方法，如固定化法、细胞循环培养法和透析培养法等。

高密度培养具有生产率高、成本低、培养体积小、工业污水少、下游处理方便等诸多优点，在工业生产中具有重要实践价值。

实验二　培养基的配制

【实验目的】

1. 掌握配制培养基的一般方法和步骤。
2. 熟悉功能性微生物筛选培养基配制的原理和方法。
3. 了解天然培养基、半合成培养基和合成培养基的配制原理。

【实验原理】

培养基是人工配制的适合不同微生物生长繁殖或积累代谢产物的营养基质。

LB 培养基是应用最为广泛的细菌培养基之一，属于半合成培养基。培养基中酵母粉、蛋白胨两种天然成分提供微生物所需的碳源、氮源和维生素，氯化钠维持均衡的渗透压。

高氏一号培养基适用于多数放线菌，孢子在此培养基上生长良好，适宜做菌种保藏。该培养基化学成分及配比明确，属于合成培养基。

麦芽汁培养基既可用于酵母菌培养，又可用于霉菌培养，主要由大麦经发芽后加水糖化制成，属于天然培养基。大麦中的淀粉、蛋白质、脂类等生物大分子经过酶的分解，成为微生物可直接利用的小分子物质，被微生物吸收利用。

酪蛋白琼脂培养基常用于筛选可代谢产生胞外蛋白酶的微生物菌株。培养基中溴麝香草酚蓝作为指示剂染料。

虽然不同培养基的配方和配制方法各有不同，但配制程序大致相同，主要为五大基本环节：配料称量及溶解→调整 pH→加入凝固剂并加热融化→过滤分装→包扎灭菌。

【实验材料】

1. 培养基

（1）LB 培养基　胰蛋白胨 10.0g，酵母粉 5.0g，氯化钠 5.0g，蒸馏水 1000ml，pH = 7.0 ±0.2。

（2）高氏一号培养基　可溶性淀粉 20.0g，KNO_3 1.0g，K_2HPO_4 0.5g，$MgSO_4 \cdot 7H_2O$ 0.5g，氯化钠 0.5g，$Fe_2(SO_4)_3$ 0.01g，蒸馏水 1000ml，pH = 7.4 ~ 7.6。

（3）麦芽汁培养基　10° ~ 12°Bx 麦芽汁。

（4）酪蛋白琼脂培养基　酪蛋白 10.0g，牛肉膏粉 3.0g，磷酸氢二钠 2.0g，氯化钠 5.0g，琼脂 15.0g，溴麝香草酚蓝 0.05g，蒸馏水 1000ml，pH = 7.4 ± 0.2。

2. 其他试剂　1mol/L HCl、1mol/L NaOH、碘液、大麦。

3. 设备　无菌室、超净工作台、恒温培养箱、低温冰箱、高压蒸汽灭菌器。

4. 其他　实验服、乳胶手套、酒精灯、打火机、记号笔；天平、量筒、电炉、烧杯、锥形瓶及配套塞子、分装架等。

【实验内容】 微课 4

1. LB 培养基制备　称取培养基各组分，加至 1000ml 蒸馏水中，搅拌，加热煮沸至完全溶解。待溶液冷却至室温，测量溶液 pH，并用 1mol/L HCl 或 NaOH 溶液调整 pH 至 7.2 ~ 7.4（注：加热灭菌会使培养基的 pH 下降 0.2 左右）。

将培养基分装于锥形瓶内进行灭菌，灭菌条件为 121℃ 20 分钟。灭菌完成的培养基放置于 37℃ 恒温培养箱 24 ~ 48 小时，无杂菌长出即为合格。

如需制备 LB 固体培养基，可于 pH 调整后加入 1.5% 琼脂，加热至完全溶解，补足蒸发水量后趁热分装，后续灭菌及无菌检查步骤同液体培养基。

2. 高氏一号培养基制备　称取可溶性淀粉，放至小烧杯中，用少量冷水将淀粉调成糊状，再慢慢加入少于总水量的沸水，继续加热，使可溶性淀粉完全溶化。依次称取 K_2HPO_4、KNO_3、$MgSO_4$、$Fe_2(SO_4)_3$、NaCl，逐一加至上述溶液中，顺序溶解，最后补足水量。

待溶液冷却至室温，测量溶液 pH，并用 1mol/L HCl 或 NaOH 溶液调整 pH 至 7.4。将培养基分装于锥形瓶内进行灭菌，灭菌条件为 121℃ 20 分钟。灭菌完成的培养基放置于 30℃ 恒温培养箱 24 ~ 48 小时，无杂菌长出即为合格。

如需制备固体培养基，可于 pH 调整后加入 1.5% 琼脂，加热至完全溶解，补足蒸发水量后趁热分装，后续灭菌及无菌检查步骤同液体培养基。

3. 麦芽汁培养基制备　大麦洗净，用水浸泡 6 ~ 12 小时，覆盖纱布，置于 15℃ 阴凉处发芽，待麦芽长度为麦粒两倍时终止，烘干，研磨成麦芽粉备用。称取麦芽粉，加入四倍体积的水，置于 60℃ 水浴锅中使其糖化 4 ~ 6 小时，不断搅拌。取 0.5ml 糖化液，加 2 滴碘液，如液体未变蓝，即表示糖化完全。

糖化液用 4 ~ 6 层纱布过滤，滤液煮沸，再用纱布或脱脂棉过滤一次，得到澄清麦芽汁。

糖度计检测原麦芽汁糖浓度，用水稀释至 10° ~ 12°Bx，pH 自然（注：无需用酸或碱调整 pH）。

培养基分装于三角瓶内进行灭菌，灭菌条件为 115℃ 15 分钟。灭菌完成的培养基放置于 28℃ 恒温培养箱 24 ~ 48 小时，无杂菌长出即为合格。

如需制备固体培养基，可于麦芽汁糖浓度调整后加入 1.5% 琼脂，加热至完全溶解，补足蒸发水量后趁热分装，后续灭菌及无菌检查步骤同液体培养基。

4. 酪蛋白琼脂培养基　称取培养基各组分，加至 1000ml 蒸馏水中，搅拌，加热煮沸至完全溶解。待溶液冷却至室温，测量溶液 pH，并用 1mol/L HCl 或 NaOH 溶液调整 pH 至 7.2 ~ 7.4。加入 1.5% 琼脂，加热至完全溶解，补足蒸发水量。

培养基分装于三角瓶内进行灭菌，灭菌条件为121℃ 20分钟。灭菌完成的培养基放置于37℃恒温培养箱24～48小时，无杂菌长出即为合格。

【实验结果】

1. 对配制好的培养基的颜色、状态进行观察并记录。
2. 记录无菌检查结果。

【注意事项】

1. 制备固体培养基时，琼脂在加热溶解过程中需不断搅拌，防止糊底，同时注意控制火力，防止溢出。
2. 装有培养基的三角瓶等容器应贴好标签，注明培养基名称、日期等信息。
3. 分装时应注意不要使培养基黏附于管口或瓶口，避免污染。

【思考题】

1. 培养基配制完成后，为什么必须立即灭菌？灭菌时间过长或过短会有什么影响？
2. 细菌、放线菌和霉菌生长繁殖的最适pH一般为多少？是否所有的培养基都需要调整pH？为什么？

实验三　无菌操作技术

【实验目的】

1. 掌握无菌操作技术要点、制备平板和斜面的规范操作以及无菌室无菌程度测定方法。
2. 熟悉超净工作台使用方法，牢固建立“无菌操作意识”。
3. 了解超净工作台原理和无菌室消毒灭菌的方法。

【实验原理】

无菌操作是指在实验过程中，避免除研究目标外其他一切微生物的干扰，保持无菌物品和无菌区域不被污染的操作技术和管理方法。此项技能是微生物实验中最基本的技术，是保证实验研究结果准确和顺利完成的重要环节。

无菌操作技术包括无菌环境设施、无菌实验器材及无菌操作三个方面。本实验分为三部分：①无菌室布局和日常消毒、超净工作台使用、无菌实验器材辨识；②固体培养基平板和斜面的制备、半固体和液体培养基分装；③无菌室空气质量检测。

超净工作台和生物安全柜是进行无菌操作所必需的设备，应具体根据工作中的生物安全级别要求选取不同级别的生物安全柜或超净工作台。生物安全柜是一种负压的净化工作台，能够完全保护操作者本人、实验室环境以及实验材料，使其避免暴露于操作过程中可能产生的感染性气溶胶和溅出物；超净工作台是通过风机将空气吸入预过滤器，再经高效过滤器二次过滤，最终将过滤后的空气垂直或水平地送出至操作区域，仅能满足样品的洁净要求，对操作者和实验环境无保护作用。

超净工作台和生物安全柜内部装有紫外灭菌灯，可对内部操作台面进行照射灭菌。同时，在紫外灭菌灯开启时，可激发空气中的氧分子缔合成臭氧分子，具有较强的杀菌作用，可以对紫外线没有直接照到的角落产生灭菌效果。由于臭氧有碍健康，操作者在进入操作之前应先关闭紫外灭菌灯，10 分钟后即可入内。

为确保无菌操作环境的空气质量，我们可根据情况对处于空态、静态和正常运行的风险区，采用沉降法来初步测定无菌室内空气中微生物的数量，做好日常监控工作。

面积小于 $30m^2$ 的室内，设一条对角线取 3 点，在其中心以及两端距墙 1m 处各取 1 点；面积大于 $30m^2$ 的室内，房间四面距墙 1m 和中央各放置一个平皿，高度为实验台高度。日常监控时，一般要求无菌室所有取样平皿上的细菌总数小于 15 个；空气质量良好的无菌室，通常每个平皿上生长的细菌不超过 2 个。

【实验材料】

1. 培养基　LB 琼脂培养基、LB 半固体培养基、LB 液体培养基、酪蛋白琼脂培养基（以上培养基均已灭菌）。

2. 设备　无菌室、超净工作台、恒温培养箱、恒温水浴箱、电热干燥箱、低温冰箱、高压蒸汽灭菌器。

3. 其他　实验服、酒精灯、消毒湿巾、乳胶手套、试管架、打火机、记号笔、无菌培养皿、无菌试管、废液缸等。

【实验内容】

1. 进入无菌室前的准备

（1）超净工作台操作要点　①在使用前，应开启紫外灭菌灯照射灭菌 30 分钟，使用前应关闭紫外灭菌灯，并开启风机及照明灯；②超净台使用时，操作窗开启高度不宜过高，方便双手灵活操作即可；③从外部进入超净工作台内部的器皿，应先对其外表面进行擦拭或喷洒消毒再移入；④超净工作台使用结束后，应做好台面清洁工作，并开启紫外灭菌灯照射灭菌 30 分钟。

（2）个人准备工作　进入无菌室前，应先做好个人卫生工作。换工作鞋、工作服，戴口罩，长发应盘起并佩戴工作帽。双手佩戴手套，并喷洒消毒 75% 乙醇，做好手部消毒工作。

2. 培养基无菌分装操作

（1）固体培养基平板制备　将装有已融化固体培养基的锥形瓶外部用 75% 乙醇擦拭，放置于超净工作台内。点燃超净台内酒精灯，在火焰附近进行以下操作：将瓶内的培养基向每个无菌培养皿加入 15～20ml，加盖后轻柔晃动培养皿，使培养基均匀分布于皿底，水平放置于桌面，待凝固后即制成平板（图 6－10）。

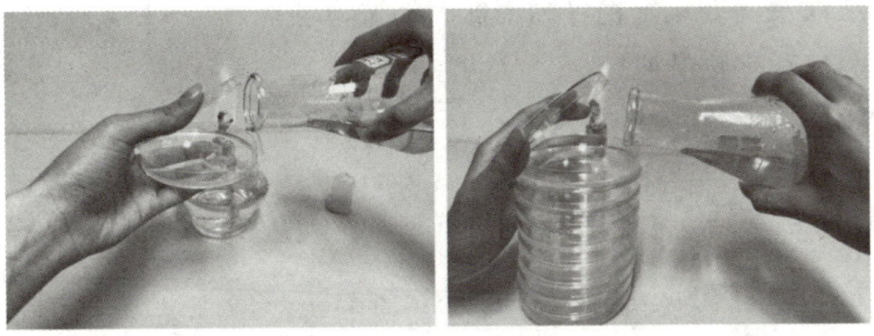

持皿法　　　叠皿法

图 6－10　制备固体培养基平板

（2）固体培养基斜面制备　将装有已融化固体培养基的锥形瓶外部用75%乙醇擦拭，放置于超净工作台内。点燃超净台内酒精灯，在火焰附近进行以下操作：将瓶内培养基向无菌试管中加入约试管1/3高度的培养基，加盖后将试管斜放于台面，使管内培养基形成一个斜面，斜面最顶端距离管口应有足够距离，待凝固后即制成斜面。

（3）液体培养基分装　将装有已灭菌液体培养基的锥形瓶外部用75%乙醇擦拭，放置于超净工作台内。点燃超净台内酒精灯，在火焰附近进行以下操作：向无菌试管中加入约试管1/3高度的培养液，加盖后竖直放置。

（4）半固体培养基分装　将装有已融化的半固体培养基的锥形瓶外部用75%乙醇擦拭，放置于超净工作台内。点燃超净台内酒精灯，在火焰附近进行以下操作：向无菌试管中加入约试管1/3高度的培养基，加盖后竖直放置。

（5）无菌检查　选取制备好的培养基固体平板、固体斜面、液体培养基试管和半固体培养基试管各一个，放置于37℃恒温培养箱24～48小时，无杂菌长出即为合格。

3. 无菌室空气质量检测　将制备好的LB培养基平板放置于指定位置，打开皿盖暴露10分钟，然后关闭皿盖。培养皿倒置于37℃恒温培养48小时，计数每个平板上的菌落。

【实验结果】

观察并记录平板、斜面及液体和半固体分装试管的无菌检查结果，无菌室空气质量检测平板上菌落数，如不合格需分析原因。

【注意事项】

1. 制备平板时，应注意皿盖开启角度，过大易造成污染，过小不利于培养基倾倒。
2. 培养基倒入无菌试管时，应避免培养基黏附于管口，以降低污染风险。

【思考题】

1. 制备斜面时，斜面长度过短或过长会产生什么影响？
2. 若无菌室空气质量检测不合格，可采取什么措施？

实验四　自然环境中功能微生物的筛选

【实验目的】

1. 掌握涂布接种方法以及功能微生物目标菌株的筛选方法。
2. 熟悉稀释平板法分离微生物的原理。
3. 了解样品采集和预处理方法。

【实验原理】

蛋白酶是一类可将蛋白质降解为小肽和氨基酸的水解酶，在饲料业、食品业、制药业、皮革加工业以及洗涤品行业广泛应用。自然界中的蛋白酶主要来源于动植物和微生物，其中，微生物来源的蛋白酶因具有可大规模发酵制备、易于纯化等优点而备受关注。

微生物在生长繁殖过程中，需从外界环境吸收营养物质。环境中的小分子物质可被微生物直接吸收并利用，而大分子有机物则不能被微生物直接利用，必须经过微生物分泌的胞外酶将大分子有机物分解为小分子有机物，才能加以吸收利用。不同微生物分解利用生物大分子的能力各不相同。在固体培养基中加入溶解性差但可被微生物利用的酪蛋白，形成浑浊、不透明的培养基背景，当培养基中的酪蛋白被微生物分泌的蛋白酶分解后，菌落（沉淀圈）的周围就会形成透明圈，利用这种培养基可以筛选产蛋白酶菌株。

【实验材料】

1. 样品　土壤。

2. 培养基　酪蛋白琼脂培养基平板。

3. 稀释剂　无菌生理盐水。

4. 设备　无菌室、超净工作台、恒温培养箱、恒温振荡器、电热干燥箱、低温冰箱。

5. 其他　实验服、酒精灯、消毒湿巾、乳胶手套、试管架、打火机、记号笔；电子天平、涂布棒、无菌培养皿、无菌试管、酒精灯、一次性无菌吸管、一次性无菌移液管、废液缸等。

【实验内容】

1. 采样　用小铲子除去表土，选取距离地面 5 ~ 20cm 处的土壤 5 ~ 10g，盛于无菌取样袋中，标明采样时间、地点及环境信息。

2. 初步筛选——稀释涂布法　称取 10g 土样，加入装有 90ml 无菌生理盐水的锥形瓶中，振荡 20 分钟后，静置 5 分钟。取上层菌悬液进行梯度稀释，得到 10^{-1} ~ 10^{-9}浓度的稀释液。

用无菌吸管分别吸取浓度为 10^{-6}、10^{-7}、10^{-8}、10^{-9}的稀释液 0.1ml 于酪蛋白琼脂培养基平板上，立即用无菌涂布棒进行均匀涂布（图 6 – 11），平放 20 分钟。每个稀释度平行制作三个平皿。平板倒置于 35℃ 恒温培养箱 24 ~ 48 小时后取出，观察菌落周围是否有透明圈。

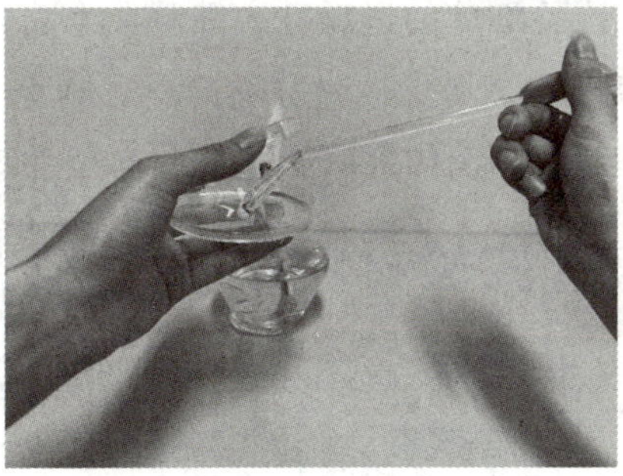

图 6 – 11　平板涂布接种

3. 观察结果　选取透明圈直径与菌落直径之比较大的平板暂存于 4℃，待进一步进行菌种分离纯化。

【实验结果】

观察菌落周围是否产生透明圈，测量透明圈直径和相应菌落直径，计算比值。

【注意事项】

1. 进行系列梯度稀释时，每进行一个稀释度，要更换一支无菌吸管。
2. 用涂布棒进行涂布时应尽量均匀。

【思考题】

1. 为什么菌落周围出现透明圈说明该菌株产酪蛋白酶？
2. 为什么要挑取平板上透明圈直径与菌落直径之比较大的菌株进行保存并和后续研究？

实验五　微生物的分离纯化和培养

【实验目的】

1. 掌握平板划线法，以及不同物理状态培养基中细菌的接种方法。
2. 熟悉平板划线法分离微生物的原理。
3. 了解产蛋白酶细菌的培养特性。

【实验原理】

对某一种微生物进行研究，必须先将它与其他微生物进行分离，得到纯培养物。通常，我们可利用稀释涂布法和划线分离法进行微生物的分离纯化。

稀释涂布法是将少量微生物混合样本的稀释液加至固体平板表面，利用无菌涂布棒涂布均匀，如果稀释度适当，分散的单个细胞就会增殖形成单菌落。

通过划线法分离单菌落时，培养物在培养基平板表面通过划线进行稀释、分散，当细菌细胞的间距足够大时，单个细胞通过增殖就会形成一个肉眼可见的细胞集团——单菌落。

当分离得到纯培养物后，我们需对未知菌种进行特征分析，其中第一步是培养特征分析。在固体培养基平板上，一般可观察菌落的大小、形状、边缘、色素、质地和表面状况等特征。在液体培养基中，可观察其在液体中的生长状态，分为均匀混浊生长、液体表面生长、液体底部生长。半固体培养基可用于检验细菌的运动性，细菌在半固体培养基中央穿刺接种后进行培养，若穿刺线周围培养基透明，说明细菌沿穿刺线非动力生长，菌体不具有运动性，无鞭毛结构；若穿刺线周围呈云雾状，呈动力生长现象，说明菌体具有运动性，有鞭毛结构。

【实验材料】

1. 菌种　土壤中初步筛选分离得到的产蛋白酶菌株。

2. 培养基　酪蛋白琼脂培养基、LB 琼脂培养基、LB 液体培养基、LB 半固体培养基。

3. 设备　无菌室、超净工作台、恒温培养箱、恒温水浴箱、电热干燥箱、低温冰箱、高压蒸汽灭菌器。

4. 其他　实验服、酒精灯、消毒湿巾、乳胶手套、试管架、打火机、记号笔、无菌平皿及无菌试管、接种环、接种针、酒精灯、废液缸等。

【实验内容】 微课 5

1. 分离纯化——平板划线法

（1）制备酪蛋白琼脂培养基平板，底部标记菌种名称、操作者姓名及日期。

（2）无菌操作，使用接种环挑取适量细菌培养物，在平板一侧进行连续划线，得到一区，转动平板约 60°。

（3）接种环于酒精灯内焰处灼烧灭菌，待冷却后，从一区尾部出发，做第二次划线，得到二区。

（4）重复上述划线步骤，得到三区及四区。平板中四区的面积分配应为：四区 > 三区 > 二区 > 一区。

（5）划线结束后，平板倒置于 35℃ 恒温培养箱中培养，观察结果。选取可产生透明圈的菌落，重复进行平板划线分离 2 ~ 3 次，直至分离到单个菌株。

2. 接种培养

（1）制备 LB 琼脂斜面、LB 液体试管、LB 半固体培养基试管，并进行标记。

（2）固体培养基斜面接种：选取分离纯化得到的单菌落，用无菌接种环取少量培养物，伸至固体斜面试管底部（环不要碰到试管口和壁），沿“Z”字形，自下往上密集划线接种，划线结束后灼烧管口，加盖。接种环使用完毕后灼烧灭菌。

（3）液体培养基接种：用无菌接种环取少量培养物，倾斜装有液体培养基的试管，将接种环深入试管，在原液面下位置的管内壁上摩擦，使细菌培养物黏附于管内壁。盖上试管帽并正置试管，轻轻振荡试管，使黏附于管内壁的培养物均匀分散至液体培养基内。接种环使用完毕后灼烧灭菌。

（4）半固体培养基接种：用无菌接种针的针尖取少量培养物，将接种针沿直线插入装有半固体培养基的试管，深度至培养基的2/3处，最后沿穿刺线拔出。接种针使用完毕后灼烧灭菌。

三种培养基的接种方法如图6－12所示。

（5）将完成接种的固体斜面、液体培养基和半固体培养基置于35℃恒温培养箱中培养24小时，观察结果。

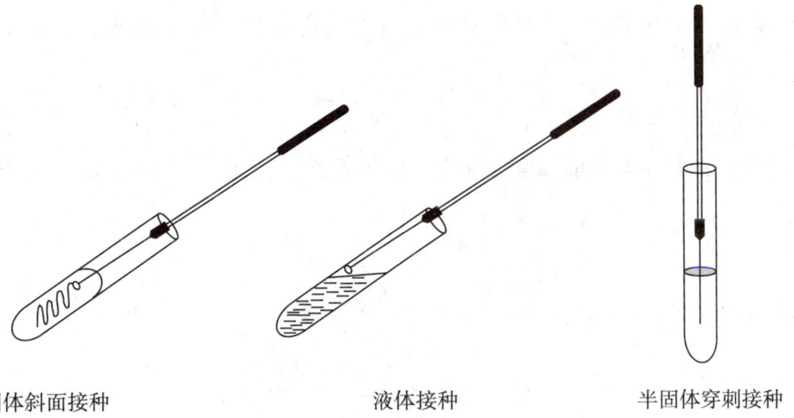

图6－12　不同培养基中的接种方法

3. 菌种保藏　挑取平板中透明圈直径与菌落直径之比较大且菌落形态较好的菌株，种于LB培养基斜面，置于恒温培养箱中35℃培养24小时，于4℃冰箱保存。

【实验结果】

1. 观察平板中分离到的单菌落的培养特征，测量透明圈直径和相应菌落直径，计算比值。
2. 观察液体培养基中细菌的生长状况并记录，注意观察前不可用力振摇。
3. 观察半固体培养基中细菌的生长状况并记录。

【注意事项】

1. 用于平板划线的平板厚度不宜过低，倾倒平板前培养基温度不宜过高，以免冷却过程中皿盖上冷凝水过多。

2. 用于划线的接种环，环口必须圆、平，划线时接种环环平面与平板的夹角应小一些，动作轻柔，防止划破平板。

3. 接种环或接种针灭菌时，需将其先置于火焰内焰处，片刻后再移至外焰灼烧。待接种环（针）烧至变红后，沿金属柄向上，对能深入试管的部分通过火焰进行灭菌。

4. 接种环（针）需冷却后才可取菌，否则细胞易被高温杀死。

【思考题】

1. 平板划线法中，为什么每划完一区后都须将接种环进行灼烧？
2. 为什么平板需倒置培养？

案例分析

我国的放线菌研究

放线菌是一类单细胞微生物，因菌丝体呈放射状生长而得名。当今临床上使用的抗生素中，有2/3是由放线菌发酵生产的。

中华人民共和国成立初期，国家急需发展抗生素产业，而当时放线菌研究在我国尚属空白。阎逊等科学家们积极响应国家号召，从采集土壤样本分离放线菌开始，积累菌种资源，关注国际研究动向。自此，许多国外临床应用的抗生素产生菌陆续在我国被发现。

经过数十年的不懈努力，我国放线菌研究从无到有、从有到强，如今在国际学术界已有一定的地位。

启发与思考

1. 科研工作中应该保持不畏艰难、刻苦钻研的精神。
2. 我们应该将个人的理想追求融入国家和民族的事业，把远大抱负落实到实际行动中，追求真理，科技报国。

讨论

分离放线菌应如何选用培养基？如果想要筛选对致病菌具有拮抗功能的放线菌，应该如何进行分离方案的设计？

复习思考题

答案解析

1. 什么是营养？什么是营养物质？两者有什么关系？
2. 比较营养物质运输的4种方式。
3. 比较微生物的4种营养类型。与动植物相比较，为什么微生物的营养类型更为丰富？
4. 什么是培养基？培养基按物理状态的不同可分为哪几类？按用途的不同可分为哪几类？
5. 如何设计培养基，从而选择性分离降解纤维素的微生物？
6. 利用酪蛋白培养基筛选产胞外蛋白酶细菌时，在平板上发现几个菌落周围有蛋白水解圈，能否以水解圈直径与菌落直径比值的大小作为指标来判定菌株产胞外蛋白酶的能力？为什么？
7. 常用的微生物分离纯化方法有哪些？
8. 什么是连续发酵？恒浊连续发酵与恒化连续发酵有何区别？

书网融合……

本章小结　微课1　微课2　微课3　微课4　微课5　题库

第七章　微生物的生长和消毒灭菌技术

PPT

学习目标

【知识要求】

1. **掌握**　单细胞微生物群体生长规律；各类有害微生物的常用控制方法。

2. **熟悉**　测定微生物生长繁殖的方法；物理消毒灭菌方法的常用条件。

3. **了解**　微生物的个体生长；微生物生长繁殖的影响因素。

【技能要求】

能够测定微生物的生长繁殖量；能够测定细菌的生长曲线，并能说明每个时期的主要特点，合理应用生长曲线指导生产实践；能够运用正确方法有效控制有害微生物。

【素质要求】

对知识技能的内在联系有所贯通，合理应用，能举一反三解决遇到的问题；培养生物安全意识，树立产品质量安全理念；培养科学严谨的工作态度、实事求是的工作作风。

不论是在自然条件下还是在人为条件下，微生物都是通过“以数取胜”或“以量取胜”来发挥作用的。生长和繁殖是保证微生物获得巨大数量或生物量（biomass）的必要前提。可以说，没有一定数量的微生物就等于没有它们的存在。

一个微生物细胞在合适的外界环境条件下，会不断吸收营养物质，并以其自身的代谢方式不断进行新陈代谢。若同化（合成）作用的速度超过了异化（分解）作用，那么其原生质的总量（重量、体积、大小）会不断增加，于是就出现了个体细胞的生长（growth）；若这是一种平衡生长，即各种细胞组分均按恰当比例增长时，则当达到一定程度后就会引起个体数目的增加，对单细胞微生物来说，这就是繁殖（reproduction），很短的时间内，原有的个体已发展成一个群体。随着群体中各个个体的进一步生长、繁殖，就会引起这一群体的生长。群体的生长可用其重量、体积、个体浓度或密度等作为指标来测定，所以个体和群体间有以下关系：

个体生长→个体繁殖→群体生长

群体生长 = 个体生长 + 个体繁殖

除特定目的外，在微生物的研究和应用中，只有群体生长才有意义。因此，在微生物学中，凡是提到“生长”时，一般都指群体生长（culture growth，population growth），这一点与大型生物的研究有所不同。

微生物的生长繁殖是其在内外各种环境因素的相互作用下，生理、代谢等状态的综合反映。因此，有关生长繁殖的数据可作为研究多种生理、生化及遗传等问题的重要指标；同时，微生物在生产实践上的各种应用或者人类对致病、霉腐等有害微生物的防治，也都与它们的生长繁殖或抑制紧密相关。这就是研究微生物生长繁殖规律的重要意义。

知识链接

恼人的生物膜

生物膜（biofilm）是某些微生物细胞被自身产生的胞外多聚物包裹形成的、附着于物体表面、具有复杂组织结构的群落。很多由细菌引起的人类疾病都与生物膜的形成相关，例如牙菌斑就是一种生物膜。甚至国际空间站也对生物膜感到头疼，Collin 等通过航天飞机搭载实验发现，在太空中的铜绿假单胞菌（*Pseudomonas aeruginosa*）生物膜拥有更多活细胞和更大的生物量。Wong 等发现，铜绿假单胞菌单个细胞在玻璃上蠕动时留下的多糖痕迹会影响其他细菌的行为，最终导致生物膜的形成。若能阻止这些痕迹形成，或者干扰其作用，则就有可能抑制生物膜的形成，从而有助于预防和治疗这种细菌所引起的疾病。

在完成本章学习后，请思考：采取什么办法可以防止生物膜的形成？

第一节　测定生长繁殖的方法

微生物特别是单细胞微生物，体积很小，个体的生长很难测定，且无实际应用价值。因此，测定微生物群体的增加量，即群体的生长，更具有科研和生产上的意义。

微生物生长的测定方法很多，我们可以根据微生物的种类、生长状况、研究目的等的不同需要，选择不同的测定方法。

一、测生长量

微生物生长量的测定方法很多，且适用于一切微生物。

（一）直接法

1. 测体积法　又称菌体浓度测定法，即通过一定体积液体培养物（culture）中所含菌体的量来反映微生物的生长状况。菌体浓度是大规模工业发酵生产上检测微生物生长的一个重要指标，其测定方法为：取一定体积的待测液体培养物（如 10ml）放于刻度离心管内，在设定的转速（5000r/min）下离心一定时间（如 5 分钟）后，测量出沉淀体积为 V，得出菌体浓度为 $V/10$。这个方法虽然简单、快速，但由于除细胞本身的体积外，细胞与细胞之间的空间体积也包括在内，且沉淀物中也可能夹杂有一些固体营养物，测得的结果会有一定偏差。

2. 测干重法　即用单位体积培养物中细胞的干重来表示菌体的生长量。具体方法为：将一定量的培养物用离心法或过滤法分离出来，用无菌水洗净后离心，并称重得到湿重。若是丝状体微生物，过滤后还需要用滤纸吸去菌丝间的自由水再称重。也可将它们置于 105℃或红外线下烘干至恒重，或者置于低温下真空干燥后称重，以获得培养物中的细胞干重，微生物的干重一般为其湿重的 10% ~20% 。据测定，每个大肠埃希菌（*E. coli*）细胞的干重为 2.8×10^{-13}g，因此 1 颗芝麻重（约 3mg）的大肠埃希菌菌块中所含的细胞数目可达 100 亿个。此方法直接、可靠，但要求测定时菌体浓度较高，且样品中不含非菌体的干扰物质。

3. 菌丝长度测量法　可用于测量丝状真菌和一些放线菌的生长量。较简单的方法为：将真菌（或放线菌）接种于平皿的中央，定时测量菌落的直径或面积，直到菌落覆盖整个平皿为止，根据记录的数据绘制生长曲线。此方法在一定程度上反映了菌种的生长情况，但不能反映菌丝的纵向生长情况（如菌落厚度等）。

另外，也可以采用U形培养管法来测量菌丝长度。U形培养管是一种管长40cm、内径1.3cm、两端5cm转弯处成45°角的培养容器（图7－1）。测定方法为：在U形培养管底部铺设一层培养基，将待测菌种接种于培养管一端，定时测量菌丝生长长度。该方法简便，且不易污染，对于生长较快的菌丝也有足够的时间进行测量；但此法通气不良，不能测定菌丝总量。

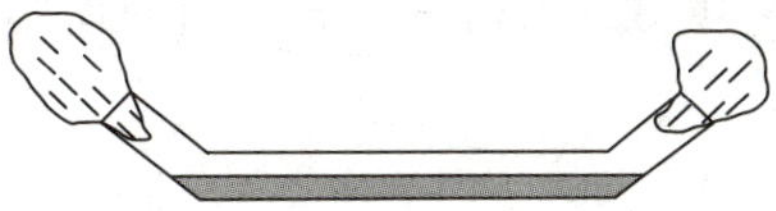

图7－1　测量丝状真菌生长速度的U形培养管

（二）间接法

1. 比浊法　微生物的生长会引起液体培养物浑浊度的增加，当特定光线通过微生物菌悬液时，由于菌体的吸收和散射，会使透光量减少。因此，菌悬液中细胞的浓度与浑浊度成正比，而与透光度成反比，当细胞越多时，浊度越大，透光量则越少。测定菌悬液的光密度（或透光度）或浊度可以反映出细胞的浓度。将未知细胞数的菌悬液与已知细胞数的菌悬液相比，即可求出未知菌悬液中所含的细胞数（图7－2）。比浊仪、分光光度计是测定菌悬液中细胞浓度的常用仪器。此法简单快捷，但不适宜颜色太深或混杂有其他物质的菌悬液。通常在使用此法测定细胞浓度时，应先用显微计数法做对应计数，取得经验数据，同时制作菌数对光密度（OD值）的标准曲线，方便获得对应菌数值。比浊法是测定菌悬液中细胞数量的快捷方法。

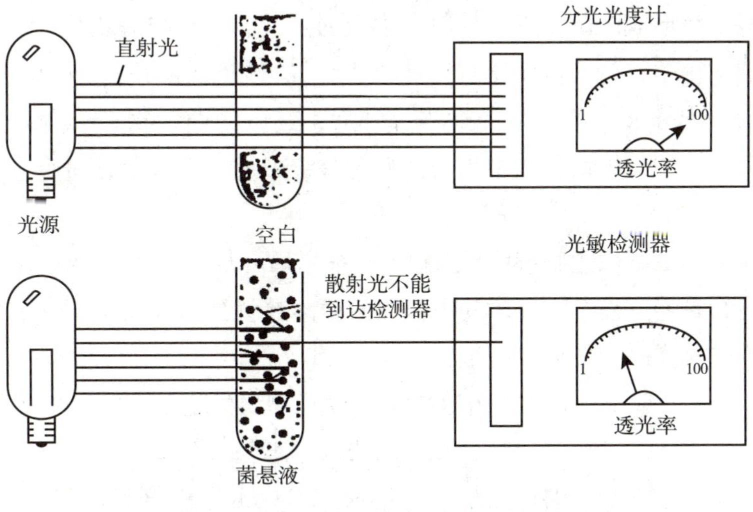

图7－2　比浊法测定菌悬液细胞浓度的原理

2. 含氮量测定法　蛋白质为细胞的主要组成成分，且含量较稳定，细菌细胞干物质中50%～80%为蛋白质，其中重要元素氮的含量可通过凯氏定氮法、双缩脲法等测得，进而求出细胞的总量，即细胞总量＝蛋白质总量/（50%～80%）＝含氮量×6.25/（50%～80%）。通常细菌的含氮量约为其干重的14%，而酵母菌约为7.5%，霉菌约为6.5%。本方法适用于固体或液体条件下微生物总生物量的测定，但测定前需充分洗涤菌体细胞以除去含氮杂质干扰。

3. DNA测定法　是基于DNA与DABA－2 HCl（20%浓度的3,5－二氨基苯甲酸－盐酸溶液）相结合能显示出特殊荧光反应的原理，定量测定培养物菌悬液的荧光反应强度，从而求得DNA的含量。每个细菌的 DNA 含量相对恒定，平均为 8.4×10^{-5}ng，而也可以根据分离出来的样品中的 DNA 含量来计算微生物的生物量。

4. 生理指标测定法 微生物新陈代谢的过程必然要消耗或产生一定量的物质，因此可以根据某物质的消耗量或某产物的形成量来表示微生物生长量，如微生物对氧的吸收量、发酵糖的产酸量或 CO_2 的释放量等。通过对微生物在生长过程中伴随出现的这些指标的测定，可得出微生物的数量，即样品中的微生物数量越多或生长越旺盛，指标值就会愈明显。但这类测定方法影响因素较多，所以误差较大，该方法仅在特定条件下，例如分析微生物生理活性等做比较分析时使用。

二、计繁殖数

与测生长量不同，对测定繁殖来说，需要一一计算各个体的数目，所以，计繁殖数只适宜于测定处于单细胞状态的细菌和酵母菌；而对放线菌和霉菌等丝状生长的微生物而言，则只能计算其孢子数。

（一）直接法

采用计数板（如血球计数板）在光学显微镜下直接观察细胞并计数，具体步骤为：取一定量稀释的单细胞培养物悬液放置于血球计数板（适用于细胞个体较大的单细胞微生物，如酵母菌等）或细菌计数板（适用于细胞个体较小的细菌等）上，根据计数板使用规则，在显微镜下计数一定体积下的平均细胞数，最终换算出供测样品中的细胞数。此方法简便、快捷，是一种常用的细胞计数方法，但其无法区分死、活细胞，故又称全菌计数法。

（二）间接法

间接计数法又称为活菌计数法（viable cell counting），依据的原理是活菌在液体培养基中会使培养基浑浊或在固体培养基上会形成菌落。直接计数法测定的是死、活细胞的总数，而用间接计数法测得的仅为活菌数。这类方法测得的数值往往要比直接计数法测得的数值小。

1. 平板菌落计数法 基于将待测样品经适当稀释后，其中的微生物充分分散成为单个细胞，每一个分散的活细胞能够在适宜的固体培养基中生长繁殖并最终形成一个菌落，每一个单菌落就代表样品中的一个活的单细胞。

具体操作步骤为：将单细胞微生物待测液做 10 倍系列稀释后，选取一定浓度的稀释液，定量接种到琼脂平板培养基上进行培养（图 7－3），其中长出的菌落数就是稀释液中所含有的活细胞数，然后用下列公式即可计算得出供测样品中的活细胞数：

活菌数（cfu/ml 或 g）＝平板菌落平均数/每平板菌液注入量(ml)×稀释倍数

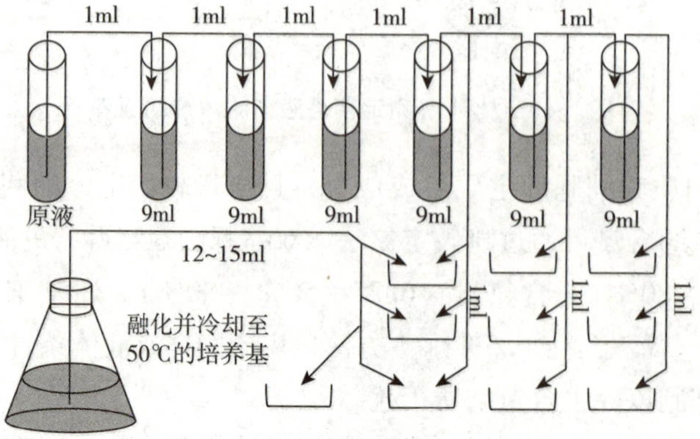

图 7－3 平板菌落计数法操作过程

计数时，通常选出菌落数量适宜的平板，再计算出每皿的菌落数；若平板中菌落分布密度过高，则可选择有代表性的1/8～1/4对菌落数进行粗略统计，判断稀释中的误差情况，为下一次计数提供参考（图7－4）。

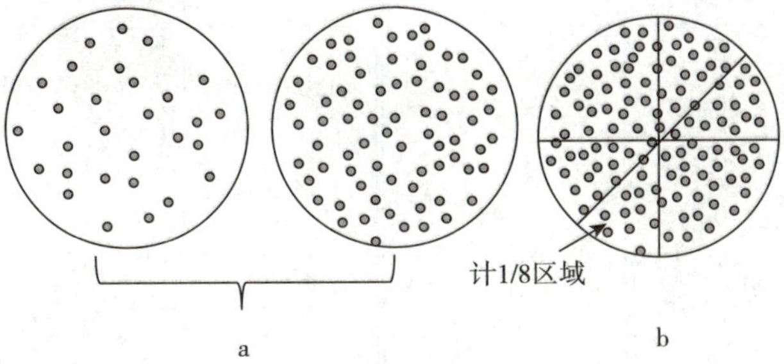

图7－4　平板菌落的全皿分区计数法

a. 30～300个/皿；b. 大于1000个/皿，分区计数

2. 液体稀释最大概率数法　将待测单细胞菌悬液做10倍系列稀释，每个稀释度做3～5管重复，直到稀释至取一定量该稀释液（1ml）接种于新鲜培养基上后，不出现菌种生长繁殖现象为止（可先凭借经验，估计该样品最高稀释度）。将不同稀释度的系列稀释管置于适宜温度下进行培养，在稀释度选取合适的前提下，在稀释度较低、含菌量相对较高的试管内均出现菌生长现象，而在稀释度较高的部分试管内不出现菌生长现象。按稀释度从低到高的顺序，把最后连续三个稀释度相对较高、部分试管中开始不出现菌生长的稀释度称为临界级数。将以上三个稀释度的临界级数分别做3～5个重复试管，根据各稀释度出现生长的试管数，对照最大概率数（MPN）表，求得最大概率数，再将该值乘以临界级数中出现菌生长现象的最低稀释度，即可测得该样品活菌浓度（图7－5）。

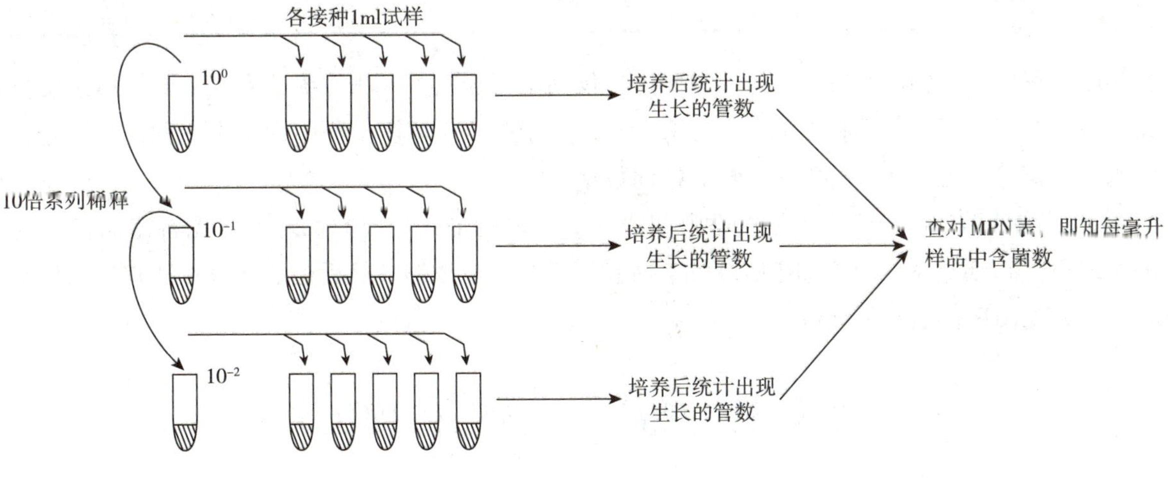

图7－5　液体稀释最大概率数法

例如，某一细菌在液体稀释最大概率数法中的生长情况见表7－1。

表7－1　某细菌生长情况（液体稀释最大概率数法）

稀释度	10^{-3}	10^{-4}	10^{-5}	10^{-6}	10^{-7}	10^{-8}
重复数	5	5	5	5	5	5
出现生长的管数	5	5	5	5	4	0

根据上表结果，该菌液的临界级数为10^{-6}、10^{-7}、10^{-8}，对应数量指标为5、4、0，查5次重复测数统计表（表7－2）得近似值为13.0，然后乘以出现生长的临界级数的最低稀释倍数（10^6），那么原

液中的活菌数 $=13.0\times10^6=1.3\times10^7$。

表 7－2 5 次重复测数统计表

数量指标			近似值	数量指标			近似值
10^n	10^{n-1}	10^{n-2}		10^n	10^{n-1}	10^{n-2}	
0	1	0	0.18	5	0	0	2.3
1	0	0	0.20	5	0	1	3.1
1	1	0	0.40	5	1	0	3.3
0	0	0	0.45	5	1	1	4.6
0	0	1	0.68	5	2	0	4.9
0	1	0	0.68	5	2	1	7.0
0	2	0	0.93	5	2	2	9.5
3	0	0	0.78	5	3	0	7.9
3	0	1	1.1	5	3	1	11.0
3	1	0	1.1	5	3	2	14.0
3	2	0	1.4	5	4	0	13.0
4	0	0	1.3	5	4	1	17.0
4	0	1	1.7	5	4	2	22.0
4	1	0	1.7	5	4	3	28.0
4	1	1	2.1	5	5	0	24.0
4	2	0	2.2	5	5	1	35.0
4	2	1	2.6	5	5	2	54.0
4	3	0	2.7	5	5	3	92.0
4	3	1	3.3	5	5	4	160.0

在实践过程中，通常以 5 管为一组，因此这里仅列出了 5 次重复测数统计表。只要知道了临界级数及其相应数量指标，就可查得近似值。本方法特别适用于测定土壤微生物中特定生理种群的数量，以及检测污水、牛奶等其他食品中特殊微生物类群的数量。

3. 薄膜过滤计数法 由于水和空气中含菌浓度低，在测定其活菌数量时，可先将待测样品（一定体积的水或空气）通过微孔薄膜如硝酸纤维素薄膜等进行过滤浓缩，然后把滤膜放在适宜的固体培养基上进行培养，长出菌落后即可计数。

第二节 微生物的生长规律

微生物在适宜的环境中吸收利用营养物质，并进行新陈代谢活动。若同化作用或合成作用的速率高于异化作用或分解作用的速率，其原生质总量就会增加，主要表现为细胞重量增加、体积变大，此现象称为生长。随着生长的延续，微生物细胞内的各种细胞结构及其组成按比例成倍增加，最终通过细胞分裂，使得微生物细胞数目增加。单细胞微生物的生长表现为个体数目的增加，在生物学上通常把这种个体数目的增加定义为繁殖。微生物繁殖方式因微生物种类不同而异：单细胞微生物（如细菌）的生长往往伴随着细胞数目增加，当个体细胞增长到一定程度时，就以二分裂的繁殖方式，形成两个子细胞，引起个体数目增加，子细胞又重复以上过程。此类由细胞分裂引起的个体数目增加，就是单细胞微生物的繁殖方式；对于多细胞微生物来说，只有当细胞数目增加的同时伴随着个体数目的增加，才能称为繁殖，如通过形成无性孢子或有性孢子等繁殖结构使个体数目增加，是大多数霉菌的繁殖方式。

一、微生物的个体生长和同步生长

（一）微生物的个体生长和群体生长

微生物的个体生长是指微生物的细胞物质有规律、不可逆地增加，而导致细胞体积扩大、质量增加的生物学过程。各细胞组分按恰当的比例增加，达到一定程度后就会发生繁殖，进而引起个体数目的增加，这样，原有的个体就会发展成一个群体。随着群体中每个个体的进一步生长，就会引起这一群体的生长。个体生长是一个逐步发生的量变过程，而群体生长实质上是新的生命个体增加的质变过程。在微生物学研究中，群体的生长才有意义，通常提到的“生长”也多指群体的生长。当某一群体中所有个体细胞都处于同样的生长和分裂周期时，群体的生长特性可间接反映出个体的生长规律。

（二）微生物的同步生长及获得方法

在分批培养过程中，细菌群体能以一定的速率生长，但并非所有细胞都同时进行分裂。也就是说，培养中的细胞不一定处于同一生长阶段，因而它们的生理状态和代谢活动也不完全一样。如果想以群体测定结果的平均值来代表单个细胞的生长情况，就必须设法使群体中的各个个体处于同一生长阶段，即使群体和个体的行为变得一致，为达到此目的，发展了单细胞的同步培养技术。

使培养的微生物群体中不同步的个体细胞转变成生长发育处于同一阶段的培养方法，称同步培养法。利用一定的技术手段来控制细胞的生长，从而使细胞群体中各个个体都处于分裂步调一致的生长状态，这种生长状态即称为同步生长；用同步培养法所得到的培养物称为同步培养物。采用同步培养技术，就可以通过研究群体的方法来研究个体水平的问题。目前，获得同步培养的方法很多，最常用的有以下三种。

1. 机械法　又称选择法。处于不同生长阶段的细胞，其个体大小不同，因此，通过离心就可以使大小不同的细胞群体在一定程度上分开，尤其是某些微生物的子细胞与成熟细胞之间大小差异较大，易于分开，然后选取大小一致的细胞进行培养就可获得同步培养物。机械法中常用的手段主要有以下几种。

（1）过滤分离法　选择各种孔径大小不同的微孔滤膜，使刚完成分裂的幼龄菌体通过滤孔，其余菌体都残留在滤膜上面，对滤液中的幼龄细胞进行培养，即可获得同步培养物。

（2）离心法　首先配制不同浓度梯度的不被目标细菌利用的糖或葡聚糖溶液，然后将不同步的目标细胞培养物悬浮于上述溶液中，通过密度梯度离心，即可使不同大小的细胞分布成不同的细胞带，其中每一细胞带的细胞都大致处于同一生长时期，最后分别将它们取出进行培养，就可获得同步培养（图7－6a）。

（3）硝酸纤维素薄膜法　是根据细菌与硝酸纤维素薄膜所带有的电荷不同，使得不同生长阶段的细菌都能附着于膜上的特点。其操作过程（图7－6b）可分为以下四步：①将待分离菌液通过硝酸纤维素薄膜；②翻转薄膜，并用新鲜培养液过滤培养；③附着在膜上的细菌进行分裂，分裂获得的子细胞不与薄膜直接接触，在菌体本身重量加上它所附着的培养液重量的共同作用下，下落到收集器内；④收集器在短时间内收集到的细菌大致处于同一分裂阶段，用这些细菌进行接种培养，便能得到同步培养物。

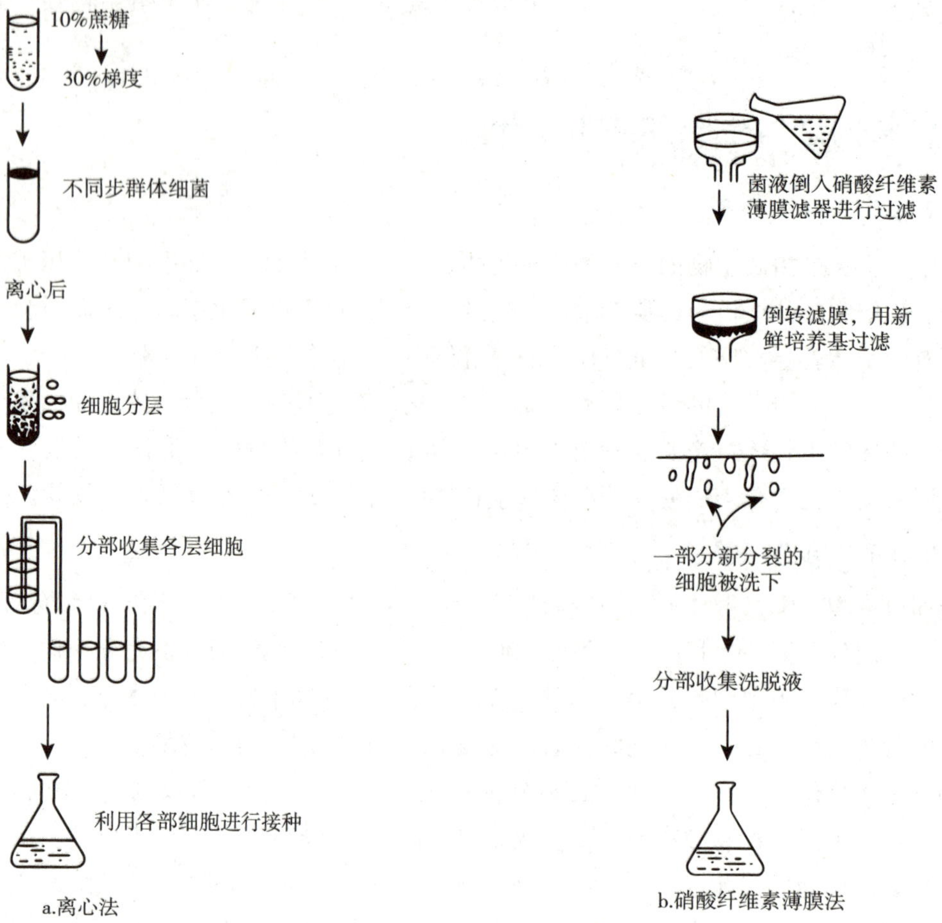

图 7-6 同步生长的获得方法

2. 环境条件控制法 又称诱导法。此类方法主要是通过控制环境条件如 pH、温度、营养物质等来诱导同步生长。

（1）温度调整法 将微生物的培养温度控制在接近其最适生长温度下培养一段时间，它们会缓慢地进行新陈代谢，但不进行分裂。在细胞生长到分裂前不久的阶段时，调整其培养温度，使其生长稍微受到抑制，然后将培养温度重新提高或降低到最适生长温度，其内大多数细胞就会进行同步分裂。人们利用这个原理已设计出多种细菌及原生动物的同步培养法。

（2）营养条件调整法 是通过控制营养物质的浓度或培养基的组成成分来达到微生物同步生长的目的。例如限制碳源或其他营养物质，使细胞只能分裂一次而不能继续生长，以此来获得刚分裂的细胞群体，然后再将它们转入适宜的培养基进行培养，它们便进入同步生长。例如对于营养缺陷型菌株，就可以通过控制它所缺乏的某种营养物质来达到同步生长的目的。

（3）稳定期培养物接种法 从细菌生长曲线变化规律可知，由于环境条件等不利因素的增加，处于稳定期的细胞大多处于衰老状态，如果将其转接入新鲜培养基，同样可达到同步生长的目的。

3. 抑制 DNA 合成法 一切生物细胞进行分裂的前提是 DNA 的合成。利用代谢抑制剂阻碍 DNA 的合成，一段时间后再解除抑制，也可达到细胞生长同步化的目的。实验证明，5-氟脱氧尿苷、甲氨蝶呤、脱氧鸟苷和羟基尿素等对细胞 DNA 合成同步化均有作用。

总之，机械法对细胞的正常生理代谢影响很小，但对个体大小差异悬殊的微生物细胞不宜采用；而诱导法虽然方法较多，应用较广，但会对细胞正常代谢产生潜在影响。因此，必须根据微生物形态、生理性状等来选择适宜的方法。

二、单细胞微生物的典型生长曲线

（一）微生物的生长曲线 微课1

当把少量单细胞微生物纯培养物接种到恒定容积的新鲜液体培养基中，在适宜的温度、pH、通气等条件下进行培养，该群体就会由小到大，发生有规律的增长现象，定期取样并测定单位体积培养基内的菌体细胞数，从中得到群体生长规律。以计数获得的细胞数目的对数为纵坐标，以培养时间为横坐标作图，可得到一条定量描述一定容积内液体培养基中微生物生长规律的实验曲线，该曲线就称为典型生长曲线（growth curve）（图7－7）。

根据微生物的生长速率常数（growth rate constant），即每小时分裂次数（R）的不同，典型生长曲线可以划分为延滞期、指数期、稳定期和衰亡期四个时期。称其为“典型生长曲线”，是因为它只适用于描述单细胞微生物如细菌、酵母菌，而对于多细胞的真菌和放线菌而言，只能画出一条“非典型生长曲线”，例如真菌生长曲线大致分为3个阶段：生长延滞期、快速生长期和生长衰退期。与典型生长曲线相比，非典型生长曲线缺乏指数期，与此时期相当的是培养时间与菌丝体干重立方根成线性关系的一段快速生长期。

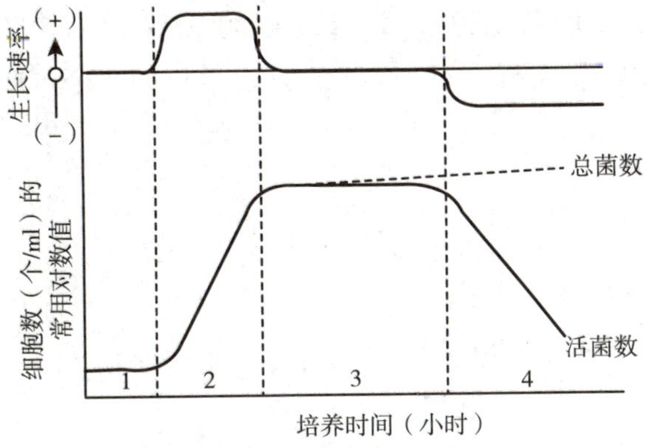

图7－7 细菌的生长曲线

1. 延滞期；2. 指数期；3. 稳定期；4. 衰亡期

典型生长曲线体现了单细胞微生物及其群体在适宜的新的培养环境中，生长繁殖直至衰老死亡的动力学培养过程。生长曲线上各个时期的点，反映的是所培养微生物细胞与其所处环境之间进行物质、能量交流，以及细胞与环境间相互作用和制约的动态变化。深入研究各种单细胞微生物的生长曲线上各个时期的特点及其内在机制，在微生物学理论与应用实践中都有着十分重要的意义。

1. 延滞期（lag phase） 又称迟缓期、调整期、适应期。当少量菌体被转接入新鲜液体培养基后，在最开始的一段培养时间内，细菌不立即进行繁殖，细胞数不增加甚至会稍有减少。延滞期菌种细胞的特点如下：①生长速率常数几乎等于零；②菌体的体积增长较快；③细胞内的贮藏物质逐渐被消耗，DNA及RNA的含量也相应提高；④各类诱导酶的合成量增加；⑤细胞内的原生质比较均匀一致；⑥对外界环境中的理化因素如热、辐射、抗生素等较为敏感；⑦分裂迟缓，代谢活跃。此外，在这一时期，细胞也正在为下一阶段——指数期的快速生长与繁殖做生理与物质上的准备。

延滞期的长短因微生物菌种、菌龄和培养条件等的不同而异，其持续时间可从几分钟到几小时、几天，甚至几个月不等。究其主要影响因素，主要有以下几种。

（1）菌种　微生物在接种后就进入延滞期，细菌和酵母菌繁殖较快，一般只需要几分钟到几小时；而霉菌繁殖较慢，需要十几小时；放线菌的延滞期则需更长些。

（2）接种龄　是指接种菌种的生长年龄，即它接种时的生长状况处于生长曲线的哪个阶段。当菌种处于指数期时，子代培养物的延滞期相对较短；处于延滞期或衰亡期时，子代培养物的延滞期长；而处于稳定期的菌种，其子代培养物的延滞期在以上二者之间。

（3）接种量　是指接种入发酵液的菌种的百分含量。在发酵行业中，通常以菌种与发酵培养基的体积比表示接种量。接种量的大小会明显影响延滞期的长短，接种量大，则延滞期短，反之则长。

（4）培养基成分　延滞期的长短还会受到发酵培养基中营养物质的丰富程度，以及种子培养基与发酵培养基的成分差异状况等的影响。一般而言，发酵培养基的成分与种子培养基的成分应尽量接近，且适当丰富一些。

2. 指数期（exponential phase）　又称对数期（logarithmic phase，log phase），单细胞微生物的纯培养物被接种到新鲜发酵培养基后，经过一段时间的适应，就会进入生长速度相对恒定的快速生长与繁殖时期，处于这一时期的单细胞微生物，其细胞将按1→2→4→8……的方式增长。这一时期的细胞增长以 $2^0 \to 2^1 \to 2^2 \to 2^3 \to 2^4 \cdots\cdots 2^n$ 的指数形式进行，所以被称为指数期，又称对数期。

指数期的菌群特点如下：①菌种生长速率常数 R 达到最大，细胞每分裂一次所需要的代时（generation time，G），或原生质增加一倍所需要的倍增时间（doubling time）最短；②细胞进行平衡生长（balanced growth），形态、大小、生理特征等比较一致；③酶系活跃、代谢旺盛；④活菌数和总菌数接近。

繁殖代数（n）、生长速率常数（R）、代时（G）是指数期的3个重要参数，其相互关系及计算方法如下。

（1）繁殖代数（n）

$$x_2 = x_1 \cdot 2^n$$

以对数表示：$\lg x_2 = \lg x_1 + n\lg 2$

$$\therefore\ n = \frac{\lg x_2 - \lg x_1}{\lg 2} = 3.322(\lg x_2 - \lg x_1)$$

（2）生长速率常数（R）

$$R = \frac{n}{t_2 - t_1} = \frac{3.322(\lg x_2 - \lg x_1)}{t_2 - t_1}$$

（3）代时（G）

$$G = \frac{1}{R} = \frac{t_2 - t_1}{3.322(\lg x_2 - \lg x_1)}$$

影响指数期中微生物代时长短的因素很多。在一定时间内，菌体细胞的分裂次数越多，其代时就越短，则分裂速率越快。不同菌种的代时不同，同一菌种处在不同的培养条件下，代时也不同。培养基营养丰富，培养条件如温度、pH、渗透压等合适，代时则短；反之，代时则长。但在各生长条件一定的情况下，各菌种的代时是相对稳定的，有的20~30分钟，有的几小时甚至几十小时（表7-3）。

表7-3　发酵常用微生物的生长代时

菌名	培养基	温度（℃）	时间（分钟）
大肠埃希菌	肉汤	37	17
大肠埃希菌	牛乳	37	12.5
产气肠杆菌	肉汤	37	16~18

续表

菌名	培养基	温度（℃）	时间（分钟）
枯草芽孢杆菌	肉汤	25	26～32
嗜热芽孢杆菌	肉汤	55	18.3
蜡状芽孢杆菌	肉汤	30	18.8
霉状芽孢杆菌	肉汤	37	28
巨大芽孢杆菌	肉汤	30	31
乳酸链球菌	牛乳	37	23.5～26.0
保加利亚乳酸杆菌	牛乳	37	39～74
乳酸链球菌	乳糖肉汤	37	48
肉毒梭菌	葡萄糖肉汤	37	35
丁酸梭菌	玉米醪	30	51

指数期细胞个体形态及生理特征典型，代谢活跃，生长速度恒定，繁殖能力也较强，可反映微生物菌株在特定条件下的遗传特性，因此在微生物发酵工业中，常用指数期的菌种作为种子，可缩短延滞期，从而缩短发酵周期。

3. 稳定期（stationary phase） 随着细胞不断生长繁殖，培养基中的营养物质逐渐被消耗，代谢产物也逐渐形成并积累，这使得细胞的生长速率逐渐下降，此阶段细胞的繁殖速度与死亡速度基本相等，即菌种生长速率常数 R 为零，细胞的总数达到最高点（如细菌一般每毫升 10^9 个，原生动物或藻类每毫升 10^6 个），此时期称为稳定期或恒定期。此期菌体产量与营养物质的消耗间呈现出有规律的比例关系，这一关系可用生长量常数 Y（也称生长得率，growth yield）来表示：

$$Y=\frac{x-x_0}{C_0-C}=\frac{x-x_0}{C_0}$$

其中，x 为稳定期的细胞干重（g/ml 培养液），x_0 为刚接种时的细胞干重，C_0 为限制性营养物的最初浓度（g/ml），C 为稳定期限制性营养物的浓度（由于计算 Y 时必须有一限制性营养物，C 应等于零）。例如，据实验及计算，产黄青霉（*Penicillium chrysogenum*）在以葡萄糖为限制性营养物的组合培养基上生长时，Y 值为 1∶2.56，说明这时每 2.56g 葡萄糖可以合成 1g 菌丝体（干重）。

细胞在进入稳定期后，开始积聚糖原、异染颗粒和脂肪等内含物；芽孢杆菌一般也在这个时期开始形成芽孢；有些微生物在这时开始以初生代谢物（primary metabolites）作为前体，通过复杂的次生代谢途径合成抗生素等对人类有用的各类次生代谢产物（secondary metabolites）。因此，次生代谢产物又称为稳定期产物（idiolites）。由此还可对生长期进行另一种分类，即以指数期为主的菌体生长期（trophophase）和以稳定期为主的代谢产物合成期（idiophase）。

出现稳定期的主要原因有以下三方面：①培养基中必要营养成分减少，尤其是生长限制因子耗尽，或其浓度无法满足维持细胞指数生长的需要；②细胞排出的代谢产物在培养基中的大量积累，导致菌体生长受到抑制；③由上述两方面主要因素影响所造成的细胞内外理化环境的改变，会引起培养基中营养物质比例失调，如 C/N 失调。

稳定期菌群的特点总结如下：①活菌数目相对稳定，总菌数达到最高水平；②以代谢产物的合成与积累为主，细胞代谢产物积累达到最高值；③多数芽孢杆菌在这个时期开始形成芽孢；④细胞内开始贮存糖原、异染颗粒和脂肪等贮藏物；⑤某些微生物开始合成抗生素等次生代谢产物；⑥菌体对不良环境抵抗力较强。

稳定期的生长规律对生产实践有重要的指导意义。例如，对以生产菌体或与菌体生长相平行的代谢产物［如单细胞蛋白质（SCP）、乳糖等］为目的的某些发酵生产来说，稳定期是产物最佳的收获期；对维生素、碱基、氨基酸等物质进行生物测定（bioassay），稳定期是最佳测定时期；此外，通过对稳定期到来原因的研究分析，还促进了连续培养原理的提出和工艺、技术的创建。

4. 衰亡期（decline phase 或 death phase） 达到稳定期的微生物群体，由于其生长环境的继续恶化和营养物质的进一步短缺，群体中的细胞死亡率逐渐上升，以致死亡菌数逐渐超过新生菌数，群体中的活菌数目下降，出现“负生长”现象（*R* 为负值），曲线下滑。

衰亡期的特点如下：①菌体的细胞形状、大小出现异常，甚至畸形；②有的细胞内出现多液；③有的细胞革兰染色结果发生改变；④出现许多胞内代谢产物和胞内酶向外释放等现象。

产生衰亡期的原因主要是外界环境对继续生长越来越不利，从而引起细胞内的分解代谢明显超过合成代谢，继而导致大量菌体死亡。

（二）生长曲线对生产实践的指导意义

微生物的生长曲线，反映出一种微生物在一定的生活环境（试管、摇瓶、发酵罐）中生长繁殖和衰老死亡的规律。它既可作为特定菌种生长繁殖受营养物质和环境因素影响的理论研究指标，也可作为微生物生长代谢调控的依据，以及可根据生产发酵目的的不同确定微生物发酵的收获时期。在微生物发酵工程中，生长曲线还经常用于指导其工艺条件优化，以获得最大经济效益。

1. 缩短延滞期 在微生物发酵工业中，若延滞期较长，会导致发酵设备利用率降低、能源消耗增加、产品生产成本上升，最终会造成劳动生产力的低下以及经济效益下降。而只有缩短延滞期，才有可能缩短发酵周期，以提高经济效益。因此，在微生物实践应用中，通常可采取一些措施来有效地缩短延滞期，具体措施如下。

（1）以指数期接种龄的种子进行接种　通过分析微生物的生长曲线，微生物在指数期的生长速率最快。实验证明，用指数期接种龄的种子进行接种，其子代培养物的延滞期较短；而以延滞期、衰亡期的种子接种时，其子代培养物的延滞期较长；以稳定期的种子接种，其延滞期则居中。用生命力旺盛的指数期细胞来接种，可以有效缩短延滞期，加速进入指数期。

（2）适当增加种子接种量　接种量越大，延滞期就会越短。发酵行业常用的种子接种量约为 10%（种子与发酵培养基的体积比为 1∶10），也可根据具体情况加大至 15% ~20%。在实验室研究中，通过摇瓶培养，扩大种子量，使其生长状况达到指数期后再进行接种，也可缩短延滞期。

（3）采用营养丰富的培养基　通常情况下，微生物在营养丰富的培养基中的延滞期比在营养贫乏的培养基中要短。培养液中营养物质的消耗、代谢产物的积累，以及由此引起的培养条件的改变是限制其内微生物继续快速增殖的重要原因。因此，可通过采用营养丰富的培养基或适时更换培养基来缩短延滞期。但需要注意的是，种子培养基与培养下一步用的培养基在营养成分及其他理化条件上应尽可能保持一致，以便使微生物细胞更快适应新环境，如用糖蜜作为发酵原料时，可以在末级摇瓶培养基中加入半量或少量的糖蜜作为培养料。

2. 利用指数期 处于指数期的细胞，其个体形态、化学组成和生理特性等都较为一致，且代谢旺盛，生长迅速，代时也相对稳定。因此，处于该时期的微生物是发酵工业生产中的良好种子，使用它可以有效缩短延滞期，从而缩短发酵周期，提高设备的利用率。旺盛生长的细胞对周围环境中的理化因子作用比较敏感，因此，指数期的细胞也是研究微生物的生长代谢、遗传调控等生物学基本特性的良好材料。适时补充营养物质，调节由于培养过程而被改变了的环境 pH、氧化还原电位等，排除培养环境中的有害代谢产物，可适当延长指数期，以提高培养液的菌体浓度及有用代谢产物的产量。

3. 延长稳定期 处于稳定期的细胞，其胞内开始积累大量贮藏物，例如异染颗粒、脂肪粒等，多数芽孢细菌也在这个阶段形成芽孢。在稳定期，活菌数目达到最高水平，若为了获得大量的活菌体，就应在此阶段收获。同时在稳定期，代谢产物的积累也开始增多，并逐渐趋向高峰。如某些产抗生素微生物，在稳定期后期会大量形成抗生素。稳定期的长短与菌种类型和外界环境条件有关。在生产上，常常通过调节 pH、调整温度以及补料等措施来延长稳定期，以便积累更多的代谢产物。

微生物发酵及形成产物的过程与细胞的生长过程往往不总是一致的，对于需要获取核苷酸、氨基酸、乙醇等初级代谢产物的发酵，稳定期末期为最佳收获期，因为这些产物的形成往往与微生物细胞的形成过程同步。该类发酵在培养时必须连续加入碳源和氮源，并且以相当的速度移走积累起来的代谢产物，从而提高产量（图 7－8a）。

对于另一类需要获得抗生素、维生素、生长激素、色素等次级代谢产物的发酵来说，由于这些产物的形成与微生物细胞的生长过程不同步（图 7－8b），其收获产物的高峰往往在稳定期的后期或衰亡期。同样，这种类型的发酵也需要加入营养物质，并把握好目标产物收获时间。

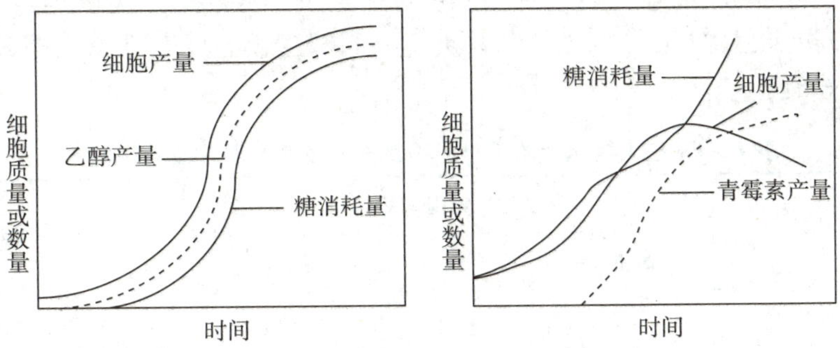

a.酵母菌形成初级代谢产物乙醇　　b.产黄青霉形成次级代谢产物青霉素

图 7－8　代谢产物与微生物细胞形成过程的关系

4. 掌握衰亡期 衰亡期的微生物细胞活力明显下降，同时由于逐渐积累的代谢毒物可能会与代谢产物发生某种反应，使代谢产物发生降解或影响提纯。因此，必须掌握时间，适时结束发酵。

第三节　影响微生物生长的主要因素

微生物的生长受到所处环境中理化因素的影响。在一定限度范围内，环境因子可以促进微生物的生长；但若超过一定限度的环境因子变化，常会导致微生物的死亡。反之，微生物在一定程度上也能够通过自身活动来改变环境条件，以适合于它们的生存及发展。因此，通过控制环境因子可以促进有益微生物生长，抑制有害微生物生长。然而，并不是所有微生物对某种环境因子的反应都一致，事实上，一种环境条件对某种微生物有害，但对另一种微生物可能是有利的。微生物可能在某些有害条件下不能生长，但却可以忍受而不致死亡，因此，必须区分环境条件对微生物存活的影响与对微生物生长、分化和繁殖影响的差别。影响微生物生长繁殖的主要因素包括温度、氧气、pH、营养物质等，本节主要讨论前 3 个影响因素，即温度、氧气、pH。

一、温度

（一）生长温度三基点

在一定的温度范围内，机体的代谢活动与生长繁殖速率随着温度的上升而增强。在温度上升到一定程度后，高温开始对机体产生不利的影响，如温度继续升高，则细胞功能将会急剧下降直至死亡。总体而言，微生物生长温度范围很宽，一般在 -10～100℃范围内均可生长，但不同微生物都有其各自生长繁殖的最低生长温度、最适生长温度及最高生长温度，即生长温度三基点。在生长温度三基点范围内，微生物均可生长繁殖，但其生长速率不同。但当温度低于最低生长温度或高于最高生长温度限度时，微生物将停止生长甚至死亡。

1. 最低生长温度 指微生物能够进行生长繁殖的最低温度界限，若低于此温度，微生物生长可完全停止。

2. 最适生长温度 使微生物分裂代时最短或其生长速率最高时的培养温度。

3. 最高生长温度 指微生物能够进行生长繁殖的最高温度界限，在这个温度之上，微生物细胞较容易衰老甚至死亡。

（二）微生物的生长温度类型

根据不同微生物最适生长温度范围的差异，通常可以把微生物分为低温微生物（嗜冷型）、中温微生物（嗜温型）以及高温微生物（嗜热型）三大类，它们的生长温度三基点，即最低、最适、最高生长温度及其范围见表 7-4。

表 7-4 三大类微生物最低、最适、最高生长温度及其范围

微生物类型		生长温度范围（℃）			分布的主要处所
		最低	最适	最高	
低温微生物	专性嗜冷	-12	5～15	15～20	两极地区
	兼性嗜冷	-15～0	10～20	25～30	海水及冷藏食品
中温微生物	室温	10～20	20～35	40～45	腐生菌、寄生菌的生活处所
	体温		35～40		
高温微生物		25～45	50～60	70～95	温泉、堆肥堆、土壤表层、热水加热器等

1. 低温微生物 即嗜冷型微生物，其最适生长温度在 5～20℃，包括水体中的发光细菌、铁细菌以及一些常见于寒带冻土、冷泉、冷水河流、海洋、湖泊以及冷藏仓库中的微生物。它们对以上水域中有机质的分解起着十分重要的作用，而冷藏食物的腐败往往也是这类微生物作用的结果。嗜冷型微生物能够在低温条件下生长，这可能是由于嗜冷型微生物细胞内的酶在低温下仍能缓慢而有效地发挥作用，且其细胞膜中的不饱和脂肪酸含量较高，可使它们在低温下仍能保持膜的通透性，从而促使其能在低温下进行活跃的物质代谢。

2. 中温微生物 在自然界中，绝大多数微生物都属于嗜温型微生物，其最适生长温度范围在 20～40℃。嗜温型微生物又可分为室温型和体温型微生物两大类：①室温型微生物，如植物病原菌、土壤微生物等，适于在 20～35℃范围内生长；②体温型微生物，如人及温血动物寄生菌，其最适生长温度往往与其宿主体温接近，如人体寄生菌的最适生长温度约为 37℃。

3. 高温微生物 这类微生物的最适生长温度在 50～60℃，堆肥、厩肥、秸秆堆、温泉和土壤都有嗜热型微生物的存在，它们参与厩肥、堆肥和秸秆堆高温阶段有机质的分解过程。其中，芽孢杆菌和放线菌中高温微生物种类较多，而霉菌则通常不能在高温下生长繁殖。嗜热型微生物之所以能在如此高的温度下生存并生长，可能是由于其菌体内的蛋白质和酶较为抗热，且其细胞膜中的饱和脂肪酸含量较高，从而使得细胞膜在高温下仍能保持较好的稳定性。多数嗜热型微生物在较高的温度下能够迅速合成

生物大分子，以此来弥补高温造成的损伤。

在一定适宜温度范围内，随着温度逐渐提高，微生物的代谢活动也逐渐加强，生长、增殖加快；但当超过其最适温度后，生长速率则逐渐降低，生长周期也逐渐延长。如图 7－9 所示为在适宜温度范围内微生物生长速率随温度变化的规律图。

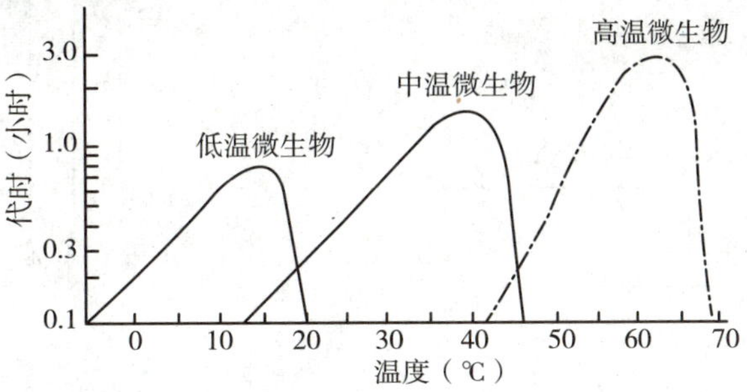

图 7－9 温度对微生物生长速率的影响

二、氧气

氧气与微生物有着十分密切的关系，其对微生物生长的影响极为明显。研究表明，不同类群的微生物对氧气的需求不同，根据不同微生物对氧的需求的不同以及氧气对其影响，可把微生物分成以下五种类型。

1. 好氧菌 这类微生物具有完整的呼吸链，它们以分子氧作为最终的电子受体，因此只在较高浓度的分子氧条件下才能正常生长。大多数细菌、放线菌及真菌都属于专性好氧菌，例如固氮菌属、铜绿假单胞菌、醋杆菌属等都是专性好氧菌。振荡、通气、搅拌是实验室和工业生产中常用的供氧方法。

2. 兼性厌氧菌 也称兼性好氧菌，这类微生物的适应范围较广，在有氧或无氧的环境中都能生长，采取不同的代谢途径，通常以有氧生长为主。该类微生物在有氧条件下主要靠呼吸产能，兼具厌氧生长能力；而在无氧环境下，则通过发酵或无氧呼吸产能。例如产气肠杆菌、大肠埃希菌等肠杆菌科的各种常见细菌，以及酿酒酵母、地衣芽孢杆菌等都属于兼性厌氧菌。

3. 微好氧菌 这类微生物细胞内含有在强氧化条件下易失活的酶，因此只能在非常低的氧分压，即 0.01～0.03Pa 下才能生长（正常大气氧分压为 0.2Pa）。它们通过呼吸链，且以氧为最终电子受体产能，如霍乱弧菌、氢单胞菌属、发酵单胞菌属、弯曲杆菌属等。

4. 耐氧菌 这类微生物的生长不需要氧，但可在分子氧存在的环境下进行发酵性厌氧生长，分子氧对它们虽无用，但也无害，故也称耐氧性厌氧菌。它们不具有呼吸链，只能通过发酵经底物水平磷酸化来获得能量，因而氧对其无用。发酵工业中常用的乳酸菌大多是耐氧菌，例如肠膜明串珠菌、乳链球菌、乳酸乳杆菌和粪肠球菌等。

5. 厌氧菌 分子氧对这类微生物有毒害作用，氧可抑制大多数厌氧菌生长，甚至会导致严格厌氧菌的死亡。它们在固体培养基表面不能生长，只能在深层无氧或者氧化还原电位很低的环境中生长，通过无氧呼吸、发酵、循环光合磷酸化或甲烷发酵来获得能量。常见的厌氧菌有梭菌属的丙酮丁醇梭菌和着色菌属、硫螺旋菌属等属的光合细菌以及双歧杆菌属和拟杆菌属的成员，其中产甲烷菌属于严格厌氧菌。

一些微生物与氧气的关系及其在深层半固体琼脂柱中的生长状态见图 7－10 和图 7－11。

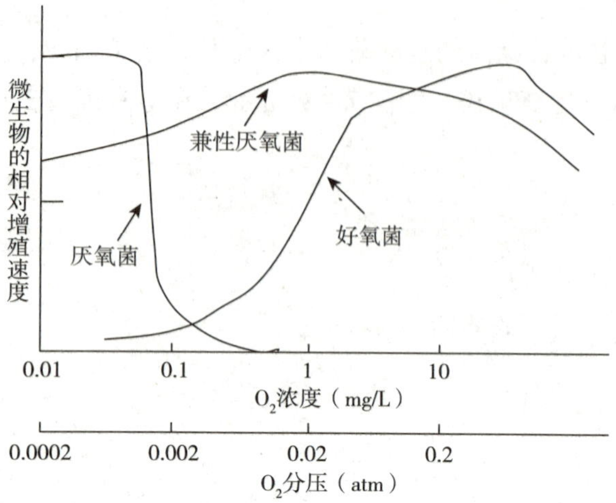

图7-10　分子氧浓度和分压对三类微生物生长的影响

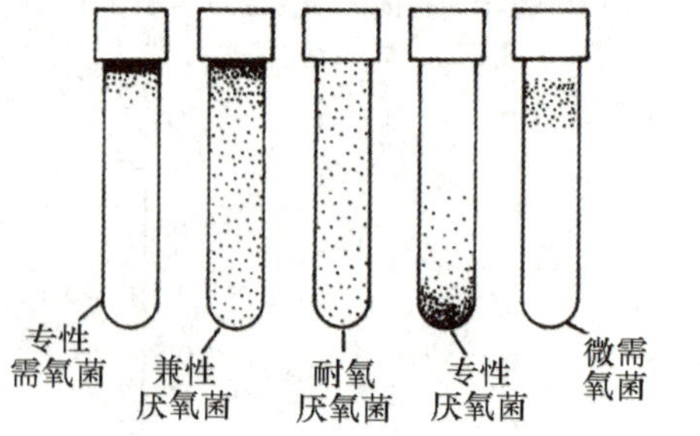

图7-11　五类对氧需求不同的微生物在半固体琼脂柱中的生长状态模式图

三、pH

（一）pH对微生物生长的影响

与微生物生命活动有关的绝大多数生化反应都需要酶来催化才能进行，而酶促反应只有在一定pH范围内才能达到最大反应速率，因此每种微生物都有其最适pH和一定的pH适应范围。大多数细菌、藻类和原生动物的最适pH为6.8~7.4，在pH 4.0~10.0之间也能生长；放线菌一般适宜弱碱性环境，其最适pH为7.2~7.6；酵母菌和霉菌在pH为4.0~6.0的酸性环境中生长较好，但在pH 1.5~10.0的范围内也可生长（表7-5）。此外，某些细菌也可在强碱性或强酸性环境中生活，如大豆根瘤菌就能在pH为11.0的环境中生活，而氧化硫硫杆菌在pH为1.0~2.0的强酸性环境中也能生活。表7-6列举了一些常见微生物生长的pH范围。

表7-5　一般微生物的最低、最适与最高pH范围

微生物	最低pH	最适pH	最高pH
细菌	2.0~5.0	6.8~7.4	8.0~10.0
放线菌	5.0	7.0~7.6	10.0
酵母菌	2.5	4.0~5.8	7.0~8.0
霉　菌	1.5	4.0~6.0	7.0~11.0

表7-6　几种细菌的最低、最适与最高pH范围

微生物	最低pH	最适pH	最高pH
亚硝酸细菌	7.0	7.8~8.6	9.4
褐球固氮菌	4.5	7.4~7.6	9.0
金黄色葡萄球菌	4.2	7.0~7.5	9.3
大豆根瘤菌	4.2	6.8~7.0	11.0
枯草芽孢杆菌	4.5	6.0~7.5	8.5
大肠埃希菌	4.3	6.0~8.0	9.5
氧化硫硫杆菌	0.5	2.0~3.5	6.0

当微生物处于最适 pH 范围生长时，其酶活性最高，若其他条件适宜，微生物的生长速率也达到最高；而当处于低于最低 pH 或超过最高 pH 环境中时，微生物生长将被抑制，甚至导致其死亡。pH 主要通过影响微生物对营养物质的吸收、酶活性及代谢物形成来影响微生物的生长。

（二）pH 的调节

微生物在培养基质中生长，其代谢作用会引起物质转化，同时也能改变基质的 pH。如乳酸菌分解葡萄糖会产生乳酸，从而降低基质的 pH，酸化了培养基质；尿素小球菌水解尿素能产生氨，碱化了培养基质。为维持微生物生长过程中基质 pH 的稳定，在配制培养基时，要注意培养基 pH 的调节，以适合微生物生长的需要。常用 pH 调节措施分为“治标”和“治本”两大类，“治标”是指根据表面现象而进行直接、快速但不持久的表面调节，“治本”是根据其内在机制而采用间接、较缓但发挥持久作用的调节，pH 调节的具体方法如图 7－12 所示。

- pH调节措施
  - “治标”
    - 过酸时：加氢氧化钠、碳酸钠等碱中和
    - 过碱时：加硫酸、盐酸等酸中和
  - “治本”
    - 过酸时
      - 加适当氮源：如尿素、硝酸钠、NH_4OH或蛋白质
      - 提高通气量
    - 过碱时
      - 加适当碳源：糖、乳酸、油脂等
      - 降低通气量

图 7－12　pH 调节微生物生长的具体措施

有些微生物在不同 pH 的培养液中培养时，会启动不同的代谢途径，从而积累不同的代谢产物。因此，环境 pH 还可以调控微生物的代谢。例如酿酒酵母的最适生长 pH 为 4.5～5.0，在此 pH 范围内进行乙醇发酵，不产生甘油和醋酸；而当 pH 高于 8.0 时，其发酵产物除乙醇外，还有甘油和醋酸。因此，根据不同的目的，在发酵过程中通过改变环境 pH 的方法，可提高目的产物的生产效率。

第四节　有害微生物的控制

一、基本概念

微生物生活的环境条件是各种因素的综合，只有当环境中的各种因素及其综合效应处于合适程度时，微生物才能旺盛生长、发育和繁殖。人们常通过控制和调节各类环境因素来促进某些微生物的生长，从而发挥它们的有益作用。同时，微生物中还有一些病原微生物或其他引起腐败变质的微生物，因而必须对有害的微生物进行有效控制。这里首先介绍几个环境因素对微生物影响的相关概念。

1. 防腐　是指在某些理化因素的作用下，物体内外的微生物暂时处于不生长、不繁殖但又未死亡的状态，它是一种抑菌作用。防腐的方法有很多，且原理各异，例如以下几种。

（1）低温　利用 4℃ 及以下的各种低温（0、－20、－70、－196℃ 等）来保藏食物、生物制品、生化试剂或菌种等。

（2）缺氧　采用抽真空、充二氧化碳或氮气、加入除氧剂等手段来有效防止食品和粮食等的霉腐、

变质，从而达到保鲜的目的。其中，除氧剂的种类有很多，通常是由主要原料铁粉和一定量的辅料及填充剂制成，其对糕点等含水量较高的新鲜食品具有良好的保鲜作用。

（3）干燥　主要采用晒干、烘干或红外线干燥等方式对食品、粮食等进行干燥保藏，是最常见的防止霉腐的方法；除此之外，在密封条件下，用生石灰、氢氧化钾（或钠）、五氧化二磷、无水氯化钙或硅胶等作为吸湿剂，也可以很好地达到食品、药品和器材等的长期防霉腐的目的。

（4）高渗　通过盐腌或糖渍等高渗措施来保存食物，是民间早已流传的有效防霉腐方法。

（5）高酸度　在我国拥有悠久历史的泡菜，就是通过乳酸菌厌氧发酵使新鲜蔬菜产生大量的乳酸，利用这种高酸度来达到抑制杂菌和防霉腐的目的。

（6）高醇度　用白酒或者黄酒保存食品在我国也具有悠久历史，如醉麸、醉笋、醉蟹、黄泥螺等产品都是地方特色风味食品。

（7）加防腐剂　在一些食品、药品或工业器材中加入适量的防腐剂或防霉剂可达到防霉腐的目的，如用山梨酸、脱氢醋酸作为化妆品防腐剂，用苯甲酸作为酱油防腐剂，用二甲基延胡索酸作为食品、饲料防腐剂，用苯甲醇作为外用药的防腐剂，用三氯叔丁醇作为眼用制剂及注射剂的防腐剂等。

2. 消毒　是指采用较温和的理化因素，仅杀死或灭活物体中对人或动植物有害的病原微生物，而对消毒对象本身基本无害的措施。消毒可杀死病原微生物的营养体，但对芽孢则无杀灭作用。消毒可达到防止传染病传播的目的，例如使用75%乙醇等消毒药剂对水果、饮用水、皮肤等进行消毒；将物体加热至60~70℃处理30分钟，或煮沸10分钟，对牛奶、食品等进行消毒。

3. 灭菌　是指采用强烈的物理或化学因子，杀灭物体内外部所有活的微生物，包括耐热性的芽孢的措施，灭菌后的物体中无可存活的微生物，如高温灭菌、辐射灭菌等。灭菌实质上还可以分为杀菌和溶菌两类：杀菌是指菌体虽死，但其形态尚存；溶菌则是指菌体被杀死后，其细胞也因发生裂解、自溶等现象而消失（图7－13）。

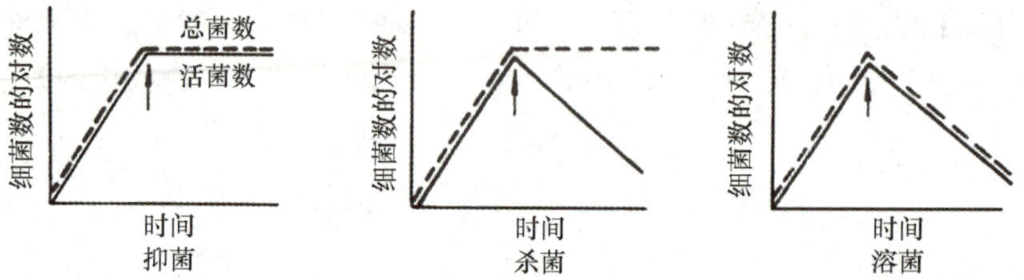

图7－13　制菌、杀菌和溶菌的比较

4. 化疗　即为化学治疗，是指利用具有高度选择毒力（对病原微生物具有高度毒力，而对其宿主基本无毒）的化学物质来抑制宿主体内病原微生物的生长繁殖，达到治疗该宿主传染病目的的一种措施。用于化学治疗的化学物质称为化学治疗剂，包括抗生素、生物药物素、磺胺类等化学合成药物以及若干中草药中的有效成分等。

必须指出的是，不同微生物对各种理化因子的敏感性不同，即使为同一因素，其使用剂量不同，对微生物的效应也不一样，或起灭菌作用，或只起消毒或防腐作用。还有些化学因子，低浓度时还可能是微生物的营养物质，甚至具有刺激生长的作用。

上述4个概念的特点和比较见表7－7。

表 7-7　防腐、消毒、灭菌、化疗的比较

比较项目	防腐	消毒	灭菌	化疗
处理因素	理、化因素	理、化因素	强理、化因素	化学治疗剂
处理对象	有机质物体内外	生物体表，酒、乳等	任何物体内外	宿主体内
微生物类型	一切微生物	有关病原菌	一切微生物	有关病原菌
对微生物的作用	抑制或杀死	杀死或抑制	彻底杀灭	抑制或杀死
实例	冷藏、干燥、糖渍、盐腌、缺氧、化学防腐剂	70% 乙醇消毒、巴氏消毒法	高压蒸汽灭菌、辐射灭菌、化学杀菌剂	抗生素、磺胺药、生物药物素

二、物理法

物理灭菌因素的种类很多，主要是高温、辐射、超声波、微波、激光和静高压等。另外，通过稀释、过滤等物理措施也能除菌。

（一）高温灭菌

在适应温度界限外，过高或过低的温度对微生物的影响不同。当培养温度高于最高温度界限时，就会引起微生物原生质胶体的变性，以及蛋白质和酶的损伤、变性，从而失去生命机能的协调，使其停止生长或出现异常形态，最终导致死亡。因此，高温对微生物具有致死的作用。不同微生物对高温的抵抗力不同，即使是同一种微生物，因其发育形态、群体数量及环境条件不同，也会具有不同的抗热性。细菌芽孢、真菌的一些孢子和休眠体，都比它们的营养细胞的抗热性要强得多。大部分不产生芽孢的细菌、酵母菌营养细胞及真菌菌丝体，在液体中加热至 60℃ 时经数分钟即可死亡，但各类芽孢细菌的芽孢即使在沸水中数分钟甚至数小时仍能存活。

当环境温度超过最高温度时，便可杀死微生物。这个在一定时间内和一定条件下杀死微生物的最低温度称为致死温度，而在致死温度下杀死该种微生物所需要的时间则称为致死时间。当高于致死温度时，温度越高，致死时间则越短。表 7-8 列举了某些细菌芽孢的致死温度和致死时间。

表 7-8　各种细菌的芽孢在湿热中的致死温度和致死时间

菌种	温度（℃）				
	100	105	110	115	121
枯草芽孢杆菌	6～17 分钟	—	—	—	—
炭疽芽孢杆菌	5～10 分钟	—	—	—	—
肉毒梭菌	330 分钟	100 分钟	32 分钟	10 分钟	4 分钟
嗜热脂肪芽孢杆菌	—	—	—	—	12 分钟
破伤风梭菌	5～15 分钟	5～10 分钟	—	—	—

鉴于高温对微生物有致死作用，现已将其广泛用于消毒灭菌。根据是否有水蒸气参与，高温灭菌的方法可分为干热与湿热灭菌两大类。然而在同一温度下，湿热灭菌法比干热灭菌法的效果要好，这主要是因为蛋白质的含水量与其凝固温度成反比（表 7-9）。

表 7-9 蛋白质含水量与其凝固温度的关系

蛋白质含水量	蛋白质凝固温度（℃）	灭菌时间（分钟）
50℃	56	30
25℃	74～80	30
18℃	80～90	30
6℃	145	30
0℃	160～170	30

1. 干热灭菌法

（1）火焰灭菌法　包括灼烧和焚烧。灼烧是直接用火焰杀死微生物，适用于微生物实验室的接种针等不怕热的金属器材的灭菌；焚烧是彻底的消毒方法，但只限于处理废弃的污染物品，如无用的衣物、纸张、垃圾等，焚烧应在专用的焚烧炉内进行。

（2）热空气灭菌法　也称干烤，是将待灭菌物品置于干热灭菌箱中，利用热空气进行灭菌，通常在150～170℃温度下处理1～2小时，即可彻底灭菌（包括杀死细菌的芽孢）。当被处理物品传热性较差、体积较大或堆积过挤时，需要适当延长灭菌时间。此法可保持待灭菌物品干燥，但只适用于玻璃器皿、金属用具等耐热物品的灭菌。

2. 湿热消毒灭菌法

（1）巴氏消毒法　指用较低的温度处理牛奶、果酒、啤酒或酱油等不宜进行高温灭菌的液态风味食品或调料，以杀死其中的病原微生物如伤寒沙门菌、结核分枝杆菌等，但又不损害食品本身的营养与风味的一种消毒方法。一般采用62～66℃处理30分钟（低温维持法，low temperature holding method，LTH），或以72～85℃处理15秒（高温瞬时法，high temperature short time，HTST），或以120～140℃处理2～4秒（超高温瞬时消毒法，ultrahight temperature，UHT）。该方法是基于结核分枝杆菌的致死温度62℃、15分钟而规定的，可杀死大多数腐生菌的营养体。该消毒方法是由巴斯德发明的，故称巴氏消毒法。

（2）煮沸消毒法　将物品在水中煮沸（100℃）15分钟以上，即可杀死细菌的所有营养细胞和部分芽孢。若延长煮沸时间，并在水中加入1%碳酸钠或2%～5%苯酚（石炭酸），则效果更好。该方法适用于饮用水等的消毒。

（3）流通蒸汽消毒法　是在一个大气压下利用100℃的水蒸气进行消毒。器械是Arnold消毒器或普通蒸笼。15～30分钟可杀灭细菌繁殖体，但不保证杀灭芽孢。消毒物品的包装不宜过大、过紧，以利于蒸汽穿透。

（4）间歇灭菌法　又称分段灭菌法，是利用流通蒸汽对其进行反复多次处理的灭菌方法。具体步骤如下：将待灭菌物品置于灭菌器或蒸锅中，常压下100℃处理15～30分钟，以杀死其中所有微生物的营养体。待冷却后，置于一定温度（28～37℃）下保温过夜，以诱使其中可能残存的芽孢萌发成营养体，然后再以同样的方法加热处理。如此反复三次，可杀灭物体中所有芽孢和营养体，达到灭菌目的。由于采用该方法灭菌比较费时，一般只用于不耐热的营养物、药品、特殊培养基等的灭菌。

（5）高压蒸汽灭菌法　该方法为实验室及生产中最常用的灭菌方法，又称加压蒸汽灭菌法。该灭菌方法通常在高压蒸汽灭菌锅内进行，它是一个具有夹层的密闭系统，夹层和锅中可以充满蒸汽。由于连续加热，锅内蒸汽不断增多，随着压力加大，温度也逐渐上升。当锅内蒸汽达到平衡时，其中产生的蒸汽为饱和蒸汽。饱和蒸汽含热量高、穿透力强，可迅速引起蛋白质的凝固变性，从而杀死细菌和芽孢，因此高压蒸汽灭菌法在湿热灭菌法中效果最佳、应用最广。该法可适用于各种耐热物品的灭菌，例如各种缓冲液、生理盐水、一般培养基、金属用具、敷料、玻璃器皿、工作服等。该方法通常采用103kPa（15lbf/in^2）蒸汽压，121℃处理15～30分钟，即可达到彻底灭菌的目的。需指出的是，高压蒸汽灭菌的条件并不是固定的，灭菌所需的时间和温度也取决于被灭菌物品的性质、耐高温性能、体积与容器类型等。如含糖或其他特殊营养成分的培养基或注射液，为不破坏其营养成分，可选择55.21kPa（8lbf/in^2）113℃ 20～30分钟灭菌。

使用高压蒸汽灭菌锅时，要事先排出锅内的冷空气，否则压力虽上升，但混杂空气的蒸汽达不到饱和蒸汽产生的温度，因为饱和蒸气压与温度之间有一定关系（表7－10）。此外，高压蒸汽灭菌锅内水量必须加足，还需注意锅内物品排列疏松，以保障蒸汽畅通。高压蒸汽灭菌所需的时间，还要考虑灭菌物品的种类和体积，对体积大、热传导性差的物品，应适当延长加热时间。最后，要定期检测高压蒸汽灭菌锅的性能，看是否能达到彻底灭菌的效果。检测方法是将专用的细菌测定纸条（含有耐热的带芽孢细菌，如枯草芽孢杆菌、嗜热脂肪芽孢杆菌等）放于待灭菌物品中间，灭菌后取出，放入肉汤培养基，经培养一定时间后，若无细菌生长，说明高压蒸汽灭菌锅性能良好。也可采用熔融温度指示剂，其熔点正好是灭菌所需要的温度，例如加入苯甲酸（121℃）、硫磺（熔点115℃）、β－萘酚（121℃）、N－乙酰苯胺（116℃）等结晶，灭菌后看其是否熔化变形，即可判断灭菌温度是否达到要求。

表7－10 饱和蒸汽的压力与温度的关系

蒸汽压力（kPa）	温度（℃）	蒸汽压力（kPa）	温度（℃）
34.52	108.8	103.46	121.3
55.21	113.0	137.88	127.2
68.94	115.6	206.82	134.6

（二）辐射杀菌

与微生物生长有关的辐射主要有可见光辐射（波长420～780nm）、紫外辐射（波长100～400nm）和电离辐射（波长小于100nm）。大多数微生物不能利用辐射能源，辐射往往对微生物是有害的，只有光能营养型微生物需要光照，如部分可见光能被藻类和蓝细菌用作光合作用的主要能源，红外辐射也可作为光合细菌的能源。

1. 可见光辐射 有些微生物虽然本身不是光合生物，但会表现出一定的趋光性。某些真菌在形成孢子囊、分生孢子、子实体和担子果时，也需要有一定散射光的刺激，如灵芝菌在散射光照下才能生长出具有长柄的盾状或耳状的子实体。

但在强烈可见光线照射下，微生物也会受到损害。因为微生物体内有一类被称为光敏化剂的化学物质，在光能作用下它能被活化而上升至能量较高状态，当其又因失能而恢复正常状态时，它所释放出的能量能被微生物体内有机分子或氧气所吸收。该能量若被有机分子所吸收，菌体受到损害的程度则较小；但若被氧气所吸收，损害程度就较大。这是由于空气中的氧气活性较低，但当其吸收能量后，会变成含有高能的强氧化剂。

2. 紫外辐射 太阳光中除可见光外，还有长光波的红外线和短光波的紫外线。微生物直接暴晒于阳光下，由于红外线会产生热量，会通过提高环境中的温度和引起水分蒸发而导致其干燥，间接影响微生物的生长。而短光波的紫外线则具有直接杀菌作用。

紫外线是一种非电离辐射，波长短，能使被照射物质分子或原子中的内层电子提高能级，但不引起电离。不同波长的紫外线具有不同程度的杀菌能力，一般认为240～280nm波长的紫外线最具有杀菌效能，其中254nm波长的紫外线杀菌力最强，可用作强烈杀菌剂，如在无菌操作和医疗卫生中广泛应用的紫外灭菌灯。

紫外线对细胞杀伤作用的原理主要是细胞中的DNA能吸收紫外线，使DNA一条链或两条链上相邻的胸腺嘧啶间形成嘧啶二聚体，改变DNA的分子构型，导致其DNA复制异常而产生致死作用。此外，在有氧情况下，微生物细胞经紫外照射后，能产生光化学氧化反应，生成的过氧化氢能发生氧化作用，从而影响细胞的正常代谢。紫外线杀菌效果因菌种和生理状态的不同，以及照射时间长短和剂量的大小而有差异。干细胞比湿细胞对紫外辐射抗性强，孢子比营养细胞更具抗辐射性，带色的细胞能更好地抵抗紫外辐射。

经紫外辐射处理后，受损伤的微生物细胞若再次暴露于可见光下，其中一部分可恢复正常生长，该现象称为光复活作用。光复活现象说明微生物细胞对紫外线引起的DNA损伤有一定的自我修复能力，因为微生物细胞内含有一种光复活酶，在黑暗条件下该酶能专一性地与胸腺嘧啶二聚体结合，而在可见光下该酶会因获得光能而被激活，使嘧啶二聚体重新分解成单体，从而使DNA恢复原状。

人工紫外灯是将汞置于石英玻璃灯管中，通电后汞即化为气体，释放出杀菌波长紫外线。紫外线杀菌力强，但穿透力差，不能透过水蒸气、尘埃、纸张、普通玻璃等，故只能用于物品表面和空气消毒。一般无菌室内装一支30W紫外灭菌灯管，照射30分钟就可杀死空气中的微生物。此外，空气中湿度超过60%时，紫外线杀菌效果明显下降。若紫外线不足致死剂量，可引起细胞内核酸结构部分改变，使微生物发生变异，因此紫外线也是一种诱变剂。紫外线对皮肤、眼结膜都有损伤作用，人工紫外灯使空气中产生的臭氧对人体健康也有一定影响，因此在使用紫外线消毒时，要注意防护。

3. 电离辐射 高能电磁波如X射线、α射线、β射线、γ射线和快中子等，这类辐射光波短、能量强，有足够的能量使受照射物体原子或分子放出电子而变成离子，故称电离辐射。如水被电离成H^+和OH^-，这些游离基是强烈的还原剂和氧化剂，可直接杀伤细胞。此外，在微生物细胞周围环境中经常有氧气的存在，分子氧和电子结合生成O_2^-、O_2^{2-}，而O_2^-、O_2^{2-}和H^+结合成为HO_2、H_2O_2。这些都是强氧化基团，它们可氧化菌体中酶类的—SH，使酶失活，还会引起DNA的解链、不饱和键氧化、某些组分发生聚合作用等，最终导致菌体损伤或死亡。因此，加入含有—SH的还原剂可适当减轻电离辐射的损害作用，而输入氧气则可增强电离辐射的损害作用。

电离辐射由于能量极大，对人体同样具有强损害效应，故在常规的消毒工作中较少应用电离辐射，但在工业生产上常用来消毒不耐热的塑料注射器、塑料管等。在食品工业中，电离辐射也可用于粮食、食品的消毒，而不破坏其营养，但经辐射后的物品中仍有部分射线残留，因此该方法的安全性尚待解决。

（三）微波杀菌和超声波破碎菌

1. 微波杀菌 微波是指频率在300MHz至300GHz的电磁波，消毒用的微波主要有2450MHz和915MHz两种。微波的杀菌作用主要是通过微波的热效应使被照射物品温度升高，从而实现杀菌效果。微生物在微波电磁场作用下，吸收微波的能量产生热效应，同时微波造成分子加速运动，而使细胞内部受到损害，从而导致微生物死亡。微波的穿透力要强于紫外线，可穿透玻璃、塑料薄膜及陶瓷等介质，但不能穿透金属，常用于对非金属器械的消毒，如实验室用品、食用器具等。

2. 超声波破碎菌 人类听觉能感受的声波频率在9000Hz以下，而高于20000Hz的声波即为超声波。超声波由超声波发生器产生，用适度的超声波处理微生物细胞，可促进其细胞代谢；而强烈的超声波处理可引起细胞破碎，内含物溢出而死亡。这种破碎细胞的作用机制主要是借助“空穴效应”，即在用超声波处理微生物细胞悬液时，通过产生的高频振动能使溶液内产生空穴，即造成细胞周围环境的局部真空状态，引起细胞周围压力的极大变化，这种压力变化足以使细胞破裂，而导致机体死亡。另外，超声波处理也会导致热的产生，热作用也是造成机体死亡的原因之一。

几乎所有的微生物细胞都能被超声波所破坏，只是敏感程度有所不同而已，故其是破碎细胞、提取活性蛋白质类物质的一种常用手段。超声波的杀菌效果及对细胞的其他影响与其频率、处理时间、微生物的种类以及细胞大小、形状及数量等均有关系，如杆菌比球菌、丝状菌比非丝状菌、体积大的菌比体积小的菌更易受超声波破坏，而病毒和噬菌体则较难被破坏，细菌芽孢具更强的抗性，大多数情况下不受超声波影响。一般来说，高频率比低频率杀菌效果好。

（四）过滤

过滤除菌是利用滤器机械地滤除液体或空气中的微生物的方法。过滤除菌适用于不耐热也不能以化学方法处理的液体或气体，如含抗生素、病毒、毒素、维生素、酶的溶液，以及血清和细胞培养液等。采用过滤除菌法，可截留溶液中的微生物，从而获得无菌的滤液。过滤除菌也有一定的局限性，滤器不能除去支原体、病毒等体积十分微小的微生物，其效果与滤器的滤孔大小、滤器与微生物细胞间的电荷吸引、滤速等因素有关，且都必须在严格的无菌操作下进行。常用的细菌滤器有以下几种。

1. 贝克菲滤器 是一种用硅藻土加压制成的中空圆柱形滤器。按其滤孔大小，分为 V、N、W 三型。V 型滤孔最大（0.8～1.2μm），只能除去较大的细菌；N 型为中型（0.5～0.7μm），能除去大部分细菌；W 型滤孔最小（0.3～0.4μm），可阻止衣原体通过。

2. 蔡氏滤器 是一种用金属制成，中间嵌以石棉的滤板。石棉板滤孔的大小可分为 K、EK、EK－S 三型。K 型滤孔最大，可作液体澄清用；EK 型滤孔较小，常用来滤除细菌；EK－S 型滤孔最小，能阻止衣原体通过。

3. 玻璃滤器 是一种用玻璃制成，滤板由玻璃细沙加热压成小碟，镶嵌在玻璃漏斗中的滤器。滤孔孔径为 0.15～30μm，分为 G_1～G_6 六种类型，其中 G_5 和 G_6 滤孔较小，可阻止细菌通过。

4. 膜滤器 是用高分子材料，如醋酸纤维或硝酸纤维等制成的微孔性滤膜，其滤孔大小不等。其中，可滤过病毒的滤膜，其孔径为 25～100nm；滤过细菌的滤膜，孔径为 0.22～0.45μm。微孔滤膜操作简便，已广泛应用于医药生产及医药制品的无菌检查，并已纳入许多国家的药典。

棉花纤维错综交织，能截住空气中的灰尘和微生物，因此，空气通过无菌棉花和活性炭过滤可得到无菌空气。例如微生物试验用的试管、烧瓶的棉塞，发酵工业中充满棉花或细玻璃纤维的空气过滤器等，既能滤除空气中的杂菌而获得无菌空气，又能保持容器中良好的通气状态，有利于需氧微生物的培养。食品生产中 GMP 所要求的无菌车间的空气，则是通过初效、中效和高效滤膜过滤后的净化空气。

三、化学法

化学法是指用化学药品来杀死微生物或抑制微生物生长与繁殖的方法，包括用于消毒和化学防腐的化学消毒剂和化学防腐剂，以及用于治疗的化学治疗剂等。①化学消毒剂和化学防腐剂：用于杀灭病原微生物的化学药品称为化学消毒剂，而用于防止或抑制微生物生长繁殖的化学药品称为化学防腐剂。实际上，消毒剂和防腐剂之间无严格界限，一种化学物质在高浓度下是消毒剂，而在低浓度下就是防腐剂，故一般统称为消毒防腐剂。消毒防腐剂不仅作用于病原菌，而且对人体组织细胞也会有损害作用，因此只能外用。其主要用于体表（皮肤、浅表伤口、黏膜等）、排泄物、器械和周围环境的消毒。理想的消毒剂应是杀菌力强、能长期保存、使用方便、无腐蚀性、对人畜无毒性或毒性较小且价格低廉的化学药品。②化学治疗剂：是指杀灭或抑制机体组织内的病原微生物或病变细胞，用于临床治疗的化学药物，包括磺胺、抗生素等。其最大特点是具有选择毒性，即对病原微生物有杀灭作用，而对人体则没有或不产生明显毒性。

（一）常用消毒剂的种类和应用

1. 重金属盐类 所有的重金属（银、汞、砷）盐类对微生物都有毒性。重金属离子易与带负电荷的菌体蛋白结合，使之变性、凝固。例如银、汞等与酶的巯基（—SH）结合，使一些以巯基为必要基团的酶类，如丙酮酸氧化酶、转氨酶等失去活性。常用的这类消毒剂主要有硝酸银、红汞和硫柳汞等。

（1）硝酸银 1%，用于新生儿滴眼液，预防淋球菌感染。

（2）红汞 2%，可用于皮肤、黏膜和小创伤的消毒。

2. 氧化剂 可以使微生物菌体酶中的—SH 氧化为—S—S—，从而使酶失去活性。

（1）高锰酸钾 一种强氧化剂，其性质稳定。常将 0.1% 的高锰酸钾用于皮肤、口腔、蔬菜及水果等的消毒。

（2）过氧化氢 主要通过分解成新生态氧和自由羟基而发挥杀菌作用，稳定性差。常使用 3% 的过氧化氢对伤口和口腔黏膜进行消毒。

（3）过氧乙酸 为无色透明液体，易溶于水，其氧化作用很强，对金属有腐蚀性。市售品为 20% 水溶液，用前需稀释为 0.2%～0.5%。过氧乙酸能迅速杀灭细菌及其芽孢、真菌、病毒。可用于皮肤、塑料、玻璃、纤维制品的消毒。

3. 酚类 主要作用于细菌的细胞壁和细胞膜，使菌体内含物逸出，同时也可使菌体蛋白变性。其对细菌营养体作用强烈，但对芽孢作用不大。一般常以苯酚作为标准，来比较其他消毒剂的杀菌力。

（1）苯酚（石炭酸） 浓度为 2%～5% 的苯酚，常用于器械、排泄物的消毒。

（2）来苏尔（煤酚皂） 为含 50% 杂酚（邻、对、间位三种甲酚的混合物）的肥皂溶液。当浓度为 3%～5% 时，可用于器械、排泄物、家具、地面等的消毒；而当浓度为 1%～2% 时，则可用于手部、体表等的消毒。

4. 醇类 杀灭微生物依靠三种作用：①破坏蛋白质的肽键，使之变性；②侵入菌体细胞，解脱蛋白质表面的水膜，使之失去活性，引起微生物新陈代谢障碍；③溶菌作用。

（1）乙醇 高浓度及无水乙醇会使菌体表面蛋白质很快凝固，妨碍其向深部渗入，影响杀菌能力。70%～75% 的乙醇与细胞的极性接近，故而能迅速通过细胞膜，并溶解膜中的脂类，同时使细胞内蛋白质变性、凝固，从而杀死菌体，但对芽孢作用不大。主要用于手部、体表等的消毒。

（2）苯氧乙醇 为无色黏稠状液体，易溶于水。其 2% 溶液可用于治疗铜绿假单胞菌感染的表面创伤、灼伤和脓疡。

丙醇、丁醇、戊醇等醇类也具有强杀菌作用，但不易溶于水，且价格昂贵。甲醇对组织有毒性，因而这些醇类很少用于消毒。

5. 醛类 杀菌作用大于醇类，其中以甲醛和戊二醛的作用最强。醛基能与微生物细胞中蛋白质的氨基结合，使蛋白质变性，因而有强大的杀菌作用。

（1）甲醛 为气体，可溶于水，制备成甲醛溶液。市售甲醛溶液的浓度为 37%～40%，也称福尔马林，可用作防腐剂，来保存解剖组织标本。3%～8% 的甲醛溶液即可杀死细菌及其芽孢、病毒、真菌。但甲醛液有强腐蚀性，刺激性强，不适用于体表。1% 甲醛溶液可用于熏蒸厂房和无菌室、手术室等的空气消毒，但不适用于药品、食品存放场所的空气消毒。当室内温度为 22℃ 左右、湿度保持在 60%～80% 时，消毒效果较好。

（2）戊二醛 比甲醛刺激性小，而杀菌力大。碱性（pH 7.8～8.5）的 2% 戊二醛水溶液可杀死细菌及其芽孢、病毒、真菌。对金属无腐蚀性，且对橡胶、塑料也无损伤，故可用于消毒不耐热的物品和精密仪器。

6. 烷化剂 是指能够作用于菌体蛋白或核酸中的—NH_2、—COOH、—OH 和—SH 等，使之发生烷基化反应，使其结构改变、生物学活性丧失的化学物质。烷化剂具有诱变效应，因此是一类常用的化学诱变剂。

作为消毒剂使用的烷化剂主要是环氧乙烷，它是一种小分子气体消毒剂，其沸点为10.9℃，在常温下呈气态。环氧乙烷对细菌及其芽孢、病毒、真菌都有较强的杀菌作用，且其穿透力强，目前已广泛应用于纸张、皮革、金属、塑料、木材、化纤制品等的灭菌。然而环氧乙烷具易燃易爆的特性，当空气混入达3.0%（体积分数）时即爆炸，因此在实际应用时，必须要有耐压的密闭容器，并将容器内的空气置换成环氧乙烷与CO混合的惰性气体，如此连续作用4小时，即可将其中物品彻底灭菌。此外，环氧乙烷对人体有一定的毒性，严禁直接接触，且严禁接触明火。

7. 卤素类 氟、氯、溴、碘制剂都具有显著的杀菌效果，其中以氯和碘最为常用。

（1）氯 其杀菌效应是通过氯与水结合产生次氯酸，次氯酸分解产生具有杀菌能力的新生态氧而实现的。氯对许多微生物有杀灭作用，包括细菌、真菌、病毒、立克次体和原虫等，但不能杀死芽孢。常用于自来水或游泳池消毒的氯气浓度为0.2～0.5mg/L。

（2）漂白粉 主要成分为次氯酸钙。次氯酸钙在水中可分解为次氯酸，由此产生强烈的杀菌作用。10%～20%的漂白粉溶液常用于消毒厕所、地面、排泄物等，既能杀菌，又能达到除臭效果。

（3）氯胺类 为含氯的有机化合物，常用的有氯胺B和氯胺T两种。氯胺类可溶于水，无臭，且放氯迅速，虽比漂白粉杀菌力弱，但刺激性及腐蚀性小，0.2%～0.5%溶液可用于消毒家具、空气和排泄物。

（4）碘 杀菌作用强，能杀死各种微生物及一些芽孢。其作用机制是使蛋白质及酶的—SH氧化，从而使蛋白质变性，酶失活。碘在碘化钾存在时易溶于水，2.5%的碘酊常用于小范围的皮肤、伤口的消毒。

8. 酸碱类 微生物的正常生长需要适宜的pH，过酸或过碱都可导致微生物代谢障碍甚至死亡。因此，酸碱类化学药剂也是常用的消毒剂，但由于强酸强碱具有腐蚀性，它们的应用受到限制。

（1）酸性消毒剂 包括：硼酸，可用作洗眼剂；苯甲酸和水杨酸，可抑制真菌；乳酸和醋酸（乙酸），加热蒸发，可用于手术室、无菌室的空气消毒。

（2）碱类消毒剂 常用的是生石灰。生石灰加水使其成为具有杀菌作用的氢氧化钙，用于消毒地面、厕所、排泄物等。

9. 表面活性剂 又称去污剂，是能够浓缩在界面上的化合物，能降低液体的表面张力，它们同时含有亲水基和疏水基。按其亲水基的电离作用，分为阴离子型、阳离子型和非离子型三种表面活性剂。因细菌常带负电荷，阳离子型杀菌力较强。

（1）阳离子型表面活性剂 多是季铵盐类化合物。其阳离子亲水基可与细菌细胞膜磷脂中的磷酸结合，而疏水基则可伸到膜内的疏水区，引起细胞膜损伤，从而使细胞内容物漏出，实现杀菌作用。阳离子型表面活性剂杀菌范围较广，能杀死多种革兰阳性菌和革兰阴性菌，但对铜绿假单胞菌和芽孢作用弱。此类消毒剂有新洁尔灭、杜灭芬和洗必泰等，常用于皮肤和手术器械等的消毒。表面活性剂能降低液体的表面张力，使物体表面的油脂乳化，因而同时兼有除垢去污的作用。

（2）阴离子型表面活性剂 杀菌作用较弱，主要对革兰阳性菌起作用，如十二烷基硫酸钠，作为发泡剂被广泛应用于牙膏、肥皂、浴液、洗发香波、洗衣粉以及化妆品中，是长链脂肪酸钠盐，杀菌作用不强，常作去垢剂。

（3）非离子型表面活性剂　一般无杀菌作用，有些甚至还能通过分散菌体细胞来促进细菌生长，如聚山梨酯80。

10. 染料　分为碱性染料和酸性染料。碱性染料的杀菌作用比酸性染料强，因为一般情况下细菌带负电荷，碱性染料的阳离子易与细菌蛋白质羧基结合，实现杀菌或抑菌作用，且对革兰阳性菌的效果优于革兰阴性菌。常用的碱性染料包括孔雀石绿、煌绿、结晶紫等。

（二）影响消毒剂作用的因素

1. 消毒剂的性质和作用方式　由于化学结构和性质的不同，消毒剂对微生物的作用方式也各异（表7－11）。在选择消毒剂时，必须注意它的性质和作用方式。

表7－11　不同性质消毒剂的作用方式

作用方式	重金属	氧化剂	酚类	醇类	醛类	环氧化物	卤素类	碱性染料	酸碱类	季铵盐类
菌体蛋白质凝固或变性	+	+	+	+	+	+	+	+	+	+
菌体成分氧化、水解或结构改变	+	+	+	−	+	+	+	−	+	+
破坏酶括性或干扰代谢	+	+	−	+	−	+	+	+	+	+
增加膜透性使细胞破裂	−	−	+	−	−	+	−	−	+	+

2. 微生物种类和数量　强力消毒剂对各种微生物可能都有杀伤作用，但各种微生物对消毒剂的敏感性不同，如细菌繁殖体与芽孢，革兰阳性菌与革兰阴性菌，细菌、真菌与病毒之间均有明显差异。例如2%戊二醛、环氧乙烷、0.5%过氧乙酸等都可高效杀伤所有微生物；5%来苏尔仅能杀死细菌繁殖体，对芽孢的作用不大；2%龙胆紫只能杀伤革兰阳性球菌和真菌。因此，在实际操作过程中要根据消毒对象来确定消毒剂。此外，消毒物品中微生物的数量越大，所需要的消毒时间也越长。

3. 消毒剂的浓度、作用时间　消毒剂的杀菌过程需要一定的浓度和作用时间。低浓度的消毒剂仅起到抑菌作用；在规定的浓度下，作用时间越长，其杀菌效果就越好。

4. 环境因素　被消毒物体的温度、pH以及环境中有机物的存在等都对杀菌效果有重要影响。一般来说，温度升高有助于提高杀菌效果；介质的pH降低或升高也可使消毒剂对某种生物的杀灭效果受到影响；提高环境中有机物的含量，会减弱消毒剂的杀菌效力，因为它常与消毒剂结合，使其杀菌效果下降，因此在对皮肤或医疗器械进行消毒时，应先洗净再用药。对痰、排泄物等的消毒，应选用受有机物影响小的消毒剂。

有一些消毒剂的毒性较大，在杀菌的同时，对人或动物带来一定危害，甚至有一些消毒剂本身就是强致癌物。因此，在选择和使用消毒剂时，一定要根据消毒的目的、想要得到的效果及可能给周围环境带来的影响等进行综合考虑。

（三）常用治疗剂的种类和应用

1. 抗生素　是一类在低浓度时能选择性地抑制或杀灭其他微生物的低分子量微生物次级代谢产物。以天然来源的抗生素为基础，再对其化学结构进行修饰或改造的新抗生素称为半合成抗生素。

抗生素抑制微生物生长的机制，因抗生素的种类及其所作用微生物的种类的不同而异。总体来说，抗生素的抗菌作用主要表现在以下几方面。

（1）抑制或阻断细胞生长中重要大分子的生物合成或功能　例如青霉素能影响肽聚糖的合成，从而造成细菌细胞的细胞壁缺损，此类细菌细胞在不利的渗透压环境中极易破裂而死亡。

（2）影响细胞膜功能　例如制霉菌素能与真菌细胞膜上的醇作用，引起细胞膜的损伤。

（3）破坏蛋白质的合成 例如链霉素通过结合到核糖体中的一种蛋白质上，干扰其蛋白质合成，从而抑制微生物的生长。

（4）干扰核酸的合成 例如喹诺酮类抗生素主要作用于细菌DNA螺旋酶，使细菌DNA不能形成超螺旋，染色体受损，从而起到杀菌作用。

目前，在抗生素的基础上发展起来的，具有多种生理活性的微生物次级代谢产物，如酶抑制剂、抗氧化剂、免疫调节剂等也具有控菌和抑菌的作用，被称为生物药物素。

2. 抗代谢药物 又称代谢类似物或代谢拮抗物，它们往往在化学结构上与细胞内必要代谢产物的结构很相似，从而干扰正常的代谢活动，影响细胞生长。例如磺胺类药物中的磺胺（对氨基苯磺酰胺），其结构与细菌的一种生长因子——对氨基苯甲酸（PABA）高度相似。许多致病菌具有二氢蝶酸合成酶，该酶就以对氨基苯甲酸（PABA）为底物之一，经一系列的反应后，会自行合成四氢叶酸（THFA）。因而当环境中存在磺胺时，某些致病菌的二氢蝶酸合成酶在以二氢蝶啶和PABA为底物缩合生成二氢蝶酸的反应过程中，可错把磺胺当作PABA为底物之一，合成不具功能的“假”二氢蝶酸，即二氢蝶酸类似物。二氢蝶酸是合成四氢叶酸的中间代谢产物，而“假”二氢蝶酸最终导致四氢叶酸不能合成，从而抑制细菌生长。即磺胺药物作为竞争性代谢拮抗物或代谢类似物，使得微生物生长受到抑制，从而对因这类致病菌引起的疾病具有良好的治疗功效。

抗代谢药物一般具有良好的选择毒力，因此是一类重要的化学治疗剂，其种类也有很多，大多都是有机合成药物，如碘胺类、氨基叶酸等。

实验六 显微直接计数法

【实验目的】

1. 掌握用血球计数板在显微镜下直接计数的方法。
2. 熟悉血球计数板的构造及显微直接计数的计算。
3. 了解血球计数板的计数原理。

【实验原理】

利用血球计数板在显微镜下直接计数，是一种常用的微生物计数方法。此方法的优点是直观、快速。将经过适当稀释的菌悬液（或孢子悬液）放在血球计数板载玻片与盖玻片之间的计数室中，在显微镜下进行计数，由于计数室的容积是一定的（$0.1mm^3$），可以根据在显微镜下观察到的微生物数目来换算单位体积内的微生物总数目。由于此法计算得到的是活菌体和死菌体的总和，故又称总菌计数法。

血球计数板是一块特制的厚载玻片，其上由四条竖槽构成三个平台，中间较宽的平台被横槽隔成两半，每一边的平台上各刻有一个方格网（图7-14a），每个方格网共分为九个大方格（图7-14b）。在划有格子的区域中，有分别用双线和单线分隔而成的方格。其中有以双线为界划成的方格25（或16）个，以双线为界的格子称为中格，其内有以单线为界的16（或25）个小格（图7-14c、图7-14d）。因此，用于细胞计数的区域的400个小格排成一个正方形的大方格，大方格的边长为1mm，所以大方格的总面积为$1mm^2$。

在进行细胞计数前，先取盖玻片盖于计数方格的上方，盖玻片的下平面与刻有方格的血球计数板平面之间留有0.1mm高度的空隙。含有细胞的供测样品液被加注在此空隙中。加注在400个小格（$1mm^2$）之上与盖玻片之间的空隙中的液体总体积为$0.1mm^3$（$1mm^2 \times 0.1mm$）。因此，在计数后，获得在400个小格中的细胞总数，再乘以10^4，以换算成每1 ml所含细胞数。其计算公式如下：

$$菌液样本的含菌数（个/ml）=每小格平均菌数\times 400\times 10^4\times 稀释倍数$$

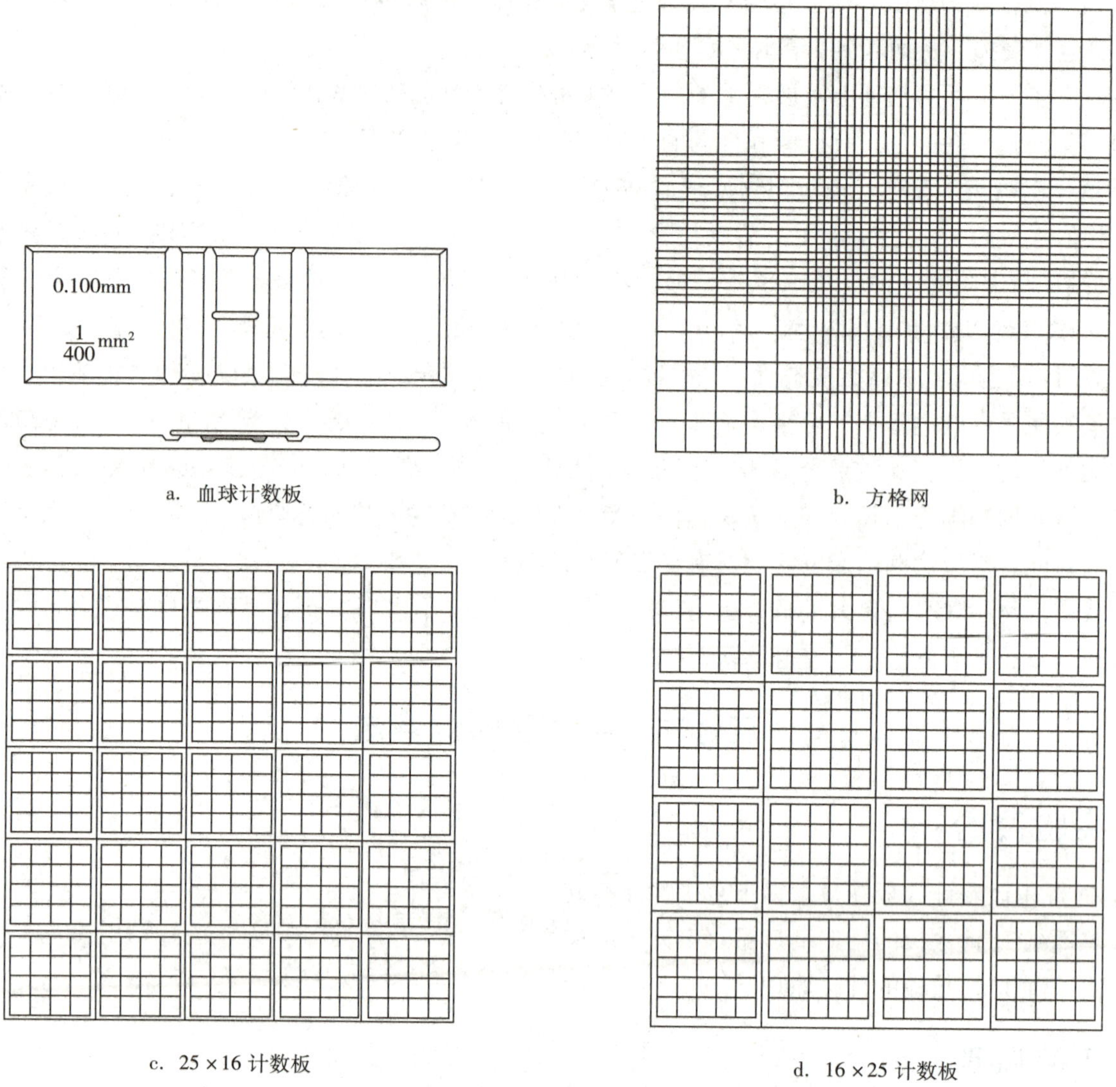

图7-14 血球计数板构造

【实验材料】

1. 器械及材料 光学显微镜、血球计数板、盖玻片、无菌滴管、擦镜纸等。

2. 菌种 培养48小时的啤酒酵母菌悬液。

3. 试剂 无菌生理盐水。

【实验内容】 微课2

1. 检查血球计数板 取一块血球计数板，首先用显微镜检查计数板的计数室，检查其是否沾有杂质或干涸的菌体。若有污物，则通过擦洗、冲洗等，使其洁净。随后再次镜检清洁后的计数板，直至计数室无污物后才可使用。

2. 样品稀释 将培养后的酵母菌培养液振荡混匀，并做一定倍数的稀释，菌液如不浓，可不必稀释。稀释度选择以分布在小方格中的菌体清晰可数为宜。一般样品稀释度要求每小格内含 4～5 个菌体为宜。

3. 加样品　在清洁干燥的血球计数板上盖上干净盖玻片，然后用无菌的细口滴管将稀释的酵母菌液由盖玻片边缘滴一小滴（不宜过多），使菌液沿缝隙靠毛细渗透作用自行进入计数室，若菌液太多，可用吸水纸吸去，静置 5～10 分钟即可计数。

4. 显微镜计数　待细胞不动后，进行显微镜计数。先用低倍镜找到计数室方格，然后用高倍镜计数。在进行具体操作的过程中，一般取 4 或 5 个中格进行计数，选取中格的方法有两种：①对于 16×25 规格的血球计数板，在计数时，分别数边角上 4 个中方格的菌数；②对于 25×16 规格的血球计数板，在计数时，分别数边角上 4 个和中间 1 个共 5 个中方格的菌数。对横跨位于方格边线上的细胞，在计数时，只计一个方格 4 条边中的 2 条边线上的细胞，而另 2 条边线上的细胞则不计。取边的原则是：每个方格均取上边线与右边线或下边线与左边线。每个样品重复 3 次。

5. 计算　取以上计数的平均值，按下列公式进行计算，得出每毫升菌液中的含菌量：

$$\text{菌液样本的含菌数（个/ml）}=\text{每小格平均菌数}\times 400\times 10^{4}\times\text{稀释倍数}$$

6. 清洗血球计数板　计数板用毕后，先用 95% 乙醇轻轻擦洗，再将血球计数板在水龙头下用水柱冲洗，切勿用硬物洗刷，洗完后自行晾干或用吹风机吹干。镜检，观察每小格内是否有残留菌体或其他沉淀物。若不干净，则必须重复洗涤至干净为止。

【实验结果】

根据所用血球计数板规格的不同，将结果记录于下面相应表格中。A 表示 5 个中方格中的总菌数，B 表示菌液稀释倍数。

25×16 规格血球计数板	各中格的菌数					5 个中格的总菌数	稀释倍数	二室平均值	样品含菌量（个/ml）
	1	2	3	4	5	A	B		
第一室									
第二室									

16×25 规格血球计数板	各中格的菌数				4 个中格的总菌数	稀释倍数	二室平均值	样品含菌量（个/ml）
	1	2	3	4	A	B		
第一室								
第二室								

【思考题】

1. 能否用血球计数板在油镜下进行计数？为什么？
2. 根据自己体会，说明血球计数板计数的误差主要来自哪些方面？如何减少误差？

实验七　细菌生长曲线的测定

【实验目的】

1. 掌握比浊法测定细菌生长曲线的方法。
2. 熟悉细菌生长曲线的特点。

3. 了解细菌生长曲线的测定原理。

【实验原理】

大多数细菌的繁殖速率很快，如在适合的条件下，大肠埃希菌细胞大约每 20 分钟分裂一次。将一定量的细菌转入新鲜液体培养基，在适宜的条件下培养，细胞要经历延滞期、指数期、稳定期和衰亡期四个阶段。以培养时间为横坐标，以细菌数目的对数或生长速率为纵坐标作图所绘制的曲线称为该细菌的生长曲线。不同的细菌在相同的培养条件下，其生长曲线不同，同样的细菌在不同的培养条件下所绘制的生长曲线也不相同。

测定微生物的数量有多种不同的方法，如直接计数法、平板菌落计数法、称重法和比浊法等，可根据要求和实验室条件选用。本实验采用比浊法测定，由于在一定的范围内，微生物细胞浓度与透光度成反比，与光密度（OD 值）成正比，可利用分光光度计测定菌悬液的光密度来推知菌液的浓度，并将所测的 OD 值与其对应的培养时间作图，即可绘出该菌在一定条件下的生长曲线，此法快捷、简便。

根据生长曲线，我们可以算出细胞每分裂一次所需要的时间，即代时，以 G 表示。其计算公式为：

$$G=\frac{t_2-t_1}{(\lg W_2-\lg W_1)\ /\lg 2}$$

式中，t_1 和 t_2 为所取指数期两点的时间，W_1 和 W_2 分别为相应时间测得的细胞含量（g/L）或 OD 值。

【实验材料】

1. 菌种 培养 10～12 小时的大肠埃希菌培养液。

2. 培养基 牛肉膏蛋白胨液体培养基。

3. 仪器和器具 分光光度计、比色杯（1cm）、恒温摇床、无菌吸管（5ml）、无菌大试管（20ml）、锥形瓶（250ml）。

【实验内容】

1. 标记 取 11 支无菌大试管，用记号笔分别标明培养时间，即 0、2、4、6、8、10、12、14、16、18 和 20 小时。

2. 接种 分别用 5ml 无菌吸管吸取 2.5ml 大肠埃希菌过夜培养液（培养 10～12 小时），转入盛有 60ml 牛肉膏蛋白胨液体培养基的锥形瓶内，混合均匀后，分别取 5ml 混合液加至上述标记的 11 支无菌大试管中。

3. 培养 将已接种的试管置摇床 37℃ 振荡培养（振荡频率 200～250r/min），分别培养 0、2、4、6、8、10、12、14、16、18 和 20 小时，将标有相应时间的试管取出，立即放 4℃ 贮存，最后一同比浊测定其 OD 值。

4. 比浊测定 用未接种的液体培养基作空白对照，选用 600nm 波长进行光电比浊测定。从之前取出的培养液开始依次测定，对细胞密度大的培养液，用液体培养基适当稀释后测定，使其 OD_{600} 在 0.1～0.65 之间（测定 OD 值前，将待测定的培养液振荡，使细胞均匀分布）。注意：测定 OD 值时，要求从低浓度到高浓度测定。

【实验结果】

将测定的 OD 值填入下表，并以表格中的时间为横坐标，OD_{600} 值为纵坐标，绘制大肠埃希菌的生长曲线，根据生长曲线说明大肠埃希菌的生长特征。

培养时间（小时）	0	2	4	6	8	10	12	14	16	18	20
OD_{600}											

【思考题】

1. 若同时用平板计数法测定，所绘出的生长曲线与用比浊法测定绘出的生长曲线有何差异？为什么？

2. 次生代谢产物的大量积累在哪个时期？根据细菌生长繁殖的规律，采用哪些措施可使次生代谢产物积累更多？

实验八　常用玻璃器皿的消毒与灭菌

【实验目的】

1. 掌握玻璃器皿的洗涤及包扎方法，玻璃器皿灭菌的原理及方法。
2. 熟悉微生物实验常用玻璃器皿的名称和规格。
3. 了解微生物实验中玻璃器皿洗涤的重要性。

【实验原理】

微生物实验一般需要纯种培养，必须是无菌的（微生物实验中常用纯种培养技术，无菌操作是其中必经的操作环节），因而微生物实验需要的所有玻璃器皿，无论是使用过的还是新购置的，都必须经过仔细清洗和严格灭菌后才能使用。为保持灭菌后的无菌状态，需要在灭菌前对培养皿、吸管等进行妥善包扎，试管和锥形瓶除用硅胶塞密封瓶口（试管口）外，也需要包扎，这些操作如不当或未按规定要求去做，很可能会导致实验的失败。

【实验材料】

1. 实验材料　试管、玻璃吸管、培养皿、锥形瓶、载玻片与盖玻片、滴瓶，以及清洗工具、去污粉、洗涤液、肥皂、棉绳、棉花、牛皮纸等。

2. 仪器设备　金属平皿筒、干热灭菌箱、高压蒸汽灭菌锅等。

【实验内容】

（一）常用玻璃器皿

1. 试管　要求管壁坚厚，管直而口平。常用试管有以下几种规格。

（1）74mm（试管长，下同）×10mm（管口直径，下同），适用于做康氏试验。

（2）15mm×5mm，适用于做凝聚反应。

（3）100mm×13mm，适用于做生化反应试验、凝聚反应及华氏血清试验。

（4）120mm×16mm，适用于做斜面培养基等。

（5）150mm×16mm，较前者稍长，常用作培养基容器。

（6）200mm×25mm，常用于盛较多量的琼脂培养基，做倾注平板用。

2. 培养皿 主要用于细菌的分离培养。常用培养皿有50mm（皿底直径）×10mm（皿底高度）、75mm×10mm、90mm×10mm及100mm×10mm等几种规格。活菌计数原则上用90mm×10mm规格培养皿。

培养皿盖与底的大小应合适，不可过松或过紧，皿盖的高度应较皿底稍低，皿底应平整。除玻璃皿盖外，也可用不上釉的陶制皿盖，后者能吸收培养基表面水分而有利于细菌标本的分离接种。

3. 锥形瓶 多用于贮存培养基和生理盐水等溶液。常用规格有50ml、100ml、150ml、200ml、250ml、300ml、500ml、1000ml、2000ml等。其底大口小，放置平稳，便于加塞。

4. 刻度吸管 简称吸管，主要用于准确吸取少量液体，其壁上有精细刻度。常用的吸管容量规格有1ml、2ml、5ml、10ml等。做某些血清学试验也常用0.1ml、0.2ml、0.25ml、0.5ml等。

5. 载玻片、凹玻片及盖玻片 载玻片供涂片用；凹玻片供制作悬滴标本和血清学检验用；盖玻片为极薄玻片，用于覆盖载玻片和凹玻片上的标本。

（二）玻璃器皿的洗涤方法

1. 新玻璃器皿的洗涤 新玻璃器皿含有游离碱，初次使用时，应先在2%的盐酸溶液中浸泡数小时，再用自来水冲洗干净。

2. 旧玻璃器皿的洗涤 不同玻璃器皿的洗涤方法不同。

（1）试管、培养皿、锥形瓶 一般先用洗衣粉和去污粉洗刷，再用自来水冲洗。如果装有固体培养基：先将培养基刮掉，再洗涤。带菌的器皿：先用2%的来苏尔或0.25%的新洁尔灭消毒液浸泡24小时或煮沸0.5小时，然后洗涤。带病原菌培养物的器皿：先用高压蒸汽灭菌，倒去培养物后再洗涤。

（2）玻璃吸管 将吸管尖端与装在水龙头上的橡皮管连接，反复冲洗。吸过血液、血清、糖溶液或染料溶液等的玻璃吸管：使用后立即投入盛有自来水的容器中浸泡，实验后集中冲洗。塞有棉花的吸管：用水将棉花冲出，然后冲洗。吸过含有微生物培养物的吸管：先用2%来苏尔或5%苯酚浸泡数小时或过夜，再经高压蒸汽灭菌后，用自来水及蒸馏水洗净。吸管内壁有油垢：先在洗涤液中浸泡数小时，或在50g/L碳酸氢钠溶液内煮两次，再冲洗。

（3）载玻片与盖玻片 带有香柏油：先用皱纹纸或吸水纸擦拭或在二甲苯中摇晃几次后，在肥皂水中煮沸5～10分钟，用软布或脱脂棉擦拭后，立即用夹子取出经自来水冲洗，然后在稀洗涤液中浸泡0.5～2小时，自来水冲洗，干后在95%乙醇中保存备用，用时再在火焰上烧去乙醇即可。也可从乙醇中取出，并用软布擦干，保存备用。检查过活菌：先在2%来苏尔或5%苯酚溶液中浸泡24小时，然后按上述方法洗涤。

其他玻璃器皿，凡沾有凡士林或石蜡，并未曾污染菌的，洗刷之前尽可能除去油污。可先在50g/L碳酸氢钠溶液内煮两次，再用肥皂和热水冲洗。以水在器皿内壁均匀分布成一薄层而不出现水珠为油污除尽的标准。染菌或盛过微生物的玻璃器皿，应先经121℃高压蒸汽灭菌，20～30分钟后取出，并趁热倒出容器内的培养物，再用肥皂和热水刷洗干净。

（三）玻璃器皿包扎

1. 培养皿的包扎 一般以8～12套培养皿做一包，用纸包扎或装在金属平皿筒（图7－15）内。

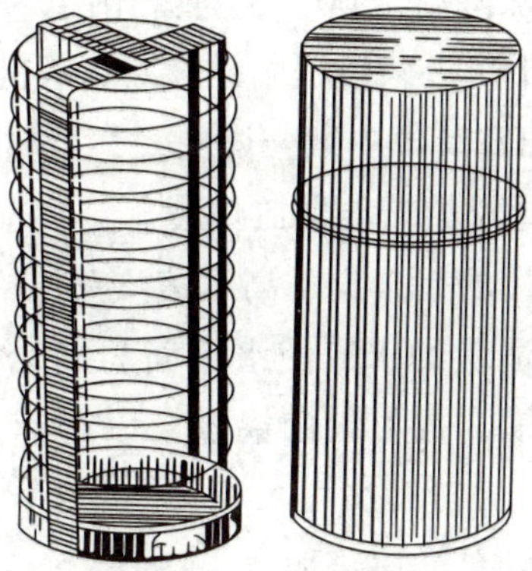

图 7－15　金属平皿筒

2. 吸管的包扎　准备好干燥的吸管，并在距其粗头顶端约 0.5cm 处塞一小段约 1.5cm 的棉花，可将拉直的曲别针一端放在棉花中心，轻轻捅入管口。棉花松紧必须适中，管口外露的棉花纤维可统一通过火焰烧去。然后将吸管尖端斜放在旧报纸条（宽约 5cm）的近左端，与报纸成 30°角，折叠纸条，包住吸管尖端，再将整根吸管卷入报纸，右端多余的报纸打一小结（图 7－16），再将包好的吸管集中灭菌。也可将吸管装入金属管筒（图 7－17）内进行灭菌。

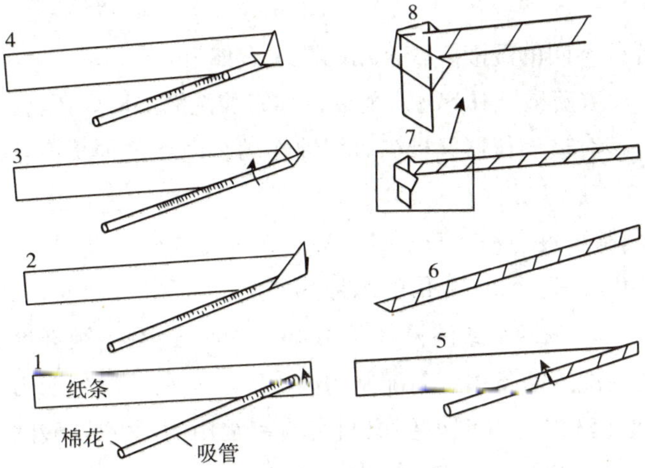

图 7－16　吸管包扎示意图

图 7－17　金属管筒

3. 试管和锥形瓶等的包扎　试管口（锥形瓶口）用棉花塞或硅胶塞塞紧，然后在棉花硅胶塞与管口（瓶口）外再包以厚纸，用棉绳以活结扎紧，以防灭菌后瓶口被外部杂菌污染。

（四）玻璃器皿灭菌

玻璃器皿常用灭菌方法有干热灭菌法和高压蒸汽灭菌法。

1. 干热灭菌法　用干燥的热空气杀死微生物的方法称为干热灭菌法，通常将灭菌物品放于干热灭菌箱内，在 160～170℃加热 1～2 小时。

干热灭菌操作步骤如下。

（1）装箱：将包扎好的玻璃器皿放入干热灭菌箱灭菌专用铁盒内，放入灭菌箱，关好箱门。

（2）灭菌：接通电源，打开干热灭菌箱排气孔，待温度上升至 80～100℃时关闭排气孔，继续升温至 160～170℃，开始计时，恒温 1～2 小时。

（3）灭菌结束后，关闭电源，自然降温至60℃，打开箱门，取出物品，放置备用。

注意：灭菌物品不能有水，否则干热灭菌过程中易爆裂；灭菌物品不能装得过挤，以免影响温度上升；灭菌温度不宜超过180℃，否则棉塞及牛皮纸会烧焦，甚至燃烧；自然降温至60℃以下，方可打开箱门，取出物品，避免因突然降温而导致的玻璃器皿炸裂。

2. 高压蒸汽灭菌法 目前普遍使用的是全自动高压蒸汽灭菌锅，其操作步骤如下。

（1）向高压蒸汽灭菌锅底层加入适量的水，使水平面与搁架相平，把已包扎的待灭菌玻璃器皿置于配套灭菌金属筐中，一起放入灭菌锅，盖上灭菌锅盖，以对称方式同时旋紧相对的两个螺栓，使之严密。

（2）打开电源，设置灭菌时间、温度，开始加热，待冷空气完全排尽后关上排气阀，当温度升高至121.3℃时，开始计时，维持此温度20～30分钟。

（3）灭菌时间到达后，停止加热，等待锅内压力自然下降至0时，方可打开排气阀，打开锅盖，取出灭菌物品。

（4）将已灭菌物品放入烘箱，完全干燥后取出，放置备用。

注意：灭菌终了，放气降压完毕，要趁灭菌锅未冷及早打开，取出灭菌物品，不要久放其中，以免水蒸气凝结在灭菌锅顶盖和四壁，形成水滴，落至被灭菌物品上，弄湿包装纸，增加灭菌物品的染菌概率。

（五）常用洗涤液配制及使用注意事项

玻璃仪器洗涤液简称洗液，根据不同的要求有各种不同的洗液，较常用的主要有如下几种。

1. 强酸氧化剂洗液 是用重铬酸钾（$K_2Cr_2O_7$）和浓硫酸（H_2SO_4）配成，称铬酸洗液。$K_2Cr_2O_7$在酸性溶液中有很强的氧化能力，洗涤一般污渍效果好，对玻璃仪器又极少有侵蚀作用，因此这种洗液在实验室内使用最广泛。

（1）配制方法 根据实际洗涤要求，铬酸洗液配制浓度各有不同，从5%～12%的各种浓度都有。但配制方法大致相同：取一定量$K_2Cr_2O_7$（工业品即可），先用1～2倍的水加热溶解，待稍冷后，将工业品浓硫酸所需体积数缓缓加至$K_2Cr_2O_7$溶液中（千万不能将水或溶液加至H_2SO_4中），边倒边用玻璃棒不停搅拌，并注意不要溅出。混合均匀，冷却后装入洗液瓶备用。新配制的洗液为红褐色，氧化能力很强。洗液用久后会变为黑绿色，此时洗液基本无氧化洗涤力。例如要配制实验室常用的12%铬酸洗液500ml，具体步骤如下：称取研细的重铬酸钾60g，放于500ml烧杯中，加水100ml（加水量并非固定不变，而以能溶解为度），加热溶解，待溶解后，冷却，再慢慢加入340ml浓硫酸，边加边搅拌，冷却后装瓶备用。

（2）注意事项 铬酸洗液在使用时一定要注意不能溅到身上，以防“烧”破衣服和损伤皮肤。将洗液倒入需清洗的仪器，使仪器周壁完全浸洗后，稍加停留，再倒回洗液瓶。第一次用少量水冲洗刚浸洗过的仪器后，废水不要倒进水池和下水道，应倒在废液缸中，否则长久会腐蚀水池和下水道。若无废液缸，倒入水池时，要边倒边用大量水冲洗。需要强调：①防止腐蚀皮肤和衣服；②防止吸水；③洗液呈绿色时，表示失效；④废液用硫酸亚铁处理后再排放。

2. 碱性洗液 用于洗涤有油污的仪器，用此洗液是采用长时间（24小时以上）浸泡法，或者浸煮法。从碱洗液中捞取仪器时，要戴乳胶手套，以免烧伤皮肤。常用的碱洗液有：碳酸钠溶液（Na_2CO_3，即纯碱）、碳酸氢钠溶液（Na_2HCO_3，小苏打）、磷酸钠溶液（Na_3PO_4，磷酸三钠）、磷酸氢二钠溶液（Na_2HPO_4）等。

(1) 实验室常用的碱性乙醇溶液配制方法 将60g氢氧化钠溶于60ml水中，再加入500ml的95%乙醇。

(2) 注意事项 ①防止挥发和防火；②久放失效。

(3) 用途 除去油脂、焦油和树脂等污物。

【实验结果】

1. 描述清洗前后玻璃器皿的状态。
2. 记录干热灭菌过程。

【思考题】

1. 简述带菌玻璃器皿的洗涤方法。
2. 包扎移液管和锥形瓶时，分别要注意哪些问题？
3. 高压蒸汽灭菌时，为什么要排尽锅内的冷空气？
4. 玻璃器皿进行干热灭菌和高压蒸汽灭菌时，分别应注意哪些事项？

案例分析

"欣弗"事件

某生物药公司因违反规定，其生产的克林霉素磷酸酯葡萄糖注射液（欣弗）导致11人死亡，造成恶劣影响。经相关部门对涉事样品进行检验，结果表明，该产品无菌检查及热原检查均不符合规定。经查明，该事件是由于未按标准的工艺参数灭菌，而是降低灭菌温度、缩短灭菌时间、增加灭菌柜装载量，从而导致灭菌不彻底。

启发与思考

1. 企业必须认识到自身的社会责任，不能以牺牲产品质量来牟取利益。
2. 认识到生物安全的重要性，树立产品质量安全理念。

讨论

1. 导致"欣弗"事件的原因是什么？
2. 如何才能杜绝此类事件的发生？

复习思考题

答案解析

1. 微生物的生长与繁殖的关系如何？研究它们的生长繁殖有何理论和实践意义？
2. 平板菌落计数法有何优缺点？试对倾注平板法和涂布平板法进行比较。
3. 延滞期有何特点？实践过程中如何缩短它？
4. 指数期有何特点？处于这个时期的微生物有何应用？
5. 稳定期有何特点？稳定期到来的原因有哪些？
6. 试比较灭菌、消毒、防腐和化疗的特点，并各举两三个例子加以说明。
7. 高压蒸汽灭菌法的原理是什么？高压蒸汽灭菌锅使用时有哪些注意事项？

8. 在 −196 ~ 150℃ 的温度范围内，对微生物学研究关系较大的代表性温度（生长、抑制、消毒、灭菌、菌种保藏等）有哪些？试以表格的形式进行分类、排序，并逐一简介。

书网融合……

本章小结　　微课 1　　微课 2　　题库

第八章　微生物的遗传变异和菌种选育、保藏技术

PPT

学习目标

【知识要求】

1. 掌握　原核微生物基因重组的方式及基因突变的类型；常用的菌种保藏、复壮技术方法。

2. 熟悉　菌种保藏的基本原理。

3. 了解　微生物菌种选育的原理和主要方法。

【技能要求】

能够根据生产需求合理设计菌种选育程序；能够分析各类菌种保藏方法的优缺点，选择合适的方法应用于实践；能根据菌种退化的原理进行菌种复壮。

【素质要求】

通过运用前概念，构建新概念，体会到生命是一个有机的统一体，建立生命观念；培养刻苦钻研和踏实认真的学习态度，进一步发展分析推理能力，锻炼科研思维，提升技能水平。

从遗传学研究角度来看，微生物有着许多区别于其他生物的生物学特性，例如，个体结构极其简单，营养体一般都是单倍体，易于在成分简单的合成培养基上大量生长繁殖，繁殖速度快，易于累积不同的代谢产物，菌落形态特征的可见性与多样性，环境条件对微生物群体中各个体作用的直接性与均匀性，以及在进化进程中存在多种原始的有性生殖类型等。这就使得微生物在当代生物遗传学基本理论问题探索中成为人们最热衷和首选的研究对象。

遗传（heredity，inheritance）和变异（variation）是一切生物体最本质的属性之一。所谓遗传，讲的是发生在亲子间即上下代间的关系，即指上一代生物如何将自身的一整套遗传基因稳定地传递给下一代的行为或功能，它具有极其稳定（保守）的特性。

（1）遗传型（genotype）　又称基因型，指某一生物个体所含有的全部遗传因子即基因组（genome）所携带的遗传信息。遗传型是一种内在的可能性或潜力，其实质是遗传物质上所负载的特定遗传信息。具有某遗传型的生物，只有在适当的环境条件下，通过其自身的代谢和发育，才能将它付诸实际，即产生自己的表型。

（2）表型（phenotype）　指某一生物体所具有的一切外表特征和内在特性的总和，是其遗传型在合适环境条件下通过代谢和发育而得到的具体体现。所以，它与遗传型不同，是一种现实性（具体性状）。

（3）变异（variation）　指生物体在某种外因或内因的作用下所引起的遗传物质结构或数量的改变，亦即遗传型的改变。其特点是在群体中只以极低的概率（一般为 $10^{-10}\sim10^{-5}$）出现，性状变化幅度大，且变化后的新性状是稳定的、可遗传的。

（4）饰变（modification）　指外表的修饰性改变，意即一种不涉及遗传物质结构改变而只发生在转录、翻译水平上的表型变化。其特点是：整个群体中的几乎每一个体都发生同样变化；性状变化的幅度小；因其遗传物质未变，饰变是不遗传的。例如，黏质沙雷氏菌（*Serratia marcescens*）在25℃培养时，会产生深红色的灵杆菌素，它把菌落染成鲜血状；可是，当培养在37℃时，此菌群体中的一切个体都

不产色素；如果重新降温至25℃，所有个体又可重新恢复产色素能力。所以，饰变是与变异有着本质区别的另一种现象。上述的 *S. marcescens* 产色素能力也会因发生突变而消失，但概率极低（10^{-4}），且这种消失是不可恢复的。

如果说遗传是指子代与亲代相似的现象，那么变异就是子代与亲代间出现差异的现象。遗传保证了物种的稳定存在和延续，而变异则推动了物种的进化和发展。微生物遗传规律的深入研究，不仅促进了现代分子生物学和生物工程等学科的发展，而且还为育种工作提供了丰富的理论基础，促使育种工作向着自觉、高效、定向、远缘杂交等方向发展。 微课1

知识链接

CRISPR－Cas9 基因编辑技术

2017 年 3 月，英国《自然·通讯》杂志发表一项遗传学重要研究成果，利用 CRISPR－Cas9 系统可拯救失明小鼠。

CRISPR－Cas9 是细菌和古细菌在长期演化过程中形成的一种适应性免疫防御，可用来对抗入侵的病毒及外源 DNA。而 CRISPR－Cas9 基因编辑技术，则是对靶向基因进行特定 DNA 修饰的技术，这项技术也是用于基因编辑的前沿方法。以 CRISPR－Cas9 为基础的基因编辑技术在一系列基因治疗的应用领域都展现出极大的应用前景，例如血液病、肿瘤和其他遗传疾病。该技术成果已应用于人类细胞、斑马鱼、小鼠以及细菌的基因组精确修饰。

2014 年 4 月 15 日，美国专利与商标局下发关于 CRISPR 的第一个专利授权。专利权限包括在真核细胞或者任何细胞有细胞核的物种中使用 CRISPR，这意味着拥有在除细菌之外的所有生物，包括老鼠、猪和人身上使用 CRISPR 的权力。

第一节　遗传变异的物质基础

关于生物的遗传变异有无物质基础以及何种物质可执行遗传变异功能的问题，是生命科学中的一个重大问题。围绕这一问题，曾有过种种推测、争论甚至长期的斗争。在 19 世纪末，德国学者 A. Weismann 认为生物体的物质可分为体质与种质两部分，首次提出种质（遗传物质）具有稳定性和连续性，并认为种质是一种有特定分子结构的化合物。到了 20 世纪初，T. H. Morgan 提出了基因学说，进一步把遗传物质的范围缩小到染色体上。通过化学分析，又进一步发现染色体是由核酸和蛋白质这两种长链状高分子组成的。由于其中的蛋白质可由千百个氨基酸单位组成，而氨基酸种类通常又达 20 多种，经过它们的不同排列组合，可演变出的不同蛋白质的数目几乎可达到一个天文数字。而核酸一般仅由 4 种不同的核苷酸组成，它们通过排列组合只能产生较少种类的核酸。因此当时学术界普遍认为，决定生物遗传型的染色体和基因的活性成分非蛋白质莫属。可是到 1944 年之后，以微生物为研究对象设计了 3 个著名的实验，最终以确凿的事实证明了核酸才是一切生物遗传变异的真正物质基础。

一、3 个经典实验

（一）经典转化实验

1928 年，英国细菌学家格里菲斯（F. Griffith）首先发现 *Streptococcus pneumoniae*（肺炎链球菌，旧

称肺炎双球菌）的转化现象。肺炎链球菌是一种病原菌，存在两种类型：光滑型（S，smooth）和粗糙型（R，rough）。S 型有荚膜，菌落光滑，能使人和动物患病死亡，R 型无荚膜，菌落粗糙，不能使人和动物患病。F. Griffith 以 R 型和 S 型菌株为研究材料进行了以下三组实验。

1. 动物实验　F. Griffith 以 R 型和 S 型菌株进行遗传物质的实验，他将活的无毒的 R 型肺炎链球菌或加热杀死的有毒的 S 型菌分别注入小白鼠体内，结果小白鼠安然无恙；将活的有毒的 S 型菌，或将大量经加热杀死的有毒的 S 型菌和少量无毒的活的 R 型菌混合，分别注射到小白鼠体内，结果小白鼠患病死亡，并从小白鼠体内分离出活的 S 型菌（图 8－1）。

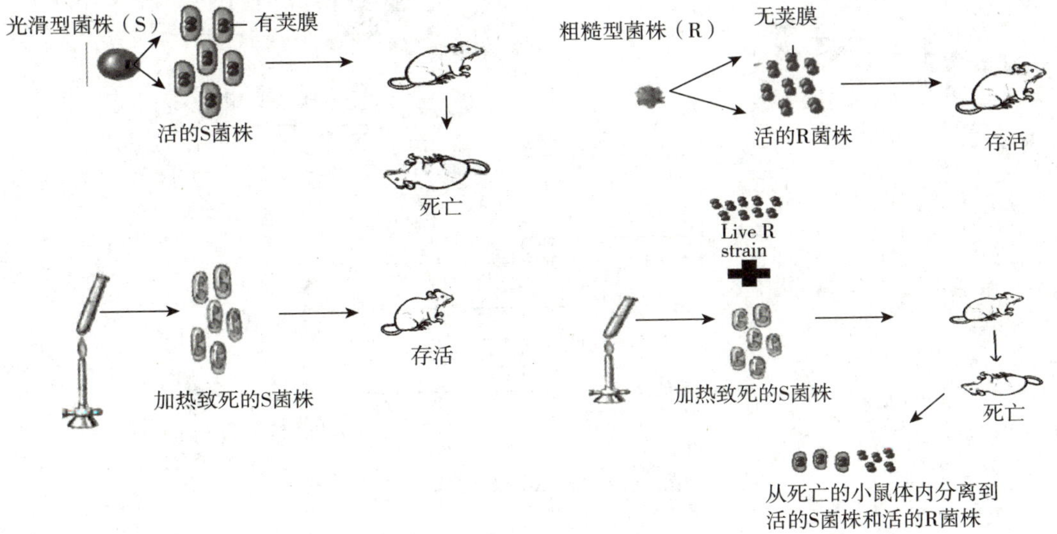

图 8－1　动物体内转化实验

2. 细菌培养实验　见图 8－2。

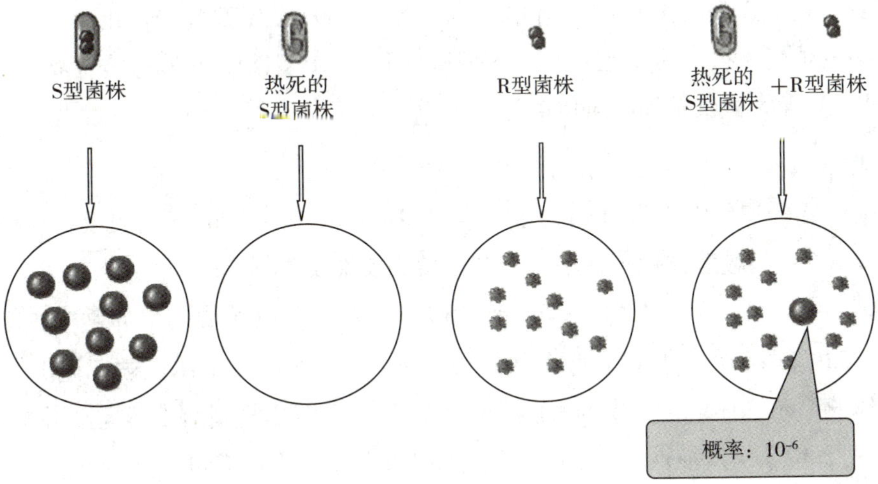

图 8－2　体外细菌培养实验

3. S 型菌的无细胞抽提液实验　见图 8－3。

以上实验说明，加热杀死的 S 型细菌，在其细胞内可能存在一种具有遗传转化能力的物质，它能通过某种方式进入 R 型细菌，并使 R 型细菌获得表达 S 型荚膜性状的遗传特性。

1944 年，O. T. Avety、C. M. Macleod 和 M. McCarty 从热杀死的 S 型细菌中提纯了可能作为转化因子

的各种成分，并在离体条件下进行了转化实验（图 8－4）。

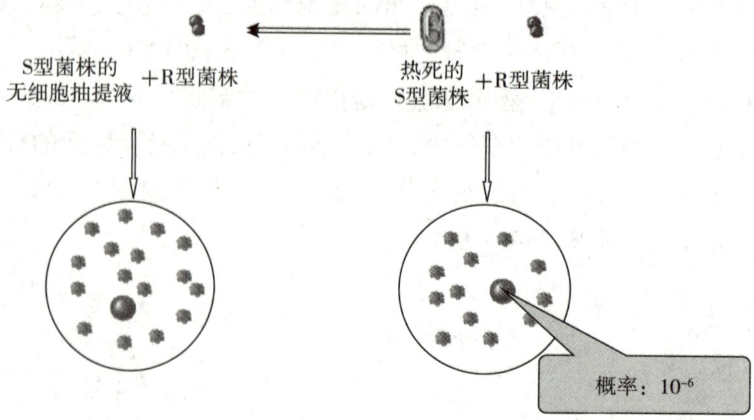

图 8－3　S 型菌的无细胞抽提液转化实验

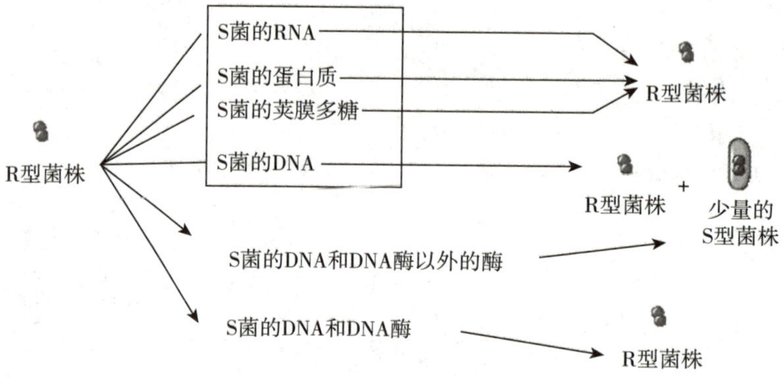

图 8－4　S 菌各细胞成分的转化实验

上述结果表明，只有 S 型菌株的 DNA 才能将 *S. pneumoniae* 的 R 型菌株转化为 S 型，而且 DNA 纯度越高，其转化效率也越高。这就有力地说明，S 型菌转移给 R 型菌的不是遗传性状（在这里是荚膜多糖）本身，而是以 DNA 为物质基础的遗传信息。

（二）噬菌体感染实验

为进一步证明生物的遗传物质是 DNA，1952 年 A. Hershay 和 M. Chase 利用放射性同位素示踪元素，对大肠埃希菌（*E. coli*）的噬菌体做了标记，噬菌体感染实验见图 8－5。

他们首先将 *E. coli* 培养在以放射性 $^{32}PO_4^{3-}$ 或 $^{35}SO_4^{2-}$ 作为 P 源或 S 源的培养基中，结果 ^{35}S 存在于蛋白质中，而 ^{32}P 只存在于核酸中；然后让噬菌体侵染 *E. coli*，从而使噬菌体也被标记上 ^{35}S 和 ^{32}P；接着让具放射性的噬菌体感染不含放射性元素的大肠埃希菌，并在噬菌体复制前进行搅动并离心，得上清液和沉淀物。结果发现 ^{35}S 位于上清液而 ^{32}P 位于底部，说明蛋白质外壳没有进入 *E. coli*，它由于搅动而脱落，且较轻，故位于上清液中；而 DNA 进入了菌体，且较重，故被沉淀下来。随后对沉淀液进行培养时发现有大量完整的噬菌体出现，因此证实了：在其 DNA 中，存在着包括合成蛋白质外壳在内的整套遗传信息。

（三）植物病毒重建实验

为了证明核酸是遗传物质，H. Fraenkel－Conrat 进一步用含 RNA 的烟草花叶病毒（tobacco mosaic virus，TMV）进行了著名的植物病毒重建实验。将 TMV 放在一定浓度的苯酚溶液中振荡，就能将它的

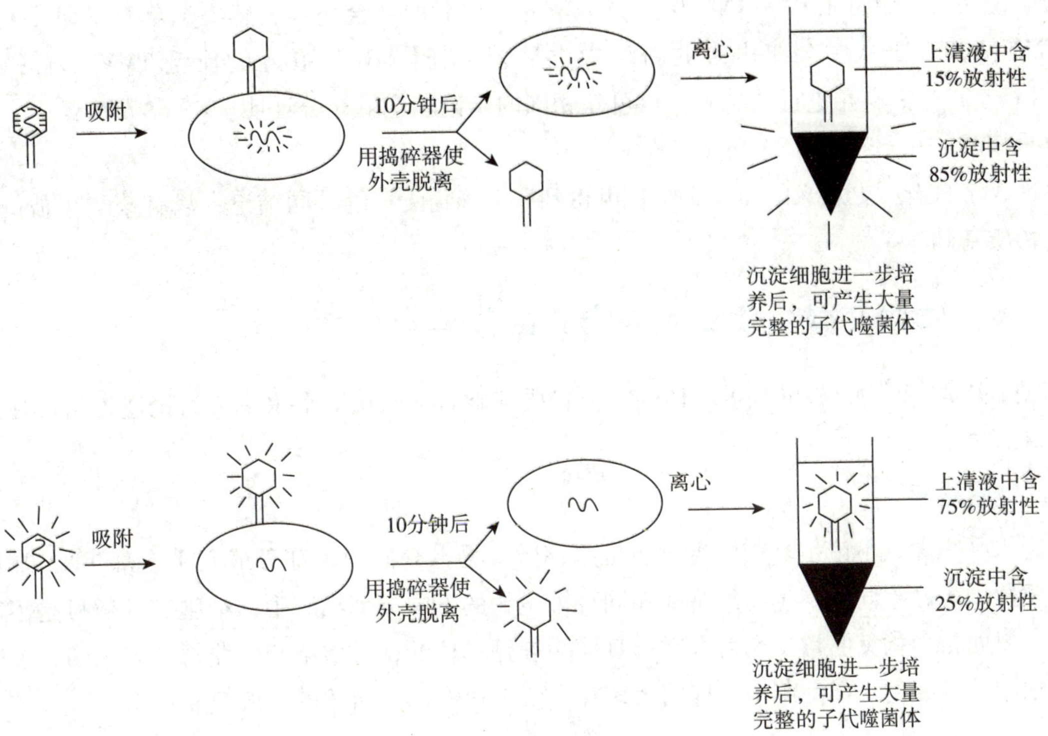

图 8-5 大肠埃希菌的噬菌体感染实验

蛋白质外壳与 RNA 核心相分离。结果发现裸露的 RNA 也能感染烟草，并使其出现典型症状，而且在病斑中还能分离到完整的 TMV 粒子。当然，由于提纯的 RNA 缺乏蛋白质衣壳的保护，感染频率要比正常 TMV 粒子低些。在实验中，还选用了另一株与 TMV 近缘的霍氏车前花叶病毒（Holmes ribgrass mo－saic virus，HRV）。实验见图 8－6。

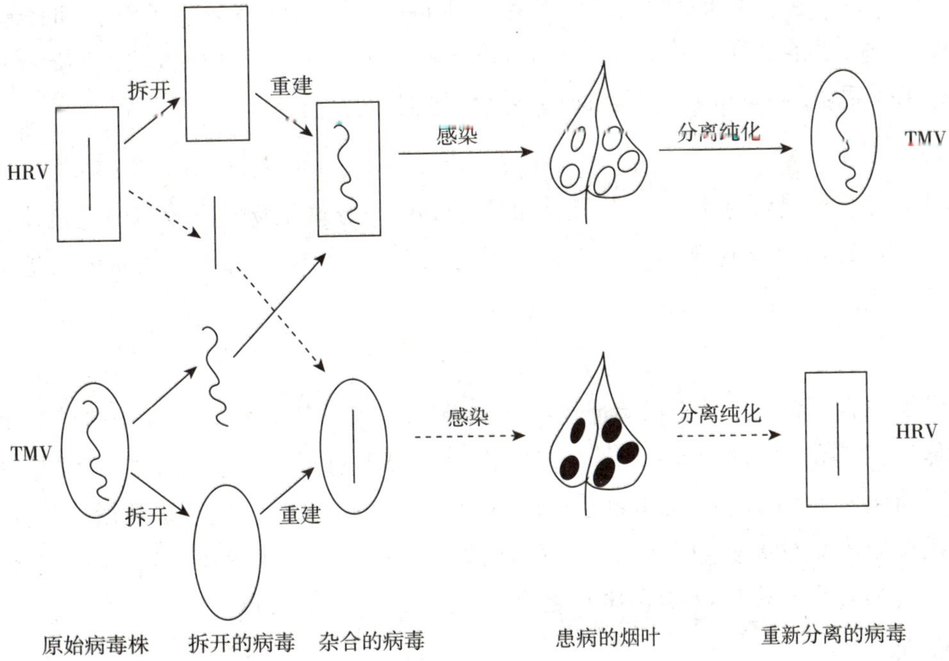

图 8－6 TMV 重建实验

该实验说明，当用由 TMV-RNA 与 HRV-衣壳重建后的杂合病毒去感染烟草时，烟叶上出现的是典型的 TMV 病斑。再从中分离出来的新病毒也是未带任何 HRV 痕迹的典型 TMV 病毒；反之，用 HRV-RNA 与 TMV-衣壳进行重建时，也可获相同的结论。这就充分证明，在 RNA 病毒中，遗传的物质基础也是核酸，只不过是 RNA 罢了。

通过这 3 个具有历史意义的经典实验，可得到一个确信无疑的共同结论：只有核酸才是负载遗传信息的真正物质基础。

二、遗传物质在微生物细胞内存在的部位和形式

3 个经典实验均证明，核酸是生物体的遗传物质基础。下面从 7 个水平来讨论遗传物质在细胞中存在的部位和方式。

（一）细胞水平

从细胞水平来看，不论是真核微生物还是原核微生物，它们的大部分或几乎全部 DNA 都集中在细胞核或核质体中。在不同的微生物细胞或在同种微生物的不同类型细胞中，细胞核的数目是不同的。例如，酵母、黑曲霉、构巢曲霉、产黄青霉等真菌一般是单核的；脉孢菌和米曲霉是多核的；多数放线菌类的菌丝细胞是多核的；在细菌中，杆菌大多存在两个核质体，而球菌一般只有一个。

（二）细胞核水平

从细胞核水平来看，真核生物与原核生物之间存在着一系列明显的差别。前者的核有核膜包裹，形成有完整形态的核，核内的 DNA 与组蛋白结合成在显微镜下可见的染色体；而后者的核则无核膜包裹，以松散状态的核质体形式存在，DNA 不与蛋白质相结合等。

不论是真核生物还是原核生物，除了它们具有集中着大部分 DNA 的核或核质体外，在细胞质中还存在着一些能自主复制的另一类遗传物质，如真核生物中的各种细胞质基因（叶绿体、线粒体、中心体中的遗传物质等），共生生物［如草履虫“放毒者”（killer）品系中的卡巴颗粒等］和酵母菌的 2μm 质粒，原核生物中细菌的致育因子（F 质粒，fertility factor）、耐药性因子（R 质粒，resistance factor）、大肠杆菌素因子（Col 质粒，colicinogenic factor）以及 Ti 质粒等。

（三）染色体水平

不同生物体在每个细胞核内往往有不同数目的染色体。真核微生物常有较多的染色体，如酵母菌属为 17 条，汉逊酵母属为 4 条，脉孢菌属为 7 条；而在原核微生物中，每一个核质体只是一个裸露的光学显微镜下无法看到的“核区”，实为核酸水平。

（四）核酸水平

从核酸的种类来看，大多数微生物的遗传物质是 DNA，只有部分病毒（其中多数是植物病毒，还有少数是噬菌体）的遗传物质是 RNA。在真核生物中，DNA 总是缠绕着组蛋白，两者一起构成复合物——染色体；而原核生物的 DNA 都是单独存在的。在核酸的结构上，绝大多数微生物的 DNA 是双链的，只有少数病毒的核酸为单链结构（如大肠埃希菌的 ΦX174 和 fd 噬菌体等）；RNA 也有双链（大多数真菌病毒）与单链（大多数 RNA 噬菌体）之分。

（五）基因水平

在生物体内，一切具有自主复制能力的遗传功能单位，都可称为基因，它的物质基础是一个具特定核苷酸顺序的核酸片段。基因分为结构基因和调节基因两种，其中结构基因用于编码酶的结构，为细胞

产生蛋白质提供了可能；而调节基因则用于调节酶的合成，它使该细胞在某一特定条件下合成蛋白质的功能得到了实现。

（六）密码子水平

遗传密码就是指 DNA 链上各个核苷酸的特定排列顺序。每个密码子（codon）是由 3 个核苷酸顺序所决定的，它是负载遗传信息的基本单位。20 世纪 60 年代初，经过许多科学工作者的深入研究，终于找出了转录与翻译间的相互关系，破译了遗传密码的奥秘，并发现各种生物都遵循着一套共同的密码。DNA 上的三联密码子要通过转录成 mRNA 密码才能与氨基酸相对应，因此，三联密码子一般都是用 mRNA 上的核苷酸顺序来表示。4 种核苷酸可组成 64 种三联密码子，用于决定 20 种氨基酸。事实上，有些密码子的功能是重复的（如决定亮氨酸的就有 6 个密码子），而另一些则被用作“起始”（AUG，代表甲硫氨酸或甲酰甲硫氨酸）或“终止”（UAA、UGA 和 UAG）信号。

（七）核苷酸水平

基因是一个遗传的功能单位，密码子是一种信息单位，而核苷酸（即碱基）可认为是一个最低突变单位或交换单位。在绝大多数生物的 DNA 组分中，都只含腺苷酸（AMP）、胸苷酸（TMP）、鸟苷酸（GMP）和胞苷酸（CMP）4 种脱氧核苷酸，但也有少数例外，它们含有一些稀有碱基，例如，T 偶数噬菌体的 DNA 上就含有少量 5 – 羟甲基胞嘧啶。

第二节　基因突变和诱变育种 微课 2

一、基因突变

基因突变（gene mutation）简称突变，是变异的一类，泛指细胞内（或病毒体内）遗传物质的分子结构或数量突然发生的可遗传的变化，可自发或诱导产生。狭义的突变专指基因突变（点突变），而广义的突变则包括基因突变和染色体畸变。突变的概率一般很低（$10^{-9} \sim 10^{-6}$）。从自然界分离到的菌株一般称为野生型菌株（wild type strain），简称野生型。野生型经突变后形成的带有新性状的菌株，称突变株（mutant，或突变体、突变型）。

（一）突变类型

突变的类型很多，这里拟从筛选菌株的实用目的出发，按突变后极少数突变株的表型能否在选择培养基上迅速选出和鉴别来区分。凡能用选择培养基（或其他选择性培养条件）快速选择出来的突变株称为选择性突变株（selectable mutant），反之则称为非选择性突变株（non – selectable mutant）。按照上述区分原则，营养缺陷型（株）、抗性突变型（株）和条件致死突变型（株）属于选择性突变株，而形态突变型（株）、抗原突变型（株）和产量突变型（株）则属于非选择性突变株。

1. 营养缺陷型（auxotroph）　指某一野生型菌株因发生基因突变而丧失合成一种或几种生长因子、碱基或氨基酸等的能力，因而不能再在基本培养基（minimum medium，MM）上正常生长繁殖的变异类型。它们可在加有相应营养物质的基本培养基平板上筛选出。营养缺陷型突变株在遗传学、分子生物学、遗传工程和育种等工作中十分有用。

2. 抗性突变型（resistant mutant）　指野生型菌株因发生基因突变，而产生的对某化学药物、致死物理因子或噬菌体的抗性变异类型。它们可在加有相应药物、用相应物理因子处理或含噬菌体的培养基平板上筛选出。抗性突变型普遍存在，例如对一些抗生素具抗药性的菌株等。抗性突变型菌株在遗传学、分子生物学、遗传育种和遗传工程等研究中极其重要。

3. 条件致死突变型（conditional lethal mutant） 某菌株或病毒经基因突变后，在某种条件下可正常生长、繁殖并呈现其固有的表型，而在另一种条件下却无法生长、繁殖，这种突变类型称为条件致死突变型。Ts 突变株即温度敏感突变株（temperature sensitive mutant，Ts mutant）是一类典型的条件致死型突变株。例如，*E. coli* 的某些菌株可在 37℃下正常生长，却不能在 42℃下生长；又如，某些 T4 噬菌体突变株在 25℃下可感染其宿主 *E. coli*，而至 37℃时却不能感染等。引起 Ts 突变的原因是：突变使某些重要蛋白质的结构和功能发生改变，以致在某特定温度下具有功能而在另一温度（一般为较高温度）下则无功能。

4. 形态突变型（morphological mutant） 指由突变引起的个体或菌落形态的变异，一般属非选择性突变。例如，细菌的鞭毛或荚膜的有无，霉菌或放线菌的孢子有无或颜色变化，细胞产可溶性色素的变化，菌落表面的光滑、粗糙，以及噬菌斑的大小或清晰度等的突变。

5. 抗原突变型（antigenic mutant） 指由于基因突变引起的细胞抗原结构发生改变的变异类型，包括细胞壁缺陷变异（L 型细菌等）、荚膜或鞭毛成分变异等，一般也属非选择性突变。

6. 产量突变型（metabolite quantitative mutant） 通过基因突变而产生的在代谢产物产量上明显有别于原始菌株的突变株，称产量突变型。若产量显著高于原始菌株者，称正变株（plus - mutant），反之则称负变株（minus - mutant）。筛选高产正变株的工作对生产实践极其重要，但产量高低是由多个基因决定的，因此在育种实践上，只有把诱变育种与重组育种和遗传工程育种很好地结合起来，才能取得更好的效果。

（二）微生物突变的特点与频率

1. 突变的特点 整个生物界，由于遗传物质的本质是相同的，显示在遗传变异的特点上也都遵循着同样的规律，故突变的特点也具有一致性，这在基因突变的水平上尤为明显。下面以细菌的抗药性为例，来说明基因突变的一般特点。

（1）不对称性　是指突变的性状与引起突变的原因之间无直接的对应关系。例如，细菌在青霉素的作用下，出现了抗青霉素的突变体；在紫外线的作用下，出现了抗紫外线的突变体：在较高的培养温度下，出现了耐高温的突变体等。表面上看，会认为正是由于青霉素、紫外线或高温的“诱变”，才产生了相对应的突变性状。而事实恰恰相反，这里的青霉素、紫外线或高温仅仅起着淘汰原有非突变型（敏感型）个体的作用；如果说它有诱变作用（例如其中的紫外线），也可以诱发任何性状的变异，但不是专一地诱发抗紫外线这一种变异。这一结论似乎不符合事实，但后面要介绍的三个经典实验却巧妙地验证了它。

（2）自发性　各种性状的突变可以在没有人为诱变因素处理的情况下自然地发生，即自然界中时时刻刻都存在着自发的突变，不以人的意志为转移。

（3）稀有性　自发突变随时发生，但突变的频率是较低的，一般在 $10^{-9}\sim10^{-6}$之间。

（4）独立性　每一种突变都是相对独立的，没有相互关联。在某一群体中，既可产生抗青霉素的突变型，也可产生抗链霉素或任何其他药物的突变型，而且还可产生其他任何性状的突变型。某一基因的突变，既不提高也不降低其他任何基因的突变率。

（5）诱变性　通过诱变剂可提高突变率。一般可提高 $10\sim10^5$倍。不论是通过自发突变或诱发突变（诱变）所获得的突变株，它们之间并无本质上的差别，因为诱变剂仅起着提高诱变率的作用。

（6）稳定性　由于突变的本质是遗传物质结构上发生了稳定的变化，产生的新变异性状也是稳定的、可遗传的。

（7）可逆性　由原始的野生型基因变异为突变型基因的过程，称正向突变（forward mutation），相反的则称为回复突变或回变（reverse mutation）。实验证明，任何性状既有正向突变，也可发生回复突变，只是往往这种回复突变是不完全的。

2. 突变率（mutation rate）　是指每一个细胞在每一世代中发生某一性状突变的概率。如突变率为 10^{-8}的，表示某一细胞在 10^8次分裂中会发生一次突变。也可以用一个群体在第二代中产生突变株的数目来表示，如一个 10^8个细胞的群体，当其分裂为 2×10^8个细胞时，其平均发生一次突变的突变率为 10^{-8}。每种突变都是随机独立发生的，同时发生两种突变的概率极低，大约是这两种突变率的乘积。例如，巨大芽孢杆菌（*B. megaterium*）抗异烟肼的突变率是 5×10^{-5}，抗氨基柳酸的突变率是 1×10^{-6}，而两者同时发生抗性的突变率是 8×10^{-10}，近乎两者的乘积。

（三）基因突变自发性和不对应性证明实验

在各种基因突变中，抗性突变最为常见。但在过去很长一段时间中，人们对抗性产生的原因争论很大。一种观点认为，抗性突变是通过环境适应而发生的，即为抗性因素诱发出来的，突变的原因与突变性状间是相对应的，故称其为“驯化”或“驯养”。另一种看法则认为，抗性突变是可以自发产生的，即使为诱发产生，其产生的性状与诱变因素间也是不相对应的。由于在变异现象后面存在着自发突变、诱发突变、诱发因素和筛选条件等多种因素，这两种观点长期存在争论。自 1943 年起，通过三个严密的科学实验，才初步解决了这场纷争。

1. Luria 等的变量试验　1943 年，S. E. Luria 和 M. Delbrück 根据统计学的原理，设计了一个变量试验（又称波动试验或彷徨试验）（图 8－7）。

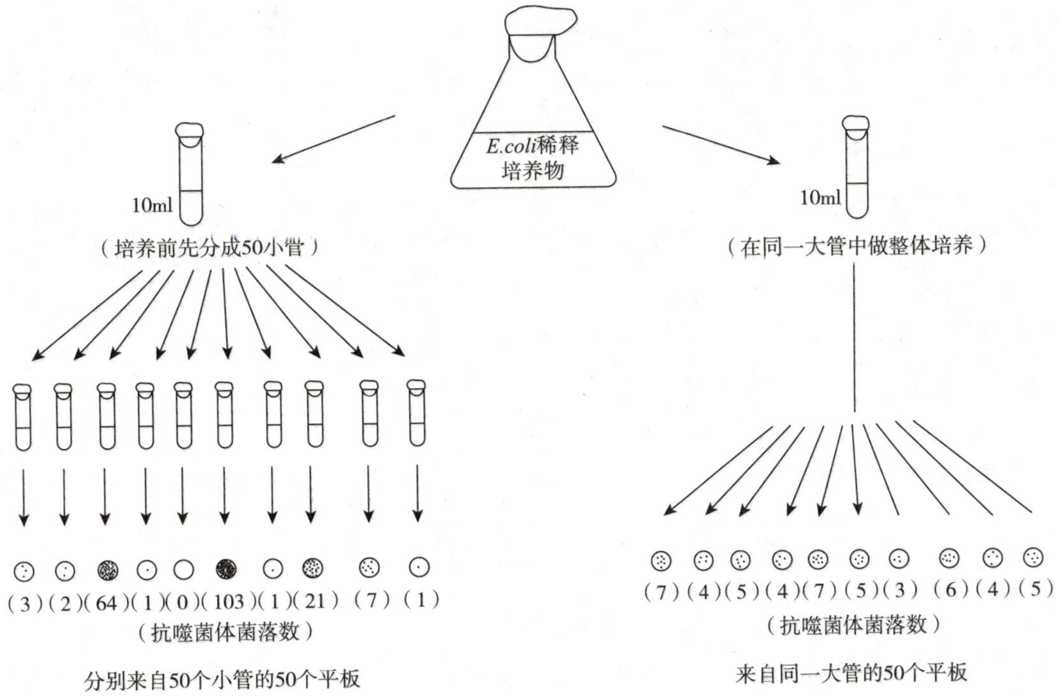

图 8－7　变量试验

该试验的设计是：取对 T1 噬菌体敏感的大肠埃希菌对数期肉汤培养物，用新鲜培养液稀释成浓度为 10^3个/ml 的细菌悬液，然后在甲、乙两试管内各装 10ml。接着把甲管中的菌液先分装在 50 支小试管中（每管装 0.2ml），保温 24～36 小时后，把各小管的菌液分别倒在 50 个预先涂有 T1 噬菌体的平板上，经培养后计算各皿上所产生的抗噬菌体的菌落数；乙管中的 10ml 菌液不经分装，先整管保温 24 ~ 36 小时，然后再分成50 份，加到同样涂有 T1 噬菌体的平板上，经适当培养后，同样分别看各皿上产生的抗性菌落数。结果显示，来自甲管的 50 皿中，各皿间抗性菌落数相差极大，而来自乙管的则各皿数目基本相同。这就说明，大肠埃希菌抗噬菌体性状的突变，不是由环境因素即 T1 噬菌体诱导出来的，而是在它们接触到噬菌体前，在某一次细胞分裂过程中随机地自发产生的。噬菌体在这里仅起着淘汰原始的未突变的敏感菌和甄别抗噬菌体突变型的作用。利用这一方法还可计算突变率。

2. Newcombe 的涂布试验 1949 年，H. B. Newcombe 设计了实验方法更为简便的涂布试验。他选用固体平板涂布法：先在 12 只固体培养基平板上各涂布数目相等（5×10^4）的对 T1 噬菌体敏感的 *E. coli* 细胞，经 5 小时培养，约繁殖了 12. 3 代后，平板上长出大量的微菌落（约 5100 个细胞/菌落）。取其中 6 皿直接喷上 T1 噬菌体，另 6 皿则先用灭菌的玻璃棒把平板上的微菌落重新均匀涂布一遍，然后同样喷上 T1 噬菌体。经过夜培养后，计算这两组平板上形成的抗 T1 的菌落数。结果发现，在涂布过的一组中，共长出抗 T1 的菌落 353 个，要比未经涂布的一组（仅 28 个菌落）高得多（图 8 - 8）。这也充分证明，这一抗性突变的确发生在 *E. coli* 细胞与 T1 接触之前。噬菌体的加入只起鉴别这类自发突变是否发生的作用，而绝不是诱发相应突变的原因。

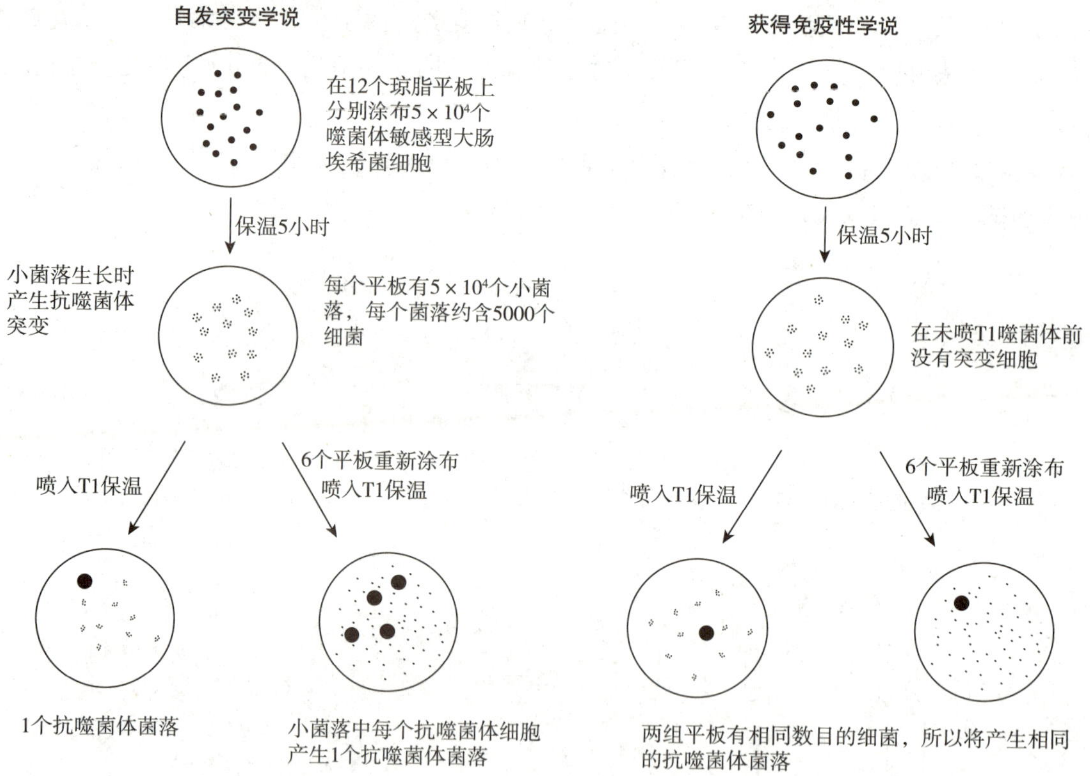

图 8 - 8 涂布试验

3. Lederberg 等的平板影印（replica plating）试验 1952 年，Lederberg 夫妇设计了一种更为巧妙的平板影印法，直接证明了微生物的抗药性突变是自发产生并与相应的环境因素毫不相干的理论（图 8 - 9）。

该方法实质上是使在一系列培养皿的相同位置上能出现相同菌落的一种接种培养方法。其基本过程是：首先取一块比培养皿略小的木块，一端用丝绒布包起来，做成“印章”并灭菌，用于在不同平板培养基上进行转移接种；然后用此“印章”从长有菌落的非选择性平板上蘸取各单菌落细胞，平行转移接种到不同类型的选择性培养基平板（如含链霉素平板）上；共同培养后，对选择性和非选择性平板上相同位置的菌落进行对比观察；根据选择性平板上产生抗性菌落的位置，即可从最初非选择性原始平板相应位置处找到该抗性突变菌落。用这种方法可把母平板上10% ~20%的细菌转移到绒布上，并可利用它接种约8个子培养皿。因此，通过影印培养法，可以从在非选择性条件下生长的细胞群体中分离出各种类型的突变种。影印培养法不仅在微生物遗传理论研究中发挥重要作用，而且在育种实践中也具有重要的应用。

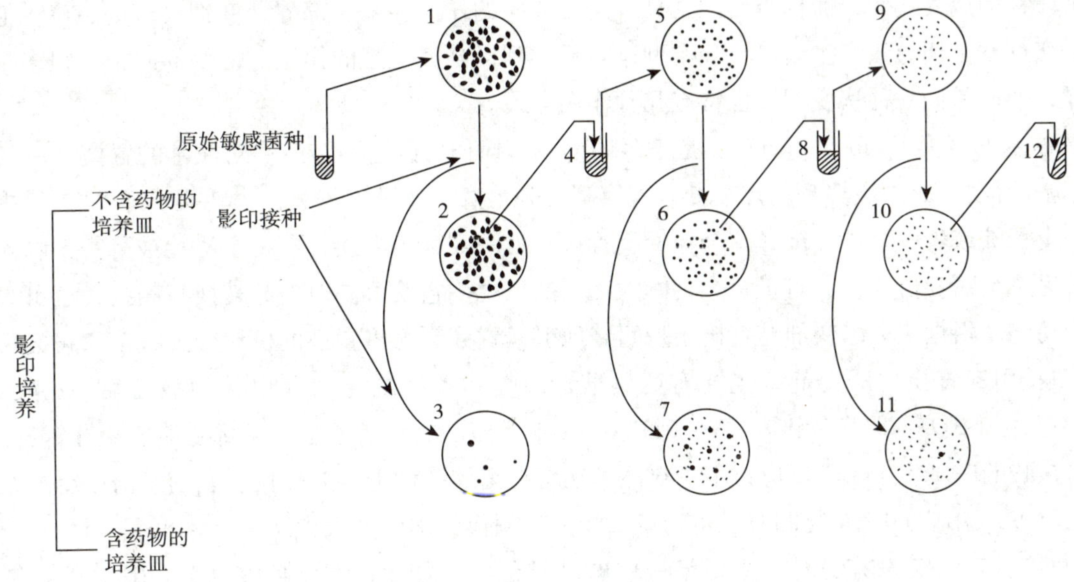

图8-9　平板影印试验

（四）基因突变及其机制

基因突变的机制是多样性的，可以是自发的，也可以是诱发的（图8-10）。诱发突变又可分为多种情况，一般可概述如下。

- 基因突变
  - 自发突变
  - 诱变
    - 点突变
      - 碱基交换
        - 转换：A↔G，T↔C
        - 颠换
          - A↔T，T↔C
          - G↔C，G↔T
      - 移码突变
        - 缺失：ABC　AB↑ABCA……
        - 添加：ABC　A↓BCAB……
    - 畸变
      - 缺失：abc　ghijkl……
      - 添加
        - 重复：abc abc def……
        - 插入：abc pqr def……
      - 易位（转座）：abc pqr ghi……
      - 倒位：abc fed ghi……

图8-10　基因突变的机制

1. 自发突变（spontaneous mutation）　是指生物体在无人工干预情况下自然发生的低频率突变。自发突变的原因很多，一般包括以下几类。

（1）由背景辐射和环境因素引起　例如天然的宇宙射线等。

（2）由微生物自身有害代谢产物引起　例如过氧化氢等。

（3）由 DNA 复制过程中碱基配对错误引起　据统计，DNA 链在每次复制中，每个碱基对错误配对的频率是 $10^{-11} \sim 10^{-7}$，而一个基因平均约含 1000bp，故自发突变频率约为 10^{-6}。而一般液体培养细菌时，其细胞浓度通常可达到 10^8 个/ml，故经常会在其中产生自发突变株。

（4）转座因子引起的插入或缺失　可诱导自发突变。

2. 诱发突变（induced mutation）　频率很低，一般为 $10^{-9} \sim 10^{-6}$。因此，在实际应用中，我们常采用一些方法来提高突变的频率。通过人为的方法，利用物理、化学或生物因素显著提高基因自发突变频率的手段称为诱发突变，简称诱变。凡具有诱变效应的任何因素，都称诱变剂（mutagen）。值得注意的是，诱变剂并不能导致产生新的突变类型，它只起到提高突变率的作用。诱变剂的种类很多，其作用方式多样，即使是同一种诱变剂，也常有几种作用方式。

（1）碱基的置换（substitution）　是染色体的微小损伤，因它只涉及一对碱基的置换（一对碱基被另一对碱基所代替），故属典型的点突变。置换又可分为两个亚类：一类称为转换，即 DNA 链中一个嘧啶被另一个嘧啶或者一个嘌呤被另一个嘌呤所置换；另一类称为颠换，即一个嘧啶被另一个嘌呤或者一个嘌呤被另一个嘧啶所置换。对于一个具体的诱变剂来说，它既可同时引起转换与颠换，也可只具有其中的一种功能。根据化学诱变剂是直接还是间接地引起置换，可将置换的机制分为直接和间接两种。

1）直接引起置换的诱变剂　主要有亚硝酸、羟胺和各种烷化剂（甲基磺酸乙酯、硫酸二乙酯、*N*－甲基－*N*－亚硝基脲、*N*－甲基－*N*－硝基－*N*－亚硝基胍、环氧乙酸、乙烯亚胺、氮芥等）。诱变剂可直接与核酸的碱基发生化学反应，不论在体内还是在离体条件下均有作用。它们可与一个或几个碱基发生生化反应，引起在 DNA 复制时发生转换。能引起颠换的诱变剂很少。

2）间接引起置换的诱变剂　主要是一些碱基类似物，如 5－溴尿嘧啶（5－BU）、8－氮鸟嘌呤（8－NG）、5－氨基尿嘧啶（5－AU）、6－氯嘌呤（6－CP）和 2－氨基嘌呤（2－AP）等，其作用都是通过活细胞的代谢活动掺入到 DNA 分子中引起的，所以是间接的。

（2）移码突变（frame－shift mutation）　指诱变剂会使 DNA 序列中的一个或少数几个核苷酸发生增添（插入）或缺失，从而使该处后面的全部遗传密码的阅读框架发生改变，并进一步引起转录和翻译错误的一类突变。由移码突变所产生的突变株称为移码突变株（frame－shift mutant）。能引起移码突变的因素是一些吖啶类染料，包括原黄素、吖啶橙、吖啶黄、α－氨基吖啶等以及一系列称为 ICR 类的化合物（吖啶类与烷化剂相结合的化合物）。移码突变是只属于 DNA 分子的微小损伤，也是一种点突变，其结果只涉及有关基因中突变点后面的遗传密码阅读框架发生错误，因此除涉及这一基因外，并不影响突变点后其他基因的正常读码。

（3）染色体畸变（chromosomal aberration）　指某些强烈理化因子，如电离辐射（X 射线等）和烷化剂、亚硝酸等，除了能引起上述的点突变外，还会引起染色体畸变。相对于点突变来说，染色体畸变是 DNA 分子的大损伤，既包括染色体结构上的缺失（deletion）、重复（duplication）、插入（insertion）、易位（translocation）和倒位（inversion），也包括染色体数目的变化。

1）缺失　是指染色体丢掉了某一区段（部分片段）。因而会失去某些基因，并直接影响到基因的排列顺序、基因间的相互关系。

2）重复　是指染色体上个别区段的增加。在一对同源染色体的不同部位上各有一个断裂点，一条染色体的断片接到另一条染色体的相应部位，结果为使后者发生重复。

3）倒位　是指正常染色体的某区段断裂后，中间断裂的片段倒转 180°又重新连接愈合。

4）易位　是指染色体上一区段断裂后再顺向或逆向地插入到同一条染色体的其他部位上。染色体间畸变是指非同源染色体间的易位。染色体畸变在高等生物中一般很容易观察到，在微生物中，尤其是在原核生物中，只是近年来才证实了它的存在。

上面讨论了诱变的三种机制，实际上，诱变作用的机制是复杂的，许多理化因子的诱变作用都不是单一的。例如：亚硝酸既有碱基对的转换作用，又可以诱发染色体畸变；一些电离辐射也可同时引起基因突变和染色体畸变作用。

（五）DNA 的损伤及其修复

目前已知的 DNA 损伤类型比较多，机体对其修复的方式也各不相同。其中发现较早和研究得较深入的是紫外线的作用。

1. 紫外线对 DNA 的损伤及其修复 对紫外线来说，嘧啶要比嘌呤敏感得多，嘧啶的光化产物主要是二聚体（TT、TC、CC）和水合物。其中了解得较清楚的是胸腺嘧啶二聚体的形成和消除。

紫外线对 DNA 的损伤作用主要是使同链 DNA 上相邻嘧啶间形成共价结合，即形成胸腺嘧啶二聚体。二聚体的出现会减弱双链间氢键的作用，并引起双链结构发生扭曲变形，阻碍碱基间的正常配对，从而有可能引起突变或死亡。在互补双链间形成嘧啶二聚体的机会较少。但一旦形成，就会妨碍双链的解离，进而影响 DNA 的复制和转录，并使细胞死亡。然而，微生物能以多种方式修复损伤后的 DNA，这里主要介绍光复活作用。

2. 光复活作用 把经紫外线照射后的微生物暴露于可见光下时，可出现明显降低其死亡率的现象，称光复活作用（photoreactivation）。现已了解，经紫外线照射后形成的带有胸腺嘧啶二聚体的 DNA 分子，在黑暗中会被一种光激活酶——光解酶（光裂合酶）结合，当形成的复合物暴露在可见光（300～500nm）下时，会因获得光能而发生解离，从而使二聚体重新分解成单体。与此同时，光激活酶也从复合物中释放出来，以便重新执行功能。

微生物中一般都存在着光复活作用，所以在进行紫外线诱变育种等工作时，只能在避光（或红光）下进行照射及处理照射后的菌液，并放置在黑暗条件下培养。另外，利用紫外线进行消毒时，也需要在黑暗条件下进行。

二、突变与育种

（一）自发突变与育种

1. 从生产中育种 在利用微生物进行大生产的过程中，微生物必然会以一定的突变率进行自发突变，其中有可能出现一定概率的正突变株（指生产性状优于原株的突变株）。这是一种获得较优良生产菌株的良机，例如，有人在污染噬菌体的发酵液中，曾分离到抗噬菌体的自发突变株。

2. 定向培育优良菌株 定向培育是一种利用微生物的自发突变，并采用特定的选择条件，通过对微生物群体不断移植，选育出较优良菌株的古老方法。此法在 19 世纪巴斯德培育低毒力的炭疽芽孢杆菌（*Bacillus anthracis*）活菌苗时就已采用；其后，法国的 A. Calmette 和 C. Guerin 两人在培育卡介苗时也曾使用过。卡介苗（BCG vaccine）是牛型结核分枝杆菌的减毒活菌苗，可提高人体尤其是儿童对结核分枝杆菌（*Mycobacterium tuberculosis*）的免疫力，对预防肺结核具有显著的效果。上述两学者曾把牛型结核分枝杆菌接种在含甘油和牛胆汁的马铃薯培养基上，并以坚韧不拔的毅力前后花了 13 年，连续移种了 230 多代，直至 1923 年始获成功。这类育种由于费时费力，工作被动，加之效果又很难预测，早已被各种现代育种技术所取代。

（二）诱变育种

诱变育种是指利用物理、化学等诱变剂处理均匀而分散的微生物细胞群，在促进其突变率显著提高的基础上，采用简便、快速和高效的筛选方法，从中挑选出少数符合目的的突变株，以供科学实验或生产实践使用。在诱变育种过程中，诱变和筛选是两个主要环节，诱变是随机的，筛选则是定向的，所以筛选更为重要。

诱变育种具有极其重要的实践意义。最突出的例子莫过于青霉素生产菌株（产黄青霉）的选育历史和卓越成果。在当前发酵工业或其他大规模的生产实践中，很难找到在育种谱系中还未经过诱变的菌株。

诱变育种中的几个原则如下。

（1）选择简便有效的诱变剂　在物理因素中，有非电离辐射类的紫外线、激光和离子束（由小型加速器提供的低能离子）等，能够引起电离辐射的 X 射线、γ 射线和快中子等；在化学诱变剂中，主要有烷化剂、碱基类似物和吖啶化合物，其中的烷化剂因可与巯基、氨基和羧基等直接反应，故更易引起基因突变。诱变剂的种类很多，我们要选择简便有效的诱变剂。

（2）挑选优良的出发菌株　用于育种的原始菌株称为出发菌株，选用合适的出发菌株有利于提高育种效率。这项工作目前还只停留在经验阶段，例如：①最好选用来自生产中的自发突变菌株；②可选用已发生过其他突变的菌株，如在选育金霉素高产菌株时，发现用丧失黄色素合成能力的菌株作为出发菌株比采用分泌黄色素者更有利于产量变异；③选用具有有利于进一步研究或应用性状的菌株，如生长快、营养要求低等；④选用对诱变剂敏感性较高的增变变异株，等等。

（3）处理单细胞或单孢子悬液　每个细胞均匀接触诱变剂并长出纯菌落对于诱变育种来说是非常重要的，所以，进行诱变的菌株必须以均匀而分散的单细胞悬液状态存在。由于某些微生物细胞是多核的，即使处理其单细胞，也会出现不纯菌落，所以用于诱变育种的细胞应尽量选用单核细胞，如霉菌或放线菌的分生孢子或细菌的芽孢等。

（4）选用最适的诱变剂量　不同诱变剂，剂量的表示方式有所不同，如化学诱变剂的剂量以在一定外界条件下诱变剂的浓度与处理时间来表示；紫外线的剂量指强度与作用时间的乘积。在育种实践中，还常以杀菌率作为诱变剂的相对剂量。在产量性状的诱变育种中，凡在提高诱变率的基础上，既能扩大变异幅度，又能促使变异移向正变范围的剂量，就是合适的剂量。

（5）充分利用复合处理的协同效应　诱变剂的复合处理常常表现出明显的协同效应，因而对育种有利。复合处理的方法包括：两种或多种诱变剂的先后使用，同一诱变剂的重复使用，两种或多种诱变剂同时使用等。

（6）利用和创造形态、生理与产量间的相关指标　为了确切知道某一突变株产量性状的提高程度，必须进行大量的培养、分离、分析、测定和统计工作；某些形态变异虽然有着可直接、快速观察的优点，但常常与产量性状无关。如果能找到两者间的相关性，甚至设法创造两者间的相关性，则对育种效率的提高有重大意义。

（7）设计高效筛选方案　通过诱变处理，在微生物群体中出现的各种突变型个体很多，但从产量变异的角度来讲，其中绝大多数都是负变株。要从中把极个别的、产量提高较显著的正变株筛选出来很难。因此，必须设计简便、高效的科学筛选方案。

第三节　基因重组和杂交育种 微课 3

两个独立基因组内的遗传基因，通过一定的途径转移到一起，形成新的稳定基因组的过程，称基因重组或遗传重组，简称重组。重组是在核酸分子水平上的一个概念，是遗传物质在分子水平上的杂交，与一般在细胞水平上进行的杂交有明显区别。细胞水平上的杂交，必然包含分子水平上的重组，例如原核生物中的转化、转导、接合和原生质体融合等。

一、原核生物的基因重组

原核生物的基因重组形式很多，机制较原始，其特点为：①片段性，仅一小段 DNA 序列参与重组；②单向性，即从供体菌向受体菌（或从供体基因组向受体基因组）做单方向转移；③多样性，即转移机制独特而多样，如转化、转导和接合等。

（一）转化

1. 定义 受体菌直接吸收供体菌的 DNA 片段而获得后者部分遗传性状的现象，称转化或转化作用。通过转化方式而形成的杂种后代，称转化子。转化可以是自然转化或人工转化。转化物质可来自染色体或质粒 DNA；可来自同源或异源生物体；受体细胞可以是自然或人工感受态；转化现象的发现（F. Griffith，1928）尤其是转化因子 DNA 本质的证实（O. T. Avery 等，1944），是现代生物学发展史上的一个重要里程碑。

2. 转化的条件

（1）感受态 两个菌种或菌株间要发生转化，只有当受体细胞处于感受态时才能进行。感受态是指受体细胞最易接受外源 DNA 片段并能实现转化的一种生理状态。感受态虽受遗传控制，但表现却差别很大。从时间上来看，有的出现在生长的指数期后期（如肺炎链球菌 *S. pneumoniae*），有的出现在指数期末和稳定期（如芽孢杆菌属 *Bacillus* 的一些种）。在具有感受态的微生物中，感受态细胞所占比例和维持时间也不同，如在流感嗜血杆菌群体中，全部都是感受态，但仅能维持数分钟；而枯草芽孢杆菌的感受态细胞仅占群体的 20% 左右，但感受态可维持几个小时。另外，外界环境因子如 Ca^{2+} 及 cAMP 等对感受态也有重要影响，如 cAMP 可使嗜血杆菌属 *Haemophilus* 的感受态水平提高 1 万倍。调节感受态的一类特异蛋白称为感受态因子，它包括 3 种主要成分，即膜相关 DNA 结合蛋白、细胞壁自溶素和几种核酸酶。

（2）转化因子 其本质是离体的一段 DNA 片段。一般原核生物的核基因组是一条环状 DNA 长链，不管在人为条件还是自然条件下都极易断裂成碎片，故转化因子通常都只是 15kb 左右的片段。若以每个基因的平均大小为 1kb 计，则每一转化因子平均含 15 个基因。而事实上，转化因子进入细胞前还会被酶解成更小的片段。在不同的微生物中，转化因子的形式不同，有的细胞只吸收 dsDNA 形式的转化因子，但进入细胞后须经酶解为 ssDNA 才能与受体菌的基因组整合，例如 G^- 菌嗜血杆菌属 *Haemophilus*；而有的 dsDNA 必须在细胞外降解，只有 ssDNA 形式的转化因子才能进入细胞，如 G^+ 菌链球菌属 *Streptococcus* 或芽孢杆菌属 *Bacillus*。不管哪种情况，dsDNA 是最容易与细胞表面结合的形式。另外，并不是任何一个细胞表面位点都能与转化因子结合，只有有限的位点能与转化因子相结合（如肺炎链球菌 *S. pneumoniae* 约 10 个），因此，从外界加入无关的 dsDNA，可竞争并干扰转化作用。除 ssDNA 或 dsDNA 外，质粒 DNA 也是良好的转化因子，但通常它们并不能与核染色体组发生重组。转化的频率一般为 0.1% ~1.0%，最高不超过 20%。能发生转化的最低 DNA 浓度极低，为化学方法无法测出的 1×10^{-5} μg/ml。

3. 转化过程 下面以 G^+ 菌肺炎链球菌 *S. pneumoniae* 为例讲述转化过程，其主要步骤如下。

（1）供体菌存在抗链霉素的基因标记（str^R），受体菌有链霉素敏感型基因标记（str^S），供体菌的 dsDNA 片段与感受态受体菌细胞表面的膜连 DNA 结合蛋白相结合，其中一条链被核酸酶切开和水解，另一条链进入细胞。

（2）来自供体菌的 ssDNA 片段与细胞内的感受态特异的 ssDNA 结合蛋白相结合，并使 ssDNA 进入细胞，随即在 RecA 蛋白的介导下与受体菌核染色体上的同源区段配对、重组，形成一小段杂合 DNA 区段。

（3）受体菌染色体组进行复制，于是杂合区也同时得到复制。

（4）细胞分裂后，形成一个转化子（str^R）和一个仍保持受体菌原来基因型（str^S）的子代非转化子。

具体的转化过程如图 8－11 所示。

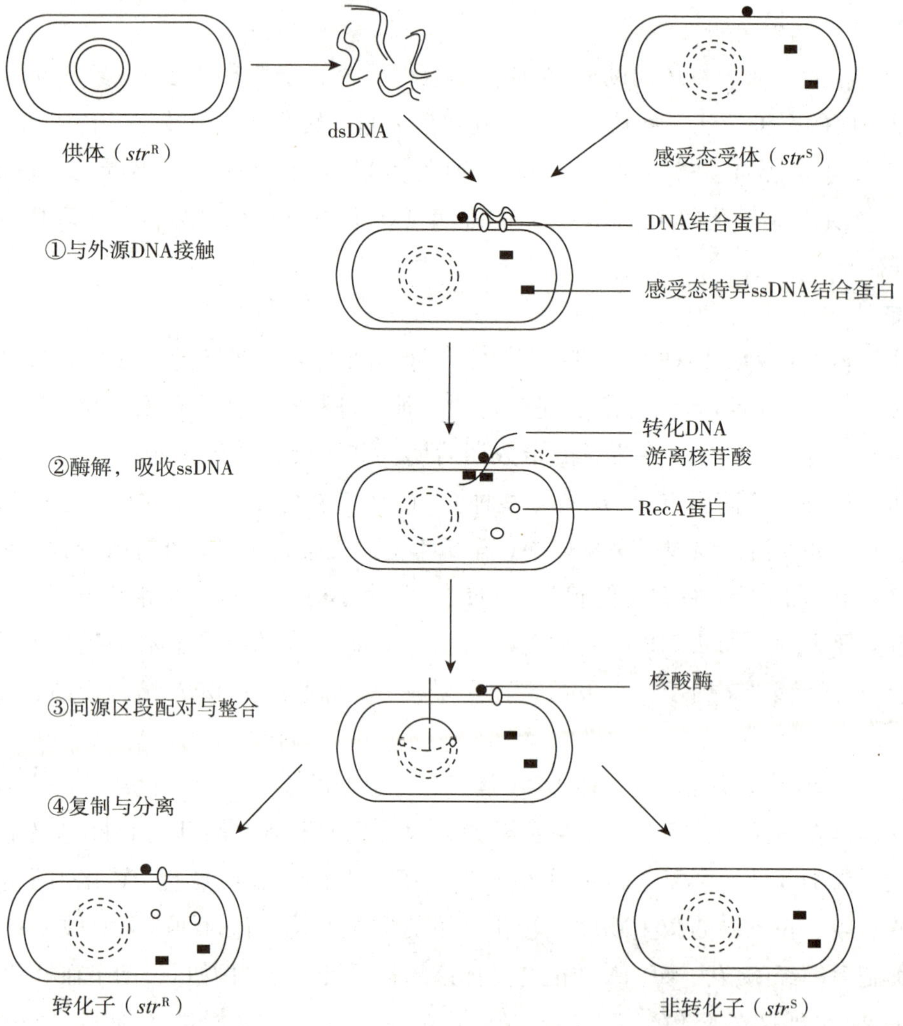

图 8－11　G^+细菌的转化过程及机制

（二）转导

通过缺陷噬菌体的媒介作用，把供体细胞中的一小片段 DNA 携带到受体细胞中，通过交换与整合，使后者获得前者部分遗传性状的现象，称转导。由转导作用而获得部分新性状的重组细胞，称转导子。转导现象在自然界较为普遍，它在低等生物进化过程中很可能是一种产生新基因组合的重要方式。转导的种类有以下几种。

1. 普遍转导　是通过极少数完全缺陷的噬菌体对供体菌基因组上任何小片段 DNA 进行“误包”，而将其遗传性状传递给受体菌的现象。普遍转导的媒介一般为温和噬菌体，普遍转导又可分为以下两种。

(1) 完全普遍转导（普遍转导或完全转导） 以鼠伤寒沙门菌（*S. typhimurium*）为例，用野生型菌株作供体菌，营养缺陷型突变株作受体菌，P22 噬菌体作转导媒介。当 P22 噬菌体在供体菌内增殖时，待成熟与包装之际，有的噬菌体衣壳把与噬菌体头部 DNA 核心大小相仿的一小段供体菌 DNA 误包装（频率为 $10^{-8} \sim 10^{-6}$），形成了一个不含 P22 自身 DNA 的完全缺陷噬菌体，此即转导颗粒。当这个完全缺陷噬菌体再次感染受体菌，就可把外源 DNA 片段导入受体细胞，由于导入的外源 DNA 片段可与受体细胞核染色体组上的同源区段配对，再通过双交换而整合到染色体组上，从而使后者成为一个遗传性状稳定的重组体，称普遍转导子（图 8-12）。除 *S. typhimurium* 的 P22 噬菌体外，*E. coli* 的 P1 噬菌体以及枯草芽孢杆菌 *Bacillus subtilis* 的 PBS1、SP10 噬菌体等都能进行完全普遍转导。

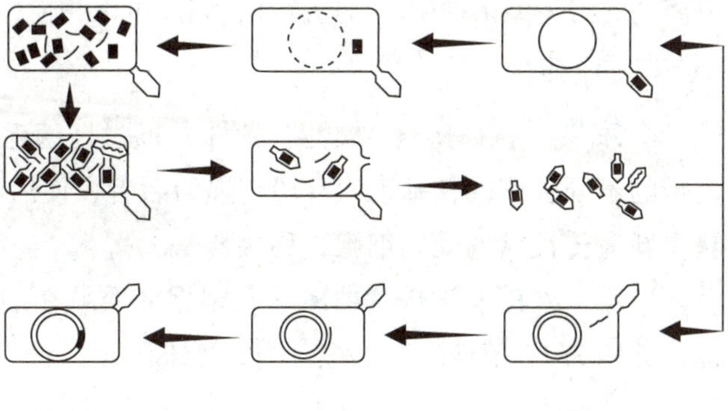

图 8-12　由 P22 噬菌体引起的完全普遍转导

(2) 流产普遍转导（流产转导）　经转导噬菌体的媒介作用而获得供体菌 DNA 片段的受体菌，如果这段外源 DNA 在受体菌内既不进行交换、整合和复制，也不迅速消失，而仅表现稳定的转录、翻译和性状表达，这一现象就称为流产转导。受体菌在发生流产转导并进行细胞分裂后，只能将这段外源 DNA 片段分配到一个子细胞中，另一个子细胞仅获得外源基因经转录、翻译而形成的少量酶，故会在表型上仍轻微地表现出供体菌的某一特征，且每经过一次分裂，就受到一次“稀释”。所以，能在选择培养基平板上形成一个微小菌落（即其中只有一个细胞是转导子）就成了流产转导的特征。

2. 局限转导　指通过部分缺陷的温和噬菌体把供体菌的少数特定基因携带到受体菌中，并与后者的基因组整合、重组，形成局限转导子的现象。主要特点如下。

(1) 只局限于传递供体菌核染色体上的个别特定基因，一般为噬菌体整合位点两侧的基因。

(2) 该特定基因由部分缺陷的温和噬菌体携带。

(3) 缺陷噬菌体的形成方式是它在脱离宿主核染色体的过程中，发生低频率（$\sim 10^{-5}$）的误切（不正常切离）或由于双重溶原菌的裂解而形成。

(4) 紫外线等因素诱导溶原菌，并引起其裂解后才产生局限转导噬菌体。*E. coli* 的 λ 噬菌体和 Φ80 噬菌体具有局限转导的能力。

3. 溶原性转换　当正常的温和噬菌体感染其宿主而使其发生溶原化时，因噬菌体基因整合到宿主的核基因组上，而使宿主获得除免疫性外的新遗传性状的现象，称溶原性转换。这是一种表面上与上述的局限转导相似，但本质上却截然不同的特殊遗传现象。原因如下：①这是一种不携带任何外源基因的正常噬菌体；②给宿主菌提供新性状的是噬菌体的基因，而不是供体菌的基因；③新性状是宿主细胞溶原化时的表型，而不是经遗传重组形成的稳定转导子所表达的性状；④获得的性状可随噬菌体的消失而同时消失。

溶原性转换最典型的例子是白喉棒状杆菌，不产白喉毒素的菌株，在被 β 温和噬菌体感染而发生溶原化时，就会变成产毒的致病菌株。当噬菌体从宿主的核基因组上脱离后，又变成不产白喉毒素的菌株。我国学者也发现，在产红霉素链霉菌中，其 P4 温和噬菌体也有溶原性转换活性，由它决定宿主的生物合成红霉素和形成气生菌丝的能力；鸭沙门菌在经噬菌体感染而溶原化时，细胞表面的多糖结构会发生相应的变化；肉毒梭菌经特定温和噬菌体感染后，也会产生 C 型或 D 型肉毒毒素。因为溶原化现象在从自然界中分离到的野生型菌株中较普遍存在，因此可以相信，溶原性转换在微生物自然进化中有一定的作用。

（三）接合

1. 定义 供体菌（“雄性”菌株）通过性菌毛与受体菌（“雌性”菌株）直接接触，把 F 质粒或其携带的不同长度的核基因组片段传递给后者，使后者获得若干新遗传性状的现象，称接合。通过接合而获得新遗传性状的受体细胞，称接合子。

2. *E. coli* 的 4 种接合型菌株 根据 F 质粒在细胞内的存在方式，可把 *E. coli* 分成 4 种不同接合型菌株，分别为 F^+ 菌株、F^- 菌株、Hfr 菌株和 F′菌株（图 8－13）。

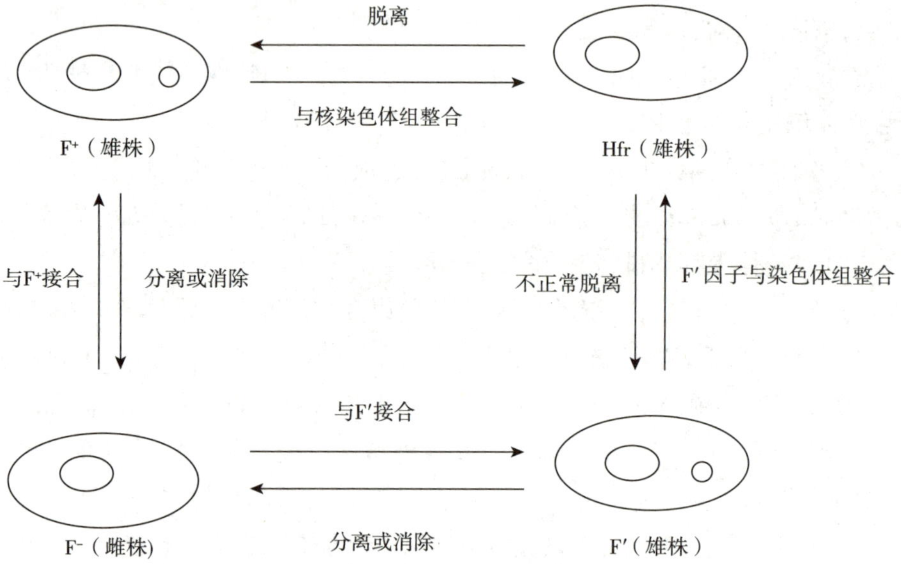

图 8－13 F 质粒的 4 种存在方式及相互关系

（1）F^+ 菌株 即“雄性”菌株，指细胞内存在一至几个 F 质粒，并在细胞表面着生一至几条性菌毛的菌株。

（2）F^- 菌株 即“雌性”菌株，指与 F^+ 菌株相对应的、细胞中无 F 质粒、细胞表面也无性菌毛的菌株。它可通过与 F^+ 菌株或 F′菌株的接合而接受供体菌的 F 质粒或 F′质粒，从而使自己转变成“雄性”菌株。

（3）Hfr 菌株（高频重组菌株） 在 Hfr 菌株细胞中，F 质粒已从游离态转变成在核染色体组特定位点上的整合态，故 Hfr 菌株与 F^- 菌株相结合后，发生基因重组的频率要比单纯用 F^+ 与 F^- 接合后的频率高出数百倍，故名 Hfr 菌株。

（4）F′菌株 当 Hfr 菌株细胞内的 F 质粒因不正常切离而脱离核染色体组时，可重新形成游离的但携带整合位点邻近一小段核染色体基因的特殊 F 质粒，称 F′质粒或 F′因子。凡携带 F′质粒的菌株，称初生 F′菌株，其遗传性状介于 F^+ 与 Hfr 菌株之间。

3. *E. coli* 的 4 种接合型菌株之间的接合

（1）F^+ 菌株与 F^- 菌株 当 F^+ 菌株与 F^- 菌株接触时，通过性菌毛的沟通和收缩，F 质粒由 F^+ 菌株转移至 F^- 菌株中，同时 F^+ 菌株中的 F 质粒也获得复制，使两者都成为 F^+ 菌株。这种通过接合而转性别的频率几乎接近 100%，其具体过程如下。①在 F 质粒的一条 DNA 单链特定位点上产生裂口。②以“滚环模型”方式复制 F 质粒：在断裂的单链（B）逐步解开的同时，留存的环状单链（A）边滚动边以自身作模板合成一互补单链（A′）。同时，含裂口的单链（B）以 5′端为先导，以线状方式经过性菌毛而转移到F′菌株中。③在F^-中，线状外源DNA单链（B）合成互补双链（B－B′），经环化后，形成新的F质粒，完成了F^-至F^+的转变。

（2）Hfr菌株与F^-菌株　Hfr与F^-菌株接合时，Hfr的染色体双链中的一条单链在F质粒处断裂。由环状变成线状，F质粒中与性别有关的基因位于单链染色体末端。整段单链线状DNA以5′端引导，等速地通过性菌毛转移至F^-细胞中（过程与上述的F质粒自F^+转移至F^-基本相同）。由于F质粒上决定性别的基因位于线状DNA的末端，能进入F^-细胞的机会极少，故Hfr与F^-接合中，F^-转变为F^+的频率极低，仍然为Hfr与F^-菌株。

（3）F′菌株与F^-菌株　与F^+菌株与F^-菌株接合类似，F′菌株与F^-菌株接合时，F′质粒由F′菌株转移至F^-菌株中，可使后者也成为F′菌株，这就是次生F′菌株。

（四）原生质体融合

通过人为的方法，使遗传性状不同的两个细胞的原生质体进行融合，借以获得兼有双亲遗传性状的稳定重组子的过程，称原生质体融合。由此种方法获得的重组子，称融合子。能进行原生质体融合的生物种类极为广泛，原核生物中的细菌和放线菌，真核生物中的酵母菌、霉菌、蕈菌和各种高等植物细胞都可以进行原生质体融合。至于各种动物和人体细胞，更由于它们本来就不存在细胞壁，较容易发生原生质体融合。

原生质体融合的主要操作步骤（图8－14）如下：先选择两株有特殊价值并带有选择性遗传标记的细胞作为亲本菌株。将亲本菌株置于高渗溶液中，用适当的脱壁酶去除细胞壁。细菌和放线菌可用溶菌酶等处理，真菌可用蜗牛消化酶或其他相应酶处理。再将形成的原生质体（包括球状体）进行离心聚集，加入促融合剂聚乙二醇或借电脉冲等因素促进融合。然后用等渗溶液稀释，再涂在能促使它再生细胞壁和进行细胞分裂的基本培养基平板上。待形成菌落后，再通过影印平板法，把它接种到各种选择培养基平板上，检验它们是否为稳定的融合子，最后再测定其有关生物学性状或生产性能。

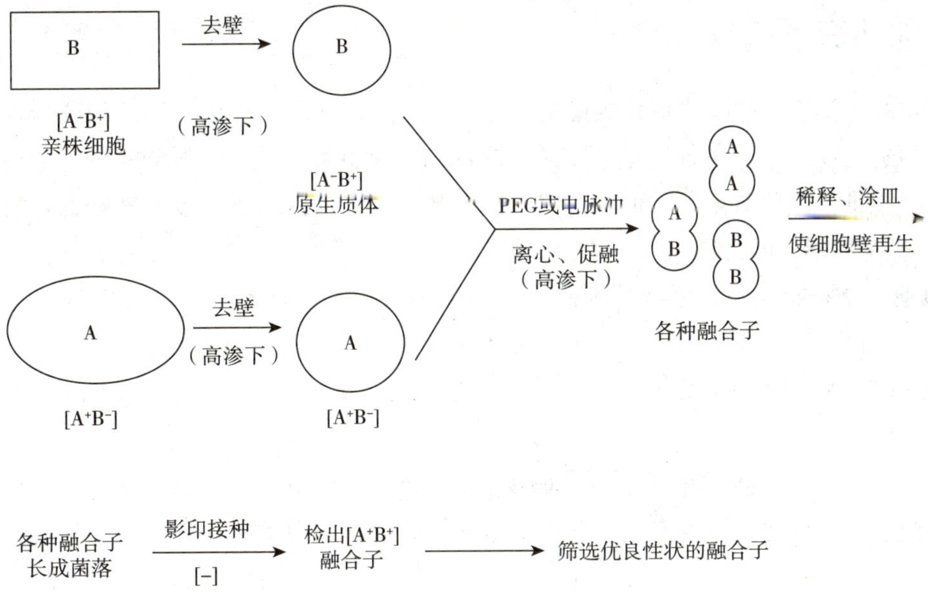

图8－14　原生质体融合的操作

二、真核生物的基因重组

在真核微生物中，基因重组的方式很多，主要有有性杂交、准性杂交、原生质体融合和遗传转化等，由于后两者与原核生物中已讨论过的内容基本相同，这里仅介绍有性杂交。

有性杂交是指在细胞水平上进行的一种遗传重组方式。有性杂交，一般指不同遗传型的两性细胞间发生的接合和随之进行的染色体重组，进而产生新遗传型后代的一种育种技术。凡能产生有性孢子的霉菌、酵母菌和蕈菌，原则上都可用与高等动、植物杂交育种相似的有性杂交方法进行育种。现以酿酒酵母为例来加以介绍。

酿酒酵母 *S. cerevisiae* 有其完整的生活史。不管是工业生产中应用的菌株，还是从自然界分离到的，一般都是双倍体细胞。把不同性状的甲、乙两个双倍体亲本菌株分别接种到产孢子培养基斜面上，使其产生子囊，经过减数分裂后，每一子囊内会形成 4 个单倍体的子囊孢子。用蒸馏水洗下子囊，用酶法（蜗牛消化酶）或机械法处理破坏子囊，离心后把获得的子囊孢子涂布平板，就可以得到由单倍体细胞组成的菌落。把来自不同性别、不同亲本的单倍体细胞通过离心等方式使之密集接触，就有更多的机会出现多种双倍体的有性杂交后代。它们与单倍体细胞有明显的差别，易于识别。在这些双倍体杂交子代中，通过筛选，就可选到具有优良性状的杂种。

在生产实践中，利用有性杂交培育优良微生物菌株的实例很多。例如，用于面包发酵的酵母菌和用于乙醇发酵的酵母菌虽同属酿酒酵母 *S. cerevisiae* 一个种，但菌株间的差异很大，表现在前者对麦芽糖和葡萄糖的发酵力强，而产乙醇率低，后者则正好相反。通过杂交，就可育出既对麦芽糖和葡萄糖有很强发酵能力又能高产乙醇的优良杂种菌株，同时，发酵后的残余菌体还可经综合利用作为家用发面酵母和面包厂的优良菌种。

第四节　菌种的衰退、复壮和保藏 微课 4

一、菌种的衰退与复壮

在生物进化的历史进程中，遗传性的稳定是相对的，遗传使种族得以延续。而变异性是绝对的，变异推动了物种的进化和发展。在研究和生产中，选育一株理想菌株是一件艰苦的工作，而要保持菌种的遗传稳定性更是困难。菌种退化是一种潜在威胁，因此，防止菌种退化、经常做好菌种复壮及保藏工作是微生物学的重要基础工作。

1. 菌种衰退　是指某纯种微生物群体中的个别个体由于发生自发突变，而使该物种原有的一系列生物学性状发生衰退性的量变或质变的现象。具体表现如下。

（1）原有形态性状变得不典型了，例如，苏云金杆菌（*Bacillus thuringiensis*）的芽孢和伴孢晶体变小甚至丧失等。

（2）生长速度变慢，产生的孢子变少，如细黄链霉菌（*Streptomyces microflavus*）“5406”在平板培养基上生长缓慢、菌苔变薄、不再产生典型而丰富的橘红色分生孢子层，有时甚至只长些浅绿色的基内菌丝。

（3）代谢产物生产能力下降，即出现负变，这种情况极其普遍，例如藤仓赤霉（*Gibberella fujikuroi*）产赤霉素能力明显下降等。

（4）致病菌对宿主侵染力的下降，例如苏云金杆菌或白僵菌对其宿主的致病力减弱或消失等。

（5）对外界不良条件，包括高温、低温或噬菌体侵染等抵抗能力的下降，等等。

2. 菌种衰退的原因

（1）自然突变　微生物与其他生物类群相比，最大的特点之一就是它有较高的代谢繁殖能力，在DNA大量快速复制过程中，因出现某些基因的差错从而导致突变的发生，故繁殖代数越多，突变体的出现也越多。一般来说，微生物的突变常常是负突变，即菌种原有优良性状的丧失或导致产量下降的突变。只有经过大量的筛选，才有可能找到正突变。

（2）环境条件　环境条件对菌种退化的影响，如营养条件、不同培养基和传代次数对曲霉淀粉葡萄糖苷酶的产量下降有不同影响，这说明营养成分影响菌种退化的速度。环境温度也是重要的作用因素，例如，温度低则突变率也低，温度高则基因突变率也高，因此，菌种保藏的重要措施就是低温。其他环境因子，如紫外线等诱变剂也可加速菌种退化。

3. 防止菌种衰退的方法

（1）控制传代次数　尽量避免不必要的移种和传代，并将必要的传代降低到最低限度，以降低细胞分裂过程中所产生的自发突变概率。为此，对任何较重要的菌种，都应采用一套相应的良好菌种保藏方法。

（2）创造良好的培养条件　创造适合原种生长的条件，可以在一定程度上防止菌种衰退。例如在培养栖十曲霉时，发现把培养温度从28～30℃提高到33～34℃时，可防止产孢子能力的衰退。在赤霉素生产菌的培养基中，加入糖蜜、谷氨酰胺、天冬酰胺、甘露醇或5′-核苷酸等丰富营养物时，有防止衰退的效果。

（3）利用不易衰退的细胞传代　在放线菌和霉菌中，由于其菌丝细胞常含几个细胞核，甚至是由异核体组成的，若用菌丝接种，就易出现变异或衰退。而孢子一般是单核的，用它接种就会避免这类现象发生。在生产实践中，用灭菌的棉团对放线菌进行斜面移种，就可避免菌丝接入。另外，有些霉菌（例如 *A. nidulans* 等）如用其分生孢子传代，则易于衰退；而改用其子囊孢子接种，则能避免退化。

（4）采用有效的菌种保藏方法　在工业生产的菌种中，采用合适的菌种保藏方法会减少菌种的衰退。但是有些链霉素产生菌，如灰色链霉菌的菌种保藏，即使采用干燥或冷冻干燥保藏等较好的方法，还是会出现菌种衰退的情况，这说明有必要研究和采用更为理想的菌种保藏方法。

4. 菌种的复壮　狭义的复壮仅是一种消极的措施，是指在菌种已发生衰退的情况下，通过纯种分离和测定典型性状、生产性能等指标，从已衰退的群体中筛选出少数尚未退化的个体，以达到恢复原菌株固有性状的相应措施。而广义的复壮则应是一项积极的措施，即在菌种的典型特征或生产性状尚未衰退前，就经常有意识地进行纯种分离和生产性状的测定工作，以期从中选出自发的正变个体。常用的复壮方法如下。

（1）纯种分离法　通过纯种分离，可把退化菌种细胞群体中一部分仍保持原有典型性状的单细胞分离出来，经过扩大培养，恢复原菌株的典型性状。常用的分离纯化方法很多，大体上可将它们归纳为两类。①粗放型：只能达到“菌落纯”的水平。例如通过在琼脂平板上进行划线分离、表面涂布或与琼脂培养基混匀后浇铺平板的方法来获得单菌落。②精细的单细胞分离方法：可以达到细胞纯（即“菌株纯”）的水平。这类方法种类很多，既有利用复杂的显微操纵器的分离方法，也有简便地利用培养皿或凹玻片等分离室的方法，等等。如遇到不长孢子的丝状菌，则可用无菌毛细管插入菌丝尖端，以截取单细胞而进行纯种分离，也可用无菌小刀切取菌落边缘的菌丝尖端进行分离移植。

（2）通过在宿主体内复壮　对于因长期在人工培养基上移种传代而衰退的病原菌，可接种到相应的宿主体内，通过这种特殊的活的“选择培养基”进行一至多次选择，就可以从典型的病灶部位分离到恢复原始毒力的复壮菌株。例如，经长期人工培养的苏云金芽孢杆菌 *Bacillus thuringiensis* 会发生毒力减退和杀虫效率降低等衰退现象。这时，就可用已衰退的菌株去感染菜青虫等的幼虫，然后再从最早、最严重患病的虫体体内重新分离出产毒菌株。

（3）淘汰已衰退的个体　有人发现，若对细黄链霉菌 *S. microflavus*“5406”农用抗生菌的分生孢子采用 -30 ~ -10℃的低温处理 5 ~7 天，使其死亡率达到 80% 左右，结果为会在抗低温的存活个体中留下未退化的个体，从而达到复壮的效果。

二、菌种的保藏

菌种是一种极其重要和珍贵的生物资源，菌种保藏是指通过适当方法使微生物能长期存活，并保持原种的生物学性状稳定不变的一类措施，这是一项十分重要的基础性工作。菌种保藏机构的任务是在广泛收集实验室和生产用菌种、菌株、病毒毒株（有时还包括动、植物的细胞株和微生物质粒等）的基础上，将它们长期保藏，使之不死、不衰、不污、不乱，以达到便于研究、交换和使用等目的。目前，许多国家都设置了微生物菌种保藏机构。例如，中国普通微生物菌种保藏管理中心（CGMCC）、中国典型培养物保藏中心（CCTCC）、中国科学院微生物研究所微生物资源中心（IM - CAS - BRC）、美国典型菌种保藏中心（ATCC）、美国北部地区研究实验室（NRRL）、英国的国家典型菌种保藏所（NCTC）、荷兰的霉菌中心保藏所（CBS）以及俄罗斯科学院微生物生化、生理研究所菌种保藏中心（VKM）等。

菌种保藏的具体方法很多，原理都相差不多。首先应挑选典型菌种或典型培养物的优良纯种，最好保藏它们的芽孢、分生孢子等休眠体；其次，还要创造一个有利于它们长期休眠的良好环境条件，诸如干燥、低温、缺氧、缺乏营养、避光以及添加保护剂等。干燥和低温是菌种保藏中的最重要因素。微生物生长温度的低限约在 -30℃，而酶促反应低限在 -140℃，因此，低温必须与干燥结合，才具有良好的保藏效果。细胞因细胞壁的有无和细胞体积大小不同而对低温的反应不同，一般无壁者比有壁者敏感，体积越大越敏感。细胞内的水分在低温下会形成破坏细胞结构的冰晶，可以通过速冻来减少冰晶的产生。菌种冷冻保藏前后的降温与升温速度对不同生物的影响不同，一般操作时要缓慢逐级降温，迅速升温。通常情况下，温度越低越有利于保藏，如液氮（-196℃）比干冰（-70℃）效果好，-70℃比 -20℃好，比 0℃或 4℃更好。冷冻时的介质对细胞损伤与否的影响也非常显著，例如：二甲基亚砜或 0.5mol/L 的甘油可透入细胞，并通过降低因冷冻引起的强烈脱水作用而保护细胞；海藻糖、人血白蛋白、脱脂牛奶、糊精等均可通过与细胞表面结合的方式来防止细胞膜的冻伤。

至于具体采取哪种保藏方式，则要根据所保藏微生物的种类、时间以及本实验室自身条件等具体情况而定。一般来说，一个好的菌种保藏方法应具备两个因素：一是应能保持原种的优良性状长期稳定不变；二是要考虑方法的通用性、操作的简便性和设备的普及性。现介绍一些具体常用的保藏方法。

（一）斜面传代保藏法

斜面传代保藏法是最常用的一种保藏方法。保藏时将菌种接种在试管斜面、液体或半固体穿刺培养基上，待菌种长好后，置于 4℃冰箱中保藏，湿度 70% 以下，棉塞换成不通气橡皮塞，用灭菌优质石蜡封口，将菌种在室温或 4℃暗处保藏效果更好。每隔一定时间（一般 4 ~6 个月）再转接至新的培养基上，待生长后继续保藏。该方法简单、方便，不受条件限制，存活率高，各类微生物均可，故应用较为普遍。其缺点是这种温度下保藏的菌种仍有一定的代谢强度，因此必须定期传代。但传代次数过多则易引起菌种变异，故不宜长期保藏。

（二）液体石蜡保藏法

此方法的原理是限制氧的供应以削弱菌种的代谢水平，同时减少培养基水分挥发损失。在斜面或穿刺培养基中覆盖灭菌的液体石蜡，再用固体石蜡封口即可（也可用橡皮塞代替棉塞）。如果同时结合暗条件，则效果更好。该方法主要适用于放线菌、酵母菌、霉菌、好氧性细菌等的保存。其中霉菌和酵母菌可保存几年甚至十年。本法的优点是方法简单、不需特殊装置，缺点是对很多厌氧细菌、兼性厌氧细菌或能分解烃类的细菌（如石油发酵菌）的保藏效果较差。另外，液体石蜡要求优质无毒，并在121℃湿热灭菌20分钟。保藏时要求液体石蜡的油层高于斜面顶端1cm，封口后垂直放于4℃冰箱内保藏。

（三）甘油悬液保藏法

甘油悬液保藏法是悬液保藏法的一种，与载体保藏法相对应。悬液保藏法是将微生物悬浮在适当媒液中加以保藏，媒液可以是甘油缓冲液、10%的灭菌葡萄糖、蒸馏水、蔗糖液（适于酵母菌的保藏）、磷酸盐缓冲液、无机盐类等其他悬浮液。在实际应用中以甘油悬液低温冷冻保藏法较为常用，即利用甘油作为保护剂，甘油渗入细胞后，能降低因冷冻引起的强烈脱水作用，在 -70℃条件下，虽降低细胞代谢水平，但仍可维持细胞的生命活动，达到延长保藏时间的目的。酵母菌和细菌等大部分均采用此法保藏。该方法操作简便，在新鲜的液体培养基中加入15%的无菌甘油，再置 -70℃冰箱中保藏。含质粒载体的大肠埃希菌一般可保藏0.5~1年，一般细菌和酵母菌的保藏期可达10年。

（四）沙土管保藏法

沙土管保藏法属于载体保藏法的一种，主要利用干燥、缺氧、缺乏营养、低温等因素综合抑制微生物生长繁殖，从而延长保藏时间。把微生物吸附在载体（如沙子、麦麸、土壤、硅胶、滤纸、素瓷等）上进行干燥保存的方法，即为载体保藏法。沙土管保藏法的土壤最好采用果园土或肥沃的田园土，经洗净风干、干燥过筛后分装到沙土管中（小型试管），也可用混合沙土按3：2比例充分混合分装，经0.1MPa灭菌1小时后，隔日再进行一次灭菌，连续3~4次进行同样条件灭菌，之后放入干燥器中使水分散失，然后收集固体斜面培养物上的孢子直接接入沙土或按1g沙土接入0.1ml浓菌悬液，充分干燥后，密封保存。此法简便，保藏时间较长，微生物转接也较方便，适用于保藏产生芽孢或孢子的微生物，芽孢杆菌、梭菌、放线菌或霉菌保藏可达数年之久。

（五）冷冻干燥保藏法

冷冻干燥保藏法是一种有效的菌种保藏方法。它集中了低温、干燥、缺氧和加保护剂等多种有利菌种保藏条件于一身，一般保藏期为5~15年或10~30年，可达到长期保藏菌种的效果。通常包括以下主要操作：将孢子或微生物细胞混悬于适当的保护剂（如血清或20%脱脂牛奶）中，达到10^8/ml浓度，取0.1ml至灭菌安瓿管中，随即放在干冰（固态CO_2）乙醇溶液（-70℃）中速冻，干燥剂脱水后抽真空，最后熔封管口，置4℃左右长期保藏。本法具有适用的菌种多、保藏期长和存活率高等优点；缺点是设备较贵，操作较烦琐。

（六）液氮超低温保藏法

液氮超低温保藏法是一种高效的菌种保藏方法。主要操作是把微生物细胞混悬于含保护剂（20%甘油、10% DMSO等）的液体培养基中（也可把含菌琼脂块直接浸入含保护剂的培养液中），分装入耐低温的安瓿管后，缓慢预冷，然后移至液氮罐中做长期超低温保藏。本法的优点是保藏期长，可达15年以上，且适合保藏各类微生物，尤其适宜保存难以用冷冻干燥保藏法保藏的微生物，如不产孢子的真菌、支原体、衣原体、微藻和原生动物等；缺点是需要液氮罐等特殊设备，且管理费用高、操作较复杂、分发不便等。

（七）宿主保藏法

宿主保藏法是对某些只有寄生在活的动物、植物或细菌细胞中才能繁殖传代的寄生型微生物，如病毒、立克次体和少数的丝状真菌等进行保存。如噬菌体可以经过细菌扩大培养后，与培养基混合直接保存。动物病毒可用病毒感染适宜的脏器或体液，然后分装于试管中密封，低温保存。植物病毒保存方法类似。

在国际上最有代表性的 ATCC 中，长期以来仅选择 2 种最有效的方法保藏所有菌种，即冷冻干燥保藏法和液氮保藏法，两者结合既可最大限度减少不必要的传代次数，又不影响随时分发给全球用户，效果甚佳。CGMCC 所属 7 个保藏中心的保藏量目前为全球第二，现采用 3 种保藏法（斜面传代保藏法、冷冻干燥保藏法和液氮超低温保藏法）进行保藏。

我们在进行微生物保藏时，还应注意以下几个问题。

（1）由于微生物的多样性，不同的微生物往往对不同的保藏方法有不同的适应性。

（2）迄今为止，尚没有一种方法被证明对所有的微生物均适合。

（3）在具体选择保藏方法时，必须对被保藏菌株的特性、使用特点及现有条件等进行综合考虑。

（4）对于一些比较重要的微生物菌株，要尽可能采用多种不同手段进行保藏，以免因某种方法的失败而导致菌种的丧失。

实验九　微生物诱变育种

【实验目的】

1. 掌握米曲霉孢子悬液的制备方法，以及用摇瓶法进行复筛和酶活性测定。
2. 熟悉用平板透明圈法进行两次初筛的方法。
3. 了解用紫外线进行诱变处理的方法。

【实验原理】

诱变育种是利用物理或化学诱变剂处理均匀分散的微生物细胞群，促进其突变率大幅度提高，然后采用简便、快速和高效的筛选方法，从中挑选少数符合育种目的的突变株，以供生产实践或科学研究用。当前发酵工业和其他生产单位所使用的高产菌株，几乎都是通过诱变育种而大大提高了生产性能的菌株。诱变育种除能提高产量外，还可达到提升产品质量、扩大品种和简化生产工艺等目的。诱变育种具有方法简单、快速和收效显著等特点，故仍是目前被广泛使用的主要育种方法之一。

【实验材料】

1. 菌种　米曲霉斜面菌种。

2. 培养基　豆饼斜面培养基、酪素培养基、蒸馏水、0.5% 酪蛋白

3. 设备　恒温摇床、恒温培养箱、紫外照射箱、磁力搅拌器。

4. 其他　三角瓶（300ml、500ml）、试管、培养皿（9cm）、脱脂棉、无菌漏斗、玻璃珠、移液管、涂布器、酒精灯、无菌磷酸盐缓冲液。

【实验内容】

（一）出发菌株的选择及菌悬液制备

1. 出发菌株的选择　可直接选用生产酱油的米曲霉菌株，或选用高产蛋白酶的米曲霉菌株。

2. 菌悬液制备　取出发菌株转接至豆饼斜面培养基中，30℃培养 3～5 天活化。然后将孢子洗至装

有1ml的0.1mol/L pH 6.0无菌磷酸盐缓冲液的三角瓶中（内装玻璃珠，装量以大致铺满瓶底为宜），30℃振荡30分钟，用垫有脱脂棉的灭菌漏斗过滤，制成悬液，调其浓度为10^6～10^8个/ml，冷冻保藏备用。

（二）诱变处理

用物理方法或化学方法，所用诱变剂种类及剂量的选择可视具体情况而定，有时还可采用复合处理，以获得更好的结果。本实验学习用紫外线照射的诱变方法。

1. 紫外线处理 打开紫外灯（30W）预热20分钟。取5ml菌悬液放在无菌的培养皿（9cm）中，同时制作5份。逐一操作，将培养皿平放在离紫外灯30cm（垂直距离）处的磁力搅拌器上，照射1分钟后打开培养皿盖，开始照射，在照射处理开始的同时打开磁力搅拌器进行搅拌，即时计算时间，照射时间分别为15秒、30秒、1分钟、2分钟、5分钟，照射后的诱变菌液在黑暗冷冻条件下保存1～2小时，然后在红灯下稀释涂菌进行初筛。

2. 稀释菌悬液 按10倍稀释至10^{-6}，从10^{-5}和10^{-6}中各取出0.1ml加到酪素培养基平板中（每个稀释度均做3个重复），然后涂菌并静置，待菌液渗入培养基后倒置，于30℃恒温培养2～3天。

（三）优良菌株的筛选

1. 初筛 首先观察在菌落周围出现的透明圈的大小，并测量其菌落直径与透明圈直径之比，选择其比值大且菌落直径也大的菌落40～50个，作为复筛菌株。

2. 平板复筛 分别倒至酪素培养基平板上，在每个平皿的背面用红笔划线分区，从圆心划线至周边分成8等份，1～7份点种初筛菌株，第8份点种原始菌株，作为对照。培养48小时后即可见生长，若出现明显的透明圈，即可按初筛方法检测，获得数株二次优良菌株，进入摇瓶复筛阶段。

3. 摇瓶复筛 将初筛出的菌株，接入米曲霉复筛培养基进行培养。其方法是：称取麦麸85g，豆饼粉（或面粉）15g，加水95～110ml（称润水），水含量以手捏后指缝有水而不下滴为宜，于500ml三角瓶中装入15～20g（料厚为1～1.5cm），121℃湿热灭菌30分钟，然后分别接入以上初筛获得的优良菌株，30℃培养24小时后摇瓶一次，并均匀铺开，再培养24～48小时，即共培养3～5天后，检测蛋白酶活性。

4. 蛋白酶的测定方法

（1）取样 培养后随机称取以上摇瓶培养物1g，加蒸馏水100ml（或200ml），40℃水浴，浸酶1小时，取上清浸液测定酶活性。另取1g培养物于105℃烘干测定含水量。

（2）酶活性测定 30℃ pH 7.5条件下水解酪蛋白（底物为0.5%酪蛋白），每分钟产酪氨酸1μg为一个酶活力单位。计算公式为：

$$酶活性=(A样品OD_{680}-A对照OD_{680})KV/tN$$

式中，K为标准曲线中光吸收为1时的酪氨酸微克数，V为酶促反应的总体积，t为酶促反应时间（分钟），N为酶的稀释倍数。

5. 谷氨酸的检测 也是酱油优良菌株的重要指标之一。

（1）检测培养基制备 豆饼粉：麸皮=6：4，润水75%，121℃湿热灭菌30分钟。

（2）谷氨酸测定 于以上培养基中加入7%盐水（W/V），40～45℃水浴，水解9天后过滤，以滤液检测谷氨酸含量（测压法）。

【注意事项】

1. 紫外线照射时注意保护眼睛和皮肤。

2. 诱变过程及诱变后的稀释操作均在红灯下进行，并在黑暗中培养。

3. 筛选菌株数的计算：若按突变率为0.01计算，则一次筛选可取250~300个菌落，第一次筛选后可多选几株高产株。而二级筛选为重点阶段，其最适量可参考以下计算方法：如初筛菌株数为200株，二次筛选欲选株数为2株，则二级应选 $(200\times2)^{1/2}$，为20株，这样进行数量选择，则有可能从较少的数量中获得相对较多的优良菌株。

【实验结果】

1. 试列表说明高产蛋白酶菌株的筛选过程和结果。

2. 你认为以上的筛选方法有什么优缺点？如何改进？

【思考题】

1. 试述紫外线诱变的作用机制及其在具体操作中应注意的问题。

2. 为什么在诱变前要把菌悬液打散并培养一段时间？

实验十　微生物菌种保藏

【实验目的】

1. 掌握几种常用的菌种保藏方法。

2. 熟悉菌种常规保藏方法的基本原理。

3. 了解冷冻干燥保藏菌种的适用范围。

【实验原理】

菌种是一种重要的生物资源，菌种保藏是重要的微生物基础工作。菌种保藏就是利用一切条件使菌种不死、不污、不乱，以便于研究与应用。菌种保藏的方法很多，其原理却大同小异，不外乎为优良菌株创造一个适合长期休眠的环境，即干燥、低温、缺乏氧气和养料等。使微生物的代谢活动处于最低状态，但又不至于死亡，从而达到保藏的目的。依据不同的菌种或不同的需求，应该选用不同的保藏方法。一般情况下，斜面保藏、半固体穿刺、石蜡油封存和沙土管保藏法较为常用，也比较容易操作。

【实验材料】

1. 菌种　细菌、酵母菌、放线菌和霉菌。

2. 培养基　牛肉膏蛋白胨培养基斜面（培养细菌）、麦芽汁培养基斜面（培养酵母菌）、高氏一号培养基斜面（培养放线菌）、马铃薯蔗糖培养基斜面（培养丝状真菌）。

3. 溶液或试剂　无菌水、液体石蜡、P_2O_5、脱脂奶、10% HCl、干冰、95%乙醇。

4. 仪器或其他用具　无菌试管，无菌吸管（1ml、5ml），无菌滴管，接种环，40目及100目筛子，干燥器，安瓿管，冰箱，冷冻真空干燥装置，酒精喷灯，三角烧瓶（250ml），瘦黄土（有机物含量少的黄土），食盐、河沙。

【实验内容】

下列各方法可根据实验室具体条件与需要选做。

（一）斜面传代保藏法

1. 贴标签　取各种无菌斜面试管数支，将注有菌株名称和接种日期的标签贴在试管斜面的正上方，距试管口 2～3cm 处。

2. 斜面接种　将待保藏的菌种用接种环以无菌操作法移接至相应的试管斜面上，细菌和酵母菌宜采用对数期的细胞，而放线菌和丝状真菌宜采用成熟的孢子。

3. 培养　细菌于 37℃恒温培养 18～24 小时，酵母菌于 28～30℃培养 36～60 小时，放线菌和丝状真菌于 28℃培养 4～7 天。

4. 保藏　斜面长好后，可直接放入 4℃冰箱保藏。为防止棉塞受潮长杂菌，管口棉花应用牛皮纸包扎，或换上无菌胶塞，亦可用熔化的固体石蜡熔封棉塞或胶塞。保藏时间依微生物种类而不同，酵母菌、霉菌、放线菌及有芽孢的细菌可保存 2～6 个月后移种一次；而不产芽孢的细菌最好每月移种一次。此法的缺点是容易变异，污染杂菌的机会较多。

（二）液体石蜡保藏法

1. 液体石蜡灭菌　在 250ml 三角烧瓶中装入 100ml 液体石蜡，塞上棉塞，并用牛皮纸包扎，121℃湿热灭菌 30 分钟，然后置于 40℃温箱中使水汽蒸发后备用。

2. 接种培养　同斜面传代保藏法。

3. 加液体石蜡　用无菌滴管吸取液体石蜡，以无菌操作加到已长好的菌种斜面上，加入量以高出斜面顶端约 1cm 为宜。

4. 保藏　棉塞外包牛皮纸，将试管直立放置于 4℃冰箱中保存。

利用这种保藏方法，霉菌、放线菌、有芽孢细菌可保藏 2 年左右，酵母菌可保藏 1～2 年，一般无芽孢细菌也可保藏 1 年左右。

5. 恢复培养　用接种环从液体石蜡下挑取少量菌种，在试管壁上轻靠几下，尽量使石蜡油滴净，再接种于新鲜培养基中培养。由于菌体表面粘有液体石蜡，生长较慢且有黏性，一般须转接 2 次才能获得良好菌种。

（三）沙土管保藏法

1. 沙土处理

（1）沙处理　取河沙，经 40 目过筛，去除大颗粒，加 10% HCl 浸泡（用量以浸没沙面为宜）2～4 小时（或煮沸 30 分钟），以除去有机杂质，然后倒去盐酸，用清水冲洗至中性，烘干或晒干，备用。

（2）土处理　取非耕作层瘦黄土（有机物含量少），加自来水浸泡洗涤数次，直至中性，然后烘干，粉碎，用 100 目过筛，去除粗颗粒后备用。

2. 装沙土管　将沙与土按 2∶1、3∶1 或 4∶1（*W*∶*W*）比例混合均匀装入试管（10mm×100mm，装至约 7cm 高，加棉塞，并外包牛皮纸，121℃湿热灭菌 30 分钟，然后烘干。

3. 无菌试验　每 10 支沙土管任抽一支，取少许沙土接入牛肉膏蛋白胨或麦芽汁培养液中，在最适的温度下培养 2～4 天，确定无菌生长时才可使用。若发现有杂菌，经重新灭菌后，再做无菌试验，直到合格。

4. 制备菌液　用 5ml 无菌吸管分别吸取 3ml 无菌水至待保藏的菌种斜面上，用接种环轻轻搅动，制成悬液。

5. 加样 用1ml吸管吸取上述菌悬液0.1～0.5ml加入沙土管，用接种环拌匀。加入菌液量以湿润沙土达2/3高度为宜。

6. 干燥 将含菌的沙土管放入干燥器，干燥器内用培养皿盛P_2O_5作为干燥剂，可再用真空泵连续抽气3～4小时，加速干燥。将沙土管轻轻一拍，沙土呈分散状即达到充分干燥。

7. 保藏 沙土管可选择下列方法之一来保藏。

（1）保存于干燥器中。

（2）用石蜡封住棉花塞后，放入冰箱保存。

（3）将沙土管取出，管口用火焰熔封后，放入冰箱保存。

（4）将沙土管装入有$CaCl_2$等干燥剂的大试管，塞上橡皮塞或木塞，再用蜡封口，放入冰箱或室温下保存。

8. 恢复培养 使用时挑取少量混有孢子的沙土，接种于斜面培养基上或液体培养基内培养即可，原沙土管仍可继续保藏。

此法适用于保藏能产生芽孢的细菌及形成孢子的霉菌和放线菌，可保存2年左右，但不能用于保藏营养细胞。

（四）冷冻干燥保藏法

1. 准备安瓿管 选用内径5mm、长10.5cm的硬质玻璃试管，用10% HCl浸泡8～10小时后用自来水冲洗多次，最后用去离子水洗1～2次，烘干，将注有菌名和接种日期的标签放入安瓿管，有字的一面朝向管壁。管口加棉塞，121℃灭菌30分钟。

2. 制备脱脂牛奶 将脱脂奶粉配成20%乳液，然后分装，121℃灭菌30分钟，并做无菌试验。

3. 准备菌种 选用无污染的纯菌种，培养时间：一般细菌为24～48小时，酵母菌为3天，放线菌与丝状真菌为7～10天。

4. 制备菌液及分装 吸取3ml无菌牛奶直接加至斜面菌种管中，用接种环轻轻搅动菌落，再用手摇动试管，制成均匀的细胞或孢子悬液。用无菌长滴管将菌液分装于安瓿管底部，每管装0.2ml。

5. 预冻 将安瓿管外的棉花剪去并将棉塞向里推至离管口约15mm处，再通过乳胶管把安瓿管连接于总管的侧管上，总管则通过厚壁橡皮管及三通短管与真空表及干燥瓶、真空泵相连接，并将所有安瓿管浸入装有干冰和95%乙醇的预冷槽中（此时槽内温度可达－40～－50℃），只需冷冻1小时左右，即可使悬液冻结成固体。

6. 真空干燥 完成预冻后，升高总管使安瓿管仅底部与冰面接触，（此处温度约－10℃），以保持安瓿管内的悬液仍呈固体状态。开启真空泵后，应在5～15分钟内使真空度达66.7Pa以下，使被冻结的悬液开始升华，当真空度达到26.7～13.3Pa时，冻结样品逐渐被干燥成白色片状，此时使安瓿管脱离冰浴，在室温（25～30℃）下继续干燥（管内温度不超过30℃），升温可加速样品中残余水分的蒸发。总干燥时间应根据安瓿管的数量、悬浮液装量及保持剂性质来定，一般3～4小时即可。

7. 封口样品 干燥后继续抽真空达1.33Pa时，在安瓿管棉塞的稍下部位用酒精喷灯火焰灼烧，拉成细颈并熔封，然后置4℃冰箱内保藏。

8. 恢复培养 用75%乙醇消毒安瓿管外壁后，在火焰上烧热安瓿管上部，然后将无菌水滴在烧热处，使管壁出现裂缝，放置片刻，让空气从裂缝中缓慢进入管内后，将裂口端敲断，再用无菌的长颈滴管吸取菌液至合适培养基中，放置在最适温度下培养。

冷冻干燥保藏法综合利用了各种有利于菌种保藏的因素（低温、干燥和缺氧等），是目前最有效的菌种保藏方法之一，保存时间可长达10年以上。

【注意事项】

1. 从液体石蜡封藏的菌种管中挑菌后，接种环上带有石蜡油和菌，故接种环在火焰上灭菌时，要先在火焰边烤干再直接灼烧，以免菌液四溅，引起污染。

2. 在真空干燥过程中，安瓿管内样品应保持冻结状态，以防止抽真空时样品产生泡沫而外溢。

3. 熔封安瓿管时注意火焰大小要适中，封口处灼烧要均匀，若火焰过大，封口处易弯斜，冷却后易出现裂缝而造成漏气。

【实验结果】

请列表比较以上几种菌种保藏方法的优缺点及各自的适用范围。

【思考题】

1. 简述真空冷冻干燥保藏菌种的原理。

2. 菌种保藏中，石蜡油的作用是什么？

案例分析

遗传变异的物质基础

我们现在都知道遗传变异的物质基础是核酸，但是在 19 世纪末 20 世纪初，关于生物的遗传变异有无物质基础以及何种物质可执行遗传变异功能的问题，是生命科学中的一个重大的基础理论问题。围绕这一问题，曾有过种种推测、争论甚至长期惊心动魄的斗争。前后两代科学家历经 30 年的研究，经历过多次失败并不断推翻已经约定俗成的认识，在不懈坚持中才最终探究出“生物遗传物质的化学本质是核酸”这一科学论断。即便在科技发达的今天，即便我们拥有前所未有的智慧，生命科学领域仍然有很多未知的、需要我们勇敢探索的“空白地带”。

启发与思考

1. 任何一个真理的发现都不是轻而易举的，需要付出艰辛的劳动，甚至以生命为代价。

2. 在真理面前，我们应该具有敢于挑战权威、绝不盲从、不懈探索的精神。

讨论

遗传和变异是生物体的基本特征之一，作为遗传物质必须具备哪些特点？

复习思考题

答案解析

1. 试述历史上证明核酸是遗传物质的三个著名实验。为何他们都不约而同地选用微生物作为研究对象，且其中两个是病毒？

2. 什么是基因突变？

3. 证明基因突变的自发性和随机性的三个实验是什么？

4. 什么是光复活作用？其作用机制是什么？

5. 诱变育种的基本环节是什么？

6. 能否找到一种仅对某一基因具有特异性诱变作用的化学诱变剂？为什么？

7. 简述原核微生物基因重组的主要方式及其特点。
8. 试比较转化、转导、接合和原生质体融合之间的异同。
9. 简述转化的一般过程及其机制。
10. 试比较 F^+ 菌株、F^- 菌株、Hfr 菌株和 F′菌株的特点，并说明它们之间的联系。
11. 简述原生质体融合的基本操作程序。
12. 比较普遍转导与局限转导的异同。
13. 菌种衰退的原因是什么？如何对衰退的菌种进行复壮？
14. 菌种保藏的原理是什么？菌种保藏有哪些方法？
15. 冷冻干燥保藏法的主要操作步骤是什么？该法的优缺点如何？
16. 试述液氮超低温保藏法的主要操作过程，并指出该法的优缺点。

书网融合……

本章小结 微课 1 微课 2 微课 3 微课 4 题库

第三篇
微生物学应用

第九章　微生物代谢及其在制药工程中的应用

PPT

学习目标

【知识要求】

1. 掌握　葡萄糖发酵途径和三羧酸循环。

2. 熟悉　微生物呼吸的类型，自养微生物的生物氧化类型；CO_2固定、生物固氮和肽聚糖合成。

3. 了解　微生物代谢的调控过程；微生物代谢在制药工程中的应用。

【技能要求】

学会归纳分析不同微生物的生物氧化类型；具有设计抗生素效价测定和微生物药敏实验的能力。

【素质要求】

培养对复杂知识体系的归纳提炼能力；树立环保低碳观念，深刻理解环保的重要性；培养对国内外微生物制药行业发展的认识，增强民族自尊心、自信心和自豪感。

新陈代谢（metabolism）又称代谢，是微生物生命的基本特征之一，是生命体中一系列有序生化反应的总和。各种生物体的代谢过程有相同之处，也有不同之处。前者如脂类代谢、蛋白质代谢、核苷酸代谢等，这些代谢内容主要在生物化学中详细介绍；后者，即微生物代谢的多样性和特殊性，将在本章重点介绍。

第一节　产能代谢

微生物可以从外界获取的能源可分为有机物、太阳光辐射能和还原态无机物三大类，统称最初能源（primary energy sourse），三类能源所对应的微生物分别是化能异养微生物、光能自养微生物和化能自养微生物。

在微生物体内，微生物把从外界获取的最初能源经过一系列连续的氧化还原反应，逐步分解并转换成所有生命活动中都可以直接利用的通用能源（universal energy sourse）的过程，称产能代谢或生物氧化（biological oxidation）。

通用能源一般以高能键化合物形式存在，最常见的是腺苷三磷酸（adenosine triphosphate，ATP），另外还有 GTP、NADPH 和 $FADH_2$等等。

一、异养微生物的生物氧化

化能异养微生物根据氧化还原反应中最终电子受体和氢受体的不同，进行不同的生物氧化过程，如图 9－1 所示。

生物氧化类型（化能异养微生物）
- 发酵：无外源电子受体，电子受体通常为分解代谢中间产物丙酮酸
- 呼吸
  - 有氧呼吸：最终电子受体为分子氧
  - 无氧呼吸：最终电子受体为氧化型化合物

图 9－1　化能异养微生物的生物氧化类型

（一）发酵

发酵（fermentation）是指微生物将有机物氧化释放的电子，直接传递给自身分解代谢过程中的中间产物，同时释放能量，产生代谢产物的过程。发酵过程中不需要外源电子受体。

异养微生物发酵的底物多样，碳水化合物、有机酸、氨基酸等都可以作为发酵的底物。其中的典型代表是底物为葡萄糖（glucose，G）的发酵过程，本章节也以葡萄糖发酵为例，介绍微生物发酵过程。

化能异养微生物体内有 4 种葡萄糖发酵途径，分别是 EMP 途径、HMP 途径、ED 途径和磷酸解酮酶途径。

1. EMP 途径（Embden－Meyerhof－Parnas pathway）　也称糖酵解（glycolysis），是一条重要的葡萄糖分解途径，在大多数微生物中都存在，可以拆分成两个阶段（图 9－2）。①准备阶段（耗能阶段）：不涉及氧化还原反应及能量释放，1 分子葡萄糖经过准备阶段，消耗 2 分子 ATP，生成 2 分子 3－磷酸甘油醛。②氧化还原阶段（产能阶段）：生成 2 分子丙酮酸和 4 分子 ATP。

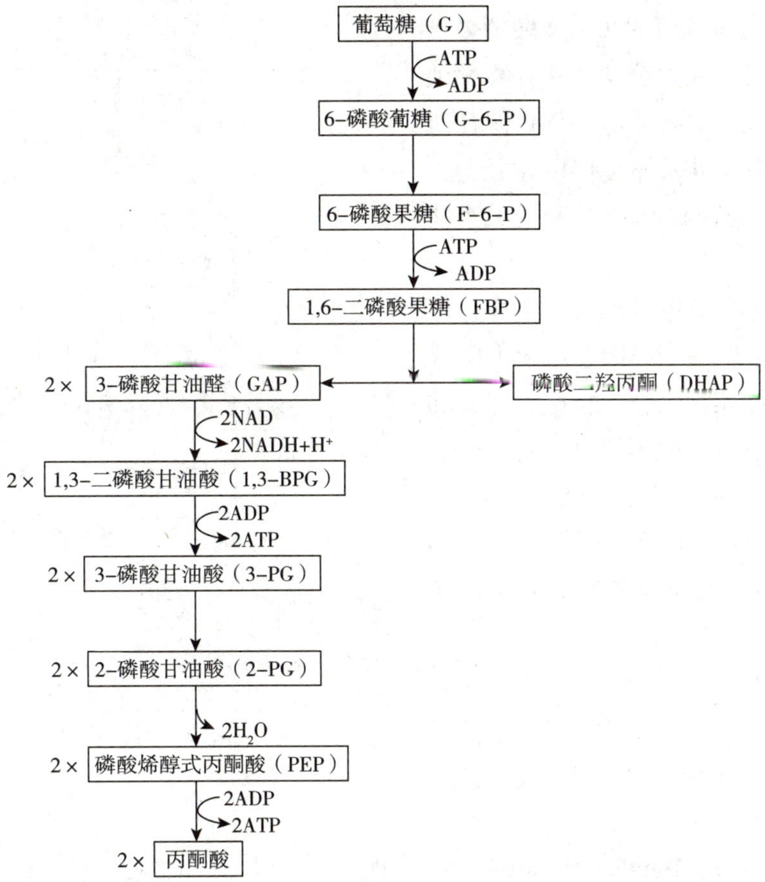

图 9－2　EMP 途径

在 EMP 途径中，有 2 个反应是有 ATP 生成的，分别是 1,3－二磷酸甘油酸转变为 3－磷酸甘油酸和磷酸烯醇式丙酮酸转变成丙酮酸。这 2 个反应中的底物 1,3－二磷酸甘油酸和磷酸烯醇式丙酮酸，在反

应过程中产生的高能磷酸基团，直接与 ADP 偶联形成 ATP，这样的反应过程被称为底物水平磷酸化（substrate level phosphorylation）。

1 分子葡萄糖经过糖酵解途径后，共生成 2 分子丙酮酸和 4 分子 ATP，但因为在第一阶段中会消耗 2 分子 ATP，综合来看，1 分子葡萄糖经过糖酵解途径，净生成 2 分子 ATP。

在 3－磷酸甘油酸转变成 1,3－二磷酸甘油酸的这一步反应中，3－磷酸甘油酸的氧化反应必须要有 NAD^+ 的参与，NAD^+ 在经过这一步反应后转变为 NADH，因为细胞内的 NAD^+ 是有限的，假如 NAD^+ 全部转变成 NADH，糖酵解过程中的这步反应就会暂停。那么，细胞是如何保持 NAD^+ 与 NADH 之间的动态平衡的呢？如图 9－3 所示，糖酵解的产物丙酮酸，可以在乳酸脱氢酶的作用下转变成乳酸，同时 NADH 也失去电子重新生成 NAD^+，从而保证糖酵解过程的持续进行。在酵母细胞中，丙酮酸脱羧形成乙醛，再获得 NADH 的电子，并进一步形成乙醇和 CO_2。

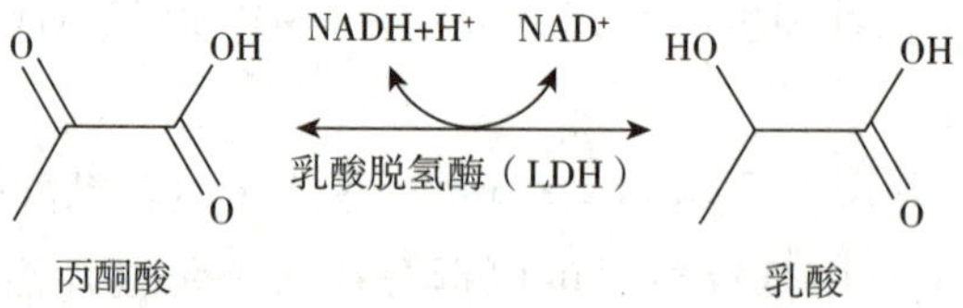

图 9－3　丙酮酸转变成乳酸

2. HMP 途径（hexose monophosphate pathway）　也称磷酸戊糖途径（图 9－4），起始底物为 6－磷酸葡萄糖（G－6－P），1 分子的 6－磷酸葡萄糖经过 HMP 途径，最终生成 1 分子 3－磷酸甘油醛、3 分子 CO_2 和 6 分子 NADPH。HMP 途径所生成的 3－磷酸甘油醛，可以进入 EMP 途径，生成 ATP，因此，HMP 途径和 EMP 途径的关系非常密切。

HMP 途径的主要功能并不是产生 ATP，而是为生物合成提供还原力（NADPH）和中间代谢产物。如 5－磷酸核酮糖是合成核酸、部分辅酶和组氨酸的原料，也可以转化为 1,5－二磷酸核酮糖，在羧化酶的作用下固定 CO_2，对于光能自养菌和化能自养菌都具有重要意义；NADPH 为微生物合成脂肪酸、类固醇和谷氨酸提供还原力。

大多数微生物中，无论好氧或厌氧，都有 HMP 途径，并且在同一微生物中 HMP 途径和 EMP 途径同时存在，只进行 HMP 途径或只进行 EMP 途径的微生物比较少见。

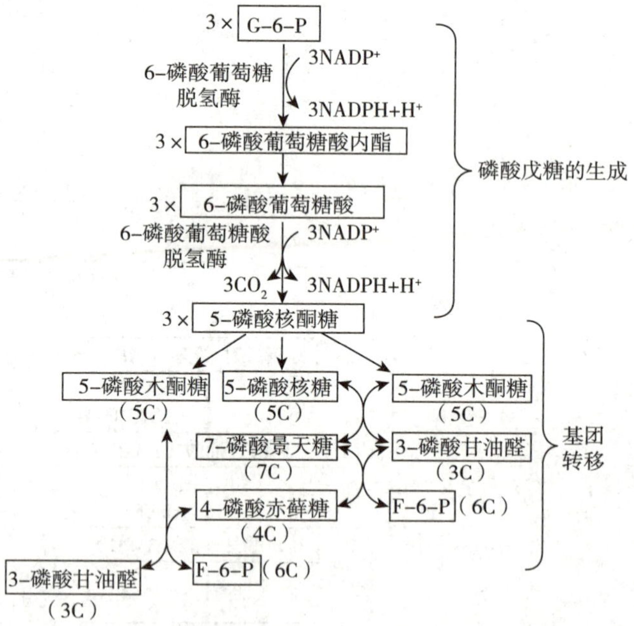

图 9－4　HMP 途径

G－6－P：6－磷酸葡萄糖；F－6－P：6－磷酸果糖

3. ED 途径（Entner－Doudoroff pathway）　也称 2－酮－3－脱氧－6－磷酸葡萄糖酸（KDPG）途径。ED 途径中的生成 3－磷酸甘油醛，可以进入 EMP 途径转变为丙酮酸。因此，1 分子葡萄糖经过 ED 途径，最终生成 2 分子丙酮酸、1 分子 ATP、1 分子 NADPH 和 1 分子 NADH（图 9－5）。

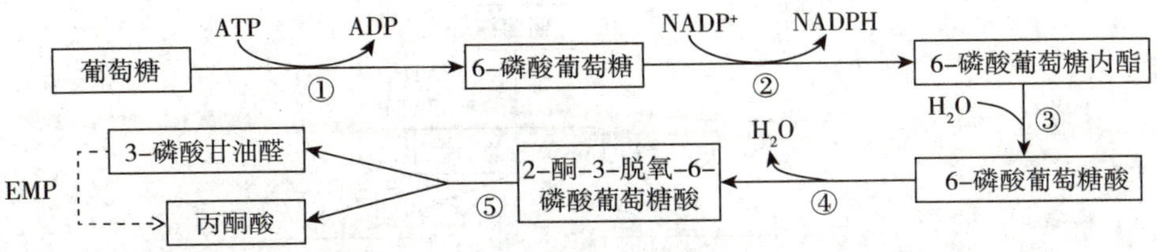

图 9-5 ED 途径

各步骤催化酶：①己糖激酶；②磷酸葡萄糖脱氢酶；③内酯酶；④磷酸葡萄糖酸脱水酶；⑤2-酮-3-脱氧-6-磷酸葡萄糖酸醛缩酶（KDPG 醛缩酶）

ED 途径是微生物特有的葡萄糖发酵途径，通过 ED 途径获得丙酮酸所需要的反应步骤比 EMP 途径少。ED 途径的特点有：①具有一个特征性反应——KDPG 裂解为丙酮酸和 3-磷酸甘油醛；②存在一个特征性酶——KDPG 醛缩酶；③其终产物为 2 分子丙酮酸，这 2 分子丙酮酸的来源不同，1 分子丙酮酸由 KDPG 直接裂解得到，另 1 分子丙酮酸则由 3-磷酸甘油醛经 EMP 途径转化得到；④产能效率低（1mol ATP/1mol 葡萄糖）。

ED 途径存在于某些缺乏完整 EMP 途径的微生物中，目前尚未在高等动植物中发现该代谢途径。ED 途径在革兰阴性菌中常见，如假单胞菌和固氮菌的部分菌株。ED 途径可以不依赖 EMP 途径和 HMP 途径而单独存在，但对于需要依赖底物磷酸化获得 ATP 的厌氧菌，ED 途径不如 EMP 途径经济。

4. 磷酸解酮酶途径（phosphoketolase pathway） 上述 3 种葡萄糖代谢途径都是在大部分微生物中普遍存在的，而磷酸解酮酶途径是明串珠菌属和双歧杆菌属等一些细菌在进行异型乳酸发酵过程中分解己糖和戊糖的途径。该途径的特征性酶是磷酸解酮酶，根据磷酸解酮酶的不同，把具有磷酸戊糖解酮酶的称为 PK 途径（图 9-6），把具有磷酸己糖解酮酶的称为 HK 途径（图 9-7）。

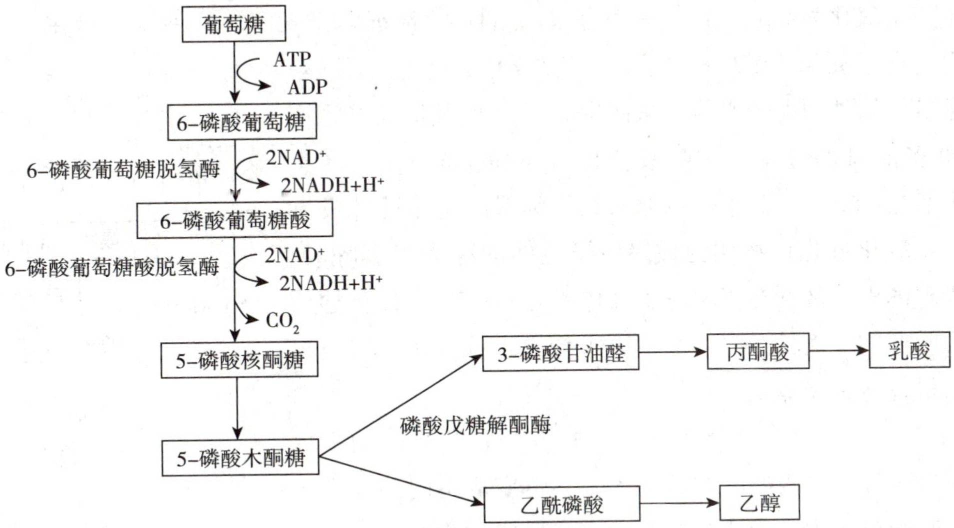

图 9-6 PK 途径

葡萄糖发酵过程中生成的丙酮酸可被进一步代谢。在无氧条件下，不同的微生物分解丙酮酸后会积累不同的代谢产物，通常以发酵的终产物来命名，如酵母菌、根霉、曲霉进行乙醇发酵，终产物为乙醇；而明串珠菌、两歧双歧杆菌等则为乳酸发酵，终产物为乳酸；另外还有丁酸发酵、丙酮-丁醇发酵、混合酸发酵等。

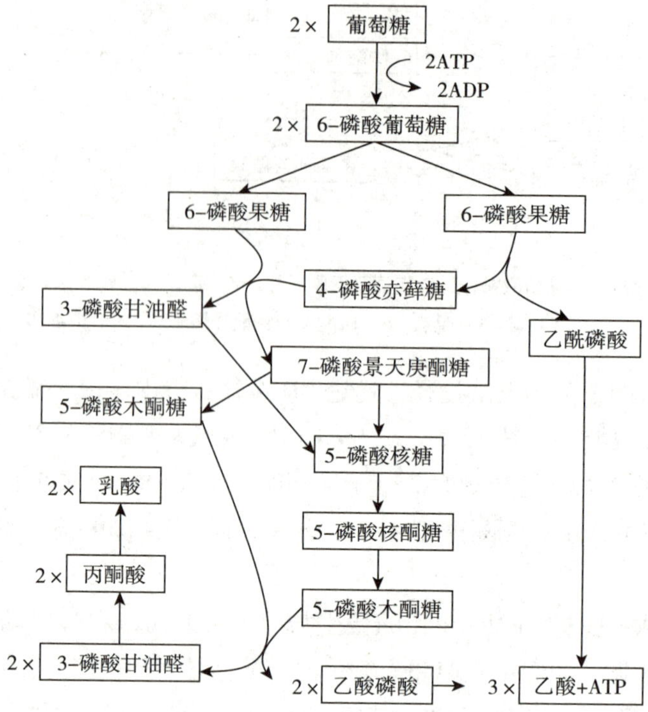

图 9-7 HK 途径

(二) 呼吸作用

发酵是葡萄糖在没有外源电子受体时的产能代谢过程。发酵之后，底物所具有的能量只有一小部分被释放出来，并合成少量 ATP。在有氧或其他外源电子受体存在时，代谢过程可以通过氧化磷酸化呼吸链将底物分子完全氧化为 CO_2，此过程中合成的 ATP 的量远多于发酵。这种微生物在分解底物的过程中，将释放出的电子交给 $NAD(P)^+$、FAD^+ 或 FMN^+ 等电子载体，再经电子传递链传给外源电子受体，从而生成 H_2O 或其他还原型产物并释放出更多能量的过程，称呼吸作用（respiration），其产生 ATP 的过程为氧化磷酸化。其中，以分子氧作为最终电子受体的称为有氧呼吸，以氧化型化合物作为最终电子受体的称为无氧呼吸。呼吸作用与发酵的根本区别在于：电子载体不是将电子直接传递给底物降解的中间产物，而是把电子交给电子传递系统，逐步释放出能量后再交给最终电子受体。

1. 有氧呼吸（aerobic respiration） 在发酵过程中，葡萄糖经过糖酵解形成丙酮酸，丙酮酸在厌氧条件下转变成不同的发酵产物；而在有氧呼吸过程中，葡萄糖经过糖酵解形成的丙酮酸，氧化脱羧形成乙酰辅酶 A（乙酰 CoA）后，进入三羧酸循环（tricarboxylic acid cycle，TCA 循环）和电子传递链（图 9-8），被彻底氧化生成 CO_2 和 H_2O，同时释放大量能量。

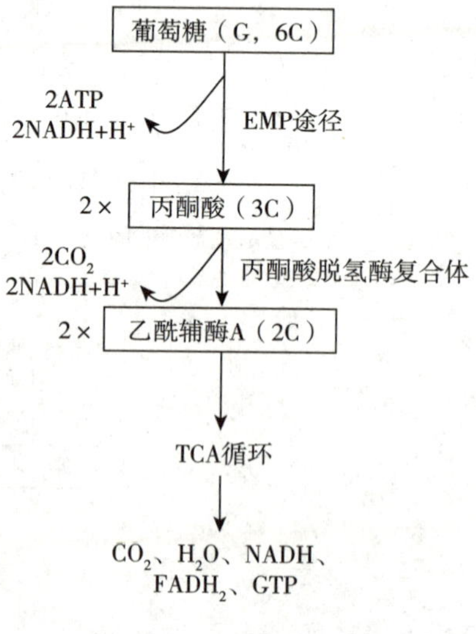

图 9-8 有氧呼吸中的葡萄糖发酵

（1）三羧酸循环 在 TCA 循环中，每个被氧化的丙酮酸分子释放出 3 分子 CO_2（图 9-9）。CO_2 分别在乙酰 CoA 的形成、α-酮戊二酸的形成以及琥珀酰辅酶 A（琥珀酰 CoA）的形成过程中产生。与前面的发酵过程相一致，TCA 循环中间产物氧化时所释放出的电子通常先传递给含辅酶 NAD^+ 的酶分子。

NADH 的氧化方式在发酵及呼吸作用中是不同的。在呼吸过程中，NADH 中的电子不传递给中间产物丙酮酸，而是通过电子传递链传递给氧分子或其他最终电子受体。因此，呼吸过程中有外源电子受体的存在，葡萄糖可以被完全氧化成 CO_2，从而可产生比发酵更多的能量。

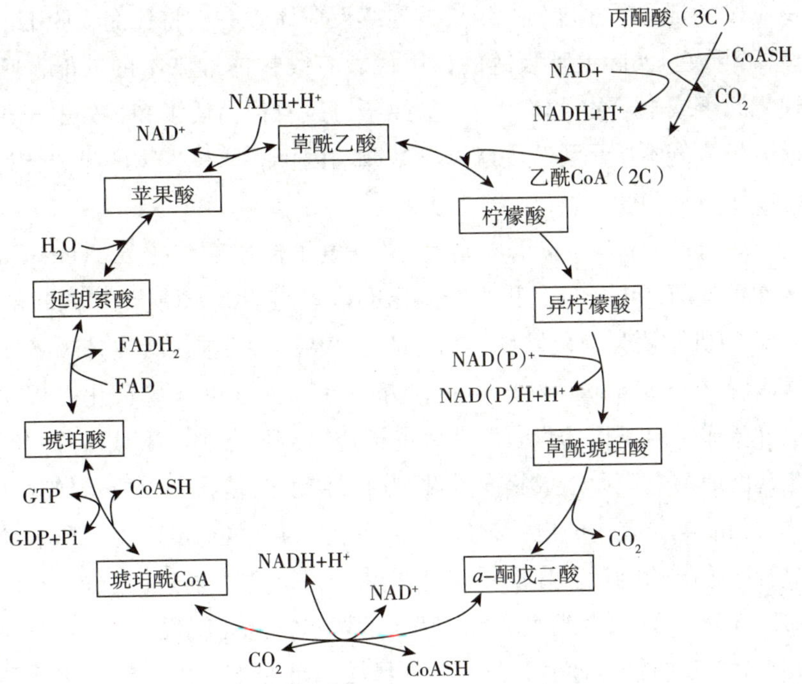

图 9－9　TCA 循环

TCA 循环中，1 分子丙酮酸完全氧化为 3 分子 CO_2，同时生成 4 分子 NADH 和 1 分子 $FADH_2$。NADH 和 $FADH_2$ 可经电子传递链生成 ATP，每分子 NADH 经过电子传递链后可生成 3 分子 ATP，每分子 $FADH_2$ 经过电子传递链后可生成 2 分子 ATP。另外，琥珀酰 CoA 在氧化成延胡索酸时，包含底物水平磷酸化，由此产生了 1 分子 GTP，随后 GTP 可转化成 ATP（图 9－10）。因此，丙酮酸每经过一次 TCA 循环可生成 15 分子 ATP。此外，在糖酵解过程中产生的 2 分子 NADH 可经电子传递链重新被氧化，产生 6 分子 ATP。在葡萄糖转变为 2 分子丙酮酸时，还可借底物水平磷酸化生成 2 分子 ATP（详见 EMP 途径）。综上可知，需氧微生物有氧呼吸完全氧化葡萄糖的过程中总共可得到 38 分子 ATP。

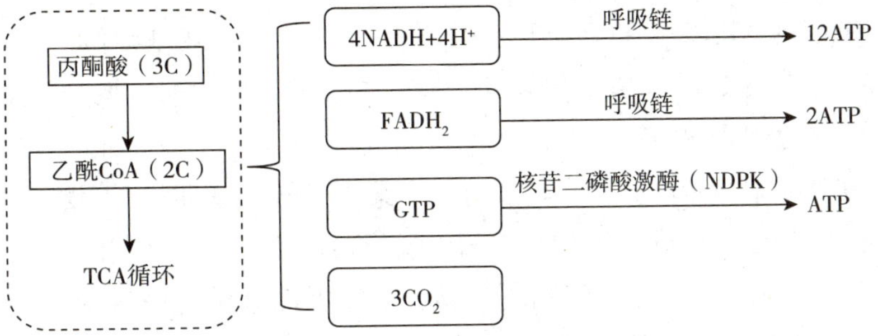

图 9－10　TCA 循环主要产物

TCA 循环的特点：①氧（O_2）不直接参与 TCA 循环，但 TCA 循环必须在有氧条件下才能运转（NAD^+ 和 FAD 再生时需要氧，详细过程见电子传递链部分）；②1 分子丙酮酸可产 4 分子 NADH＋H^+、1 分子 FADH 和 1 分子 GTP，总计相当于 15 分子 ATP，与前面所讲的葡萄糖发酵相比，TCA 循环产能效率极高；③TCA 循环十分重要，是细胞一切分解代谢和合成代谢的关键位点，不仅为微生物的生物合成提供了各种碳架原料，而且还与人类的发酵生产（如柠檬酸、苹果酸、谷氨酸、延胡索酸和琥珀酸等）紧密相关。

（2）电子传递链（electron transport chain，ETC） 也称呼吸链（respiratory chain），是由一系列的递氢反应和递电子反应按一定的顺序排列所组成的连续反应体系，它将代谢物脱下的成对氢原子交给氧生成 H_2O，同时有 ATP 生成。实际上呼吸链的作用代表着线粒体最基本的功能，呼吸链中的递氢体和递电子体就是能传递氢原子或电子的载体，由于氢原子可以看作由质子和核外电子组成，递氢体也是递电子体，递氢体和递电子体的本质是酶、辅酶、辅基或辅因子。原核生物的电子传递链在细胞膜上，真核生物的电子传递链在线粒体内膜。

（3）氧化磷酸化（oxidative phosphorylation） 又称电子传递磷酸化（electron transport phosphorylation），是指将呼吸链在传递氢或电子的过程中释放出的能量与 ADP 磷酸化相偶联产生 ATP 的过程。关于氧化磷酸化产生 ATP 的机制研究中，最具影响力的是 1961 年英国学者皮特·米切尔（P. D. Mitchell）提出的化学渗透偶联假说（chemiosmotic－coupling hypothesis）：在氧化磷酸化过程中，位于细胞膜或线粒体内膜的呼吸链组分传递来自基质的氢时，在将电子传递给下一个电子载体的同时把质子从膜内泵到膜外，由于质子不能自由地透过膜而造成膜内外两侧质子浓度的差异——质子梯度（pH 梯度）；与此同时，还形成了膜内外两侧的电位差——电位梯度。质子梯度与电位梯度产生了质子动势，这种动势中蕴藏着电子传递过程中所释放出的能量。在质子动势的驱动下，质子通过跨膜的 ATP 酶从膜外回到了膜内，并释放出能量驱使 ADP 磷酸化生成 ATP。皮特·米切尔凭借此假说在 1978 年获得了诺贝尔化学奖。

电子通过典型的 NAD^+ 呼吸链传递时，只有 3 处释放出足够能量，并与 ADP 磷酸化相偶联，所以产生 3 分子 ATP。但是电子在 FAD 呼吸链传递时，只有两处能与 ADP 磷酸化相偶联，故仅产生 2 分子 ATP。若用 P/O 比（ATP/氧原子）表示呼吸链氧化磷酸化效率，那么，NAD^+ 呼吸链的 $P/O=3$，而 FAD 呼吸链的 $P/O=2$。

ATP 的合成都是在 ATP 合酶的作用下进行的。20 世纪 70 年代，有研究已经发现 ATP 合酶（ATP synthase）是由镶嵌在原核生物细胞膜上或真核生物线粒体内膜上的基部 F_0 和伸展在膜外的头部 F_1 两部分所组成。F_1 是 ATP 合酶的催化中心，是一种五肽复合物——$\alpha_3\beta_3\gamma\varepsilon\delta$，其中的 3 个 β 亚基类似 3 片水轮叶，催化 $ADP + Pi \rightleftharpoons ATP$ 的分子内转化反应。β 亚基可发生 3 种构象变化：一种有利于 ADP 与 Pi 相结合，第二种可使 ADP 与 Pi 合成 ATP，第三种则可使 ATP 释放。F_0 是一个三肽复合物（ab_2c_{12}），其中 a 亚基有质子跨膜通道，而 b 亚基则从膜上延伸到膜外，并沿着 2 个 b 亚基和 1 个 δ 亚基构成一个类似马达定子的构造。γ、ε 亚基起着马达转子轴心的作用，而 12 个 c 亚基则似乎起轴承的作用。当质子从膜外流入 F_0 的 a 亚基后，通过消耗质子动势可合成 ATP。ATP 合酶的功能是可逆的，故当 ATP 水解时，也可通过 ATP 合酶产生质子动势。

因此，ATP 合酶就像一架精巧的分子水轮发电机，其 3 个 β 亚基即为 3 个水轮叶片。这就是美国学者 P. Boyer 提出的有关 ATP 合酶合成 ATP 的构象假说或旋转催化假说的基本内容。上述假说已得到大量研究证实，他们对 ATP 合酶晶体进行 X 线衍射试验，获得了高分辨率的 β 亚基三维结构的不同构象。Boyer 和 Walker 因此在 1997 年获得了诺贝尔化学奖。

2. 无氧呼吸（anaerobic respiration） 微生物在没有氧气的情况下进行的生物氧化过程称为无氧呼吸，在兼性厌氧微生物或厌氧微生物中较为常见。无氧呼吸的底物是葡萄糖等有机物，氧化过程的电子受体一般是无机物，如硝酸盐、硫酸盐、CO_2 等，或者极少数有机物，如延胡索酸等。进行无氧呼吸的微生物大多数是细菌。根据作为最终电子受体的化合物种类的不同，无氧呼吸可以分为多种类型。

（1）硝酸盐呼吸（nitrate respiration） 又称反硝化作用（denitrification）。硝酸盐呼吸在微生物的代谢过程中有两种方式：一是将硝态氮（如 NO_3^-）还原，转化为氨态氮（NH_4^+），并进一步将它转化为有机氨（$R-NH_3$）而构成蛋白质等生物大分子，称同化型硝酸盐呼吸；二是将硝酸盐逐级还原成 NO_2^- 以及 N_2O、N_2 等气态产物的异化脱氮过程，称异化型硝酸盐呼吸。

进行硝酸盐呼吸的一般为兼性厌氧微生物，如地衣芽孢杆菌（*Bacillus licheniformis*）、铜绿假单胞菌（*Pseudomonas aeruginosa*）、脱氮负球菌（*Paracoccus denitrificans*）、脱氮硫杆菌（*Thiobacillus denitrificans*）等。反硝化反应在自然界中具有重要意义，是氮循环的关键一环，可使土壤中固定的氮元素通过同化型硝酸盐呼吸流入水中从而减少土壤中的硝酸含量，或者通过异化型硝酸盐呼吸生成氮气等含氮气体而重新回到大气中。但在农业上，反硝化作用使硝酸盐还原成氮气，降低了土壤中氮元素的含量，对农作物生长不利。农业上常进行中耕松土，以防止反硝化作用。在环境保护方面，反硝化反应和硝化反应一起可以构成不同的生物法污水除氮的工艺流程，已经被广泛应用于污水处理。

（2）硫酸盐呼吸（sulfate respiration）　又称硫酸盐还原（sulfate reduction），硫酸盐呼吸是微生物利用硫酸盐（SO_4^{2-}）作为最终电子受体的一类无氧呼吸，是硫酸盐还原形成 H_2S 的过程。电子供体一般为有机酸、脂肪酸和醇类等有机物。进行硫酸盐呼吸的细菌称为硫酸盐还原细菌（sulfate reducing bacteria）或反硫化细菌，它包括脱硫弧菌属（*Desulfovibrio*）、脱硫单胞菌属（*Desulfuromonas*）、脱硫球菌属（*Desulfococcus*）、脱硫菌属（*Desulfobacter*）等。许多硫酸盐还原细菌利用乳酸作为无氧呼吸反应底物，总反应式为：

$$5CH_3CHOHCOOH + SO_4^{2-} \rightarrow CH_3COOH + 5CO_2 + H_2S + 4H_2O$$

在浸水或通气不良的土壤中，厌氧微生物通过硫酸盐呼吸生成的 H_2S 会引起水稻秧苗的烂根等问题，因此在农业生产上应设法减少硫酸盐呼吸。

（3）硫呼吸（sulfur respiration）　又称硫还原（sulfur reduction）。这是以元素硫作为唯一最终电子受体的一类无氧呼吸。硫呼吸可以将元素硫异化性还原形成 H_2S。目前已知的硫还原细菌（sulfur reducing bacteria）主要是硫还原菌属（*Desulfurella*）和脱硫单胞菌属（*Desulfuromonas*）等。例如乙酸氧化脱硫单胞菌（*Desulfuromonas acetoxidans*），它能在厌氧条件下氧化乙酸为 CO_2，并还原元素硫为 H_2S。

$$CH_3COOH + 2H_2O + 4S \rightarrow 2CO_2 + 4H_2S$$

（4）碳酸盐呼吸（carbonate respiration）　又称碳酸盐还原（carbonation reduction）。这是一类以 CO_2 或碳酸氢盐（HCO_3^-）为最终电子受体的无氧呼吸，根据产物的不同，可以将细菌分为两类：产甲烷菌和产乙酸菌。大多数产甲烷菌的碳酸盐呼吸生成甲烷（CH_4），产乙酸菌的碳酸盐呼吸产物一般为乙酸（CH_3COOH）。

上述两种碳酸盐还原菌都是专性厌氧细菌，在厌氧环境系统中起着重要的作用。特别是产甲烷菌，它是厌氧生物链中的最后一环，在自然界的沼气形成以及环境保护的厌氧消化（anaerobic digestion）中担负着重要的角色。

（5）其他类型　无机物 Fe^{3+} 和 Mn^{2+} 等也可以作为无氧呼吸中的电子受体。许多有机氧化物，如延胡索酸、甘氨酸、二甲亚砜（DMSO）、氧化三甲胺（TMAO），也能被一些细菌作为无氧呼吸中的最终电子受体，所生成的代谢产物有琥珀酸、乙酸、二甲硫（DMS）、三甲胺（TMA），这也为微生物代谢相关的工程设计提供了新的思路。

二、自养微生物的生物氧化

自养微生物按其所能利用的最初能源的不同，可分为两大类：一类是能对无机物进行氧化而获得能量的微生物，称化能无机自养微生物（chemolithoautotroph，简称化能自养微生物）；另一类是能利用日光辐射能的微生物，称光能自养微生物（photoautotroph）。

（一）化能自养微生物的生物氧化

一些微生物可以氧化无机物获得能量，通过同化作用合成细胞物质，这类细菌称为化能自养微生物。它们在无机物氧化过程中通过氧化磷酸化产生 ATP。能被微生物利用的常见的无机物分别是氨、硫、铁、氢四类。

1. 氨的氧化 无机含氮化合物中的氨（NH_3）和亚硝酸（NO_2^-）能被硝化细菌（nitrifying bacteria）所氧化。硝化细菌可以分成两个亚群：亚硝化细菌和硝化细菌。氨氧化为硝酸的过程可分为两个阶段，先由亚硝化细菌将氨氧化为亚硝酸，再由硝化细菌将亚硝酸氧化为硝酸（图 9－11）。

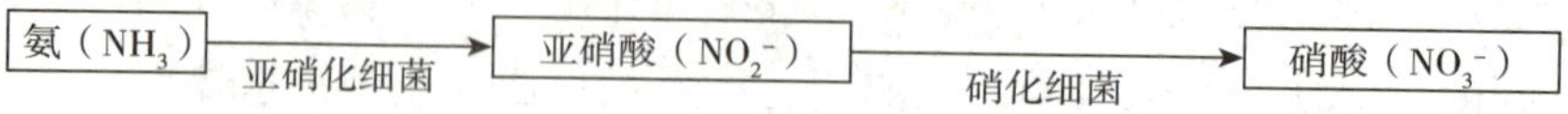

图 9－11　氨氧化为硝酸的过程

硝化细菌都是专性好氧的革兰阴性菌，以分子氧为最终电子受体，且大多数是专性无机营养型。它们的细胞都具有复杂的膜内褶结构，这有利于增加细胞的代谢能力。硝化细菌无芽孢，多数以二分裂方式繁殖，生长缓慢，平均代时在 10 小时以上，分布非常广泛。

硝化细菌有重要的生态学和水处理应用价值，它们是地球氮素循环中的重要成员。硝化细菌可以将氨（NH_3）转化为硝酸（NO_3^-），硝酸（NO_3^-）是植物的重要营养素，而且在天然水资源中，硝酸比氨更容易被藻类和蓝细菌所利用。硝化细菌在污水处理中起重要作用，可以将有毒的胺、氨类和亚硝酸转化成毒性更低的含氮化合物。

2. 硫的氧化 硫氧化细菌（sulfur－oxidizing bacteria）能够氧化一种或多种还原态或部分还原态的硫化合物（包括硫化物、元素硫、硫代硫酸盐、多硫酸盐和亚硫酸盐）。H_2S 首先被氧化成元素硫，然后被硫氧化酶和细胞色素系统氧化成亚硫酸盐，亚硫酸盐（SO_3^{2-}）可以通过亚硫酸盐－细胞色素 C 还原酶和末端细胞色素系统直接氧化成硫酸盐（SO_4^{2-}），也可以通过磷酸腺苷硫酸（APS）的氧化途径，经二步反应生成硫酸盐（SO_4^{2-}）。

3. 铁的氧化 从亚铁（Fe^{2+}）到高铁（Fe^{3+}）状态的氧化，对于少数细菌来说也是一种产能反应，但这种氧化过程只有少量的能量可以被利用。嗜酸性的氧化亚铁硫杆菌（*Thiobacillus ferrooxidans*）在低 pH 环境中能利用亚铁氧化所释放的能量生长。在该菌的呼吸链中发现了一种含铜蛋白质——铜蓝蛋白（rusticyanin，Rus）。亚铁氧化产生的电子依次通过细胞色素 Cyc2、Rus、细胞色素 Cyc1、细胞色素 aa3 构成电子传递链，最终电子受体为 O_2，并伴随 ATP 的合成。

4. 氢的氧化 氢细菌都属于革兰阴性的兼性化能自养菌，它们能利用 H_2 氧化产生的能量同化 CO_2，也能利用其他有机物产生能量，帮助自身生长。在氢细菌中，电子直接从氢传递给电子传递系统，电子通过呼吸链传递过程产生 ATP。氢细菌的细胞膜上有泛醌、维生素 K 及细胞色素等呼吸链组分。多数氢细菌有两种与 H_2 氧化有关的酶，一种是位于壁膜间隙或结合在细胞膜上的不需要 NAD^+ 的颗粒状氧化酶，它能够催化以下反应：

$$H_2 \rightarrow 2H^+ + 2e^-$$

该酶在氧化 H_2 并通过电子传递系统传递电子的过程中，可驱动质子的跨膜运输，形成跨膜质子梯度，为 ATP 的合成提供动力。另一种是位于细胞质中的可溶性氢化酶，它能催化 H_2 的氧化，并使 NAD^+ 还原生成 NADH，后者主要用于 CO_2 的还原。

（二）光能自养微生物的生物氧化

自然界中进行光合作用的生物体除了绿色植物外，还包括光合微生物，即光能自养微生物，如藻类、蓝细菌和光合细菌（包括紫色细菌、绿色细菌、嗜盐菌等）。光能自养微生物的能量产生是通过光合磷酸化（photophosphorylation）将光能转变成化学能，使 ADP 与磷酸（Pi）生成 ATP。它们利用光能维持生命，同时也为其他生物（如动物和异养微生物）提供了赖以生存的有机物。根据其利用光能后是否产氧，可以将进行光合作用的生物体分为以下几种（图 9－12）。

进行光合作用的生物体
- 产氧
  - 真核生物：藻类及其他绿色植物
  - 原核生物：蓝细菌
- 不产氧
  - 真细菌：光合细菌（厌氧菌）
  - 古菌：嗜盐菌

图 9－12　进行光合作用的生物体

1. 微生物的光合色素　微生物光合作用都需要光合色素的存在。细菌叶绿素（或称菌绿素，bacteriochlorophyll，Bchl）是最重要的光合色素。菌绿素具有与高等植物中的叶绿素类似的化学结构，二者的区别在于侧链基团不同，以及由此而导致的光吸收特性的差异。此外，叶绿素和菌绿素的吸收光谱在不同的细胞中也有差异。不同微生物中的菌绿素可能不同，其光吸收峰也不同。

所有光合生物中都有类胡萝卜素（carotenoids），通常为淡黄色。类胡萝卜素虽然不直接参加光合反应，但它们有捕获光能的作用，能把吸收的光能高效地传给菌绿素或叶绿素，而且这种光能同菌绿素或叶绿素直接捕捉到的光能一样，被用来进行光合磷酸化。此外，类胡萝卜素还有两个作用：一是可以作为叶绿素所催化的光氧化反应的淬灭剂，以保护光合结构不受光氧化损伤；二是在细胞能量代谢方面起辅助作用。

在红藻和蓝细菌中有被称为藻胆蛋白的光合色素。如藻红蛋白是一种红色色素，在 550nm 有最大光吸收，藻蓝蛋白为蓝色，最大光吸收在 620～640nm。

类胡萝卜素和藻胆蛋白都在光合作用中发挥作用，通常合称为辅助色素。目前发现的菌绿素的最大吸收光波长均≥700nm，不能在蓝光到绿光或黄光（470～630nm）范围内吸收光能，但辅助色素在这个范围内能吸收光能，并将捕捉的能量传递给菌绿素，使微生物的光合作用可以在更广泛的波长范围内更有效地进行。辅助色素也能帮助微生物避免强烈阳光对细胞的损害。

2. 光合单位　光合系统（photosystem，PS）是进行光吸收的功能单位，每个系统即为 1 个光合单位（photosynthetic unit）。在真核光合生物中，通常有两个光合系统，分别称为“光合系统Ⅰ”和“光合系统Ⅱ”。这两个系统中的光合色素组成和比例不同。1 个光合单位主要由 1 个光捕获复合体和 1 个反应中心复合体组成。每个光捕获复合体由几百个菌绿素和辅助色素组成，它们吸收 1 个光子后，激活波长最长的菌绿素（即反应中心，如 P_{870}），从而传给反应中心，激发态的 P_{870} 可释放出 1 个高能电子。

3. 光合磷酸化　当一个叶绿素分子吸收光量子时，叶绿素即被激活，导致叶绿素（或菌绿素）释放 1 个电子而被氧化，释放出的电子在电子传递系统的传递过程中逐步释放能量，这就是光合磷酸化的基本动力。光合磷酸化可以分为环式和非环式两种。

（1）环式光合磷酸化　又称循环光合磷酸化（cyclic photophosphorylation），是一种存在于厌氧性光合细菌（photosynthetic bacteria）中的原始光合作用机制，可在光能驱动下通过电子的循环传递而完成磷酸化产能反应。如在紫色细菌中，光反应中心的叶绿素 P_{870} 被激发，放出的高能电子提供给菌绿素，然后电子依次通过脱镁菌绿素（bacteriopheophytin，Bph）、辅酶 Q、细胞色素 b 和 c_1、铁硫蛋白和细胞色素 c_2，再返回到带正电荷的 P_{870}，同时驱动 ATP 的合成。

环式光合磷酸化只存在于原核生物的厌氧菌中，这类光合细菌主要包括着色菌属（*Chromatium*）、红假单胞菌属（*Rhodopseudomonas*）、红螺菌属（*Rhodospirillum*）、绿菌属（*Chorobium*）和绿弯菌属（*Chloroflexus*）。它们在进行光合磷酸化时不产生 O_2，即不能利用 H_2O 作为还原 CO_2 的氢供体，而是利用还原态的无机物（H_2S、H_2），因此又称为非放氧型光合磷酸化。不同细菌，细胞内所含有的菌绿素和类胡萝卜素的量和比例不同，使菌体呈现出红、橙、蓝、绿等不同颜色。

这类光合细菌广泛分布于深层淡水或海水中，能够分解污水中的 H_2S 和有机物，因此可应用于污水净化的相关研究。

（2）非环式光合磷酸化　高等植物和蓝细菌与光合细菌不同，它们可以通过裂解水，得到细胞合成所需还原力［H］。它们含有两种类型的反应中心，连同天线色素、初级电子受体和供体一起构成光合系统Ⅰ和光合系统Ⅱ，这两个系统偶联，进行非环式光合磷酸化。在光合系统Ⅰ中，叶绿素分子 P_{700} 吸收光子后被激活，释放出 1 个高能电子。这个高能电子传递给铁氧还蛋白（Fd），Fd 被还原。还原后的 Fd 在 Fd－$NADP^+$ 还原酶的作用下，将 $NADP^+$ 还原为 NADPH。还原 P_{700} 的电子来源于光合系统Ⅱ。在光合系统Ⅱ中，叶绿素分子 P_{680} 吸收光子后，释放出 1 个高能电子。这个高能电子先传递给辅酶 Q，再传给光合系统Ⅰ，使 P_{700} 还原。失去单电子的 P_{680}，靠水的光解来补充电子。

有的光合细菌虽然只有一个光合系统，但也以非环式光合磷酸化的方式合成 ATP，如绿硫细菌和绿色细菌。从光反应中心释放出的高能电子经铁硫蛋白、铁氧还蛋白、黄素蛋白，最后用于还原 NAD^+ 生成 NADH。反应中心的还原依靠外源电子供体，如 S^{2-}、$S_2O_3{}^{2-}$ 等。外源电子供体在氧化过程中放出电子，经电子传递系统传给失去了电子的光合色素，使其还原，同时偶联 ATP 的生成。由于这个电子传递途径也没有形成环式回路，也属于非环式光合磷酸化。

知识链接

紫膜光合磷酸化

盐生盐杆菌被称为“没有叶绿素的光合细菌”，细胞多为红色、橘黄色或黄色。该菌的细胞膜可分离出红色与紫色两种组分，其中紫色部分是能进行独特光合作用的紫膜。紫膜中的蛋白质组分与人眼视网膜中的视紫红质十分相似，都以紫色的视黄醛作辅基。细菌视紫红质的功能与叶绿素相似，能吸收光能，并在光能的驱动下起着质子泵作用。

在无氧条件下，光能可使嗜盐菌的紫膜蛋白上的视黄醛辅基发生构象变化，使质子不断驱至膜外，从而在膜两侧形成质子动势，再由它来推动 ATP 合酶合成 ATP，该过程称为光介导 ATP 合成或紫膜光合磷酸化，是一种只在嗜盐菌中才有的无叶绿素或菌绿素参与的独特光合作用。

嗜盐菌紫膜光合磷酸化是目前已知的最简单的光合磷酸化反应，是验证化学渗透学说的极佳实验模型。后续研究发现，视紫红质具有光致变色、光电响应和质子传递等功能，为太阳能的高效利用、海水的淡化、疾病诊断以及生物芯片、生物电池和光敏元件的制作等产业带来了新的思路。

第二节　耗能代谢

微生物从外界获取能源，在细胞内经过一系列连续的氧化还原反应，将所获取的外界能源逐步分解并转换成微生物生命活动可直接利用的通用能量的过程，称产能代谢或生物氧化。与之相对应的是耗能代谢，即微生物通过消耗能量，合成细胞物质或进行其他生命活动（如运输、运动、生物发光等）的过程。

根据代谢的底物和产物，也可以将代谢分为分解代谢（catabolism）和合成代谢（anabolism）两部分。分解代谢又称为异化作用，复杂的有机大分子（糖类、蛋白质、脂类等）通过分解代谢酶系的催化转变为简单分子、能量（能量一般储存在高能键化合物中，如 ATP 和还原力（reducing power，一般以［H］表示）。合成代谢又称为同化作用，与上述的分解代谢相反，是指小分子物质、能量和还原力在合成代谢酶系的催化转变下，形成复杂大分子的过程。两者联系紧密，互不可缺（图 9－13）。

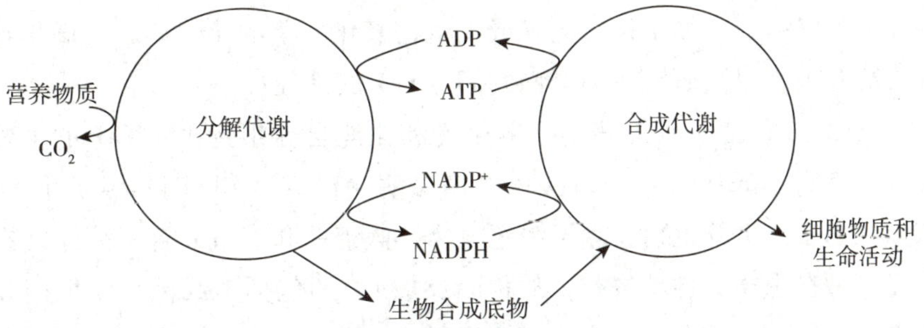

图 9－13 分解代谢与合成代谢的功能及其相互联系

圆形区域内为微生物细胞内部环境，圆形区域外为细胞外部环境

一、细胞物质的合成

微生物利用能量代谢所产生的能量、中间产物以及从外界吸收的小分子，合成复杂的细胞物质的过程，称合成代谢。细胞的主要成分即糖类、氨基酸、脂肪酸、嘌呤、嘧啶等的生化合成反应中，也会有与分解代谢相同的中间代谢物参加，例如，由葡萄糖发酵产生的丙酮酸、乙酰 CoA、草酰乙酸和 3－磷酸－甘油醛等化合物，也可以作为生物合成反应的起始物（图 9－14）。

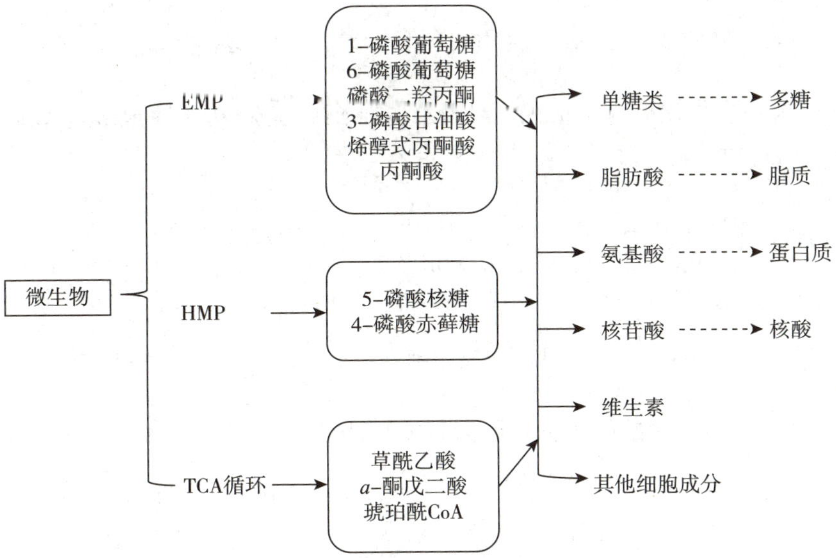

图 9－14 微生物代谢中的重要中间产物

微生物细胞内的代谢既包括合成和分解糖类、氨基酸、脂肪酸、嘌呤、嘧啶等大多数细胞内通用的代谢过程，也包括在微生物中较为常见但少见或不存在于动物等其他生物体内的代谢过程，如 CO_2 的固定、生物

固氮、肽聚糖的合成等。这些区别于其他生物的代谢过程，往往也是微生物领域中研究和应用最多的方向。

（一）自养微生物的 CO_2 固定 微课1

CO_2 是自养微生物的唯一或主要碳源，一些异养微生物也能利用 CO_2 作为辅助的碳源。将空气中的 CO_2 同化成细胞物质的过程，称 CO_2 的固定（carbon dioxide fixation）。微生物有两种同化 CO_2 的方式，即自养方式和异养方式。自养方式中，CO_2 被加在一个特殊的受体上，经过循环反应使之合成糖并重新生成该受体。异养方式中，CO_2 被固定在某种有机酸上，异养微生物即使能同化 CO_2，最终也需依靠吸收有机碳化合物生存。

自养微生物同化 CO_2 所需要的能量来自光能或无机物氧化所获的化学能，因微生物种类多样，不断有新的 CO_2 固定方式被发现，目前研究较为全面的固定 CO_2 的途径如下。

1. 卡尔文循环（Calvin cycle） 是光能自养生物和化能自养生物固定 CO_2 的主要途径。二磷酸核酮糖羧化酶－加氧酶（简称 RuBisCO）和磷酸核酮糖激酶（phosphoribulokinase）是卡尔文循环的两种特有的酶。通过该途径固定 CO_2 的生物，除了绿色植物、蓝细菌和多数光合细菌外（在一切光能自养生物中，此反应不需光，可在黑暗条件下进行，故称暗反应），还包括硫细菌、铁细菌和硝化细菌等许多化能自养菌，因此卡尔文循环是重要的微生物代谢途径。

卡尔文循环可分为以下 3 个阶段。

（1）羧化反应　3 分子 1,5－二磷酸核酮糖（Ru－1,5－P）在二磷酸核酮糖羧化酶（RuBisCO）的催化下固定 3 分子 CO_2，并形成 6 分子 3－磷酸甘油酸（PGA）。

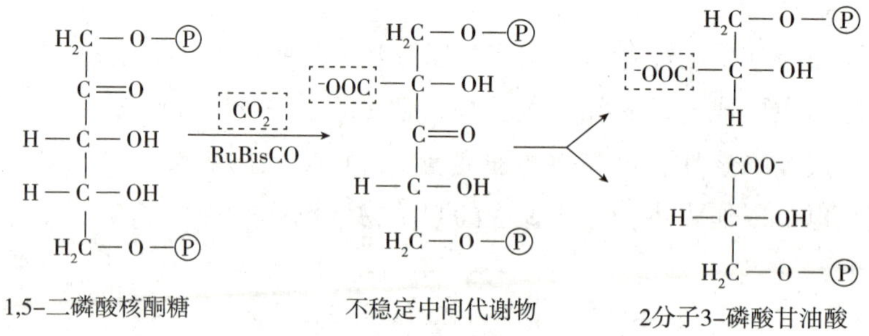

（2）还原反应　上一步羧化反应生成的 3－磷酸甘油酸，其羧基还原成醛基（通过逆 EMP 途径进行），这两步反应需消耗 ATP 和［H］。

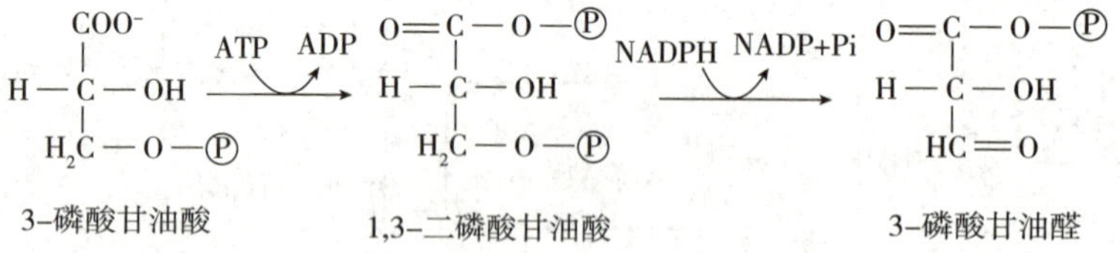

（3）CO_2 受体的再生　5－磷酸核酮糖在磷酸核酮糖激酶的催化下转变成 1,5－二磷酸核酮糖。

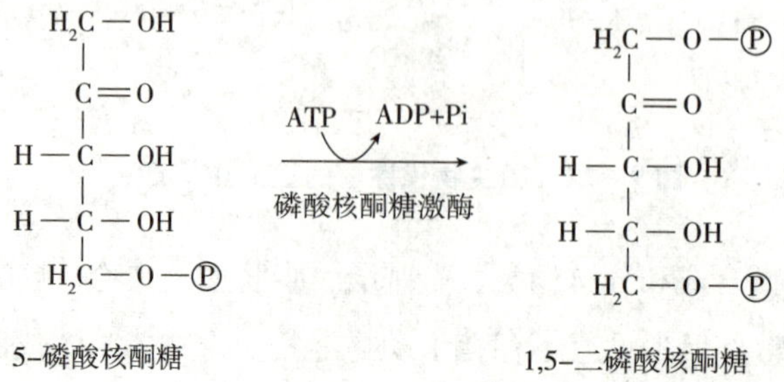

如果以产生1个葡萄糖分子来计算，则Calvin循环的总式为：

$$6CO_2 + 12NAD(P)H + 18ATP \rightarrow C_6H_{12}O_6 + 12NAD(P)^+ + 18ADP + 18Pi + 6H_2O$$

图9-15为卡尔文循环的全过程，6分子CO_2经过一次循环，实际产生2分子3-磷酸甘油醛，3-磷酸甘油醛可根据微生物细胞生物合成的需要，进一步生成细胞的各种其他成分，如图9-16所示。

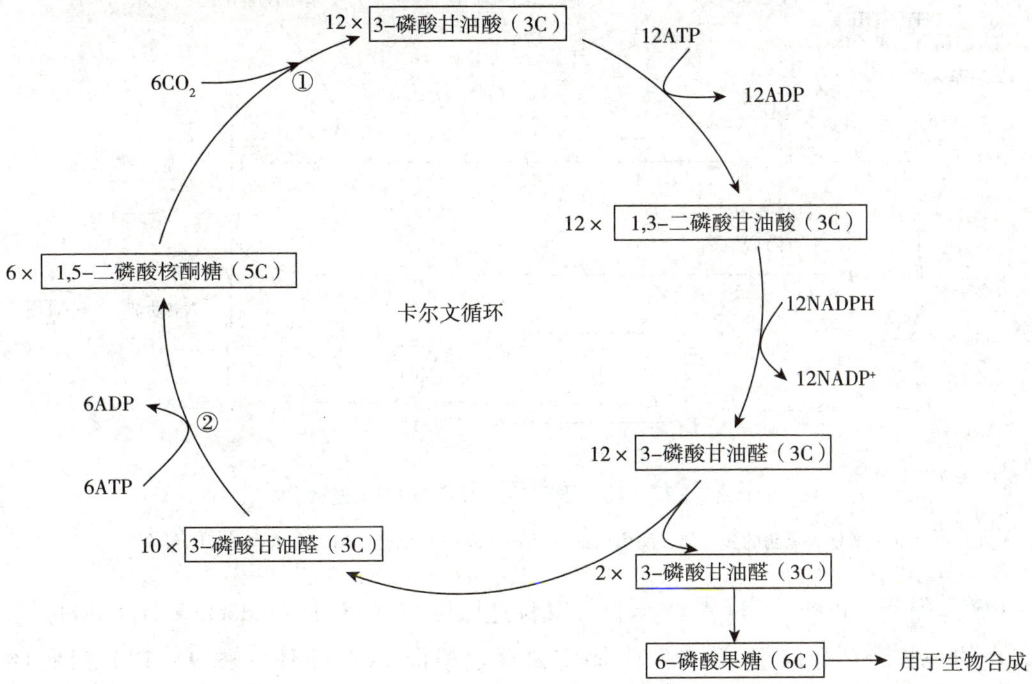

图9-15　卡尔文循环

反应①中的催化酶为RuBisCO；反应②中的催化酶为磷酸核酮糖激酶

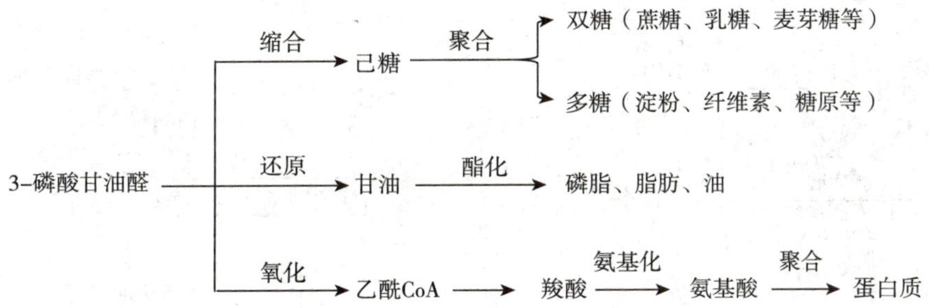

图9-16　3-磷酸甘油醛用于多种物质合成

2. 厌氧乙酰CoA途径（anaerobic acetyl-CoA pathway）　又称活性乙酸途径（activated acetic acid pathway）。这种CO_2固定途径主要存在于一些产乙酸菌、硫酸盐还原菌和产甲烷菌等化能自养细菌中。总反应为：

$$2CO_2 + 4H_2 \rightarrow CH_3COOH + 2H_2O$$

从图9-17中可以看出，以H_2作电子供体，2分子CO_2分别还原成乙酸的甲基和羧基。整个反应中的关键酶是CO脱氢酶，由它催化CO_2还原为CO的反应（$CO_2 + H_2 \rightleftharpoons CO + H_2O$）。在反应①中，$CO_2$先被还原为CHO-THF（甲酰四氢叶酸，THF是一种转移一碳基团的重要辅酶）、CH_3-THF（甲基四氢叶酸），再转变成CH_3-B_{12}（甲基维生素B_{12}）。另一个CO_2再通过反应②，在CO脱氢酶的催化下，形成CO与该酶的复合物CO-X，然后与CH_3-B_{12}一起形成CH_3-CO-X（乙酰X），由它进一步转变成乙酰 CoA 后，既可产生乙酸，也可在丙酮酸合成酶的催化下，与第三个 CO_2分子结合，形成分解代谢和合成代谢中的关键中间代谢物——丙酮酸。

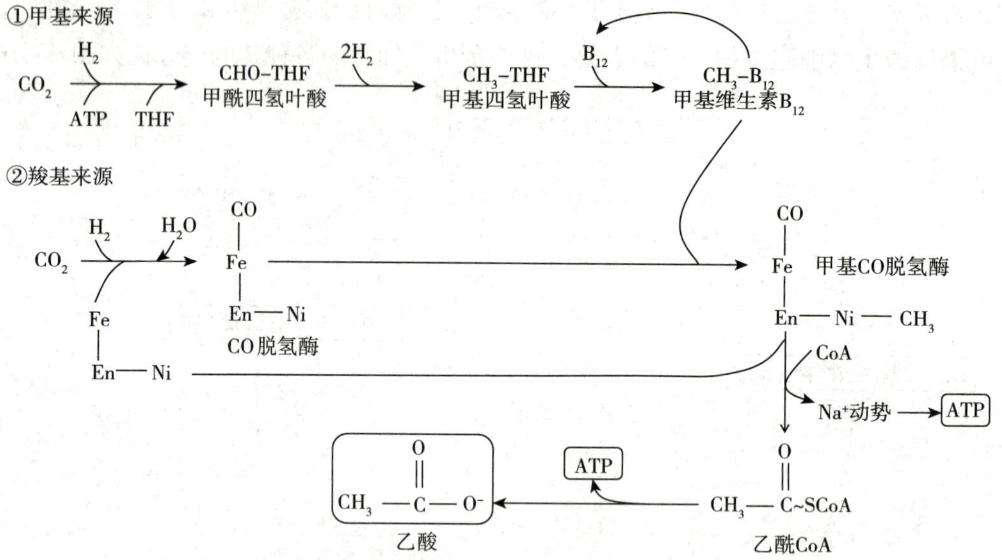

图 9 - 17 CO_2固定的厌氧乙酰 CoA 途径

En：CO 脱氢酶的酶蛋白，酶蛋白的 Fe 原子可与 CO 结合，Ni 原子可与—CH_3结合

3. 逆向 TCA 循环（reverse TCA cycle） 又称还原性 TCA 循环（reductive TCA cycle）。在绿菌属（*Chlorobium*）的一些光合绿硫细菌中，CO_2固定是通过逆向 TCA 循环（图 9 - 18）进行的。其总反应为：

$$3CO_2 + 12[H] + 5ATP \rightarrow \text{磷酸丙糖}$$

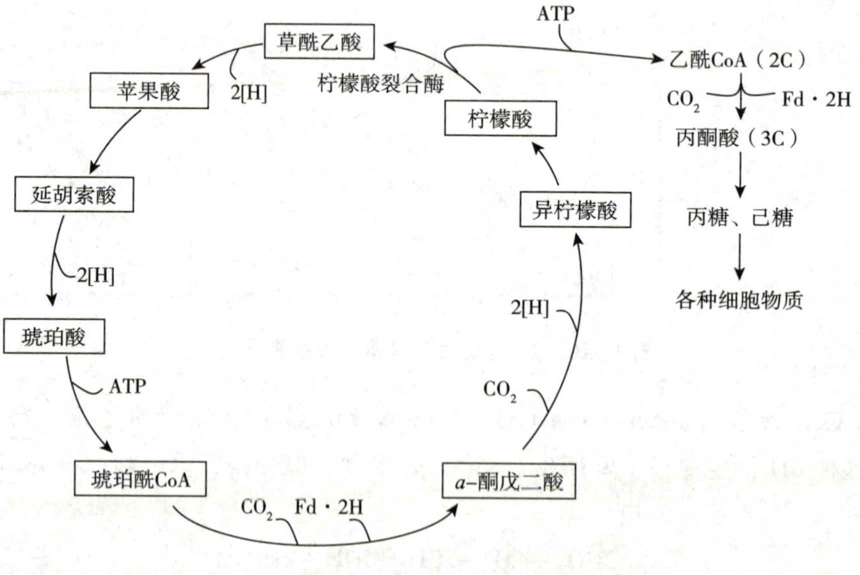

图 9 - 18 逆向 TCA 循环

Fd・2H 为还原态铁氧还蛋白，其功能是催化还原性 CO_2 固定以进入 TCA 循环

本循环起始于柠檬酸（6C 化合物）的裂解产物草酰乙酸（4C），以它作 CO_2受体，每循环一次加入 2 个 CO_2，并还原成广泛参与生物合成的乙酰 CoA（2C），由它再固定 1 分子 CO_2后，就可进一步形成丙酮酸、丙糖、己糖等一系列构成细胞物质的重要合成原料。需要强调的是，在绿菌属中，逆向 TCA

循环中的多数酶与正向 TCA 循环的相同，只有依赖于 ATP 的柠檬酸裂合酶（citrate lyase，可以把柠檬酸裂解为乙酰 CoA 和草酰乙酸）是个例外，在正向的 TCA 循环中，乙酰 CoA 和草酰乙酸合成柠檬酸的反应催化酶为柠檬酸合酶（citrate synthase）。

4. 羟基丙酸途径（hydroxypropionate pathway）　存在于绿弯菌属（*Chloroflexus*）中的少数绿色非硫细菌（green non－sulfur bacteria）细胞内，是该类细菌在以 H_2或 H_2S 作为电子供体进行自养生活时所特有的一种 CO_2固定机制。这类细菌细胞内不进行卡尔文循环和逆向 TCA 循环途径，而是采用一种称为羟基丙酸途径的独特途径，把 2 分子 CO_2转变为乙醛酸。

本途径的总反应是 $2CO_2 + 4[H] + 3ATP \rightarrow$ 乙醛酸 $+ H_2O$，关键步骤是羟基丙酸的产生。

从图 9－19 可以看到，在羟基丙酸途径中，从乙酰 CoA 开始先后经历 2 次羧化，第一次先形成羟基丙酰 CoA，第二次则产生甲基丙二酰 CoA，后者再经分子重排变成苹果酰 CoA，最后裂解成乙酰 CoA 和乙醛酸。其中的乙酰 CoA 重新进入循环，而乙醛酸则以丝氨酸或甘氨酸的中间代谢物形式为细胞合成提供必要的原料。

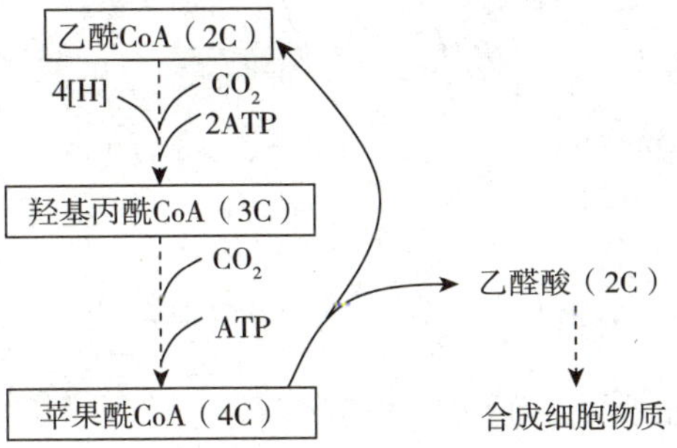

图 9－19　羟基丙酸途径

（二）生物固氮 微课 2

生物固氮（biological nitrogen fixation）是指将大气中的氮气（N_2）通过土壤微生物转化成氨（NH_3），再通过硝化细菌的作用，形成能被植物吸收利用的硝酸盐。生物界中只有原核生物才具有固氮能力。相对于工业上的化学法固氮，生物固氮反应是一种极其温和且零污染排放的生化反应，化学法固氮需要消耗大量的石油原料和特殊催化剂，并且需要在高温（约 300℃）、高压（约 300 个大气压）条件下进行。此外，如果不合理地使用氮肥，还会降低农产品的质量、破坏土壤结构和降低肥力，以及造成环境污染（如湖泊的水华和海洋的赤潮）等。深入研究、开发和利用固氮微生物进行微生物法固氮，符合发展生态农业的要求，有助于达到土地可持续利用的战略目标。

1. 固氮微生物（nitrogen－fixing organism，diazotroph）　自 1886 年首次分离共生固氮的根瘤菌起，至今已发现超过 200 种不同属的固氮微生物，其中固氮效率最高的是根瘤菌与豆科植物所形成的共生体，所以这种共生体系被认为是一个没有污染、高效的“微型氮肥厂”。根据固氮微生物的生态类型，可将它们分成自生固氮菌（free－living nitrogen－fixer）、共生固氮菌（symbiotic nitrogen－fixer）和联合固氮菌（associate nitrogen－fixer）3 类：自生固氮菌指不依赖与他种生物共生而能独立进行固氮的微生物；共生固氮菌指必须与他种生物共生才能进行固氮的微生物；联合固氮菌指必须生活在植物根际、叶面或动物肠道等处才能进行固氮的微生物。

2. 固氮的生化途径　如图 9－20 所示，微生物之所以能够在常温常压条件下固氮，关键是靠固氮酶（nitrogenase）的催化作用。固氮酶的结构比较复杂，是一种复合蛋白，由固二氮酶（dinitrogenase）和固二氮酶还原酶（dinitrogenase reductase）两种相互分离的蛋白构成，它们对氧都高度敏感。固二氮酶是一种含铁和钼的蛋白，铁和钼组成一个称为“FeMoCo”的辅因子，它是还原 N_2 的活性中心。而固二氮酶还原酶则是一种只含铁的蛋白。某些固氮菌处于不同生长条件下时，还可合成其他不含钼的固氮酶，称“替补固氮酶”（alernative nitrogenase），具有在极度缺钼环境下还能正常进行生物固氮的功能。固氮作用是一个耗能反应，必须在有固氮酶和 ATP 的参与下才能进行，固氮作用消耗的 ATP 来自氧化磷酸化或光能磷酸化。在菌体内进行固氮时，还需要一些特殊的电子传递体，其中主要的是铁氧还蛋白（ferredoxin，Fd，一种铁硫蛋白）和含有 FMN 作为辅基的黄素氧还蛋白（flavodoxin，Fld，一种黄素蛋白）。铁氧还蛋白和黄素氧还蛋白的电子供体来自 NADPH，受体是固氮酶。N_2 分子经固氮酶的催化而还原成 NH_3 后，可通过一系列的生化反应途径，形成各种氨基酸、蛋白质或其他细胞需要的物质。

总反应式：$N_2 + 8H^+ + 8e^- + nATP \longrightarrow 2NH_3 + H_2 + nADP + nPi$。

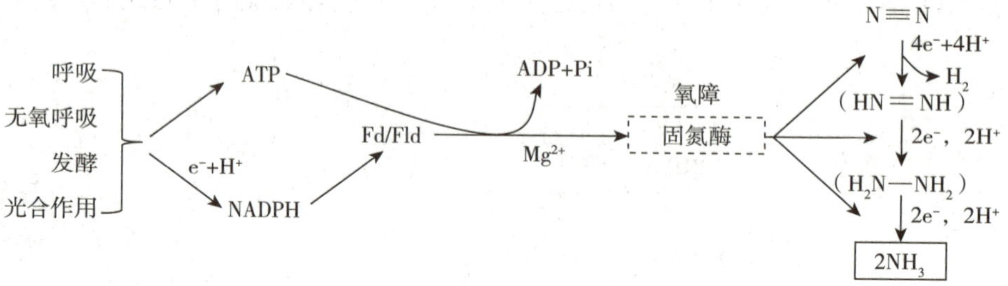

图 9－20　固氮的生化途径

固氮酶的两个蛋白组分对氧是极其敏感的，一旦遇氧，就会很快导致固氮酶的不可逆失活。例如，固二氮酶还原酶一般在空气中暴露 45 秒后即丧失一半活性；固二氮酶一般在空气中的活性半衰期也只有 10 分钟。固氮作用的一系列生化反应都必须受活细胞中各种“氧障”的严密保护，以使固氮酶免遭失活。

目前已知的大多数固氮微生物都是好氧菌，其生命活动包括生物固氮所需大量能量都来自好氧呼吸和非循环光合磷酸化，所以，在它们身上都存在着好氧生化反应（呼吸）和厌氧生化反应（固氮）这两种对氧气需求完全相反的过程。因此，好氧性固氮菌在长期进化过程中，早已进化出适合在不同条件下保护固氮酶免受氧害的机制。

（1）呼吸保护　指固氮菌科（*Azotobacteraceae*）的菌种能以极强的呼吸作用迅速将周围环境中的氧消耗掉，使细胞周围微环境处于低氧状态，借此保护固氮酶。

（2）构象保护　在高氧分压条件下，维涅兰德固氮菌（*Azotobacter vinelandii*）和褐球固氮菌（*Azotobacter chroococcum*）等的固氮酶能形成一个无固氮活性但能防止氧害的特殊构象，称构象保护。能形成构象保护的原因是存在一种耐氧蛋白即铁硫蛋白Ⅱ，它在高氧条件下可与固氮酶的两种组分形成耐氧的复合物。

（3）蓝细菌固氮酶的抗氧保护机制　蓝细菌是光合微生物，可通过光合作用放出氧而使细胞内氧浓度急剧增高。蓝细菌的固氮酶的特殊保护系统主要有两种。一种是分化出特殊的还原性异形胞（具有异形胞分化的蓝细菌，如 *Anabaena* 和 *Nastoc*），固氮作用只局限在异形胞中进行。异形胞具有阻止氧气进入细胞的屏障作用，且异形胞内缺乏光合系统Ⅱ，加上脱氢酶和氢化酶的活性高，使异形胞能维持很强的还原态；其中超氧化物歧化酶（superoxide dismutase，SOD）的活性很高，有解除氧毒害的功能；此外，异形胞的呼吸强度要比邻近营养细胞高出 2 倍，借此可消耗过多的氧并产生对固氮所必需的 ATP。第二种是非异形胞蓝细菌固氮酶的保护，对于不具有异形胞分化的蓝细菌，如织线蓝细菌属

（*Plectonema*）和聚球蓝细菌属（*Synechococcus*），通过将固氮作用与光合作用进行时间上的分隔（即白天光照下进行光合作用，夜晚黑暗下进行固氮作用）来达到对固氮酶的保护；束毛蓝细菌属（*Trichodesmium*）的束状群体中央处于厌氧环境下的细胞缺少光合系统Ⅱ，可用来进行固氮反应；而黏球蓝细菌属（*Gloeocapsa*）则通过提高过氧化物酶和 SOD 的活性来除去有毒过氧化物。

（4）豆科植物根瘤菌固氮酶的抗氧保护机制　根瘤菌在纯培养情况下一般不固氮，只有当环境条件严格控制在微好氧时才能固氮。另外，当它们侵入豆科植物的根毛并形成侵入线，再到达根部皮层后，会刺激内皮层细胞分裂繁殖，这时根瘤菌也在皮层细胞内迅速分裂繁殖，随后分化为膨大而形状各异、不能繁殖但有很强固氮活性的类菌体（bacteroid）。许多类菌体被包在一层类菌体周膜（peribacteroid membrane，pbm）中，这部分空间具有良好的氧、氮和营养环境；并且在类菌体周膜的内外侧都存在着一种独特的豆血红蛋白（leghaemoglobin），这是一种红色的含铁蛋白，在根瘤菌和豆科植物两者共生时，由双方诱导合成。血红蛋白和球蛋白两种成分由根瘤菌和植物分别合成。豆血红蛋白通过氧化态（Fe^{3+}）和还原态（Fe^{2+}）间的变化可发挥“缓冲剂”作用，借以使游离的 O_2 维持在低而恒定的水平，根瘤中的豆血红蛋白结合 O_2 与游离 O_2 的比值一般维持在 10000：1 左右。

（三）肽聚糖的合成　微课3

肽聚糖（peptidoglycan）是绝大多数原核生物细胞壁的特有成分，在真细菌的生命活动中起重要的作用，是抗生素如青霉素、头孢霉素、万古霉素、环丝氨酸和杆菌肽等表现其选择毒力（selective toxicity）的物质基础。肽聚糖的合成机制复杂，并且必须运送到细胞膜外进行最终装配。综合上述原因，下面将肽聚糖作为微生物细胞物质合成的典型进行介绍。

整个肽聚糖的合成过程约有 20 步，以革兰阳性菌（G^+）——金黄色葡萄球菌（*Staphylococcus aureus*）作为研究对象。图 9－21 为肽聚糖合成的简单流程图，根据反应发生部位的不同，可分为在细胞质中、在细胞膜上和在细胞膜外 3 个合成阶段。

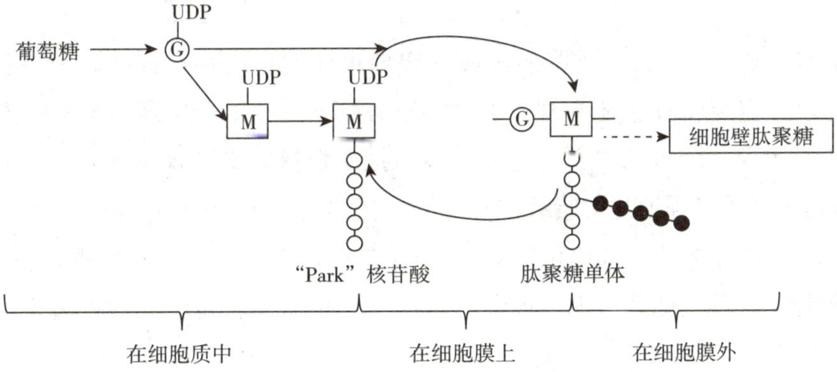

图 9－21　肽聚糖生物合成的 3 个阶段及其主要中间代谢物

Ⓖ：*N*－乙酰葡糖胺；M：*N*－乙酰胞壁酸

“Park”核苷酸：UDP－*N*－乙酰胞壁酸五肽；UDP：尿苷二磷酸

1. 在细胞质中的合成　肽聚糖的合成初始底物为葡萄糖，在细胞质中，葡萄糖先通过一系列生化反应（图 9－22）合成 *N*－乙酰葡糖胺和 *N*－乙酰胞壁酸（即图 9－21 中的 G 和 M）。随后，*N*－乙酰胞壁酸（M）合成“Park”核苷酸（Park nucleotide，UDP－*N*－乙酰胞壁酸五肽），合成过程分为 4 步（图 9－23），都需要 UDP 作为糖载体；另外，合成 D－丙氨酰－D－丙氨酸（D－Ala－D－Ala）的 2 步反应，都可被环丝氨酸（cycloserine，恶唑霉素）所抑制。

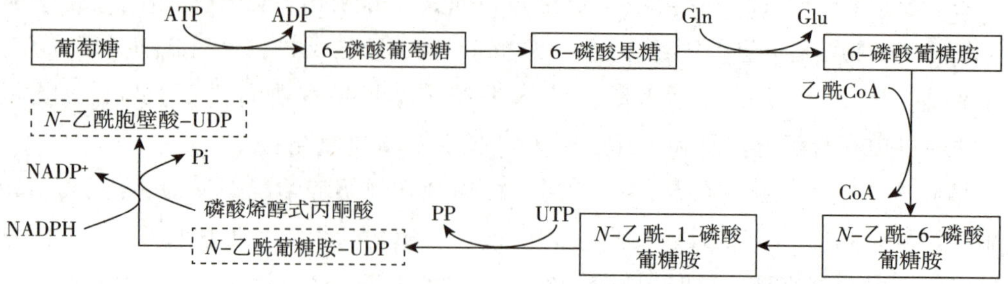

图9-22 葡萄糖在细胞质中合成 *N*-乙酰葡糖胺和 *N*-乙酰胞壁酸

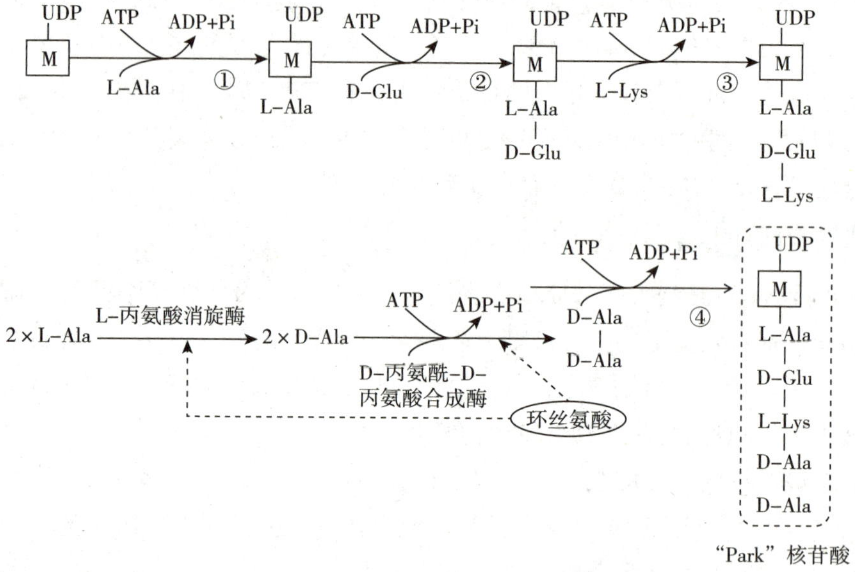

图9-23 *N*-乙酰胞壁酸合成"Park"核苷酸的过程

2. 在细胞膜中的合成 "Park"核苷酸合成肽聚糖单体的反应是在细胞膜上进行的（图9-24）。细胞膜属疏水性，因此需要将在细胞质中合成的亲水性分子——"Park"核苷酸掺入细胞膜，并与 *N*-乙酰葡糖胺（G）和甘氨酸五肽"桥"连接，最后把肽聚糖单体（双糖肽亚单位）插入细胞膜外的细胞壁生长点处，这个过程必须通过类脂载体——细菌萜醇（bactoprenol）运送。

细菌萜醇是一种含11个异戊二烯单位的 C_{55} 类异戊二烯醇，它可通过2个磷酸基与 *N*-乙酰胞壁酸（M）分子相接，使糖的中间代谢物呈现出很强的疏水性，从而使它能顺利通过疏水性很强的细胞膜而转移到膜外。

类脂载体除了在细菌肽聚糖的合成中具有重要作用外，还可以参与多种胞外多糖和脂多糖的生物合成，包括细菌的磷壁酸、脂多糖，细菌和真菌的纤维素，以及真菌的几丁质和甘露聚糖等。

3. 在细胞膜外的合成 细胞膜上合成的肽聚糖单体被运送到细胞膜外正在活跃合成肽聚糖的部位。自溶素（autolysin，细菌自身产生的可降解细菌细胞壁的蛋白水解酶）解开细胞壁上的肽聚糖网络，使原有的肽聚糖分子成为新合成分子的引物。如图9-25所示，肽聚糖单体与引物分子间先发生转糖基作用（transglycosylation），使多糖链在横向上延伸一个双糖单位，然后再通过转肽酶（transpeptidase）的转肽作用（transpeptidation），最终使前后2条多糖链间形成甘氨酸五肽"桥"而发生纵向交联。甲、乙两肽尾间的五甘氨酸肽桥是这样形成的：通过转肽酶的作用，在甲肽尾五甘氨酸肽的游离氨基端与乙肽尾的第四个氨基酸——D-Ala的游离羧基间形成一个肽键，于是两者交联。这时，乙肽尾从原有的五肽变成了正常肽聚糖分子中的四肽尾。

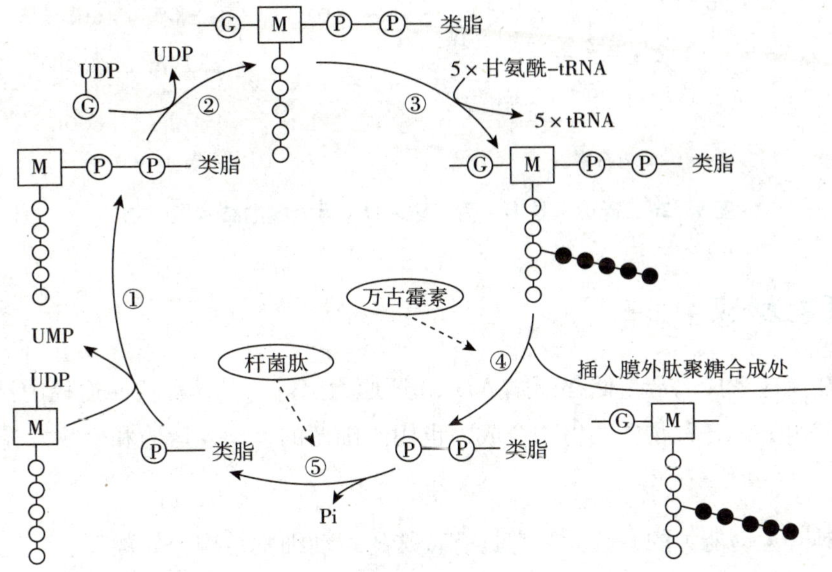

图 9－24　由“Park”核苷酸合成肽聚糖单体的反应

类脂：细菌萜醇（类脂载体）；反应④和⑤可分别被万古霉素和杆菌肽所抑制

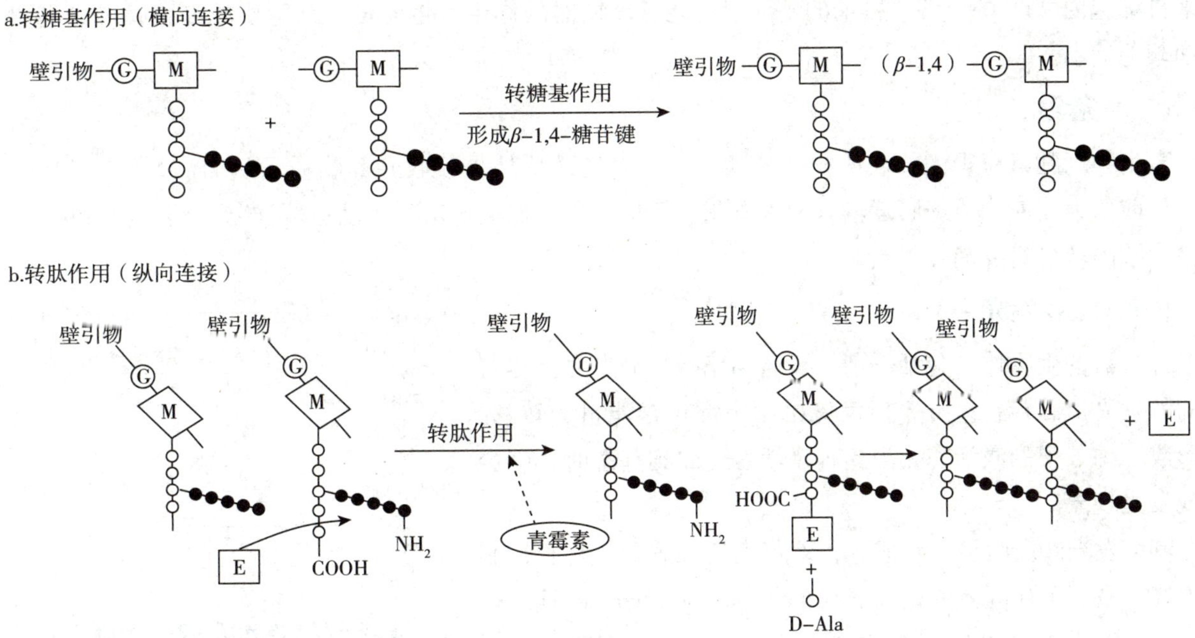

图 9－25　在细胞膜外合成肽聚糖时的转糖基作用和转肽作用

壁引物：细胞壁上原有的肽聚糖骨架（至少含有 6 个肽聚糖单体）；E：转肽酶

从图 9－25 中可以看到，青霉素（penicillin）能抑制肽聚糖合成中的转肽作用，因为青霉素是肽聚糖单体五肽尾末端的 D－丙氨酰－D－丙氨酸的结构类似物（图 9－26），它们两者可相互竞争转肽酶的活力中心。转肽酶一旦被青霉素结合，前后 2 个肽聚糖单体间不能连接，由此产生了原生质体或球状体之类的细胞壁缺损细菌，它们相对于细胞壁完整的细菌更容易裂解死亡。青霉素的作用机制是抑制肽聚糖分子中五肽桥的生物合成，因此对处于生长繁殖旺盛阶段的细菌具有明显的抑制作用，但对处于生长停滞状态的休止细胞（rest cell）无抑制作用。

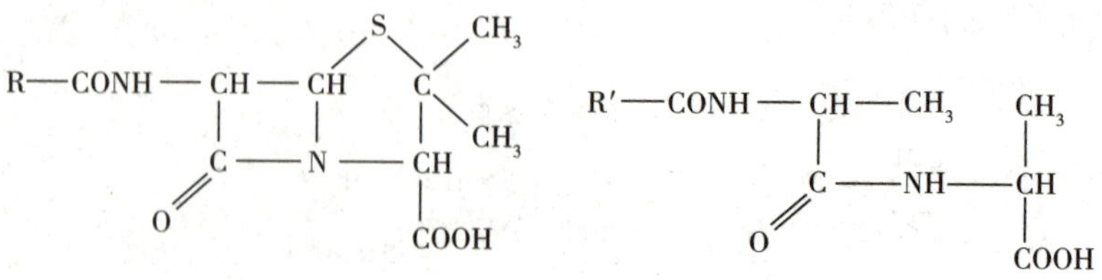

青霉素　　D-丙氨酰-D-丙氨酸

图 9-26　青霉素是 D-丙氨酰-D-丙氨酸的结构类似物

二、其他耗能反应

由细菌细胞产能反应形成的能量储存形式 ATP 和还原力[H]，在各种代谢途径中被消耗。许多能量被用于新生成的细胞组分中各种物质的生物合成，也用于细菌的运动、运输和生物发光。

（一）运动

很多微生物是具有运动能力的，且大多都具有特殊的运动细胞结构，如鞭毛、纤毛等。还有一些微生物可以通过滑动的方式在固体表面运动，某些水生微生物还可通过一种称为气囊的细胞结构调节其在水中的位置。在真核微生物中，鞭毛和纤毛都具有 ATP 酶，水解 ATP 产生自由能，成为运动所需的“燃料”。目前尚未在细菌鞭毛中发现 ATP 酶。细菌鞭毛转动的能量可能来自细胞内的质子动力，也可能来自细胞内 ATP 的水解。鞭毛的基部起着能量转换器的作用，将能量从细胞质或细胞膜传送到鞭毛，推动鞭毛运动。

（二）运输

微生物细胞具有很大的表面积，可以快速、大量地从外界吸收营养物质，从而满足自身代谢的需要。目前认为营养物质跨膜运输有 4 种机制：简单扩散、促进扩散、主动运输和基团转位。其中，主动运输和基团转位需要消耗能量。

（三）生物发光

许多活的生物体，包括细菌、真菌和藻类都会发光。尽管它们的发光机制存在差异，但发光机制中都包含能量的转移。先形成一种分子的激活态，当这种激活态返回到基态时，就会出现发光现象。

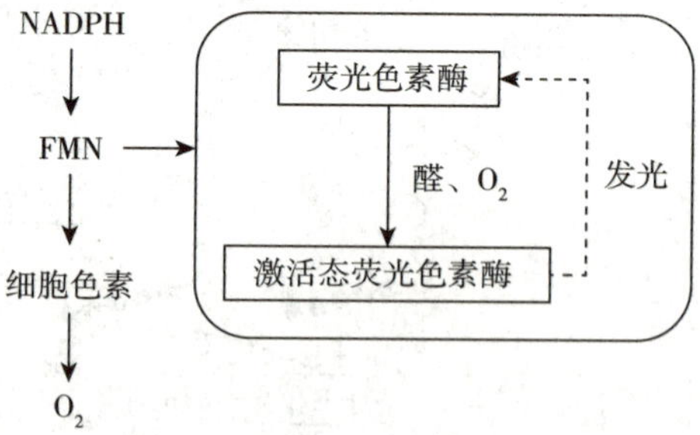

图 9-27　发光细菌的电子流途径

细菌发光涉及两种特殊成分，即荧光色素酶和一种长链脂肪族醛；另外还有黄素单核苷酸（flavin mononucleotide，FMN）和氧（O_2）的参与；NADPH 是主要的电子供体（图 9-27）。虽然酶的还原不需要这种醛，但当活化的酶返回到基态时，若无醛存在，光量就低。由于生物发光与细胞内普通的电子传递都会用到 NADPH 的电子，当细胞内的电子传递体系被抑制剂阻断时，发光的强度就会增大。

第三节　微生物代谢的调节

微生物细胞内各种代谢反应非常旺盛，许多反应过程或代谢中间产物在多个代谢中都会出现，一些环境条件的变化也会使代谢反应的速度发生迅速改变。微生物细胞代谢的调节主要是通过控制酶的作用来实现，因为所有代谢途径的反应都可以看作酶促反应。微生物细胞的代谢调节主要有两种类型：一类是酶活性调节，调节的是代谢反应中已经存在的酶分子的活性，是酶化学水平上的调节；另一类是酶合成的调节，调节的是酶自身的合成量，是遗传学水平上的调节。在细胞内，这两种方式协调进行。

一、酶活性调节的概念

酶活性调节是指通过其分子构象或分子结构的改变来调节酶催化反应的速率。这种调节方式可以使微生物细胞对环境变化做出迅速的反应。酶活性调节的方式主要有两种：变构调节和酶分子的修饰调节。

（一）变构调节

在一些重要的生化反应中，反应产物的积累往往会抑制催化这个反应的酶的活性，这是由于反应产物与酶的结合抑制了底物与酶活性中心的结合。如图 9－28 所示，在一个由多步反应组成的代谢途径中，末端产物通常会对该途径的第一个酶产生反馈抑制（feedback inhibition），这种酶通常被称为变构酶（allosteric enzyme）。例如，合成异亮氨酸的第一个酶是苏氨酸脱氨酶，这种酶被其末端产物异亮氨酸反馈抑制。变构酶通常是某一代谢途径的第一个酶或是催化某一关键反应的酶。细菌细胞内的糖酵解和 TCA 循环的调控也是通过反馈抑制进行的。

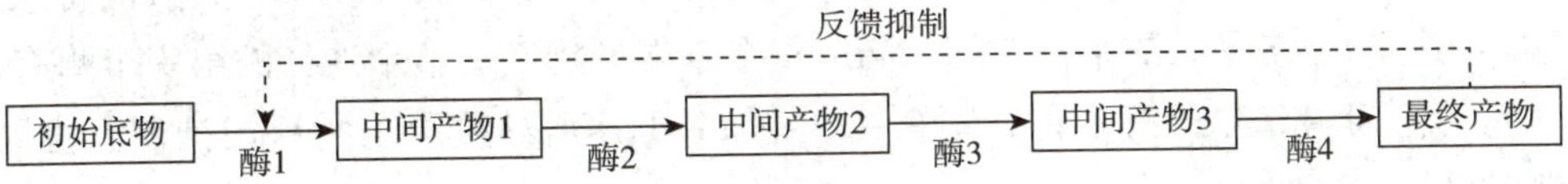

图 9－28　反馈抑制示意图

（二）修饰调节

酶的共价修饰调节是指酶活性因其分子内的某些氨基酸残基发生共价修饰，而使酶的活性发生变化的过程。共价修饰调节是由修饰酶（modifying enzymes）和去修饰酶（de－modifying enzymes）共同构成的一种可逆的环式调节系统。

目前已知的可逆共价调节类型有：磷酸化/去磷酸化、乙酰化/去乙酰化、腺苷酰化/去腺苷酰化、尿苷酰化/去尿苷酰化、甲基化/去甲基化、S－S/SH 相互转变、ADPR 化/去 ADPR 化等。其中，磷酸化是最为常见的形式，主要发生在真核细胞。腺苷酸化和尿苷酸化很少见，仅在细菌中发现，形成二硫键见于植物。如果是磷酸化，则修饰酶是蛋白质激酶，去修饰酶是磷蛋白磷酸酶。

酶的共价修饰与变构调节不同，酶促共价修饰对活性的调节是通过使目标酶共价键发生改变，即酶的一级结构发生变化而生效的。而在变构调节中，酶分子只发生单纯的构象变化。共价修饰调节方式比变构调节要慢，但与其他调控机制相比，它能够对更多的效应物产生调控作用，在调控的代谢途径选择上具有更大的灵活性。

修饰调节是体内重要的调节方式，有许多处于分支的代谢反应，对代谢流量起调节作用的关键酶属于共价调节酶（表 9－1）。

表 9－1 共价修饰改变酶催化活性举例

酶类	低活性状态	高活性状态	来源
糖原合成酶	去磷酸化的酶	磷酸化的酶	真核细胞
丙酮酸脱氢酶	去磷酸化的酶	磷酸化的酶	真核细胞
糖原磷酸化酶	磷酸化的酶	去磷酸化的酶	真核细胞
谷氨酰胺合成酶	腺苷酰化的酶	去腺苷酰化的酶	原核细胞

二、酶活性调节的类型

酶活性调节分为激活和抑制两种方式，调节效果迅速而灵敏。通过酶活性调节，微生物能迅速适应代谢环境的突然变化。

酶活性激活是指酶在特定物质的作用下，从无活性变为有活性或活性提高的过程。最常见的是前体激活。

酶活性抑制是指酶在特定物质的作用下，活性降低或丧失的过程。酶活性的抑制主要是指反馈抑制，即在合成过程中生物合成途径的终点产物对该途径酶的活性调节所引起的抑制作用。

反馈抑制有两种类型：直线代谢途径反馈抑制和分支代谢途径反馈抑制。直线代谢途径的反馈抑制是一种最简单的反馈抑制类型。例如在变构调节中所举的例子，合成产物异亮氨酸浓度过高会抑制途径中的第一个酶——苏氨酸脱氨酶的活性，从而使途径的中间代谢物 α－酮丁酸等都无法合成，最终会使异亮氨酸合成停止。

而在分支代谢途径中，有两种或两种以上的末端产物，调节方式较为复杂，其共同特点是：每个分支途径的末端产物影响分支点后的第一个酶，同时每个末端产物又对整个途径的第一个酶有部分的抑制作用。分支代谢的反馈调节方式有多种，图 9－29 中 a～d 分别对应同工酶反馈抑制、协同反馈抑制、累积反馈抑制和顺序反馈抑制。

（一）同工酶反馈抑制

同工酶是指能催化同一种化学反应，但其酶蛋白本身的分子结构组成有所不同的一组酶。当分支途径中的第一个酶存在几种结构不同的一组同工酶时，每一种代谢终产物仅对其中一种同工酶具有反馈抑制作用，只有当几种末端产物同时过量时，才能完全阻止反应的进行，称同工酶反馈抑制。这种调节方式的典型例子是大肠埃希菌天冬氨酸族氨基酸的合成，途径的第一个酶——天冬氨酸激酶（aspartate kinase，AK）有 3 个同工酶，即 AKⅠ、AKⅡ、AKⅢ，分别受赖氨酸、苏氨酸、甲硫氨酸的调节。

（二）协同反馈抑制

协同反馈抑制是指在分支代谢途径中，只有当几种末端产物同时都过量时，才对途径中的第一个酶具有抑制作用。如果只有一种末端产物单独过量，对途径中的第一个酶没有抑制作用。例如，在多黏芽孢杆菌（*Bacillus polmyxa*）合成赖氨酸、甲硫氨酸和苏氨酸的途径中，终产物苏氨酸和赖氨酸都过量时可协同抑制天冬氨酸激酶。

（三）累积反馈抑制

累积反馈抑制是指在分支代谢途径中，任何一种末端产物过量时都能对共同途径中的第一个酶起抑制作用，而且各种末端产物的抑制作用互不干扰。当各种末端产物同时过量时，它们的抑制作用累加。如图 9－29c 所示，该途径有两个最终产物 F 和 I。如果末端产物 F 单独过量，抑制 AB 酶活性的 40%，则剩余酶活性为 60%；如果末端产物 I 单独过量，抑制 AB 酶活性的 30%。当 F 和 I 同时过量时，其抑制活性为：$40\% + (1-40\%) \times 30\% = 58\%$。累积反馈抑制现象最早是在大肠埃希菌的谷氨酰胺合成酶的调节过程中发现的，该酶受8个最终产物的累积反馈抑制。8个最终产物同时存在时，酶活力完全被抑制。

（四）顺序反馈抑制

分支代谢途径中的几个末端产物不能直接抑制代谢途径中的第一个酶，而是分别抑制分支点后的反应步骤，造成几个分支上中间产物的积累，这种高浓度的中间产物再反馈抑制代谢途径中第一个酶的活性。因此，只有当几个末端产物都过量时，才能对途径中的第一个酶起到抑制作用，如枯草芽孢杆菌合成芳香族氨基酸的代谢途径就存在这种调节方式。

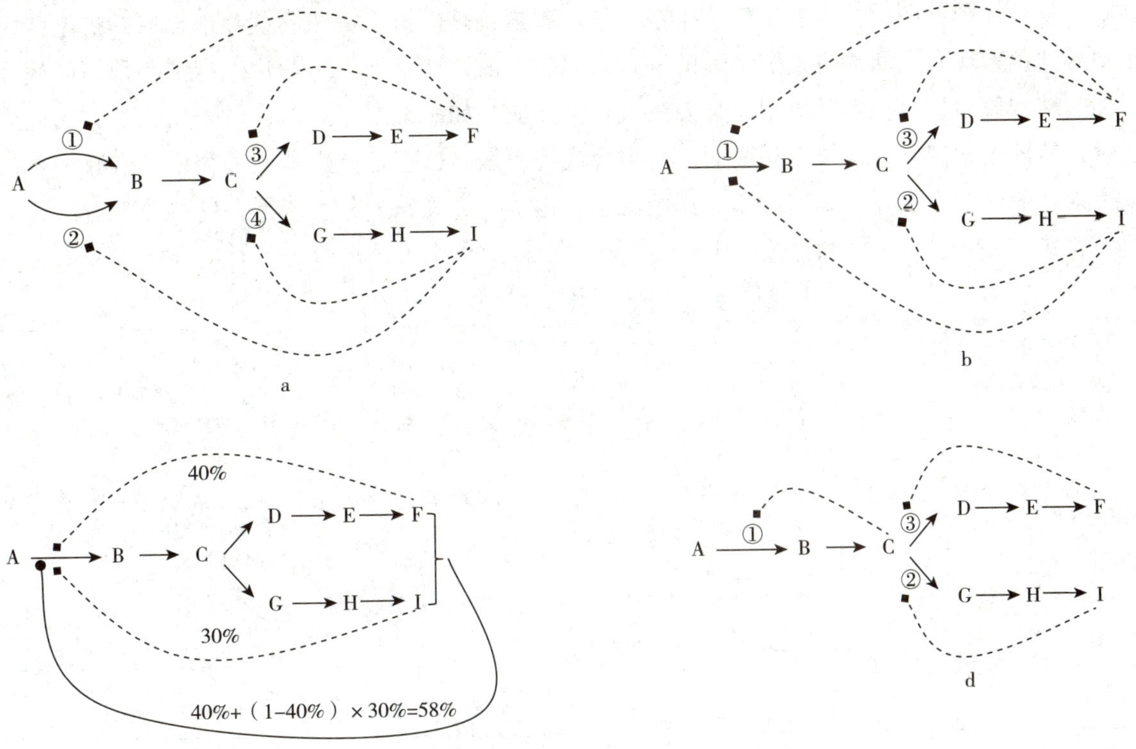

图9－29　分支代谢的反馈抑制示意图

a. 同工酶反馈抑制模式：产物F抑制①③，产物I抑制②④；

b. 协同反馈抑制模式：产物F和I抑制①，产物F抑制③，产物I抑制②；

c. 累积反馈抑制模式；

d. 顺序反馈抑制模式：产物C抑制①，产物F抑制③，产物I抑制②

第四节　微生物在制药工程中的应用

人类利用微生物代谢进行生产活动的历史悠久。早期主要与食品相关，如酒、醋、酱、乳酪等的生产工艺都离不开微生物发酵；近代以来，随着青霉素抗菌作用的发现，制药工程中微生物相关的产品越来越多，如抗生素、干扰素、疫苗、激素等都可以从微生物中获取。本节主要介绍目前在制药工程中应用广泛的几类微生物药物制剂。

一、抗生素

抗生素是在研究拮抗现象时发现的。截至2023年，DrugBank（https://go.drugbank.com/）数据库可查询到的已用于临床的抗生素共计127种。

(一)抗生素的概念和分类

抗生素(antibiotic)是生物在其生命活动过程中产生的(以及用化学、生物、生物化学方法衍生的),能在低微浓度下有选择性地抑制或影响其他生物功能的有机化合物。在抗生素研究的早期阶段,抗生素的产生局限于微生物,作用也局限于抗菌。但随着相关研究的深入和抗生素应用领域的不断扩大,抗生素的内涵也逐步扩大。按照现有的抗生素定义,抗生素的作用不再局限于抗菌,其作用已经扩大到抗肿瘤、抗病毒、抑制免疫、杀虫、除草等。

除微生物外,植物和动物也能产生抗生素,如青蒿素就是由植物黄花蒿茎叶中提取的抗生素,从动物脏器中得到鱼素等表明动物也是抗生素的一个来源。目前,抗生素的工业化生产主要采用微生物生产方法。某些结构简单的抗生素可以用化学方法进行全合成,如氯霉素。此外,可采用化学方法或生物化学方法对天然抗生素进行结构改造,进而制备半合成抗生素,这也是抗生素的一个重要来源。

抗生素一般以产生来源、作用对象、作用机制、化学结构等作为分类依据,这些分类方法各有其适用范围。表9-2和表9-3分别是按产生来源和化学结构对抗生素进行分类。

表9-2 抗生素的分类(根据产生来源)

产生来源	代表抗生素	备注
细菌(主要是芽孢杆菌属、假单孢菌属和肠道细菌)	绝大多数是多肽类抗生素,如多黏菌素、杆菌肽等,部分细菌可筛选得到氨基糖苷类、β-内酰胺类、大环内酯类、氯霉素类	多肽类抗生素对肾脏毒性较大,多作为局部用药
放线菌(多数为链霉菌属,其次是小单孢菌属和诺卡氏菌属)	主要为氨基糖苷类、四环素类、大环内酯类、多烯类、放线菌素类抗生素	现已有越来越多的新抗生素来源于上述三个属以外的放线菌,即所谓稀有放线菌属
真菌(主要为青霉菌属和头孢菌属)	常见的真菌抗生素有青霉素、头孢菌素、灰黄霉素等	
植物和动物	如地衣酸、蒜素、鱼素等	

表9-3 抗生素的分类(根据化学结构)

分类	结构特点	代表抗生素
β-内酰胺类	抗生素分子中含有一个β-内酰胺环	青霉素、头孢菌素
氨基糖苷类	分子中既含有氨基糖苷,又含有氨基环醇的结构	链霉素、卡那霉素
大环内酯类	分子中含有一个大环内酯	红霉素、麦迪霉素
四环素类	分子中含有四个并联环,其中一个是苯环	四环素、金霉素、土霉素
多肽类	抗生素是由氨基酸组成的小分子多肽,分子中常含有一些非蛋白质氨基酸、环状结构,有些还含有部分非氨基酸组分	多黏菌素、杆菌肽

化学结构决定抗生素的理化性质、作用机制、疗效,所以按化学结构分类有重要意义。习惯上将抗生素分为五大类(表9-3),但由于抗生素结构的类型很多,目前已知的许多抗生素不包含在上述五大类之中,如具有广谱抗菌效果的磷霉素、对专性厌氧菌有强大杀菌作用的甲硝唑。

(二)制药工程中抗生素的特点

目前人们在自然界中发现的抗生素已经超过1万种,但其中仅100余种用于各类疾病的治疗,原因是医疗用的抗生素需要满足以下两点基本要求。

1. 有较大的差异毒力 差异毒力即抗生素对微生物或癌细胞、炎症因子等的抑制、杀灭作用与对机体损害之间的差异。抗生素的差异毒力越大,就越具有进行临床应用的潜力。抗生素的差异毒力大小与抗生素作用机制有关。当某种抗生素抑制了微生物的某一代谢,而宿主却不具有该代谢,那么该抗生素就具有较大的差异毒力。例如青霉素能抑制细菌的细胞壁合成，而人和哺乳动物细胞不具有细胞壁，因此青霉素的差异毒力非常大，临床应用广泛。

2. 生物活性强大并具有选择性　抗生素生物活性强大，体现在极微量的抗生素就对微生物具有抑制或杀灭作用。一种抗生素抗菌作用的强弱常用最低抑菌浓度（minimal inhibitory concentration，MIC）来表示。MIC 即指能抑制病原微生物生长所需的药物最低浓度，抗生素的 MIC 一般以 μg/ml 为单位表示。抗生素的作用具有选择性，各种不同抗生素的作用机制有所不同，因而每种抗生素都具有一定的抗菌谱或抗瘤谱。抗菌谱是指某种抗生素所能抑制或杀灭微生物的范围和所需剂量，范围广泛者称为广谱抗生素，范围狭窄者称为窄谱抗生素。抗癌抗生素所能抑瘤的范围称为抗瘤谱。

以上两点只是医疗用抗生素的最基本要求。此外，医疗效果良好的抗生素还应该具有不容易产生抗药性、毒副作用小、不易引起超敏反应、吸收快、血药浓度高等优点。

（三）抗生素生物合成的代谢途径

1. 抗生素合成的基本过程　见图 9 - 30。

2. 抗生素合成有关的主要代谢途径　利用突变株以及同位素示踪技术研究表明，与抗生素合成的前体物质相关的代谢途径有：脂肪酸代谢、氨基酸代谢、糖代谢、嘌呤和嘧啶代谢、芳香族生物合成以及一碳基团转移。大部分抗生素的前体物质并不是只通过一条途径就能得到，而是需要经过多条代谢途径才能合成。

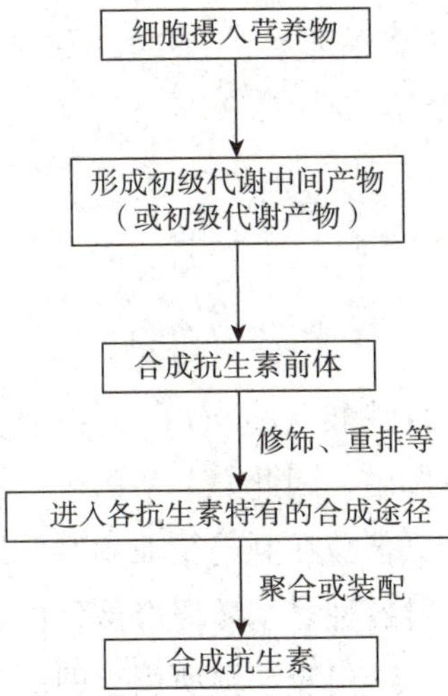

图 9 - 30　抗生素合成基本过程

3. 抗生素生物合成的调控机制　由于抗生素产生菌和抗生素种类的不同，抗生素生物合成的调控方式多样。但是，抗生素作为一种次级代谢产物，不同抗生素生物合成的调控也具有一些共同特点，主要表现在以下三个方面。

（1）受产生菌生长速率的调节　在抗生素产生菌迅速生长时期，抗生素不能合成或只有很少量的合成。大量合成抗生素的时期是微生物生长曲线的稳定期，此时产生菌不生长或略有生长。制药工业上，在菌体发酵的生长阶段，抗生素产量很低；当菌体生长进入稳定期，抗生素开始大量合成。因此，工业上通常采用加糖、补料等方式来延长菌体处于稳定期的时间，从而提高抗生素的发酵产量。在抗生素合成阶段，若加入一定量的磷酸盐，产生菌又会迅速生长，使次级代谢转向初级代谢，导致抗生素发酵产量降低。

（2）受分解代谢物的调节　分解代谢物调节是指培养基中的一些能够被产生菌迅速（或优先）利用的营养物质（包括碳源、氮源、磷源等）以及它们的分解代谢产物，对其他多种代谢酶具有调节作用。分解代谢物调节作用的强弱程度与该营养物质的代谢速率有关。例如，在青霉素发酵生产中有“葡萄糖效应”现象，产生菌能迅速利用培养基中的葡萄糖，随着葡萄糖的分解代谢，其分解代谢物会抑制青霉素的生物合成，所以，“葡萄糖效应”实质上是一种碳源分解代谢物的调节作用。“葡萄糖效应”不仅抑制青霉素的合成，还抑制其他多种抗生素的合成以及乳糖的分解利用等。

对分解代谢物调节的控制，主要是通过控制相关营养物质的代谢速率来实现。上述的“葡萄糖效应”，可采取葡萄糖流加工艺控制葡萄糖的代谢速率来有效避免。

（3）需要合适的初级代谢基础　抗生素的生物合成是在初级代谢基础上形成的，在菌体生长阶段，初级代谢为抗生素生物合成提供了合适的菌体量和健壮的菌体，使总体菌体处于比较适合抗生素合成的状态。高质量的种子和合适的培养条件是达到此目的的关键。在抗生素合成阶段，同样需要初级代谢为抗生素合成提供代谢能量和有机碳骨架。此时的初级代谢应控制在一个合适的水平，既要产生足够能量来维持菌体合成抗生素的活力，又要防止产生菌生长过快而不利于抗生素的生物合成。

知识链接

中国抗生素的摇篮——上海第三制药厂

20世纪40年代，青霉素被称为“万药之王”，价比黄金，在市场上非常稀缺。因为感染而造成的死亡，是影响当时我国人民预期寿命的主要原因。1949年5月，时任上海市市长的陈毅提出要发展我国自己的抗生素事业，提高全国人民的健康水平。1950年3月，陈毅市长批示成立“上海抗生素实验所”，童村任所长，制造出中国首台“青霉素发酵罐”；第二年成功试制了第一支国产青霉素针剂；1953年5月，更名为“上海第三制药厂”，开始批量生产青霉素，结束了我国长期不能生产青霉素的局面和全部依赖进口的历史，童村也因此被称为中国的“抗生素之父”。

上海第三制药厂先后成功研制、生产了金霉素、四环素、新霉素、红霉素、制霉菌素、灰黄霉素、赤霉素及头孢菌素等多种抗生素药物。产品销往全国以及世界多个国家和地区，为我国抗生素工业的发展做出了卓越的贡献，被誉为“中国抗生素的摇篮”。

二、氨基酸

（一）概述

氨基酸（amino acid）是构成蛋白质的基本单元，是人体及动物细胞的重要营养物质，具有重要的生理作用，因此氨基酸的生产和应用一直深受人们的重视。

氨基酸在制药工业中主要用于制备氨基酸输液。手术后或烧伤等患者需大量补充蛋白质营养，一般会注射各种氨基酸混合液，即氨基酸输液。此外，许多氨基酸及其衍生物可用来治疗人体内蛋白质代谢紊乱、蛋白质缺损所引起的一系列疾病，如甘氨酸及其铝盐、谷氨酸及其盐酸盐可用于消化道疾病的治疗，精氨酸及其盐酸盐可用于肝病的治疗。

（二）氨基酸的生物合成

氨基酸的主要生产方法有水解法、发酵法、酶转化法和化学合成法。其中的发酵法就是利用微生物代谢合成所需的氨基酸。随着基因工程技术的发展，利用基因工程技术将氨基酸合成酶的基因进行克隆，是提高氨基酸产量的有效途径。目前，苏氨酸、色氨酸、脯氨酸和组氨酸等的工程菌已达到工业化生产水平。本节以赖氨酸和苏氨酸为例，介绍氨基酸的生物合成途径。

1. 赖氨酸 是人类和动物的必需氨基酸之一，影响细胞生长发育。农业作物小麦、玉米、稻米等植物细胞的蛋白质缺乏赖氨酸，因此需要适当施用含有赖氨酸的种植添加剂，强化农作物的营养。对人体而言，婴儿的成长期、妇女妊娠期、哺乳期、老年期、病后恢复期等都需要特别补充大量的赖氨酸。

赖氨酸产生菌多为谷氨酸棒杆菌、黄色短杆菌、乳糖发酵短杆菌等。谷氨酸产生菌的高丝氨酸营养缺陷型兼抗AEC［*S*－（2－氨基乙基）－L－半胱氨酸，为赖氨酸的结构类似物］突变株，人为解除了赖氨酸生物合成的反馈调节，从而减少了产物赖氨酸对生物合成途径的抑制。赖氨酸的生物合成途径见图9－31。采用高丝氨酸营养缺陷型突变株后，合成途径的中间产物天冬氨酸半醛不再进一步合成苏氨酸和甲硫氨酸，而是都用于合成赖氨酸，同时解决了苏氨酸和赖氨酸对赖氨酸合成途径中的关键酶（天冬氨酸激酶）的协同反馈抑制作用，与未人工改造的产生菌相比，赖氨酸产量大大增加。

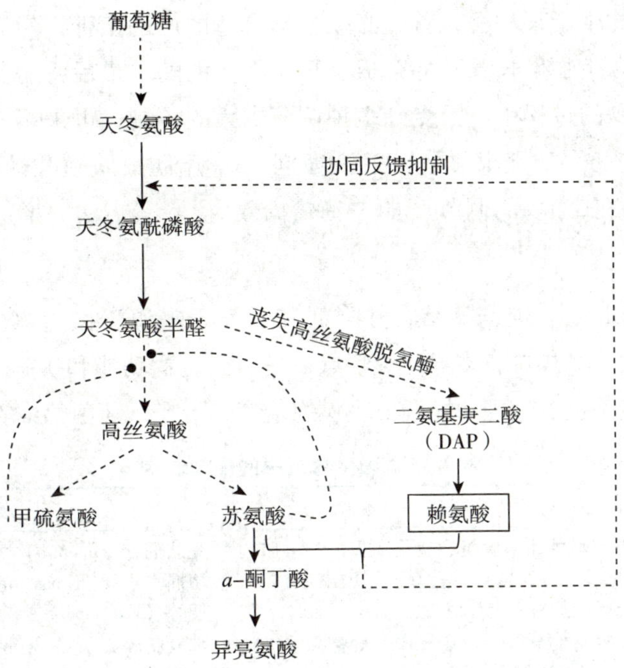

图 9－31　谷氨酸棒杆菌的赖氨酸、苏氨酸生物合成途径

2. 苏氨酸　也是人类和动物的必需氨基酸之一。人和动物缺乏苏氨酸，会引起生长停止、体重减轻、脂肪肝、贫血等疾病。苏氨酸主要用于食品营养强化剂和氨基酸输液。

理想的苏氨酸产生菌为黄色短杆菌、谷氨酸棒杆菌、大肠埃希菌等。苏氨酸在谷氨酸棒杆菌中的生物合成途径见图 9－31。苏氨酸在不同微生物中的生物合成途径略有差别，受赖氨酸、甲硫氨酸、苏氨酸的反馈调控。工业上的产生菌通常已经过代谢调控育种的遗传学改造，有些生产菌株还在代谢控制育种的基础上又经过基因工程的改造，发酵产量大大提升。

三、酶与酶抑制剂

（一）酶制剂

酶（enzyme）是由活细胞产生的具有催化作用的有机物，大部分为蛋白质，也有极少数为 RNA，生物体的新陈代谢过程都是在酶的参与下进行的，并受到酶的控制和调节。酶在生命活动中具有十分重要的作用。随着医疗技术的不断进步，许多研究表明，一些疾病的发病原因与酶反应具有很强的相关性，酶也成为治疗部分疾病的药物，同时酶也可用作临床诊断试剂以及用来筛选某些新药物，临床上常用的微生物酶见表 9－4。

表 9－4　临床上常用的微生物酶

名称	产生菌	临床作用
链激酶与链道酶	主要由乙型溶血性链球菌的某些菌株产生	链激酶用于治疗脑血栓及溶解其他部位的血凝块；链道酶用于治疗脓胸
透明质酸酶	化脓性链球菌、产气荚膜梭菌等	透明质酸酶与其他注射剂同时应用，可加快皮下注射药物的扩散速率，有利于药物吸收。也可用于手术后的肿胀及外伤性血肿，可使肿胀与血肿消退，减轻疼痛
天冬氨酰胺酶	主要用大肠埃希菌进行生产	用于治疗白血病和某些肿瘤
蛋白酶	在细菌、霉菌中分布广泛	可作为消化剂、消炎剂和化痰止咳药物等
青霉素酰化酶	在细菌、霉菌中分布广泛	在半合成青霉素的生产中具有重要作用
青霉素酶	在细菌中分布广泛	用于含青霉素制剂的无菌检验

制药工业上利用微生物生产某种酶，首先必须选择合适的产酶菌种，然后采用适当的培养基和适当的培养条件进行发酵，使微生物生长繁殖并合成、积累大量的酶，最后将酶分离纯化，制成一定形式的制剂供使用。在发酵生产酶的过程中，因受到多种调节因素的控制，可采用添加合适的诱导剂（如底物的结构类似物）、产酶促进剂［如聚山梨酯80、洗净剂LS（脂肪酰胺磺酸钠）、聚乙烯醇、糖脂、乙二胺四乙酸等］以及避免分解代谢物的调节（如“葡萄糖效应”）等方法，增加生产速率和生产量。

（二）酶抑制剂

酶抑制剂（enzyme inhibitor）能与酶结合并降低其活性。来源于微生物的酶抑制剂，具有毒性低、相对分子质量小、结构新颖、结构具有多样性等特点，是研究生物功能和疾病过程的有效工具。在医药方面，酶抑制剂已被用于增强免疫、生理功能调节、疾病治疗、治疗抗药菌感染等多个方面（表9－5）。

表9－5 微生物来源的酶抑制剂

分类	作用	常见酶抑制剂
蛋白酶抑制剂	可用于治疗急性胰腺炎、烧伤、胃溃疡、肌肉萎缩等疾病；还具有提高免疫的功能，对腹水瘤、淋巴肉瘤有一定疗效	亮肽剂（Leupeptin）、抗肽剂（Antipain）、胰凝乳蛋白酶抑制素（Chymostatin）、抑胃酶剂（Pepstatin）、弹性朊醇（Elastainal）
细胞膜表面酶抑制剂	用于免疫功能异常、炎症反应、肿瘤发生、病毒感染等有关疾病的治疗	抑氨肽酶A（Amastatin）、抑氨肽酶B（Bestatin）、抑脂酶剂（Esterastin）
糖苷酶及淀粉酶抑制剂	防止和治疗肥胖症、动脉硬化症、高血压、糖尿病等	泛涎菌素（Panosialin）、异黄酮鼠李糖苷（Isoflavonoid）、抑唾液酶剂（Siastatin）、抑淀粉酶剂（Amylostatin）
肾上腺素合成酶抑制剂	降血压药物	小奥德蘑酮（Oudenone）、镰孢菌酸（Fusaric acid）
β－内酰胺酶抑制剂	用于治疗产生β－内酰胺酶的抗药菌的感染	棒酸（Clavulanic acid）、硫霉素（Thianamycin）

关于酶抑制剂的研究与应用目前仍处于起步阶段，具有非常广阔的研究和应用前景。

四、其他

（一）维生素

维生素（vitamin）是人和动物所必需的一类营养物质，也是重要的药物。维生素主要以酶的辅酶或辅基形式参与生物体内的各种生化代谢反应。维生素还是防治由于维生素缺乏引起的各种疾病的首选药物。

维生素可采用化学合成、动植物提取和微生物发酵等方法生产。目前采用微生物发酵方法生产的维生素有维生素C、维生素B_2、维生素B_{12}等，其中以维生素C的发酵生产规模最大。

1. 维生素C 又称抗坏血酸，参与人体内多种代谢过程，是人体必需营养物质，并且具有较强的还原能力，可作为抗氧化剂，已在医药方面获得广泛应用。

利用微生物发酵生产维生素C的方法有半合成法、两步发酵法（包括两种不同的方法）、重组菌一步发酵法等，各种方法技术特点如表9－6所示，工艺流程如图9－32、图9－33所示。

表9－6 微生物发酵生产维生素C的方法汇总

方法名称	技术特点	优点
半合成法/莱氏法（Reichstein）	D－山梨醇转化L－山梨糖的反应采用弱氧化醋杆菌或产黑醋杆菌发酵完成，其他反应仍采用化学合成法	与两步发酵法中的方法1相比不占优势

续表

方法名称		技术特点	优点
两步发酵法	方法1（中国发明）	采用两种不同的微生物（弱氧化醋杆菌和假单胞菌）进行两步生化反应	所需设备少、成本低、“三废”减少，已推广到国外
	方法2	采用两种不同的微生物（欧文氏菌和棒状杆菌）进行两步生化反应	与两步发酵法的方法1相比不占优势，但为后续基因工程重组菌的一步发酵法奠定了基础
重组菌一步发酵法		将棒状杆菌的2,5－二酮－D－葡萄糖酸还原酶基因克隆到欧文氏菌体内，构建基因工程菌来完成从D－葡萄糖直接转化成2－酮基－L－古龙酸的一步发酵法	采用了现代生物技术，研究应用潜力大，应用前景大

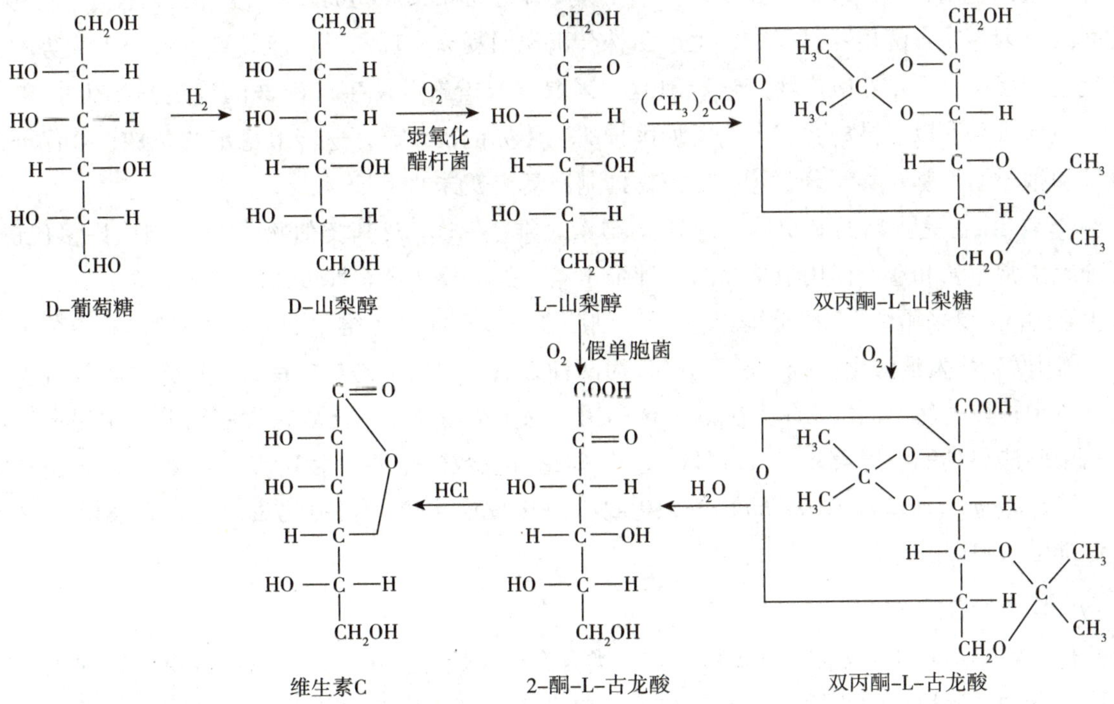

图9－32 维生素C两步发酵法（方法1）及半合成法

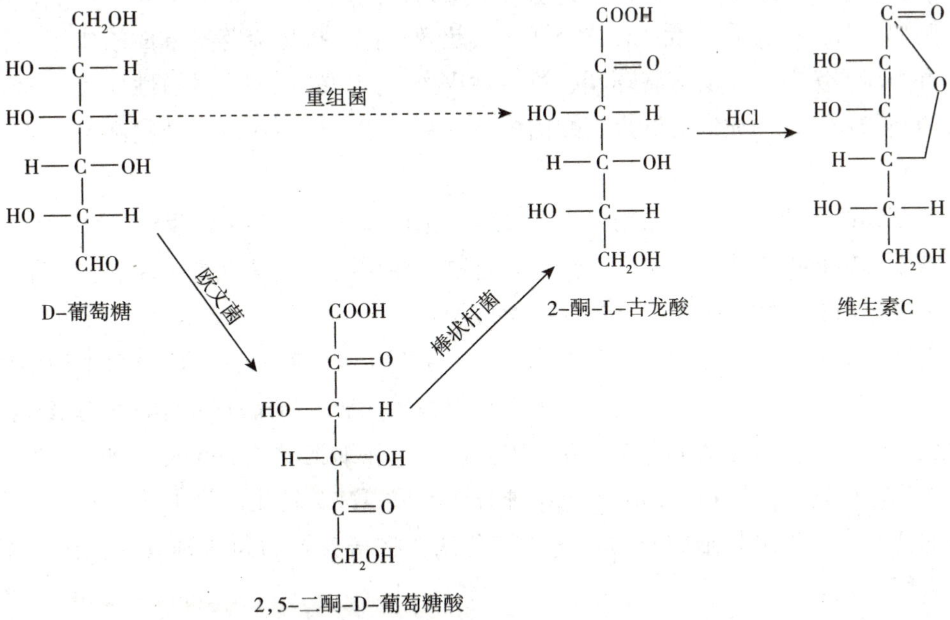

图9－33 维生素C两步发酵法（方法2）及重组菌发酵

2. 维生素 B_2 又称核黄素，在自然界中一般以与蛋白质相结合的形式存在，因而又称核黄素蛋白。维生素 B_2是动物发育和许多微生物生长的必需营养物质，是治疗眼角膜炎、白内障、结膜炎等的主要药物之一。

能生物合成维生素 B_2的微生物有部分细菌、酵母和霉菌。目前工业生产中最常用的生产菌种为棉病囊霉（*Ashbya gossypii*）和阿氏假囊酵母（*Eremothecium ashbyii*）。维生素 B_2属于微生物发酵初级代谢产物，初级代谢产物的积累通常受到较为严格的终产物反馈调节控制，难以大量积累。为了消除发酵生产中的终产物反馈调节控制，生产此类发酵产物的工业菌株通常是代谢上有缺陷的经过人工诱变处理筛选得到的突变菌株。所得到的突变菌株通常有三类：与产物合成相关的营养缺陷型突变株、产物结构类似物抗性突变株、细胞透性改变的突变株。采用突变株进行相关产物的发酵生产时，往往会遇到菌株不稳定的问题。因为在发酵培养过程中，生产菌株会出现回复突变现象，可能导致生长处于优势的回复突变株取代生产菌株，严重影响产物产量。因此，采取有效措施保持生产菌株的稳定是维生素 B_2发酵的关键点，主要可采取以下措施：①定向增加菌种的遗传标记；②选育遗传上稳定的菌株；③保证菌种保存培养基和种子培养基营养充分；④添加药物抑制回复突变株的生长。

3. 维生素 B_{12} 是含钴的有机物，也称钴维素。维生素 B_{12}及其类似物参与细胞内许多代谢反应，是维持细胞正常生长和造血作用最重要的一种维生素，是治疗儿童恶性贫血的首选药物。

维生素 B_{12}主要采用微生物发酵法来生产。细菌和放线菌能产生维生素 B_{12}，但酵母和霉菌不产维生素 B_{12}。采用微生物发酵法生产维生素 B_{12}可分为两种方法。方法一是从链霉素、庆大霉素等抗生素发酵后的废菌体中提取，属于抗生素生产中的综合利用。为了提高产量，需要在发酵培养基中添加适量的钴盐，但利用此法得到的维生素 B_{12}产量很低，一般每毫升仅数微克维生素 B_{12}。另一种生产方法是用薛氏丙酸杆菌（*Propionibacterium shermanii*）等微生物来直接发酵生产。利用此法，每毫升发酵液中可收集数十微克维生素 B_{12}。

（二）甾体化合物

甾体化合物（steroid）又称为类固醇，是一类含有环戊烷并氢化菲（称甾核或甾体）的化合物。

甾体化合物在动植物的组织中广泛存在。比较重要的甾体化合物有胆甾醇、胆酸、肾上腺皮质激素、孕激素、性激素、植物皂素等。甾体化合物尤其是甾体类激素对机体有重要的调节作用，因此广泛应用于医疗。例如，肾上腺皮质激素具有抗炎症、抗超敏反应、抗休克等多方面的作用，临床上被广泛用于治疗或缓解类风湿关节炎、支气管哮喘、过敏性皮炎、胶原性疾病、过敏性休克、爱迪森氏病等疾病。此外，甾体类药物如蛋白质同化激素、螺内酯等，具有改善蛋白代谢、恢复和增强体力、利尿降压等疗效。

甾体激素类药物的工业生产通常采用化学合成法，生产过程中一些关键反应用化学合成方法难以解决，需要采用微生物转化的方法进行生产。甾体化合物的微生物转化具有专一性强、产量高、反应条件温和等优点，在甾体激素药物的工业生产中被广泛应用。

用于微生物转化的基质是甾体激素类药物化学合成生产中的中间产物。按照微生物培养物在使用时的状态，可将微生物转化方法分为三种类型。①生长细胞转化法：将基质加到微生物培养液中进行微生物转化。②静息细胞转化法：先从微生物培养液中分离出菌体细胞，再制备成细胞悬液或干细胞，将基质加到菌体细胞悬液中进行微生物转化。采用这种方法，可以减少转化产物中的杂质，并且可以人工调节菌体和基质的比例。③固定化细胞与固定化酶转化法：将培养好的菌体制备成固定化细胞或固定化酶，再对基质进行转化。

用微生物对甾体化合物进行微生物转化的反应类型很多，其中包括氧化、还原、水解、酰化、异构化等反应类型，每一类反应类型又包含许多种不同的反应，在生产中最常用的有羟化反应、脱氢反应、侧链降解反应。

实验十一　抗生素的生物效价测定

【实验目的】

1. 掌握抗生素生物效价测定的原理和方法。
2. 熟悉管碟法——二剂量法测定抗生素效价的操作流程及参数控制。
3. 了解管碟法测定抗生素效价相关的计算过程。

【实验原理】

抗生素的生物效价常采用微生物学方法测定，它是利用抗生素对特定的微生物具有抗菌活性的原理来测定抗生素效价的方法，包括琼脂扩散法（管碟法）、比浊法、稀释法等。其中管碟法是目前抗生素效价测定的国际通用方法，《中国药典》也采用此法。

管碟法是根据抗生素在琼脂平板培养基中的扩散渗透作用，比较标准品和供试品两者对试验菌的抑菌圈大小来测定供试品的效价。管碟法的基本原理是在含有高度敏感性试验菌的琼脂平板上放置小钢管（俗称牛津杯），管内加入标准品和供试品的溶液，经规定时间恒温培养，当抗生素在菌层培养基中扩散时，会形成抗生素浓度由高到低的自然梯度，即扩散中心浓度高而边缘浓度低。因此，当抗生素浓度达到或高于 MIC（最低抑菌浓度）时，试验菌就被抑制而不能繁殖，从而呈现透明的无菌生长的区域，常呈圆形，称抑菌圈。根据扩散定律的推导，抗生素总量的对数值与抑菌圈直径的平方成线性关系。比较抗生素标准品与检品的抑菌圈大小，可通过生物统计法（参考《中国药典》四部通则“1431 生物检定统计法”），计算出抗生素的效价。

常用的管碟法有一剂量法、二剂量法和三剂量法，后两法已经列入《中国药典》。二剂量法系将抗生素标准品和供试品各稀释成一定浓度比例（2∶1 或 4∶1）的两种溶液，在同一平板上比较其抗药活性，再根据抗生素浓度对数和抑菌圈直径成直线关系的原理来计算供试品效价。

【实验材料】

1. 敏感菌　短小芽孢杆菌［CMCC(B)63202］的芽孢悬液。

2. 培养基　抗生素效价检定用培养基（200ml/瓶，分别标记上层、底层）。

3. 抗生素　红霉素供试品及标准品（抗生素检品及标准品的稀释按《中国药典》红霉素的相关规定进行，高剂量与低剂量之比均为 2∶1）。

4. 试剂与器材　灭菌生理盐水，无菌平皿，灭菌小钢管，无菌吸管，镊子，滴管，直尺或游标卡尺，也可直接采用抑菌圈测量仪、陶瓦盖等。

【实验内容】

红霉素标准品及供试品按照《中国药典》的相关规定准备，浓度分别用 C_{SH}、C_{SL}、C_{TH}、C_{TL} 表示，且 $C_{SH}/C_{SL}=C_{TH}/C_{TL}=2$。

以下实验步骤参考《中国药典》四部通则“1201 抗生素微生物检定法”进行设计。

1. 取 4 个无菌平皿，在平皿底部四边，分别对角注明“SH”“SL”和“TH”“TL”标记（图 9-34）。

2. 分别加入 20ml 底层培养基，冷却凝固后作为无菌底层。

3. 用灭菌生理盐水将短小芽孢杆菌的菌悬液稀释至一定浓度，用无菌吸管吸取 1ml 菌悬液，加到稍冷却后的 48～50℃上层培养基（200ml/瓶）中摇匀，迅速用无菌吸管或移液管吸取 5ml 含菌液的上层培养基，注到底层培养基上，铺平待凝。

4. 镊子火焰灭菌 3 次，然后夹取 4 个小钢管垂直轻放在平板中的标记附近（注：勿使钢管陷入底层培养基，各小杯之间尽量等距）。

5. 用移液管或移液枪分别在每个小钢管内加入对应的红霉素标准品和供试品稀释液，加至小钢管口平满（约 0.15ml），盖上陶瓦盖，静置 30 分钟。

6. 将平皿置于 35～37℃恒温培养箱内培养 14～16 小时，量取各抑菌圈直径（SH、SL、TH、TL），以 mm 为单位，误差不超过 0.1mm。

7. 计算抗生素效价。

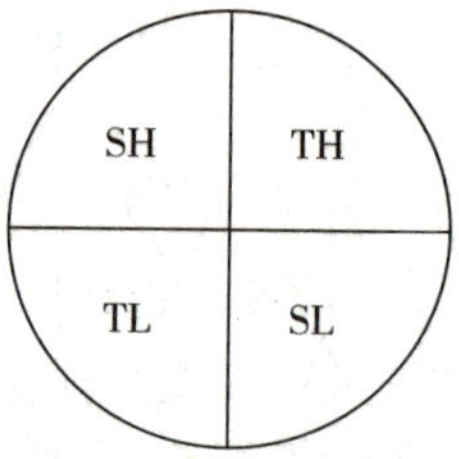

图 9－34　平皿底部标记示意图

【实验结果】

观察实验结果，记录并计算，将检查结果填入表 9－7。

表 9－7　抗生素的生物效价测定——管碟法检查结果

<table>
<tr><td>检品名称</td><td colspan="2"></td><td>生产厂家</td><td></td></tr>
<tr><td>检品规格</td><td colspan="2"></td><td>生产批号</td><td></td></tr>
<tr><td>检验数量</td><td colspan="2"></td><td>包装和外观</td><td></td></tr>
<tr><td>检验项目</td><td colspan="4">抗生素的生物效价测定——管碟法</td></tr>
<tr><td>检验依据</td><td colspan="4">《中国药典》四部通则
1201“抗生素微生物检定法”</td></tr>
<tr><td>检验方法</td><td colspan="4">管碟法——二剂量法</td></tr>
<tr><td>培养基</td><td colspan="4"></td></tr>
<tr><td>培养条件</td><td colspan="4"></td></tr>
<tr><td>稀释液</td><td colspan="4"></td></tr>
<tr><td>检品及标准品制备及稀释</td><td colspan="4">方法步骤：</td></tr>
<tr><td>检验结果</td><td>SH</td><td>SL</td><td>TH</td><td>TL</td></tr>
<tr><td>1</td><td></td><td></td><td></td><td></td></tr>
<tr><td>2</td><td></td><td></td><td></td><td></td></tr>
<tr><td>3</td><td></td><td></td><td></td><td></td></tr>
<tr><td>4</td><td></td><td></td><td></td><td></td></tr>
<tr><td>平均值</td><td></td><td></td><td></td><td></td></tr>
<tr><td>检品效价计算</td><td colspan="4"></td></tr>
<tr><td>检验结论</td><td colspan="4"></td></tr>
<tr><td>检验人</td><td colspan="2"></td><td>复核人</td><td></td></tr>
<tr><td>室　温</td><td colspan="2"></td><td>湿　度</td><td></td></tr>
<tr><td>检验日期</td><td colspan="2"></td><td>报告日期</td><td></td></tr>
</table>

【思考题】

1. 影响本次实验结果准确性的因素有哪些？

2. 请查阅《中国药典》通则"1201 抗生素微生物检定法"，如需对链霉素、四环素、新霉素进行生物效价测定，应分别使用哪种试验菌？

实验十二　抗生素抗菌谱的测定及药敏试验

【实验目的】

1. 掌握不同细菌对药物的敏感性，能够分析药敏试验的影响因素。
2. 熟悉纸片扩散法的原理、操作方法及结果判读。
3. 了解抗生素的分类和抗菌谱的测定。

【实验原理】

抗生素能选择性地抑制或杀死其他微生物。各种抗生素的作用对象有一定的范围，这种作用范围即抗菌谱（antibacterial spectrum）。有的抗生素能抑制多种微生物或作用对象面较广，称广谱抗生素；有的只能抑制某一类微生物，作用对象较专一，或抗菌范围不广泛，称窄谱抗生素。如青霉素只对大多数革兰阳性菌有抗菌作用，而对革兰阴性菌、结核分枝杆菌、立克次体等均无抑制作用，因而属于窄谱抗生素。抗菌谱的测定有助于比较不同抗生素之间的效果以及不同菌株之间的敏感性，可用于分析微生物耐药性问题。

药敏试纸片是含有一定量抗生素的滤纸片，一般为直径约6mm的圆形。将含有标定量的抗菌药物的纸片贴在接种有待测菌的固体培养基上，通过抗菌药物在培养基上的扩散，观察是否出现抑菌圈，推断是否抑制细菌的生长。药物扩散的距离越远，药物浓度越低，因此，可根据抑菌圈的大小判定药物对细菌的抑制作用强弱。

【实验器材】

1. 菌种　金黄色葡萄球菌（24～48小时新鲜培养物，待检菌）、大肠埃希菌（24～48小时新鲜培养物，质控菌）。

2. 培养基　营养琼脂培养基。

3. 含药滤纸片　分别含有青霉素、链霉素、氯霉素、庆大霉素、四环素的滤纸片。

4. 其他试剂　无菌生理盐水。

5. 仪器与其他用品　无菌平皿、1ml无菌吸管、酒精灯、接种环、涂布棒、无菌滤纸片、无菌镊子、记号笔、消毒棉球和恒温培养箱等。

【实验内容】

1. 菌液制备　用接种环挑取待检菌新鲜平板纯培养物，溶于3ml生理盐水中，校正其浊度相当于0.5麦氏单位。

2. 标记　取3个空白培养皿，底部用记号笔划分成6个部分并标记①～⑥，①～⑥分别代表不同的抗生素及无菌水，可参考图9－35。

3. 准备琼脂平板 将营养琼脂培养基加热融化后进行倒平板，注意平皿中培养基厚度基本相同，静置5~10分钟。

4. 平板涂布 用无菌吸管吸取0.5ml菌液，滴加在已冷却凝固的琼脂平板上，用无菌涂布棒左右旋转，使菌液在平板平面上均匀分布。平板加盖，室温干燥3分钟。

5. 贴滤纸片（此时平板表面应相对干燥） 无菌操作，用镊子夹取药敏试纸片，按标记分别贴在平板上相应位置，其中⑥贴上仅含有无菌生理盐水的滤纸片作为对照。轻压纸片使之紧贴琼脂表面，注意不要在培养基表面拖动滤纸片。各纸片中心相距至少24mm，纸片距平板内缘应大于15mm。

6. 培养和观察 贴完试纸片15分钟后，将上述平板倒置于恒温培养箱，37℃恒温培养24小时，观察并记录各抑菌圈大小。

7. 测量 测量抑菌圈直径，从平板背面测量最接近的整数毫米数并记录（可参考表9-8进行记录，一种细菌一张表格），以抑菌圈的边缘肉眼观察不到细菌明显生长为限。

8. 质控 每次药敏试验必须用ATCC 25922大肠埃希菌做质控。只有当质控菌株的抑菌圈直径在允许范围内，测试菌株的结果才可以报告。ATCC 25922大肠埃希菌的实验操作同上，其结果必须与待检菌株同时记录和报告在附表中。

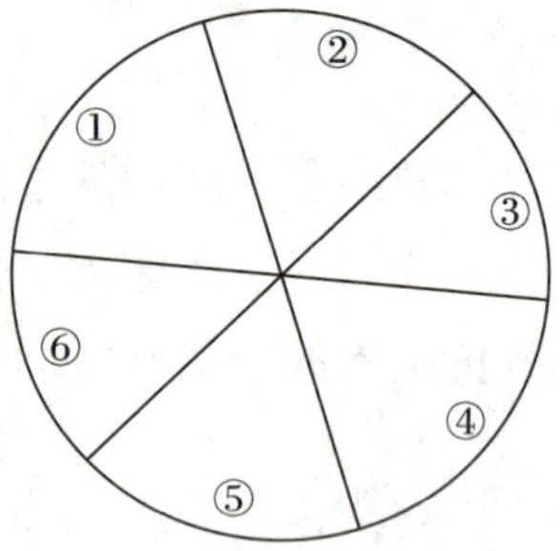

图9-35 抗生素抗菌谱的测定示意图

①青霉素；②链霉素；③氯霉素；④庆大霉素；⑤四环素；⑥无菌生理盐水

【实验结果】

实验结果可用表9-8记录，不同的抗生素对于相同的细菌菌株会形成不同大小的抑菌圈；相同的抗生素对于不同的细菌菌株所形成的抑菌圈也会不同。通过抑菌圈大小，估计抗生素对于细菌的抑制作用。

表9-8 不同抗生素抑菌圈直径测量（______菌）

抗生素种类	测量直径（mm）				纸片直径（mm）	抑菌圈直径（mm）	排序*
	1	2	3	平均			
青霉素							
链霉素							
氯霉素							
庆大霉素							
四环素							
无菌生理盐水							

*抗生素对细菌抑制作用的强弱排序（强→弱）。

抑菌圈测量注意事项：①有的菌株可能会出现蔓延生长，进入抑菌圈内，如菌落较少可忽略不计；②部分菌株在抑菌圈内可能出现轻微生长，生长面积低于20%可忽略不计；③如某种抗生素对微生物无抑制作用，即观察不到抑菌圈，微生物生长不受影响，按试纸片直径记录，如试纸片直径为6mm，则记录6mm。

【思考题】

1. 影响药敏试验结果的因素有哪些？试列举。

2. 分析每次进行药敏试验都需要进行质控的原因。

复习思考题

答案解析

1. 微生物葡萄糖发酵的类型有哪些？
2. 化能异养微生物的生物氧化类型有哪些？区别是什么？
3. 微生物光合磷酸化的类型有哪些？
4. 简述微生物的呼吸类型。
5. 试阐述呼吸链的定义以及 ATP 合酶的结构特点。
6. 微生物 CO_2 固定的方式主要有哪些？
7. 固氮微生物的固氮酶有什么特点？微生物对固氮酶的保护机制有哪些？
8. 试阐述肽聚糖的合成过程。
9. 微生物代谢的酶活性调节有哪几种方式？
10. 制药工程上，利用微生物生产的制药产品主要有哪些？分别可以应用于哪些疾病的治疗？试列举三种以上微生物药物制剂及其应用。
11. 抗生素合成的基本过程是什么？
12. 微生物发酵生产维生素 C 的方法有哪些？各有什么优缺点？

书网融合……

本章小结　微课 1　微课 2　微课 3　题库

第十章　微生物生态及其在资源开发和环境保护中的应用

PPT

学习目标

【知识要求】

1. 掌握　微生物的分布特点及其与人类生活的关联。

2. 熟悉　微生物与环境的相互关系及其在物质与能量代谢中的作用。

3. 了解　微生物在环境保护中的应用。

【技能要求】

能够分析微生物在自然界中扮演的“角色”；能够根据微生物间以及微生物与其他生物间的相互关系，更好地应用微生物资源；能够设计微生物与环境保护相关的实验。

【素质要求】

从微生物的生物多样性出发，增强维护生态平衡、保护自然环境的意识；培养科研意识，从而更好地开发和应用微生物资源。

生态一词源于古希腊语，现指生物在自然条件下的生存状态。生态学（ecology）是研究生物与环境相互关系的科学，是自然科学的重要组成部分。

微生物在自然界广泛分布，其与周围生物和环境发生着复杂的关系。从生态学的角度分析研究这些复杂的关系，有助于理解微生物在自然界物质和能量循环中的关键作用，也是微生物生态学（microbial ecology）研究的主要内容。

微生物在生态系统（ecosystem）中主要扮演分解者的角色，它们通过分解、还原有机物，完成物质循环，对整个生态系统的能量流动至关重要。在生态学的大视野下，学习和研究微生物的生态位（niche）即微生物在自然世界中的地位或作用，包括所处的空间位置、占用资源的情况以及与其他物种或环境之间的关系等，有助于还原微生物的生物学习性、认识其生物学特点，对一系列复杂的微生物生命活动进行解释。最为重要的是微生物生态学的研究成果将有利于人类开发利用微生物资源，为解决能源与环境等问题提供理论与技术支持。

第一节　微生物在自然界中的分布与菌种资源的开发

微生物在地球上存活超过30亿年，其生态分布的环境多样性是其他生物无法企及的。火山喷发的熔浆中、缺乏氧气的两极冰川中、资源极度匮乏的深海中，都已经发现了微生物的踪迹。独具的五大生物学特性赋予了微生物无与伦比的应用价值，也让人类在面临诸多危机的时代看到了其巨大的应用潜力。

一、微生物在自然界中的分布

（一）微生物在水体中的分布

生命起源于水，水体中具备微生物生长和繁殖的基本条件。各种水体环境几乎都存在微生物。地上水体可分为淡水型和海水型，两种水体中均分布着不同数量和种类的微生物。

1. 淡水型水体微生物 淡水水体虽然只占全球水总贮量的2.5%左右，但其生态系统对人类的影响至关重要。作为陆地和海洋环境之间的管道，淡水水体中的微生物可分为清水型微生物和腐败型微生物。清水型淡水环境，有机物含量低，适宜于自养型微生物生存，如化能自养型的硫细菌和铁细菌等，光能自养型的蓝细菌及光合细菌等。少量寡营养细菌，即可生长在低于1mg/L有机碳浓度环境中的细菌，如柄杆菌属（*Caulobacter sp.*）能在低营养水域中生长。腐败型微生物则在有机物含量高的水体中生长，以化能异养微生物为主，如下水道污水和富营养化的池塘中含有的各种肠道杆菌、弧菌和螺菌等，含量一般为 10^7 ~ 10^8 个/ml。

在淡水水体中，微生物的丰富程度与水体与陆地的距离成反比。与陆地毗邻的水域中有机物含量丰富，微生物数量与种类也相对丰富，离陆地越远，微生物越少。如人口密集地区的淡水水体中，每毫升水中微生物可达数亿个；而远离人类居住的地区，一般每毫升水中只含几千个或更少。

在较深的淡水湖泊或水库中，微生物分布呈明显的垂直态，浅水区（limnetic zone）溶氧量大，适合好氧型微生物生长。深水区（profundal zone）光线微弱、溶氧量少且硫化氢含量一般较高，适合一些厌氧光合细菌或兼性厌氧细菌生长。湖底区（benthic zone）严重缺氧与光，只适合一些厌氧菌生长，如产甲烷菌等。

2. 海水型水体微生物 地球表面约71%是海洋，海水水体贮存了地球上约97.5%的水，海水中含盐量为3.2% ~4.0%，有机物含量不高，一般适宜耐盐的微生物生存。典型的海洋微生物的最适盐度一般在3.3% ~3.5%之间。在深海环境中，静压也是影响微生物生存的因素之一，生长在深海的微生物多是耐压的，如芽孢杆菌属（*Bacillus*）和假单胞菌属（*Pseudomonas*）。

知识链接

勇敢的旅行者——金矿菌

地壳深处的地下水中存在着很多未知的微生物。在南非约翰内斯堡附近，有一个名为“姆波内格”（Mponeng）的金矿，科学家在其地下2800m的裂沟地下水中发现了唯一一种微生物：*Candidatus Desulforudis audaxviator*，也被称为“勇敢的旅行者”（the bold traveler）。它们生活的环境非常恶劣，水温至少60℃，pH约9.3，基本没有氧气，当然也没有阳光。而它们则是从放射性元素的衰变中获得能量，利用周围的水、二氧化碳、硫化物及岩石中的氮元素，就可以独立合成自身生存所需的各种氨基酸。换言之，“勇敢的旅行者”可以在没有任何有机物的情况下完全独立生存。利用年代测定技术，研究人员发现，它们至少孤独地生存了300万年，可以说是地球上最寂寞的微生物。

海水中微生物的分布受有机物含量的影响也有一定的规律，以近海岸和海底污泥的表层最多，中心海洋部位水体中数量较少。从垂直分布的角度看，海平面到海底共有4个区域：透光区（euphotic zone）、无光区（aphotic zone）、深海区（bathypelagic zone）和深渊区（hadal zone）。四个区域中由于光线、氧含量、温度和有机物含量的差异，其含有的微生物也不尽相同。首先在距离海平面25m以内的透光区，此处的光线充足、水温高，适合多种微生物的生长；在距离海平面25 ~200m之间的无光区，微生物的种类和数量较透光区大幅减少；在距离海平面200 ~6000m的深海区，其黑暗、寒冷和高压的环境使得只有少数微生物存活；距离海平面6000m以下的深渊区则由于其超高压，只有极少数的耐压菌能生长。海水水体中微生物的分布还受到其他因素如气候、潮汐、降雨量等的影响。

水体中微生物的种类丰富，数量巨大，它们主导了水体环境中碳和其他元素的循环，对调节地球生态具有积极作用。

（二）微生物在土壤中的分布

土壤是微生物种类最为丰富的自然环境，目前已知的绝大多数微生物都已在土壤中发现。因此，土壤也被称为微生物生活的“大本营”。虽然目前只有几十万种被详细地描述过，但预计数以千万计的细菌、古菌、真菌、病毒和微型真核生物在地下共存。为什么土壤是微生物的第一栖息场所呢？主要有以下6点原因：①土壤为微生物提供安定的着生基质；②土壤内的有机物和矿物元素为微生物提供丰富的营养物质；③土壤团粒内部结构含有适宜的水分，为微生物生存提供必要的水环境；④土壤颗粒间流动的空气为微生物生存提供所需的气体条件；⑤土壤温度变化低于气温变化，有良好的保温能力，为微生物提供温度环境；⑥多数土壤的 pH 在 5 ~ 8 之间，适宜微生物生存。

土壤中的大部分微生物是腐生微生物。虽然土壤微生物群落结构在不同生态系统和小规模土壤生境中差异很大，但细菌和真菌通常主导土壤微生物的生物量和多样性，其丰度比其他微生物类群高几个数量级，细菌最为丰富，占总生物量的 15%。1g 表层土壤包含超过 10^9 个细菌和古菌细胞、数万亿个病毒，数万原生生物和 200m 长的真菌菌丝。值得注意的是，不同土壤的具体生态环境各异，其微生物的分布也有所不同。即使在同一类型土壤中，随季节气候的变化，微生物的分布也呈现出一定的规律。

土壤微生物在土壤生态系统中发挥着重要的作用，是维持土壤生态系统稳定性和功能的关键因素之一。土壤微生物群落直接和间接影响着包括养分循环、能量流动、维持土壤体系稳定性等在内的生态过程。土壤微生物决定着地球上的生物地球化学循环过程，对动物、植物和人类之间的关系也有直接影响。

（三）微生物在空气中的分布

空气不是微生物生存和繁殖的理想环境。空气中缺乏附着基质、缺乏营养、有强光且温度变化剧烈。尽管如此，空气中仍然存在着一定数量的微生物，空气中的微生物主要来源于土壤和水体。微生物以附着在尘埃、微粒、水滴等方式进入空气，即生物气溶胶。生物气溶胶是空气动力学直径小于 100μm、含有微生物或生物性物质的气溶胶，通过与大气的相互作用影响大气环境质量和人体健康。但空气中的微生物只是在空气中停留和传播，最终仍旧要沉降到土壤、水体或其他物体上。这些气载微生物可随着环境的变化而呈现出不一样的结构分布模式。

随着对微生物分布的深入研究，发现在自然界的极端环境中存在着一些嗜极微生物或极端微生物，这些微生物依赖于极端环境才能正常生长和繁殖。由于它们在细胞构造、生命活动和种系进化上的突出特性，在生命起源、生命极限和生命本质等基础理论研究中有着重大的意义。自 1997 年起，国际性学术刊物 *Extremophiles*（《极端微生物》）开始收录相关研究。

二、菌种资源的开发

自 17 世纪后期荷兰科学家列文虎克用自制的光学显微镜观察到细菌以来，人类对微生物的认知和研究不断深入，越来越多的研究表明微生物蕴藏着巨大的价值。人类要应对当前面临的一系列问题，诸如能源危机、生态恶化、疾病频发等，必须要从传统的有限资源时代迈入利用可再生生物资源的新时代。

相较于其他生物，微生物是独特而高效的，它们来源广泛，易于培养且培养周期短，产品附加值高，已在农业、工业、医药和环保等方面展现出巨大的应用价值。随着显微成像、测序技术等的不断发展，人类对微生物的研究经历了从生理、生化到分子层面的演进。但微生物种类非常多，从数量上估计，目前人类所认知的微生物还不足其总量的1%。

从应用前景出发，目前微生物研究主要围绕系统解析微生物组的结构和功能、厘清相关调控机制等方面开展，并逐步形成了从基础研究到应用产业化的创新链条。以被称为“人类第二基因组”的人类微生物组为例，人体微生物组在消化、代谢、免疫、疾病预防和治疗等方面都发挥着重要作用。肠道菌群检测已经转化为临床技术，可用于癌症筛查、疾病治疗和药物开发等方面。同时，在代谢病治疗，尤其是肥胖症和糖尿病的治疗上，微生物组的研究成果也发挥了重要作用。

可以预见，在不久的将来，微生物组研究的相关成果和技术将更加广泛地渗透到医药、农业、能源、工业、环保等领域，成为破解人类健康、环境生态、资源瓶颈、粮食保障等重大问题的重要路径。

知识链接

Laws of Applied Microbiology

· The microorganism is always right, your friend, and a sensitive partner.

· There are no stupid microorganisms.

· Microorganisms can and will do anything.

· If you take care of your microbial friends, they will take care of your future.

· Be patience with biologic and specially plenty perseverance, this is the only way we can do when we wish to work with the microorganisms. There are a lot we have to learn from the microorganisms, however we shall never understand them at all.

David Perlman, 1980

第二节 微生物与生物环境间的关系 微课1

微生物并非在大自然独自生存，它们与其他生物或环境之间的相互作用对于整个生态系统是极为重要的。它不仅影响每个生物种群的生存，还把各个生物连接成复杂的生命之网，决定群落和生态系统的稳定性。微生物与其他生物环境间主要存在以下典型关系。

（1）双方获益 共生、互利共栖、协同共栖、互养共栖（＋＋）。

（2）单方获益，对方受害 寄生、捕食、拮抗（＋－）。

（3）单方获益，对方无害 偏利共栖、卫星状共栖、互生（＋0）。

（4）互补相扰 无关共栖（00）。

（5）一方受害，对方无益无损 偏害共栖（0－）。

（6）双方受损 竞争共栖（－－）。

一、互生

当两种可独立生存的生物在一起共同生长时，可通过各自的代谢活动而有利于或偏利于一方的生活方式，即为互生（metabiosis）。这种生活方式的特点是，处于互生关系中的生物双方至少一方受益，且双方无害，两生物间的结合较松散。这是一种可分可合、合比分好的互惠互利关系。

（一）微生物间互生

微生物间一起生活比单独生活更能补益彼此的关系，共存于同一环境时，微生物间互为对方提供营养或创造更适宜的生活条件。在土壤中，互生关系十分普遍，如分解纤维素的细菌与好氧的自生固氮菌生活在一起时，后者可将固定的有机含氮化合物供给前者，而纤维素分解菌也可使产生的有机酸作为后者的碳源和能源物质，从而促进各自的增殖和扩展。

（二）微生物与植物间互生

根际微生物（rhizospheric microorganism）与植物之间是最典型的互生关系。根际微生物生活在根系邻近的土壤中，依赖根系产生的营养物质条件而生长，一般对植物发挥有益的作用，也被称为植物的“益生菌”。

（三）微生物与动物间互生

人类肠道中的正常微生物与人的关系便是互生，肠道为微生物提供适宜的生存环境，正常的微生物菌群则发挥有益于肠道健康的作用。人类的肠道内生存着至少 50 个门 1000 ~ 1150 种（这个数据还在不断增加），数量超过 10^{15} 个不同的微生物，其中拟杆菌、柔嫩梭菌、双歧杆菌和乳杆菌是与人类健康密切相关的优势菌群。

正常菌群可以向人类提供多种有益因子，如维生素、有机酸等营养因子或促消化因子。同时，正常菌群的占位效应也可有效地阻止或抑制病原菌的侵害。正常菌群还可以分解体内的有毒有害物质，帮助保持肠道的健康。

二、共生

共生（symbiosis）即生物间彼此互相依存、互利，分工合作，即形成“相依为命”“同生共死”的关系。

（一）微生物间共生

土壤中，微生物互生关系十分普遍，地衣（*Lichenes*）就是典型例子，它是真菌和蓝细菌或藻类的共生体。在地衣中，藻类和蓝细菌进行光合作用合成有机物，作为真菌生长繁殖所需的碳源，而真菌则起保护光合微生物的作用。在某些情况下，真菌还能向光合微生物提供生长因子和运输无机营养。

（二）微生物与植物之间的共生

根瘤菌（nodule bacteria）与豆科植物共生形成根瘤共生体，是微生物与植物共生的一个典型例子，由于彼此双赢，称互惠共生。根瘤菌把大气中不能被植物利用的分子氮转化为植物可吸收利用的氨态氮，增加了土壤的肥力，促进了豆科植物的生长，同时推动了地球氮循环。而豆科植物根的分泌物能刺激根瘤菌的生长，同时，还为根瘤菌提供保护和稳定的生长条件。

（三）微生物与动物之间的共生

反刍动物的瘤胃中存在大量与其共生的微生物，动物为瘤胃微生物提供生存的有利条件，微生物则可将纤维素分解成可供瘤胃吸收的成分。

三、寄生

一种微生物从另一种微生物获得营养，进行生长、繁殖，并使后者蒙受损害甚至被杀死，是一种“损人利己”的关系，称寄生（parasitism）。前者称为寄生生物，后者称为寄主或宿主。噬菌体与宿主之间的关系即为典型的寄生现象（详见本书第四章第五节噬菌体部分）。

蛭弧菌寄生于其他细菌，是引起分解的细菌的一种。它比通常的细菌小，可以通过细菌滤器，具有与噬菌体一样的作用。蛭弧菌不是病毒，但却是可以“吃”细菌的细菌。1962 年，蛭弧菌在菜豆叶灼病假单胞菌菌体中首次被发现，并从土壤污水中分离出这种细菌。寄生型蛭弧菌生长要求的 pH 范围为 6.0～8.5，温度为 23～37℃，当温度低于 12℃或超过 42℃时不生长。蛭弧菌能稳定地分解蛋白质，但不直接利用碳水化合物。将蛭弧菌用于鱼类细菌性疾病的防治时，发现蛭弧菌对水体中的大肠埃希菌和其他病原菌有明显的去除作用，对氨氮和亚硝酸盐等也有去除作用。

四、拮抗

拮抗（antagonism）是指某种生物所产生的特定代谢产物可以抑制他种生物的生长甚至杀死他种生物的一种生物间关系。在常见的泡菜等腌制食品的制作过程中，当密闭的环境内残存的氧气被好氧菌和兼性厌氧菌消耗殆尽后，就为各种厌氧的乳酸菌提供了良好的生长繁殖条件，进而产生大量乳酸，导致环境变酸，即 pH 下降，对其他微生物产生拮抗作用，这属于非特异性的拮抗作用。微生物与人类密切相关的拮抗作用是抗生素的产生，如在青霉菌的生长过程中，其产生的青霉素能抑制一些革兰阳性菌，链霉菌产生的制霉菌素能够抑制酵母菌和霉菌等，这属于特异性的拮抗关系（详见本书第九章第四节抗生素部分）。

五、捕食

捕食（predatism）一般指一种大型的生物直接捕食、吞食另一种小型生物以满足自身营养需要的关系，前者称为捕食者，后者称为猎物或被捕食者。水体生态系统中食物链的基本环节之一，即原生动物捕食细菌和藻类，是具有代表性的微生物间捕食关系。捕食关系在控制种群密度以及组成生态系食物链中具有重要意义。

第三节　微生物在生态系统中的地位与作用

微生物是生态系统的重要组成部分，是联系大气圈、水圈、岩石圈及生物圈物质与能量交换的重要纽带。在生态系统物质循环、能量转换以及人类环境与健康中起着重要作用，维系着人类和地球生态系统的可持续发展。

一、生态系统中微生物的角色与地位

生态系统中的生物与其非生物环境通过物质循环和能量转换相互作用、相互联系，构成统一体。系统内的生物成分包括：①能通过光合作用完成自养的生产者；②以其他生物为食的异养消费者；③把复杂的有机物分解成简单无机物的分解者。微生物则可以扮演多重角色，完成多种功能。

（一）微生物是生态系统中的初级生产者

光能自养和化能自养型微生物是生态系统中的初级生产者，可以直接利用太阳能、无机物的化学能作为能量源生产有机物，以此积累的能量可在食物链中转移。光能自养型的藻类利用光作为能源，利用无机碳为碳源，以水为电子供体进行放氧光合作用。而光合细菌如紫色光合细菌、绿色光合细菌则利用

光能和 CO_2，利用 H_2S 作为还原剂（电子供体）进行光能自养。化能自养型细菌如硫化菌属、铁锰氧化菌、硝化细菌等从无机物氧化中取得能量，同化 CO_2。

（二）微生物是有机物的主要分解者

微生物在生态系统中主要作为分解者存在，它们通过分解生态系统中的动物、植物残体等有机物质，将其转化为最简单的无机物，再供初级生产者使用。分解者是生态系统的必要组成成分，其分解作用是最关键环节，它的存在使得生态系统的物质循环得以正常进行。微生物在生态系统中还扮演着物质和能量贮存者的角色，在水体、土壤中有大量的微生物，存贮着大量的物质和能量。

二、微生物与生物地球化学循环 微课 2

生物圈中的各种化学元素经生物化学作用在生物圈中的转化和运动，即生物地球化学循环（biogeochemical cycle）。地球上的大部分元素都以不同的循环速率参与生物地球化学循环。微生物的存在推动了大自然中元素的不断循环，在有机物矿化中起决定性作用，地球上有机物的矿化绝大多数都是由微生物完成的。

（一）微生物与碳循环

碳是构成生物有机体的重要元素之一，生物地球化学循环中，碳循环是能量流动的核心。微生物参与碳固定、甲烷代谢、碳降解等多个重要的碳循环过程。CO_2 是自然界中重要的碳源，自养型微生物具有完善的能量捕获系统，能利用 CO_2 为唯一碳源进行生长，如光能自养型的微藻类、光合细菌和蓝细菌等。微藻的光能利用率可达 10% ~15%，每年可固定全球 40% 以上的 CO_2，在碳循环中发挥重要作用。光合细菌则能将 CO_2 转化为多种化合物，荚膜红菌的每克菌体在每小时内的固碳量可达 12.4mg。化能自养型微生物，如铁细菌、硝化细菌等，则是通过氧化亚铁化合物、亚硝酸盐等产生电子，再经过电子传递链产生 ATP 和 NADH，驱动 CO_2 的固定。大肠埃希菌、酿酒酵母和谷氨酸棒状杆菌等异养型固碳微生物主要利用自身的固碳酶来固定 CO_2，固碳效率低。目前科学家正通过合成生物学的技术手段改造异养微生物，提高其固碳能力。

（二）微生物与氮循环

氮是所有生物的重要组成成分，也是地球上所有生命体的主要营养成分。目前可自由获得的氮的主要来源是大气中的氮气，但是大部分生物是依赖生物可利用的氮形式来生长，比如铵盐和硝酸盐。而这些基质的可利用性是依赖于不同的氮转化反应，这些氮转化反应是由具有多种多样新陈代谢功能的微生物所构成的复杂网络来实现的。微生物在氮素循环中的作用如下：①通过固氮作用，从大气中摄取 N_2 并转化为含氮化合物；②利用简单的含氮化合物合成氨基酸，进而合成菌体蛋白质；③通过氨化作用，分解蛋白质产生 NH_3 或 NH_4^+；④通过尿素酶，分解尿素生成 NH_3；⑤通过硝化作用，使 NH_3 或 NH_4^+ 氧化成 NO_3^-；⑥通过反硝化作用，使硝酸基还原为 NH_3 和 N_2。

（三）微生物与硫循环

硫是地球生物圈中的重要元素之一，微生物在硫的生物地球化学循环中起着重要作用。陆地和海洋植物从土壤和水中吸收硫元素，如硫酸盐，还原后成为植物本体的成分，再经过食物链的传递成为动物体中的硫化物。动、植物体死亡后，残体中的硫元素通过微生物的分解作用成为 H_2S，再被硫化微生物氧化为硫酸盐，后者又可被硫酸盐还原菌还原为 H_2S。硫元素可以在 +6 价和 -2 价之间变换，完成元素循环。

化能自养型的硫化作用即硫细菌将 H_2S 氧化为硫元素，存贮在细菌体内，当环境中 H_2S 不足时，细胞内贮存的硫元素被继续氧化成硫酸。光能自养型的硫化作用仅限于绿色硫细菌和紫色硫细菌。大多数自养型硫化细菌都是严格好氧菌，而脱氮硫杆菌（*Thiobacillus denitrificans*）则是兼性厌氧菌，能够以硝酸盐代替氧气作为电子受体。

（四）微生物与磷循环

在生物体中，核酸、ATP、细胞膜的磷脂和磷脂蛋白都是重要的含磷有机物，微生物从环境中吸收可溶性磷酸盐，并将其转化为含磷有机物。能产生磷脂酶的微生物可以把磷脂水解成脂肪酸、甘油和磷酸。微生物的溶磷机制有如下几种：①产生有机酸，促进磷酸盐的溶解，微生物在分解多糖过程中产生的羧酸是很强的螯合剂，可以螯合与磷结合的金属离子如 Ca、Fe、Al 等，从而释放磷酸盐；②产生无机酸，如硝化作用的硝酸，促进磷酸盐的溶解；③释放 CO_2，产生碳酸，促进含磷矿石的风化；④在厌氧条件下，一些微生物能使磷酸高铁盐中的 Fe^{3+} 还原成为 Fe^{2+}，使之溶解度提高而促进磷酸盐游离；⑤一般情况下，磷酸盐不能被微生物还原，但当环境中不存在硫酸盐、硝酸盐和氧时，磷酸盐也可以作为电子受体而被还原，但这种情况较少出现。

三、微生物的生物修复

微生物生物修复的理念源于其作为分解者的强大降解能力，工业革命以后，越来越多的异生物源物质进入生态系统，造成损害。在新的选择环境中微生物进化出新的降解能力，加上其易于培养、分布广泛、适应性强等诸多优势，成为生态修复的主力军。1989 年，美国阿拉斯加海湾的石油泄漏事件中，微生物修复技术成功崛起，对于无法用常规手段去除的残留原油，微生物修复使原油对潜在生态的影响从 25 ~ 35 年缩短到 5 ~ 10 年。自此之后，微生物修复开始用于土壤、地下水、地表水、海滩、海洋环境污染的治理，以期完成对生态环境的生物修复。

第四节　微生物与环境保护

随着经济的高速发展，人类活动不断增加，自然资源日益消耗，生态环境遭到了前所未有的人为破坏。被污染环境的治理与修复是新时代面临的重大挑战之一。微生物的“分解者”角色，使其成为环境治理和修复中的“急先锋”。

目前，微生物在污水治理、垃圾处理、土壤修复等领域大展身手，更多的环境问题需要微生物的助力，这也对微生物资源的开发与利用提出了新的挑战。近年来，环境微生物学发展迅速，将微生物用于污染治理、环境修复以及环境监测得到了广泛的关注与认可。

一、微生物在污染治理中的优势

微生物主要作为生物圈中的分解者而存在，其最大的价值也在于其分解功能。在自然界的各类水体及土壤中，就存在很多能够降解污染物质的微生物，这也是水体和土壤具有一定自净能力的主要原因。

在污染治理中，为避免二次污染，微生物法治理污染正逐步替代传统的物理和化学法。微生物用于治理污染有着明显的优势。

首先，微生物的种群及数量多且在自然界中分布广泛，几乎在所有的环境中都能找到微生物。极强的环境适应能力，使得微生物可以在被污染的环境中执行降解任务，完成污染治理。

其次，微生物含有降解性质粒（catabolic plasmid），这是一种功能性的质粒，它可以降解一些不常用的物质，如烃类（石油），扩大细菌利用底物的范围。因此，降解性质粒可以应用于环境保护，处理那些难以分解的物质。

最后，共代谢作用（co-metabolism）使得难降解的污染物也能在协同合作的环境中实现有效降解。例如，脱硫弧菌和假单胞菌在单独培养时都不能降解苯甲酸，但当两者混合培养时，却可以通过共代谢作用彻底将其降解。

二、污染治理中的微生物法

利用微生物对污染物进行处理，主要包括微生物对污染物的吸附、转化、降解等。

1. 吸附 是指微生物将污染物固定到达富集的效果，需要结合其他的方法进一步清除污染物。

2. 转化 是指微生物通过自身的代谢途径，将污染物从有毒转化成低毒或无毒的物质，一般污染物分子不发生碳链的断裂，污染物分子的碳原子数目不会明显减少（与降解不同）。转化作用同样不能彻底将污染物从环境中清除，但能减少污染物造成的伤害。

3. 降解 是指微生物将复杂的污染物分子通过其生命活动转变为简单的小分子过程。一般伴随着碳链的断裂及碳原子数目的明显减少。如果微生物能将污染源物质彻底分解为无害的小分子，则称终极降解或矿化（biomineralization）。而降解也是彻底清除污染物的唯一方法。

知识链接

生物降解性

生物降解性（biodegradability），是指有机污染物大分子能够被分解为简单小分子的可能性。根据微生物降解的难易程度，有机物一般分为三类。①易于被微生物利用，可立即作为能量营养源：称易生物降解质，这类化合物包含一些简单的糖、氨基酸、脂肪酸以及典型代谢途径的化合物。② 逐步被微生物利用的物质：称可生物降解质，这类化合物需要一段驯化时间，诱导降解该化合物的酶，形成完整健全的降解酶体系，驯化完成后，生物降解反应开始。③降解很慢或根本不被降解的物质：称难生物降解质，包括一部分天然物质（如腐殖酸、木质素）以及某些合成物质。

三、微生物治理污染

（一）微生物在治理海洋石油污染中的应用

石油的海上开采及装卸、运输、使用过程中都存在发生溢油事故的风险。沿海炼油企业的排放与大气污染物的沉降等因素叠加，使得进入海洋的污染物日益增加，海洋石油污染状况呈逐年严重的态势。海洋石油污染不仅影响海水中正常生物的生长，破坏整个海洋生态系统的平衡，而且会影响整个生态圈的物质和能量循环。微生物已经成为降解海洋石油污染的主力军。研究发现，能降解石油的微生物约70个属，共200多种。主要有无色杆菌属、产碱杆菌属、金色担子菌属和假丝酵母属等。

在利用微生物降解石油污染物时，需考虑生物安全问题，不能盲目投入菌种，需根据具体的环境与条件，将从自然环境中获得的微生物经过培养后，投加至受污染的地区。投加后还需要考虑微生物对污染物分解、转化所需要的其他条件，如投入氮、磷营养盐为微生物的繁殖提供充足的物质基础等。

（二）微生物在治理废水中的应用

工业化的快速发展产生了大量的工业废水，微生物在废水处理中的应用起步最早，应用也最为广泛。常见的有好氧微生物处理法、厌氧微生物处理法和微生物兼氧处理法。好氧微生物分解能力强，能够快速降解废水中的大分子，从而改变水质。厌氧微生物能将废水中的有机物分解为甲烷和 CO_2 等物质，可用于处理有机废水和水底污泥。兼氧处理法即好氧和厌氧微生物在同一废水环境中各自发挥自身的特长，其共存反而会使处理效果更好，因而便出现了对兼氧处理工艺和机制的研究。

目前市场上用于治理废水的微生物菌剂主要是将多种具有不同降解功能的微生物经过大规模培养后，再与活性生物酶及微生物营养盐相结合，经过工业化生产的用于废水处理或环境修复的产品。微生物菌剂具有生长快、特异性强、适应能力高、无二次污染及成本较低等优点，现已广泛应用于石化、医药、食品等产业的污水治理。

（三）微生物在治理土壤污染中的应用

多氯联苯是含有不同氯原子数的联苯化合物的统称，可用作润滑材料、增塑剂、杀菌剂、热载体和变压器油等，被广泛应用在各个领域。而土壤是多氯联苯的最主要归宿之一，土壤中的多氯联苯不仅污染土壤的结构和生态，还会通过植物富集和生物放大作用进入食物链，对其他动物和人类的健康构成威胁。自 1973 年筛选出 2 株能降解卤代联苯的无色杆菌以来，至今已经分离出多种能降解多氯联苯的微生物。

四、微生物与环境监测

微生物不仅可以用于污染物的治理，还可以用于环境的监测，这主要得益于其代谢的多样性和敏感性。微生物监测（microbial monitoring）是利用微生物对环境污染所引起的环境条件改变而进行测试，从而可以对污染的原因和程度进行判断的一种方法。相较于传统的环境监测方法，微生物监测成本低廉、操作简便，还可以动态化地反映环境污染的变化状况。但受限于目前的研究与开发，微生物监测也存在着灵敏度欠缺、应用范围较窄等缺点。

指示菌（indicator microorganism）是开展微生物监测的核心，可用于指示环境样品污染性质与程度，并能评价环境的即时性状态。指示菌必须在一定范围内能通过自身的变化，如形态、生化反应、数量、种类或种群等，来反映环境的具体特征。

（一）水体有机物污染微生物监测

水体中的总细菌数可以用来评价水体中有机物的污染状况，这里的总细菌主要是指好氧或兼性厌氧性异养细菌，它们的生存需要有机物作为营养来源。我国规定 1ml 自来水中的总细菌数不得超过 100CFU（37℃，24 小时培养）。

（二）水体肠道致病菌污染微生物监测

肠道致病菌在自然水体中的数量不多，不易监测，需要选择与其关系密切且易于监测的目标作为指示菌。大肠菌群含有肠道致病菌，其数量可间接反映肠道致病菌的数量，因此作为监测的指示菌。这里的大肠菌群是指一类兼性厌氧、能分解乳糖产酸产气的革兰阴性无芽孢杆菌。

（三）生物传感器

生物传感器（biosensor）是一种将生物敏感元件与化学信号转换器及电子信号处理器相结合的仪器。当生物传感器上的生物敏感元件与待测物质发生相互作用后，可最终转化为电信号，以数值形式输出，便于直接读出结果。目前，多种微生物如酵母菌、假单胞菌、芽孢杆菌和发光细菌等都应用于生物传感器，用于检测环境中的变化指标。

复习思考题

答案解析

1. 名称解释：微生物生态学；共生；互生；寄生；拮抗；捕食；生物地球化学循环。
2. 微生物生态学的研究意义是什么？
3. 淡水与海水中的微生物有何不同？
4. 试叙述微生物在自然界氮循环中的作用。
5. 为什么微生物不直接吸收硫化物？
6. 简述生物修复技术及其应用。

书网融合……

本章小结　　微课1　　微课2　　题库

第十一章　微生物在药品检测中的应用

PPT

学习目标

【知识要求】

1. 掌握　无菌检查法的原理、方法及结果判断；微生物限度检查的项目、方法、限度标准及结果判断。

2. 熟悉　无菌检查法的检查范围；微生物计数检查及控制菌检查的流程。

3. 了解　药物生产中的微生物污染及防治；无菌检查及微生物限度检查的意义。

【技能要求】

能够检索 GMP、GLP、《中国药典》等相关资料，分析药品检查标准，对药品进行合理恰当的微生物检查；学会对药品微生物学检查结果进行正确的计算、分析和判断，规范地撰写微生物检查结果报告。

【素质要求】

培养敬畏生命、敬业奉献、诚实守信、厚朴守正、严守药规、精益求精、良心制药的医药道德；熟悉药品法律法规与标准，具备良好的药品质量规范意识。

微生物的污染及其预防是药物生产和保藏中的重要问题。药品的微生物污染除受到外界环境和原料质量的影响外，在药物制剂的生产、保藏、销售过程中也都存在微生物污染的可能。那些污染的微生物如果遇到适宜的环境就能生长繁殖，一方面可能促使药物变质，影响药品的质量，甚至使其失去疗效；另一方面对患者可引起不良反应，或因是病原性微生物而引起感染，甚至危及生命。所以在药物生产中一定要十分重视这方面的问题。同时，在药物的质量管理中必须严格进行药物的微生物学检验，以保证药物制剂达到卫生学标准。

知识链接

刺五加注射液事件

2008 年 10 月，云南省红河州第四人民医院在对该院 19 位患者的治疗中使用标示为黑龙江省完达山制药厂生产的刺五加注射液，6 名患者先后出现周身不适、恶心、胸闷、发冷、呕吐、昏迷、血压降低等症状，3 名患者最后因循环衰竭抢救无效死亡。经调查，2008 年 7 月，昆明特大暴雨造成库存的刺五加注射液被雨水浸泡，使药品受到细菌污染。“完达山药业”云南销售人员从公司调来包装标签，更换后继续销售。受污染药品最终导致 3 死 3 伤的悲剧。

反思：药品作为一种特殊的商品，其质量安全直接关系到人们的健康和生命安全，因此，我们必须坚守敬畏生命、严守药规、精益求精、良心制药的医药道德。

第一节 微生物与药物变质

药品的微生物学质量受到外界环境和原料的影响。除灭菌制剂以外，大多数制剂都含有微生物。空气、水、操作人员、药物原料、制药设备、包装容器、厂房环境等均可能造成微生物的污染。药物被污染后，微生物在适当条件下生长繁殖，促使药物变质，降低疗效；或因是致病性微生物而引起感染，即使是经过灭菌或除菌处理的药物，也有可能因为热原质的存在而引起发热反应。

一、药物生产中的微生物污染及防治

（一）药品微生物污染的来源

1. 物料 药物物料系指药物的原料、辅料和包装材料等，原辅料可能将大量的微生物带入药物制剂。如来源于动物的原料药或辅料（如明胶），有可能被动物病原体所污染；来源于植物的原料药或辅料（如淀粉），则可能被多种细菌、霉菌、酵母菌所污染；中药材则常带有土壤微生物；玻璃容器可能沾有细菌与真菌孢子等。

2. 制药用水 工艺用水在制药企业防止污染及作为制药用水方面至关重要。因为它不仅作为产品的一个成分，而且需用其洗涤或冷却。药品微生物污染的关键环节在于工艺用水，因为水是微生物生长代谢的一个必要成分。水中的微生物种类较多见的有假单胞菌属、产碱杆菌属、产黄菌属、产色细菌属和沙雷菌属等，这些细菌营养要求不高，适宜温度较低，一般来自土壤侵蚀、雨水冲刷及腐败动植物的污染。

3. 空气 空气中的微生物及微粒是空气洁净技术要解决的主要对象。尽管空气不是适合微生物生长繁殖的天然环境（因不含必需的水分和营养），但是一般的大气环境仍含有不少的细菌、霉菌和酵母菌。例如，葡萄球菌属、链球菌属、杆菌属、梭状芽孢杆菌属、棒状杆菌属、青霉属、曲霉属、毛霉属和红酵母属等。空气中的微生物来自灰尘微粒（自然因素如风，人为因素如车），人的皮肤与衣服，以及由谈话、咳嗽、打喷嚏等造成的飞沫。空气中微生物数量取决于灰尘量和活动状况，例如，有活跃人群的地方比无人群的地方微生物多，不洁的房间比清洁的房间微生物多，潮湿的地方比干燥的地方微生物多。空气中的微生物数量与人和动物的密度、数量，土壤及地面的铺砌情况，以及气温和气湿、日照、气流等因素有关。

由于空气中含有微生物，在药物制剂的生产过程中，如果不采取适当的措施，微生物就有可能进入药物，使药物制剂发生污染。

4. 操作人员 人体体表皮肤及与外界相通的腔道如口腔、鼻咽腔、肠道、眼结膜、泌尿生殖道均存在不同种类的微生物，其中有些微生物可以长期寄居在人的体表、皮肤和黏膜上。这种正常状态的微生物群有一定的种类和数量，与宿主及体外环境三者保持动态平衡，有益于宿主健康，构成相互依赖、相互制约的生态学体系。生产过程中工作人员由于操作不注意或个人卫生状况欠佳，可能使其携带的微生物污染药物制剂。

5. 厂房设备及包装容器 厂房建筑物的内表面以及设备表面、容器内外表面等，都可能是微生物寄存的地方。这些方面情况比较复杂，所含微生物种类往往差异较大，并与多种因素有关，比如制药企业生产车间的厂房、库房及实验室条件和清洁度；建筑物结构以及清洗和消毒的程度；设备、管道是否易于拆卸、结构简单，便于清洁和消毒等；特别是药品生产过程中的原料和使用的容器，包括内包装容器的清洗和消毒状况。

（二）微生物污染对药物的影响

药物制剂受到微生物污染后会发生物理性质或化学性质的改变。

1. 物理性质的改变　药物的物理性状包括外观、颜色、气味、硬度、黏度和澄清度。

2. 化学性质的改变　微生物污染药物后，通过微生物对药物化学成分的降解作用，引起药物化学性质的改变。药物的有效成分常常由于微生物的降解作用而遭到破坏，从而导致药物的治疗效果降低甚至失效。

严重污染或微生物大量繁殖引起药物变质，主要现象有：①异味，药物变质后有些药物可产生特殊气体及味道；②变色，细菌代谢产生色素可使药物变色；③糖浆制剂可形成聚合性的黏稠丝状物，液体药物变质有时可见液体表面有膜状物或棉絮状沉淀物，变质的乳剂会有团块或沙粒感；④累积的代谢产物改变药物的 pH；⑤代谢产生的气体泡沫在黏稠的成品中积累，引起塑料包装膨胀。

（三）防止微生物污染药物的措施

为保证药品质量，防止微生物在药品生产的各个环节污染药物，加强药品生产质量管理，在药品生产的全过程中把各种污染的可能性降至最低限度，必须实施药品生产质量管理规范（GMP）制度，减少药品生产中存在的、在成品检验中又不能完全防范的危险因素，如交叉污染（尤其是意想不到的污染物）和由于宣传品贴错标签引起的混淆。对生产各环节，如原料、操作人员、工作环境、操作方法、厂房建设、包装材料及卫生环境等制定有效的规范性程序文件——标准操作规程（SOP），加强管理，防止污染。本章节着重于对“进行加强药物生产的技术管理”的讨论，“药品的微生物学检验”将在后续内容中提及。

1. 药物生产的环境应符合卫生要求　为防止生产中的药品、包装材料受到污染，使药品生产的环境控制和规范生产达到药品质量的要求，空气洁净技术必不可少。洁净技术在医药行业的广泛应用，已引起各设计、施工、生产、管理等部门的共同关注。空气洁净技术的原理就是通过对空气进行过滤，使其达到一定洁净度，同时以相应的管理保持环境控制系统的有效运转，从而使药物生产符合药品质量的环境要求。合理设计建立洁净的厂房和有效的管理在药品生产中非常重要，通过对墙体、地板、管线、屋顶、水泥、照明、通风和温湿度等的设计，使内部环境达到洁净的要求；通过空气的三级过滤，使进入洁净室的空气符合规定的要求；通过人员和物料的净化程序，隔绝或消除外来污染；通过气流组织、压差和换气次数等参数的控制，抑制微生物、微粒的污染，排除由于光、味道、相对湿度等导致的任何质量损害；通过严格的工艺纪律，达到避免交叉污染的目的。

2. 控制原材料的质量　药品生产原料一方面要选用微生物含量较少的原材料，另一方面对原材料要进行消毒和灭菌。药物生产原料易受微生物的污染，如动物脏器、植物药材往往携带微生物，污染程度不同的原料中所含微生物的种类、数量也存在差异。而合成原料通常不易受微生物污染，因此对不同原料的处理方法也不同。原料粉碎后处理是保证药品质量的关键。一般植物药、矿物药、淀粉及白糖等，放入烘箱 100～110℃烘烤 35 分钟左右。一些动物药或受微生物污染的其他原料药物，要在 110～120℃烘烤 40 分钟左右。对小部分不耐高温的药物，要采用紫外线照射法，照射时间为 2 小时左右，厚度不超过 0.2cm。

3. 严格生产过程的管理　药品的污染可发生于制剂制备的全过程中，也可发生在药品储存过程中，必须对这些过程进行全程管理，从根本上保证药品的质量。

（1）生产人员　在生产过程中工作人员操作不规范或卫生条件不符合其药品生产的具体条件，其携带的微生物也会污染原料、制药工具、生产设备而成为药品污染的来源。在生产过程中，为了防止细菌再次污染，须掌握四个字：干净、快速。在药物制剂生产过程中，要求操作人员清洗和消毒双手、穿上专用工作衣、戴上工作帽、严格按操作规程操作，另外要求操作者必须是健康无菌者。GMP 规定：工作服的选材、式样及穿戴方法应与生产操作和空气洁净度级别要求相适应，并不得混用。洁净工作服的质地应光滑、不产生静电、不脱落纤维和颗粒性物质。无菌工作服必须包盖全部头发、胡须及脚部，并能阻留人体脱落物。不同空气洁净度级别使用的工作服应分别清洗、整理，必要时消毒或灭菌。工作服洗涤、灭菌时不应带入附加的颗粒物质。工作服应制定清洗周期。

（2）生产环境　生产车间内空气中微生物的含量与室内清洁度、温度、湿度以及人员在室内的活动情况有关，如人员频繁地走动、清扫、搬动原材料及机器的震动都可使飞沫、尘埃、原材料粉尘悬浮于空气中，成为空气中微生物附着的载体，从而增加空气的含菌量。药物制剂生产环境的空气应要求洁净，特别是生产注射剂、眼科用药等无菌制剂时，空气中微生物的含量必须非常低，要求每立方米空气中不得超过 10 个细菌，即所谓的“无菌操作区”。

减少空气中微生物数量的方法：采用保持室内清洁、控制人员的活动、操作动作轻微等措施。除此之外，对要求较高的场所，还可以采用过滤、甲醛蒸汽熏蒸和紫外线照射等方法对空气进行消毒。

在药品生产中，减少空气中微生物数量的方法有多种，其中常用的方法如下。①空气洁净技术采用的过滤方法：过滤是最常用的方法。过滤介质种类很多，如纤维素、玻璃棉或人造纤维等。药品生产车间一般应除去大于 0.1μm 的微粒及微生物。空气净化装置可用于整个房间如无菌操作室，也可只限于操作区域局部如超净工作台。制药企业应对空气净化装置定期进行监测检查，确保各种技术参数符合法定的技术标准。②紫外线照射方法：房间安置固定的或可移动的紫外灭菌灯，采用的紫外线波长在 240 ~ 280nm 之间，以 254nm 处杀菌力最大。但紫外线穿透力较差，可被不同的物品表面反射。使用时应考虑紫外灯具的寿命，约 1400 小时需更换。

（3）制药用水　水除了作为药品的成分外，还参与物品的洗涤、中药材的炮制、制剂的配方以及生产过程的冷却等，所以必须严格规范制药用水质量。

制药用水的质量：根据工艺需要，选用饮用水、纯化水或注射用水。例如，制备注射剂必须采用注射用水，制备口服制剂需用纯化水。《中国药典》收载了纯化水和注射用水的质量标准。在饮用水标准中，大肠埃希菌（大肠杆菌）的含量是判断饮用水水质污染程度的指标。

用于制药的各种用水都必须定期进行水质检测，使用符合卫生标准的水，防止水中微生物污染药物。常用的对水进行消毒的方法有采用化学消毒剂、过滤与紫外线照射三种。①化学消毒剂方法：对水的消毒以化学消毒剂方法较常用，效果也最好，常使用次氯酸钠或通氯气。在使用中，应注意水系统中不能留有消毒不到的“死角”。②过滤法：膜过滤法适用于水系统的连续循环处理，常用的微孔滤膜的孔径为 0.22μm。在此之前，还应有其他过滤方法配合。③紫外线照射法：在水系统中应用紫外线照射消毒，适用于需要特殊处理的水（如光学透明度要求高）。在制药用水消毒处理中，以上三种方法可综合应用，并将消毒处理设备（或装置）设计安装在适当的位置。

对制药用水的消毒方法除应用于水本身的消毒以外，还应包括水系统中的设备、管道等的消毒问题。在制药工业中，水罐、交换柱以及各种过滤器、膜和管道会不断地感染和滋生微生物，目前臭氧是去除水系统中污染微生物的常用方法。

（4）设备和建筑　药物制剂生产的设备（如粉碎机、药筛、压片机、制丸机、灌装机等）和容器表面可能有微生物滞留或滋生。药物制剂接触了这些设备、工具、容器上的微生物就会被污染。因此，对于生产设备、工具及容器的要求是易于拆卸、结构简单，便于清洁和消毒，生产前后要清洗和消毒。

药物生产部门所有的建筑，包括厂房、车间、库房、实验室等都必须清洁和整齐。建筑物表面不透水，平坦均匀，没有裂缝，便于清洗。

4. 合理的包装设计和贮存　包装物、制药设备及厂房建筑：药品包装是产品出厂前的最后一道工序，包装物一方面是包裹药物，另一方面是防止外界微生物进入药物。药品包装材料给予药品第二次生命，没有包装，药品就无法存储、流通和销售。直接接触药品的包装材料、容器，是药品的有机组成部分。药品包装材料质量对药品质量的影响表现在以下几个方面：①由于药品包装材料可能带来细菌和其他微生物，包装材料中的某些有害物质可能被药品溶出，从而造成药品污染；②药品中的有些成分可能在包装存放过程中被包装材料吸附，或与包装材料发生反应，从而直接影响药品质量或用药剂量。

因此，包装物应严格按照药物制剂本身的要求，进行清洗、消毒和灭菌。如果处理不当，可能使含菌不多或已经过消毒灭菌处理的无菌制剂重新遭受微生物的污染，污染的程度与包装物本身的成分和贮藏条件有关。随着药品 GMP 管理的深入，将药品包装材料作为药品生产的辅料也纳入管理的范畴，并对产品实施严格的注册管理。因为包装材料也可带有一定的微生物，所以在药品包装前，应对包装材料进行清洁或消毒处理。药品包装主要注意防潮。包装时间不能过长，以免受潮而便于微生物滋生繁殖，直接影响药品质量。所以，包装一批药品尽可能一天内完成。

按规定分区、分批合理储存药物：药品储存不当极易导致微生物污染，合格药品也是如此。对生产的药品应根据药物的剂型、性质采取合理的储存方法以减少污染机会。比如：阴凉处，系指不超过20℃；凉暗处，系指避光并不超过20℃；冷处，系指2～10℃；常温，系指10～30℃；凡贮藏项未规定贮存温度的，系指常温。

5. 使用合适的防腐剂与抑菌剂　合理使用防腐剂，在药物生产过程中加入防腐剂，其目的是抑制药品中微生物的生长繁殖，减少微生物对药物的破坏作用。理想的防腐剂应具备：①对机体没有毒性及刺激性；②对进入药物制剂的各种微生物有良好的抗菌作用；③不受药物配方成分的影响；④在药物的生产过程中和有效期内有足够的稳定性。事实上，目前常用的防腐剂并不能达到以上要求，国内常用的防腐剂有苯甲酸、尼泊金、山梨醇、乙醇、季铵盐等。

二、药物变质

（一）影响药品变质的因素

微生物污染导致药物变质的影响因素主要有以下几个方面。

1. 药物本身　①营养因素：许多药物配方中常含有微生物生长所需要的碳源、氮源和无机盐等营养物质。微生物污染药物后，能利用其营养进行生长繁殖，影响药物的稳定性，引起药物变质。②药物的含水量：药物中的水分为微生物的生长提供了条件，在固体制剂中水分含量较少，口服固体制剂水分超过10%～15%，如遇合适的温度、酸碱度，微生物就可大量生长繁殖。因此，各种药物应尽量减少含水量，保持干燥，或在药物中加入盐或糖造成一种生理上的干燥，减少微生物可利用的水量。③污染菌的数量：污染菌数量越大，对药物质量影响就越大，尽管微生物尚未繁殖，也能引起药物分解。因此在药品生产及包装过程中，有效控制微生物数量可有利防止药物变质。④药物中加入防腐剂或抗菌剂：可有效地抑制微生物的生长，减少药物中微生物的污染数量。⑤酸碱度：影响着微生物的生长，通常碱性条件不利于细菌、霉菌及酵母菌的生长。

2. 环境因素　①包装设计：使用单剂量包装或小包装可有效地避免或减少微生物对药物的污染，但成本较高，导致价格上涨，并且操作繁琐。②储藏温度、湿度：大多数微生物正常生长温度在20～

35℃。在一定温度范围内，温度越低，繁殖越慢；温度越高，繁殖越快。另一方面，湿度对微生物生长也有影响，在潮湿环境中，霉菌、细菌等微生物容易滋生。因此，药物的贮存一般应在低温干燥的环境中为宜。

防止药物中微生物污染及生长繁殖，应考虑以上影响因素，安排合理有效的生产过程，控制微生物的污染。

（二）药物变质的判断

微生物污染药物的认定，需根据药物类型的不同来进行，如出现下列情况之一，即可认定药物已被微生物污染：①无菌制剂（如注射剂、眼用制剂、植入剂及其他无菌制剂）中发现有活的微生物存在；②非无菌制剂中的微生物总数超过了规定的限量；③药物中发现有病原微生物或某些不得检出的特定菌种存在；④药物中有微生物毒性代谢产物（如热原质等）存在。

对于规定无菌的药物制剂如注射剂、眼用制剂等，必须保证绝对不含任何微生物，并且不能含有热原质，否则注入机体将会发生严重后果。

对于非无菌制剂，必须控制微生物的数量在规定允许的范围内，并保证没有病原微生物存在，一般不会引起药物变质。若污染药物的微生物超过了规定的范围，数量较大，甚至有致病菌存在，则药物质量将受到严重影响，且存在于药物中的微生物如遇适宜的环境就能生长繁殖，可引起药物变质、失效。

（三）变质药物对人体的危害

药物受到微生物污染，不但使药物变质失效，导致药物报废，造成经济损失，更为严重的是变质的药物被人使用后，由于微生物和其代谢产物的存在以及药物化学性质的改变，可以引起药源性疾病，对人体健康造成危害。①变质药物引起感染：无菌制剂（如注射液）不合格或使用时受到污染，可导致感染菌血症、败血症。铜绿假单胞菌污染滴眼液在治疗眼部感染时，使病情加重，甚至导致失明。阴道洗液被污染可导致阴道病原体混合感染，加重病情，给治疗增加难度。②药物微生物代谢产物的毒性作用：如无菌制剂被革兰阴性菌污染可产生热原质，导致输液患者出现发热反应或休克。③药物理化性质改变后导致药物失效：阿司匹林被降解成为有刺激性的水杨酸；青霉素、氯霉素可能被产生钝化酶的抗药菌降解，失去药理作用。

三、药物生产中的 GMP 和 GLP

（一）GMP（Good Manufacture Practice，药品生产质量管理规范）

《药品生产质量管理规范》（GMP）是在药品生产全过程中，用科学、合理、规范化的条件和方法来保证生产优良药品的一套系统的、科学的管理规范，是药品生产和质量管理的基本准则，是世界各国对药品生产全过程监督管理普遍采用的法定技术规范。GMP 是 20 世纪 90 年代中期发达国家为保证药品生产质量管理的需要而产生的，为世界卫生组织向各国推荐采用的技术规范。监督实施 GMP 是药品监督管理工作的重要内容，是保证药品质量和用药安全有效的可靠措施。

GMP 主要内容包括人员、厂房、设备、卫生条件、起始原料、生产操作、包装和贴签、质量控制系统、自我检查、销售记录、用户意见和不良反应报告等方面的要求。在硬件方面，要有符合要求的环境、厂房、设备；在软件方面，要有可靠的生产工艺、严格的制度、完善的验证管理。GMP 的基本要点是：要保证生产药品符合法定质量标准，保证药品质量的均一性；防止生产中药品的混批、混杂、污染和交叉污染。

实施 GMP 的意义：①保证药品质量安全有效；②国际形势需要；③药品国际贸易的质量证明制度；

④药品进入国际市场参与竞争的先决条件；⑤药品质量的检查制度；⑥国内形势的需要；⑦药品生产企业的生存和发展需要。

（二）GLP（Good Laboratory Practice，良好实验室操作规范）

GLP广义上是指严格实验室管理（包括实验室建设，设备和人员条件，各种管理制度和操作规程，实验室及其出证资格的认可等）的一整套规章制度，包括对实验设计、操作、记录、报告、监督等各个环节和实验室的规范要求。GLP最早起源于药品研究，与GCP（药物临床试验质量管理规范）和GMP（药品生产质量管理规范）相对应，药品GLP是指药品非临床（或临床前）研究的质量管理规范。药品的非临床（临床前）研究主要指在实验室进行的安全性毒理学评价和药理、药效学评价（包括药代动力学和毒代动力学研究），故此GLP即指从事药品非临床研究的实验室管理规范。其后，GLP的概念逐渐扩展到其他有毒有害物质（如农药、环境和食品污染物、工业毒物、射线等）的实验室安全性评价，以及各类健康相关产品（食品和保健食品、化妆品、涉水产品、消毒产品等）的实验室评价（包括安全性和功效学评价），甚至还包括对临床实验室大部分检验工作的管理。因此，可以说目前GLP的范围已经覆盖了与人类健康有关的所有实验室研究工作，并有进一步向与整个环境和生物圈有关的实验室研究工作扩展的趋势。

实施GLP的主要目的是提高实验室研究与检验工作的质量，确保实验数据和结果的真实性和可靠性。一般而言，GLP通常包括以下几个主要部分：对组织机构和人员的要求；对实验设施、仪器设备和实验材料的要求；标准操作规程（SOP）；对研究工作实施过程的要求；对档案及其管理工作的要求；实验室资格认证及监督检查。需要说明的是，对于承担不同产品或化学物检验的实验室的GLP，其内容和要求亦不完全相同，但GLP的基本原则、要求与内容是相似的。

第二节 无菌产品的无菌检查

一、无菌检查法概述

无菌检查法系用于检查《中国药典》要求无菌的药品、生物制品、医疗器械、原料辅料及其他品种是否无菌的一种方法。作为药品微生物检验的最早要求，无菌检查法早在20世纪20年代就被列为必检项目。第一版《中国药典》（1953年版）就收载了无菌检查法，并在之后每一版《中国药典》的修订过程中，不断修订无菌检查的范围、方法、检验量及检验材料等质控内容，使无菌检查结果更好地反映无菌产品的质量。

（一）无菌检查法的基本原理

无菌检查法是利用无菌操作的方法，将被检查的药品分别加到适合需氧菌、厌氧菌和真菌生长的液体培养基中，置于适宜温度下培养一定时间后，观察有无微生物生长，以判断药品是否合格。

从理论上讲，由于无菌检查样本数的局限性，产品的污染检出率要比实际污染率低得多。因此，当供试品符合无菌检查法的规定时，仅表明供试品在该检验条件下未发现微生物污染，也就是无菌检查并不能完全保证整批产品的无菌性，但是它可用于确定批产品不符合无菌要求。

（二）无菌检查法的环境要求

《中国药典》四部通则9203“药品微生物实验室质量管理指导原则”指出：无菌检查应在隔离系统

或B级背景下的A级单向流洁净区域中进行（表11-1，表11-2）。A级和B级区域的空气供给应通过终端高效空气过滤器（HEPA）。检验全过程应严格遵守无菌操作，防止微生物污染，防止污染的措施不得影响供试品中微生物的检出。单向流空气区域、工作台面及受控环境应定期按现行国家标准——《医药工业洁净室（区）悬浮粒子的测试方法》《医药工业洁净室（区）浮游菌的测试方法》和《医药工业洁净室（区）沉降菌的测试方法》进行洁净度确认。隔离系统应定期按相关的要求进行验证，其内部环境洁净度须符合无菌检查要求。

表11-1 洁净区各级别空气悬浮粒子的标准规定

洁净度级别	悬浮粒子最大允许数（个/m^3）			
	静态		动态	
	≥0.5μm	≥5.0μm	≥0.5μm	≥5.0μm
A级	3520	20	3520	20
B级	3520	29	352000	2900
C级	352000	2900	3520000	29000
D级	3520000	29000	不作规定	不作规定

表11-2 洁净区各级别空气浮游菌、沉降菌和表面微生物的标准规定

洁净度级别	浮游菌（cfu/m^3）	沉降菌（Φ90mm）（cfu/4小时）	表面微生物	
			接触（Φ55mm）（cfu/碟）	5指手套（cfu/手套）
A级	<1	<1	<1	<1
B级	10	5	5	5
C级	100	50	25	—
D级	200	100	50	—

（三）无菌检查法的适用范围

1. 注射剂 包括注射液、注射用无菌粉末与注射用浓溶液等，用于皮下注射、皮内注射、肌内注射、静脉注射、静脉滴注、鞘内注射、椎管内注射等。

2. 眼用制剂 包括眼用液体制剂、眼用半固体制剂、眼用固体制剂等。

3. 部分外用制剂 如用于手术、创伤或临床必须无菌的鼻用制剂；用于手术耳部伤口或耳膜穿孔的滴耳剂与洗耳剂；用于烧伤、严重创伤或临床必须无菌的软膏剂、乳膏剂、喷雾剂、气雾剂、凝胶剂、散剂、涂剂、涂膜剂；用于冲洗开放性伤口或腔体的冲洗液等。

4. 吸入液体制剂 指通过连续或定量雾化器产生供吸入用气溶胶的溶液、混悬液和乳液等液体制剂。

5. 植入剂 用于包埋于人体内的药物制剂，如不溶于水的激素避孕药物、免疫药物制剂等。

6. 可吸收的止血剂 如明胶发泡剂、凝血酶等用于止血并可被组织吸收的各种药物制剂。

7. 生物制品原液或半成品 生物制品不得含有杂菌（有专门规定者除外），灭活菌苗和疫苗不得含有活的本菌、本毒。在制造过程中，应由制造部门按各制品制造及检定规程的规定进行无菌检查，分装后的制品须经质量检定部门做最后检定。

8. 要求无菌的医疗器械 如外科手术用脱脂棉纱布、结扎线、缝合线、可被组织吸收的肠线，一次性注射器、一次性无菌手术刀片、输液袋、人工角膜、接触镜等。

9. 要求无菌的原料药 如无菌头孢曲松钠等。

10. 体外用诊断制品半成品　如乙型肝炎病毒表面抗原诊断试剂的半成品等。

（四）供试品抽样

1. 抽样原则　抽样时，尽量抽取批生产开始、结束或生产过程出现异常情况下的产品进行检验，凡发现有异常或可疑样品，应选取有疑问样品。应采用随机抽样的原则进行无菌检查时的抽样。

2. 检验数量和检验量　检验数量是指一次试验所用供试品最小包装的数量，成品每批均应进行无菌检查。检验量是指供试品每个最小包装接种至每份培养基的最小量。若每支（瓶）供试品的装量按规定足够接种两种培养基，则应分别接种硫乙醇酸盐流体培养基和胰酪大豆胨液体培养基。采用薄膜过滤法时，只要供试品特性允许，应将所有容器内的内容物全部过滤（表 11－3，表 11－4，表 11－5）。

表 11－3　批出厂产品及生物制品的原液和半成品最少检验数量

供试品		批产量 N（个）	接种每种培养基的最少检验数量
注射剂		≤100	10% 或 4 个（取较多者）
		$100 < N \leq 500$	10 个
		>500	2% 或 20 个（取较少者） 20 个（生物制品）
大体积注射剂（>100ml）			2% 或 10 个（取较少者） 20 个（生物制品）
冻干血液制品	>5ml	每柜冻干≤200	5 个
		每柜冻干>200	10 个
	≤5ml	≤100	5 个
		$100 < N \leq 500$	10 个
		>500	20 个
眼用及其他非注射产品		≤200	5% 或 2 个（取较多者）
		>200	10 个
桶装无菌固体原料		≤4	每个容器
		$4 < N \leq 50$	20% 或 4 个容器（取较多者）
		>50	20% 或 10 个容器（取较多者）
抗生素固体原料药（≥5g）			6 个容器
生物制品原液或半成品			每个容器（每个容器制品的取样量为总量的 0.1% 或不少于 10ml，每开瓶一次，应如上法抽验）
体外用诊断制品半成品			每批（抽验量应不少于 3ml）
医疗器械		≤100 $100 < N \leq 500$ >500	10% 或 4 个（取较多者） 10 件 2% 或 20 个（取较少者）

注：①若供试品每个容器内的装量不够接种两种培养基，那么表中的最少检验数量应增加相应倍数。
②抗生素粉针剂（≥5g）及抗生素原料药（≥5g）的最少检验数量为 6 瓶（或支）。桶装无菌固体原料的最少检验数量为 4 个包装。

表 11－4　上市抽验样品的最少检验数量

供试品	供试品最少检验数量（瓶或支）
液体制剂	10
固体制剂	10

续表

供试品		供试品最少检验数量（瓶或支）
血液制品	$V<50ml$	6
	$V\geq50ml$	2
医疗器械		10

注：①若供试品每个容器内的装量不够接种两种培养基，那么表中的最少检验数量应增加相应倍数。
②抗生素粉针剂（≥5g）及抗生素原料药（≥5g）的最少检验数量为6瓶（或支）。桶装无菌固体原料的最少检验数量为4个包装。
③V代表供试品标示体积。

表11－5　供试品的最少检验量

供试品	供试品装量	每支供试品接入每种培养基的最少量
液体制剂	$V<1ml$	全量
	$1ml\leq V\leq40ml$	半量，但不得少于1ml
	$40ml<V\leq100ml$	20ml
	$V>100ml$	10%，但不得少于20ml
固体制剂	$M<50mg$	全量
	$50mg\leq M<300mg$	半量，但不得少于50mg
	$300mg\leq M\leq5g$	150mg
	$M>5g$	500mg 半量（生物制品）
生物制品的原液及半成品		半量
医疗器械	外科用敷料、棉花及纱布	取100mg或1cm×3cm
	缝合线、一次性医用材料	整个材料①
	带导管的一次性医疗器械（如输液袋）	1/2内表面积
	其他医疗器械	整个器具①（切碎或拆散开）

注：①如果医疗器械体积过大，培养基用量可在2000ml以上，将其完全浸没。V代表供试品体积，M代表供试品标示质量。

（五）培养基的制备及适用性检查

培养基是微生物生长的基础，根据无菌检查法原理，一种培养基很难满足所有菌的生长要求，所以无菌检查用培养基包括硫乙醇酸盐流体培养基（用于厌氧菌的培养，也可用于需氧菌的培养）和胰酪大豆胨液体培养基（用于真菌和需氧菌的培养）。

1. 培养基的制备

（1）硫乙醇酸盐流体培养基

胰酪胨15.0g

酵母浸出粉5.0g

葡萄糖/无水葡萄糖5.5g/5.0g

L－胱氨酸0.5g

硫乙醇酸钠0.5g（或硫乙醇酸0.3ml）

氯化钠2.5g

新配制的0.1%刃天青溶液1.0ml

琼脂0.75g

水1000ml

除葡萄糖和刃天青溶液外，取上述成分混合，微温溶解，调节pH为弱碱性，煮沸，滤清，加入葡萄糖和刃天青溶液，摇匀，调节pH，使灭菌后在25℃的pH为7.1±0.2。分装至适宜的容器中，其装量与容器高度的比例应符合培养结束后培养基氧化层（粉红色）不超过培养基深度的1/2。灭菌。在供试品接种前，培养基氧化层的高度不得超过培养基深度的1/3，否则，须经100℃水浴加热至粉红色消失（不超过20分钟），迅速冷却，只限加热一次，并防止被污染。

（2）胰酪大豆胨液体培养基

胰酪胨 17.0g	氯化钠 5.0g
大豆木瓜蛋白酶水解物 3.0g	磷酸氢二钾 2.5g
葡萄糖/无水葡萄糖 2.5g/2.3g	水 1000ml

除葡萄糖外，取上述成分，混合，微温溶解，滤过，调节 pH，使灭菌后在 25℃的 pH 为 7.3 ±0.2，加入葡萄糖，分装，灭菌。

（3）中和或灭活用培养基　按上述硫乙醇酸盐流体培养基或胰酪大豆胨液体培养基的处方及制法，在培养基灭菌前或使用前加入适宜的中和剂、灭活剂或表面活性剂，其用量同方法适用性试验。

（4）0.5% 葡萄糖肉汤培养基（用于硫酸链霉素等抗生素的无菌检查）

蛋白胨 10.0g	氯化钠 5.0g
牛肉浸出粉 3.0g	水 1000ml
葡萄糖 5.0g	

除葡萄糖外，取上述成分混合，微温溶解，调节 pH 为弱碱性，煮沸，加入葡萄糖溶解后，摇匀，滤清，调节 pH 使灭菌后在 25℃的 pH 为 7.2 ±0.2，分装，灭菌。

（5）胰酪大豆胨琼脂培养基

胰酪胨 15.0g	琼脂 15.0g
大豆木瓜蛋白酶水解物 5.0g	水 1000ml
氯化钠 5.0g	

除琼脂外，取上述成分混合，微温溶解，调节 pH 使灭菌后在 25℃的 pH 为 7.3 ±0.2，加入琼脂，加热溶化后，摇匀，分装，灭菌。

（6）沙氏葡萄糖液体培养基

动物组织胃蛋白酶水解物和胰酪胨等量混合物 10.0g

葡萄糖 20.0g	水 1000ml

除葡萄糖外，取上述成分混合，微温溶解，调节 pH 使灭菌后在 25℃的 pH 为 5.6 ±0.2，加入葡萄糖，摇匀，分装，灭菌。

（7）沙氏葡萄糖琼脂培养基

动物组织胃蛋白酶水解物和胰酪胨等量混合物 10.0g

琼脂 15.0g	水 1000ml
葡萄糖 40.0g	

除葡萄糖、琼脂外，取上述成分混合，微温溶解，调节 pH 使灭菌后在 25℃的 pH 为 5.6 ±0.2，加入琼脂，加热溶化后，再加入葡萄糖，摇匀，分装，灭菌。

（8）马铃薯葡萄糖琼脂培养基（PDA）

马铃薯（去皮）200g	琼脂 14.0g
葡萄糖 20.0g	水 1000ml

取马铃薯，切成小块，加水 1000ml，煮沸 20 ~ 30 分钟，用 6 ~ 8 层纱布过滤，取滤液补水至 1000ml，调节 pH 使灭菌后在 25℃的 pH 为 5.6 ±0.2，加入琼脂，加热溶化后，再加入葡萄糖，摇匀，分装，灭菌。

2. 培养基的适用性检查　无菌检查用的硫乙醇酸盐流体培养基和胰酪大豆胨液体培养基等应符合培养基的无菌性检查及灵敏度检查的要求。适用性检查可在供试品的无菌检查前或与供试品的无菌检查同时进行。

（1）无菌性检查　每批培养基一般随机取不少于5支（瓶），置各培养基规定的温度培养14天，应无菌生长。

（2）灵敏度检查

1）菌种　培养基灵敏度检查所用菌株的传代次数不得超过5代（从菌种保存中心获得的干燥菌种为第0代），并采用适宜的菌种保藏技术进行保存和确认，以保证试验菌株的生物学特性。菌种包括：

■ 金黄色葡萄球菌（*Staphylococcus aureus*）［CMCC(B)26003］

■ 铜绿假单胞菌（*Pseudomonas aeruginosa*）［CMCC(B)10104］

■ 枯草芽孢杆菌（*Bacillus subtilis*）［CMCC(B)63501］

■ 生孢梭菌（*Clostridium sporogenes*）［CMCC(B)64941］

■ 白色念珠菌（*Candida albicans*）［CMCC(F)98001］

■ 黑曲霉（*Aspergillus niger*）［CMCC(F)98003］

2）菌液制备　接种金黄色葡萄球菌、铜绿假单胞菌、枯草芽孢杆菌的新鲜培养物至胰酪大豆胨液体培养基中或胰酪大豆胨琼脂培养基上，接种生孢梭菌的新鲜培养物至硫乙醇酸盐流体培养基中，30～35℃培养18～24小时；接种白色念珠菌的新鲜培养物至沙氏葡萄糖液体培养基中或沙氏葡萄糖琼脂培养基上，20～25℃培养2～3天。上述培养物用pH 7.0无菌氯化钠－蛋白胨缓冲液或0.9%无菌氯化钠溶液制成适宜浓度的菌悬液。接种黑曲霉至沙氏葡萄糖琼脂斜面培养基或马铃薯葡萄糖琼脂培养基上，20～25℃培养5～7天或直到获得丰富的孢子，加入适量含0.05%（ml/ml）聚山梨酯80的pH 7.0无菌氯化钠－蛋白胨缓冲液或含0.05%（ml/ml）聚山梨酯80的0.9%无菌氯化钠溶液，将孢子洗脱。然后，采用适宜的方法吸出孢子悬液至无菌试管内，用含0.05%（ml/ml）聚山梨酯80的pH 7.0无菌氯化钠－蛋白胨缓冲液或含0.05%（ml/ml）聚山梨酯80的0.9%无菌氯化钠溶液制成适宜浓度的孢子悬液。

菌悬液若在室温下放置，一般应在2小时内使用；若保存在2～8℃，可在24小时内使用。黑曲霉孢子悬液可保存在2～8℃，在验证过的贮存期内使用。

3）培养基接种　取适宜装量的硫乙醇酸盐流体培养基7支，分别接种不大于100cfu的金黄色葡萄球菌、铜绿假单胞菌、生孢梭菌各2支，另1支不接种作为空白对照；取适宜装量的胰酪大豆胨液体培养基7支，分别接种不大于100cfu的枯草芽孢杆菌、白色念珠菌、黑曲霉各2支，另1支不接种作为空白对照。接种细菌的培养管，培养时间不得超过3天；接种真菌的培养管，培养时间不得超过5天。

4）结果判定　空白对照管应无菌生长，若加菌的培养基管均生长良好，判该培养基的灵敏度检查符合规定。

每当改变培养基配方和灭菌程序，或使用新批次的脱水培养基时，都应进行培养基适用性检查。

（六）稀释液、冲洗液及其制备方法

1. 0.1%无菌蛋白胨水溶液　取蛋白胨1.0g，加水1000ml，微温溶解，必要时滤过使澄清，调节pH至7.1±0.2，分装，灭菌。

2. pH 7.0无菌氯化钠－蛋白胨缓冲液　取磷酸二氢钾3.56g，无水磷酸氢二钠5.77g，氯化钠4.30g，蛋白胨1.00g，加水1000ml，微温溶解，必要时滤过使澄清，分装，灭菌。

根据供试品的特性，可选用其他经验证的适宜溶液作为稀释液或冲洗液（如0.9%无菌氯化钠溶液）。稀释液、冲洗液配制后，应采用验证合格的灭菌程序灭菌。如需要，可在上述稀释液或冲洗液灭菌前或灭菌后加入表面活性剂或中和剂等。

（七）方法适用性试验

进行产品无菌检查时，应进行方法适用性试验，以确认所采用的方法适合于该产品的无菌检查。当检验程序或产品发生变化可能影响检验结果时，应重新进行方法适用性试验。

方法适用性试验按“供试品的无菌检查”的规定及下列要求进行操作。对每一试验菌应逐一进行方法确认。

1. 菌种及菌液制备 金黄色葡萄球菌、枯草芽孢杆菌、生孢梭菌、白色念珠菌、黑曲霉的菌株及菌液制备同培养基灵敏度检查。大肠埃希菌（*Escherichia coli*）［CMCC(B)44 102］的菌液制备同金黄色葡萄球菌。

2. 薄膜过滤法 按供试品的无菌检查要求，取每种培养基规定接种的供试品总量，采用薄膜过滤法过滤，冲洗，在最后一次的冲洗液中加入不大于100cfu的试验菌，过滤。加培养基至滤筒内，接种金黄色葡萄球菌、大肠埃希菌、生孢梭菌的滤筒内加硫乙醇酸盐流体培养基；接种枯草芽孢杆菌、白色念珠菌、黑曲霉的滤筒内加胰酪大豆胨液体培养基。另取一装有同体积培养基的容器，加入等量试验菌，作为对照。置规定温度下培养，培养时间不得超过5天。

3. 直接接种法 取符合直接接种法培养基用量要求的硫乙醇酸盐流体培养基6管，分别接入不大于100cfu的金黄色葡萄球菌、大肠埃希菌、生孢梭菌各2管；取符合直接接种法培养基用量要求的胰酪大豆胨液体培养基6管，分别接入不大于100cfu的枯草芽孢杆菌、白色念珠菌、黑曲霉各2管。其中1管按供试品的无菌检查要求，接入每支培养基规定的供试品接种量，另1管作为对照，置规定的温度下培养，培养时间不得超过5天。

4. 结果判断 与对照管比较，如含供试品各容器中的试验菌均生长良好，则说明供试品的该检验量在该检验条件下无抑菌作用或其抑菌作用可以忽略不计，照此检查方法和检查条件进行供试品的无菌检查。如含供试品的任一容器中的试验菌生长微弱、缓慢或不生长，则说明供试品的该检验量在该检验条件下有抑菌作用，应采用增加冲洗量、增加培养基的用量、使用中和剂或灭活剂、更换滤膜品种等方法，消除供试品的抑菌作用，并重新进行方法适用性试验。

方法适用性试验也可与供试品的无菌检查同时进行。

（八）阳性对照和阴性对照

1. 阳性对照 阳性对照试验是检查阳性对照菌在加入供试品的培养基中能否生长，以验证供试品有无抑菌活性物质和试验条件是否符合要求的试验。阳性对照菌的生长证明无菌检查试验所使用的技术条件恰当，否则试验无效。

应根据供试品特性选择阳性对照菌：无抑菌作用及抗革兰阳性菌为主的供试品，以金黄色葡萄球菌为对照菌；抗革兰阴性菌为主的供试品，以大肠埃希菌为对照菌；抗厌氧菌的供试品，以生孢梭菌为对照菌；抗真菌的供试品，以白色念珠菌为对照菌。

阳性对照试验的菌液制备与方法适用性试验相同，加菌量不大于100cfu，供试品用量与供试品无菌检查时每份培养基接种的样品量相同，对照管培养不超过5天，应生长良好。

2. 阴性对照 供试品无菌检查的同时取相应稀释剂或溶剂、冲洗液同法操作，作为阴性对照。阴性对照应无菌生长。

二、供试品无菌检查

无菌检查法包括薄膜过滤法和直接接种法。只要供试品性质允许，应采用薄膜过滤法。供试品无菌检查所采用的检查方法和检验条件应与方法适用性试验确认的方法相同。

无菌试验过程中，若需使用表面活性剂、灭活剂、中和剂等试剂，应证明其有效性，且对微生物无毒性。

无菌检查操作时，用适宜的方法对供试品容器表面进行彻底消毒，如果供试品容器内有一定的真空度，可用适宜的无菌器材（如带有除菌过滤器的针头）向容器内导入无菌空气，再按无菌操作打开容器取出内容物。

知识链接

无菌检查中的供试品前处理

在进行供试品外部消毒时，如果是在局部的单向流洁净区域中进行，可按如下方法操作。

1. 取西林瓶装粉针剂、油剂等样品瓶，除去铝塑盖或铝制小圆片，用适当消毒液擦拭或浸没消毒外表面后，用75%乙醇棉球擦拭外壁及瓶塞部位，待干，将瓶塞部位过火焰数次。

2. 取安瓿装注射剂，用适当消毒液擦拭或浸没消毒外表面后，用75%乙醇棉球擦拭外壁，待干，用砂轮或灭菌锉在安瓿颈部划痕（便于开启安瓿），再用75%乙醇棉球或碘酒棉擦拭划痕处，待干后将安瓿颈部过火焰数次。

其他供试品容器表面或外包装，可参照上述供试品处理。如果是在无菌检查隔离器中，需用气化 H_2O_2 进行表面灭菌。

（一）薄膜过滤法

薄膜过滤法是各国药典和《中国药典》规定的无菌检查的方法，适用于任何类型药品的无菌检查，具有适用性广、准确性高的特点。

1. 原理 供试品通过集菌仪的定向蠕动加压作用，实施正压过滤并在滤器内进行培养，用以检测供试品是否无菌。供试品通过进样管连续被注入集菌培养器，利用集菌培养器内形成的正压，通过0.2μm或0.45μm孔径的滤膜过滤，供试品中可能存在的微生物被截留收集在滤膜上，通过冲洗滤膜除去抑菌成分。然后把所需培养基通过进样管直接注入集菌培养器，放置于规定的温度下培养，观察是否有菌生长。

2. 薄膜过滤器 一般应采用封闭式薄膜过滤器。它是由一个具有蠕动泵头的集菌仪和一套具有3个或2个培养瓶的一次性全封闭集菌培养器构成的过滤系统。将一次性集菌培养器（依据供试品种类选择）放置于集菌仪的架上，而塑胶软导管放置于集菌仪的蠕动泵的管槽内，其进液管的双芯针头插入供试液或冲洗液等容器的塞上。无菌检查用的滤膜孔径应不大于0.45μm，滤膜直径约为50mm，若使用其他尺寸的滤膜，应对稀释液和冲洗液体积进行调整，并重新验证。使用时，应保证滤膜在过滤前后的完整性。

知识链接

智能集菌仪应用进展

现今较为先进的薄膜过滤装置为智能控制型集菌仪，可实现集菌仪与计算机互连，置于无菌检查隔离器中使用，能根据标准SOP方法进行无菌检查，避免人为误操作带来的影响，使无菌检查结果更加准确、可靠。

3. 基本操作 用薄膜过滤法检测供试品时，应根据供试品的不同而采用不同的处理方法。

水溶性供试液过滤前，一般应先将少量的冲洗液过滤，以润湿滤膜。油类供试品，其滤膜和过滤器在使用前应充分干燥。为发挥滤膜的最大过滤效率，应注意保持供试品溶液及冲洗液覆盖整个滤膜表面。供试液经薄膜过滤后，若需要用冲洗液冲洗滤膜，每张滤膜每次冲洗量一般为100ml，总冲洗量一般不超过500ml，最高不得超过1000ml，以避免滤膜上的微生物受损伤。

（1）水溶性液体供试品 取规定量，直接过滤，或混合至含不少于100ml适宜稀释液的无菌容器中，混匀，立即过滤。如供试品具有抑菌作用，须用冲洗液冲洗滤膜，冲洗次数一般不少于三次，所用的冲洗量、冲洗方法同方法适用性试验。除生物制品外，一般样品冲洗后，1份滤器中加入100ml硫乙醇酸盐流体培养基，1份滤器中加入100ml胰酪大豆胨液体培养基。生物制品样品冲洗后，2份滤器中加入100ml硫乙醇酸盐流体培养基，1份滤器中加入100ml胰酪大豆胨液体培养基。

（2）水溶性固体和半固体供试品 取规定量，加适宜的稀释液溶解或按标签说明复溶，然后照水溶性液体供试品项下的方法操作。

（3）非水溶性供试品 取规定量，直接过滤；或混合溶于适量含聚山梨酯80或其他适宜乳化剂的稀释液中，充分混合，立即过滤。用含0.1%～1%聚山梨酯80的冲洗液冲洗滤膜至少3次。加入含或不含聚山梨酯80的培养基。接种培养基照水溶性液体供试品项下的方法操作。

（4）可溶于十四烷酸异丙酯的膏剂和黏性油剂供试品 取规定量，混合至适量的无菌十四烷酸异丙酯中，剧烈振摇，使供试品充分溶解，如果需要可适当加热，加热温度一般不超过40℃，最高不得超过44℃，趁热迅速过滤。对仍然无法过滤的供试品，于含有适量的无菌十四烷酸异丙酯的供试液中加入不少于100ml的适宜稀释液，充分振摇萃取，静置，取下层水相作为供试液，过滤。过滤后滤膜冲洗及接种培养基照非水溶性制剂供试品项下的方法操作。

（5）无菌气雾剂供试品 取规定量，采用专用设备将供试品转移至封闭式薄膜过滤器中。或将各容器置-20℃或其他适宜温度冷冻约1小时，取出，迅速消毒供试品开启部位或阀门，正置容器，用无菌钢锥或针样设备以无菌操作迅速在与容器阀门结构相匹配的适宜位置钻一小孔，不同容器钻孔大小和深度应保持基本一致，钻孔后应无明显抛射剂抛出，轻轻转动容器，使抛射剂缓缓释出，释放抛射剂后再无菌开启容器，并将供试液转移至无菌容器中混合，必要时用冲洗液冲洗容器内壁。供试品亦可采用其他适宜的方法取出。然后照水溶性液体供试品或非水溶性供试品项下的方法操作。

（6）装有药物的注射器供试品 取规定量，将注射器中的内容物（若需要，可吸入稀释液或标签所示的溶剂溶解）直接过滤，或混合至含适宜稀释液的无菌容器中，然后照水溶性液体或非水溶性供试品项下的方法操作。同时应采用适宜的方法对包装中所配带的针头等要求无菌的部件进行无菌检查。

（7）具有导管的医疗器械（输血袋、输液袋等）供试品 除另有规定外，取规定量，每个最小包装用适量（通常50～100ml）的冲洗液分别冲洗内壁，收集冲洗液于无菌容器中，然后照水溶性液体供试品项下的方法操作。同时应采用适宜的方法对包装中所配带的针头等要求无菌的部件进行无菌检查。

4. 培养及观察 将接种供试品后的培养基容器分别按各培养基规定的温度培养不少于14天；接种了供试品的硫乙醇酸盐流体培养基的容器应分成两等份，一份置30～35℃培养，一份置20～25℃培养。培养期间应定期观察并记录是否有菌生长。如在加入供试品后或在培养过程中，培养基出现浑浊，或培养14天后，不能从外观上判断有无微生物生长，可取该培养液不少于1ml转种至同种新鲜培养基中，将原始培养物和新接种的培养基继续培养不少于4天，观察接种的同种新鲜培养基是否再出现浑浊；或取培养液涂片，染色，镜检，判断是否有菌。

（二）直接接种法

直接接种法相对于薄膜过滤法来说，操作简便，所需仪器设备少，适用于无法用薄膜过滤法进行无菌检查的供试品。

1. 供试品接种 取规定量供试品，分别等量接种至硫乙醇酸盐流体培养基和胰酪大豆胨液体培养基中。除生物制品外，一般样品无菌检查时，两种培养基接种的瓶或支数相等；生物制品无菌检查时，硫乙醇酸盐流体培养基和胰酪大豆胨液体培养基接种的瓶或支数为2∶1。除另有规定外，每个容器中培养基的用量应符合接种的供试品体积不得大于培养基体积的10%，同时，硫乙醇酸盐流体培养基每管装量不少于15ml，胰酪大豆胨液体培养基每管装量不少于10ml。供试品检查时，培养基的用量和高度同方法适用性试验。

直接接种法检查供试品时，应根据供试品的不同而采用不同的处理方法。

（1）混悬液等非澄清水溶性液体供试品　取规定量，等量接种至各管培养基中。

（2）固体供试品　取规定量，直接等量接种至各管培养基中；或加入适宜的溶剂溶解，或按标签说明复溶，取规定量等量接种至各管培养基中。

（3）非水溶性供试品　取规定量，混合，加入适量的聚山梨酯80或其他适宜的乳化剂及稀释剂使其乳化，等量接种至各管培养基中。或直接等量接种至含聚山梨酯80或其他适宜乳化剂的各管培养基中。

（4）敷料供试品　取规定数量，以无菌操作拆开每个包装，于不同部位剪取约100mg或1cm×3cm的供试品，等量接种于各管足以浸没供试品的适量培养基中。

（5）肠线、缝合线等供试品　肠线、缝合线及其他一次性使用的医用材料按规定量取最小包装，无菌拆开包装，等量接种于各管足以浸没供试品的适量培养基中。

（6）灭菌医用器械供试品　除另有规定外，取规定量，必要时应将其拆散或切成小碎段，等量接种于各管足以浸没供试品的适量培养基中。

（7）放射性药品　取供试品1瓶（支），等量接种于装量为7.5ml的硫乙醇酸盐流体培养基和胰酪大豆胨液体培养基中。每管接种量为0.2ml。

2. 培养及观察 与薄膜过滤法相同。

三、结果判断

若供试品管均澄清，或虽显浑浊但经确证无菌生长，判供试品符合规定；若供试品管中任何一管显浑浊并确证有菌生长，判供试品不符合规定，除非能充分证明试验结果无效，即生长的微生物非供试品所含。

只有符合下列至少一个条件时，方可认为试验无效：①无菌检查试验所用的设备及环境的微生物监控结果不符合无菌检查法的要求；②回顾无菌试验过程，发现有可能引起微生物污染的因素；③在阴性对照中观察到微生物生长；④供试品管中生长的微生物经鉴定后，确证是因无菌试验中所使用的物品和（或）无菌操作技术不当引起的。

试验若经评估确认无效后，应重试。重试时，重新取同量供试品，依法检查，若无菌生长，判供试品符合规定；若有菌生长，判供试品不符合规定。

案例分析

注射剂的无菌检查

小周在一家药厂质量检验部门工作，他的任务是进行注射剂（规格：500ml）的无菌检查。他选择薄膜过滤法作为供试品的无菌检查方法。在检查前，他准备了硫乙醇酸盐流体培养基和胰酪大豆胨液体

培养基，采用标准菌液对培养基进行了灵敏度和无菌性测定，并对每一标准试验菌逐一进行了方法学验证。小周选择的方法是否正确？操作前的准备是否完善呢？

启发与思考

《中国药典》规定，对注射剂必须进行无菌检查。无菌检查法包括薄膜过滤法和直接接种法。只要供试品性状允许，应采用薄膜过滤法。检查前，首先应验证培养基的灵敏度和无菌性，排除因培养基造成的假阳性或假阴性结果。对试验方法进行验证，主要目的是判断药品本身对试验结果是否有影响。所有操作过程必须严格遵守《中国药典》规定的操作步骤，以保证试验结果准确可靠。

讨论

培养基灵敏度检查中，如果标准菌液接种后生长状况不佳，可能是什么原因造成的？应该怎样处理？

第三节　非无菌产品的微生物限度检查

微生物限度检查法是检查《中国药典》规定的非无菌制剂及其药用原料、辅料和中药提取物、中药饮片受微生物污染程度的一种方法。所谓限度检查，是指单位质量或体积药品内的微生物种类和数量需在规定允许的种类和数量之下。

微生物限度检查是体现药品卫生质量的重要指标之一，药品中污染的微生物越多，则反映药品的卫生质量越差，可推断其受致病菌污染的可能性就越大。因此，微生物限度检查已作为药品生产企业管理和安全性评价（包括人员素质、设备、工艺生产原辅料、贮藏等）的重要手段和依据之一。随着医药工业的快速发展，国内外对药品卫生质量的要求越来越严格，对做微生物检测技术的要求也越来越高，为了保证试验方法的可靠性和准确性，《中国药典》已对药品的微生物限度检查法制定了统一的操作规程和严格的限定标准。

一、微生物限度检查内容

根据药品使用要求把药品划分为两大类：第一类是无菌产品，包括注射剂及其他要求无菌的制剂和原料药；第二类是非无菌产品，包括常用口服制剂与一般外用制剂及相关的原料、药用辅料和中药提取物、中药饮片，对这部分一般不要求绝对无菌，但必须控制微生物的数量在一定范围内，并保证不含有特定的控制（致病）菌。由于致病菌的范围很广，各国药典都规定了几种常见的致病菌作为指示菌。

根据微生物对药品质量及用药安全的影响程度，《中国药典》规定微生物限度检查的项目包括微生物计数检查（需氧菌总数、霉菌和酵母菌总数）及控制菌检查。此外，中药饮片还包括耐热菌总数检查。

1. 微生物计数检查　用于能在有氧条件下生长的嗜温细菌和真菌的计数，包括需氧菌总数计数、霉菌和酵母菌总数计数。

2. 控制菌检查　包括大肠埃希菌、沙门菌、铜绿假单胞菌、金黄色葡萄球菌、耐胆盐革兰阴性菌、梭菌及白色念珠菌的检查。

上述检查结果均应符合该品种微生物限度检查标准的规定，才能判定该供试品合格，如果其中有任何一项不符合规定，均判定该供试品不合格。

二、微生物限度标准

非无菌药品的微生物限度标准是基于药品的给药途径和对患者健康潜在的危害以及药品的特殊性而

制订的，主要包括药品生产、贮存、销售过程中的检验，药用原料、辅料及中药提取物的检验，新药标准制订，进口药品标准复核，考察药品质量及仲裁等方面。除另有规定外，其微生物限度均以本标准为依据。

1. 制剂通则、品种项下要求无菌的及标示无菌的制剂和原辅料应符合无菌检查法规定。

2. 用于手术、严重烧伤、严重创伤的局部给药制剂应符合无菌检查法规定。

3. 非无菌化学药品制剂、生物制品制剂、不含药材原粉的中药制剂的微生物限度标准见表 11 –6。

表 11 –6 非无菌化学药品制剂、生物制品制剂、不含药材原粉的中药制剂的微生物限度标准

给药途径	需氧菌总数（cfu/g、cfu/ml 或 cfu/10cm²）	霉菌和酵母菌总数（cfu/g、cfu/ml 或 cfu/10cm²）	控制菌
口服给药① 固体制剂 液体及半固体制剂	 10^3 10^2	 10^2 10^1	不得检出大肠埃希菌（1g 或 1ml）；含脏器提取物的制剂还不得检出沙门菌（10g 或 10ml）
口腔黏膜给药制剂 齿龈给药制剂 鼻用制剂	10^2	10^1	不得检出大肠埃希菌、金黄色葡萄球菌、铜绿假单胞菌（1g、1ml 或 10cm²）
耳用制剂 皮肤给药制剂	10^2	10^1	不得检出金黄色葡萄球菌、铜绿假单胞菌（1g、1ml 或 10cm²）
呼吸道吸入给药制剂	10^2	10^1	不得检出大肠埃希菌、金黄色葡萄球菌、铜绿假单胞菌、耐胆盐革兰阴性菌（1g 或 1ml）
阴道、尿道给药制剂	10^2	10^1	不得检出金黄色葡萄球菌、铜绿假单胞菌、白色念珠菌；中药制剂还不得检出梭菌（1g、1ml 或 10cm²）
直肠给药 固体及半固体制剂 液体制剂	 10^3 10^2	 10^2 10^2	不得检出金黄色葡萄球菌、铜绿假单胞菌（1g 或 1ml）
其他局部给药制剂	10^2	10^2	不得检出金黄色葡萄球菌、铜绿假单胞菌（1g、1ml 或 10cm²）

注：①化学药品制剂和生物制品制剂若含有未经提取的动植物来源的成分或矿物质，还不得检出沙门菌（10g 或 10ml）。

4. 非无菌含药材原粉的中药制剂的微生物限度标准见表 11 –7。

表 11 –7 非无菌含药材原粉的中药制剂的微生物限度标准

给药途径	需氧菌总数（cfu/g、cfu/ml 或 cfu/10cm²）	霉菌和酵母菌总数（cfu/g、cfu/ml 或 cfu/10cm²）	控制菌
固体口服给药制剂 不含豆豉、神曲等发酵原粉 含豆豉、神曲等发酵原粉	 10^4（丸剂 3×10^4） 10^5	 10^2 5×10^2	不得检出大肠埃希菌（1g）；不得检出沙门菌（10g）；耐胆盐革兰阴性菌应小于 10^2cfu（1g）
液体口服给药制剂 不含豆豉、神曲等发酵原粉 含豆豉、神曲等发酵原粉	 5×10^2 10^3	 10^2 10^2	不得检出大肠埃希菌（1ml）；不得检出沙门菌（1ml）；耐胆盐革兰阴性菌应小于 10^2cfu（1ml）
固体局部给药制剂 用于表皮或黏膜不完整 用于表皮或黏膜完整	 10^3 10^4	 10^2 10^2	不得检出金黄色葡萄球菌、铜绿假单胞菌（1g 或 10cm²）；阴道、尿道给药制剂还不得检出白色念珠菌、梭菌（1g 或 10cm²）
液体及半固体局部给药制剂 用于表皮或黏膜不完整 用于表皮或黏膜完整	 10^2 10^2	 10^2 10^2	不得检出金黄色葡萄球菌、铜绿假单胞菌（1ml）；阴道、尿道给药制剂还不得检出白色念珠菌、梭菌（1ml）

5. 非无菌药用原料及辅料的微生物限度标准见表 11 –8。

表 11-8　非无菌药用原料及辅料的微生物限度标准

给药途径	需氧菌总数（cfu/g、cfu/ml 或 cfu/10cm²）	霉菌和酵母菌总数（cfu/g、cfu/ml 或 cfu/10cm²）	控制菌
非无菌药用原料及辅料	10^3	10^2	未作统一规定

6. 中药提取物及中药饮片的微生物限度标准见表 11-9。

表 11-9　中药提取物及中药饮片的微生物限度标准

给药途径	需氧菌总数（cfu/g、cfu/ml 或 cfu/10cm²）	霉菌和酵母菌总数（cfu/g、cfu/ml 或 cfu/10cm²）	控制菌
中药提取物	10^3	10^2	未作统一规定
直接口服及泡服饮片	10^5	10^3	不得检出大肠埃希菌（1g 或 1ml）；不得检出沙门菌（10g 或 10ml）；耐胆盐革兰阴性菌应小于 10^4 cfu（1g 或 1ml）

7. 有兼用途径的制剂应符合各给药途径的标准。

8. 除中药饮片外，非无菌药品的需氧菌总数、霉菌和酵母菌总数照“非无菌产品微生物限度检查：微生物计数法”（通则 1105）检查；非无菌药品的控制菌照“非无菌产品微生物限度检查：控制菌检查法”（通则 1106）检查。各品种项下规定的需氧菌总数、霉菌和酵母菌总数标准解释如下：

10^1cfu：可接受的最大菌数为 20；

10^2cfu：可接受的最大菌数为 200；

10^3cfu：可接受的最大菌数为 2000；依此类推。

中药饮片的需氧菌总数、霉菌和酵母菌总数及控制菌检查照“中药饮片微生物限度检查法”（通则 1108）检查；各品种项下规定的需氧菌总数、霉菌和酵母菌总数标准解释如下：

10^1cfu：可接受的最大菌数为 50；

10^2cfu：可接受的最大菌数为 500；

10^3cfu：可接受的最大菌数为 5000；

10^4cfu：可接受的最大菌数为 50000；依此类推。

9. 本限度标准所列的控制菌对于控制某些药品的微生物质量可能并不全面，因此，对于原料、辅料及某些特定的制剂，根据原辅料及其制剂的特性和用途、制剂的生产工艺等因素，可能还需检查其他具有潜在危害的微生物。

10. 除了本限度标准所列的控制菌外，药品中若检出其他可能具有潜在危害性的微生物，应从以下方面进行评估。

（1）药品的给药途径不同，其危害不同；

（2）药品是否促进微生物生长，或者药品是否有足够的抑制微生物生长的能力；

（3）药品的使用方法不同；

（4）用药人群不同，如新生儿、婴幼儿及体弱者，风险可能不同；

（5）患者使用免疫抑制剂和甾体类固醇激素等药品的情况；

（6）存在疾病、伤残和器官损伤情况；

（7）其他情况。

11. 当进行上述相关因素的风险评估时，评估人员应经过微生物学和微生物数据分析等方面的专业知识培训。评估原辅料微生物质量时，应考虑相应制剂的生产工艺、现有的检测技术及原辅料符合该标准的必要性。

三、检查环境及设备要求

《中国药典》规定，微生物限度检查应在环境洁净度为不低于 D 级背景下的生物安全柜或 B 级洁净区域内进行，检验全过程必须严格遵守无菌操作，防止再污染。单向流空气区域、工作台面及环境均应定期按现行医药工业洁净室（区）悬浮粒子、浮游菌和沉降菌测试方法的国家标准进行洁净室验证。

四、微生物计数法

（一）取样

1. 抽样量 由于药品受微生物污染的不均匀和生物样本的多变性，抽样方法、抽样数量和次数直接影响微生物限度检查的结果。微生物限度检查的样品一般采用随机抽样法，随机抽取不少于 2 个最小包装的供试品，其抽样量至少应为检验用量的 3 倍，抽取的样品混合后，取规定量供试品进行检验。

2. 检验量 即一次试验所用的供试品量（g、ml 或 cm^2）。除另有规定外，一般的供试品检验量为 10g 或 10ml；膜剂、贴剂和贴膏剂为 $100cm^2$。检验时，应从 2 个以上最小包装单位中抽取供试品，大蜜丸还不得少于 4 丸，膜剂、贴剂和贴膏剂还不得少于 4 片。贵重药品、微量包装药品的检验量可以酌减。若供试品处方中每一剂量单位（如片剂、胶囊剂）活性物质含量小于或等于 1mg，或每 1g 或每 1ml（指制剂）活性物质含量低于 1mg 时，检验量应不少于 10 个剂量单位或 10g 或 10ml 供试品；若样品量有限或为批产量极小（如：小于 1000ml 或 1000g）的活性物质供试品，除另有规定外，其检验量最少为批产量的 1%，检验量更少时需要进行风险评估；若为批产量少于 200 的供试品，检验量可减少至 2 个单位；对批产量少于 100 的供试品，检验量可减少至 1 个单位。

（二）供试液的制备

根据供试品的理化特性与生物学特性，采取适宜的方法制备供试液。供试液制备若需加温，应均匀加热，且温度不应超过 45℃。供试液从制备至加入检验用培养基，不得超过 1 小时。

常用的供试液制备方法如下。如果下列供试液制备方法经确认均不适用，应建立其他适宜的方法。

1. 水溶性供试品 取供试品，用 pH 7.0 无菌氯化钠 - 蛋白胨缓冲液或 pH 7.2 磷酸盐缓冲液或胰酪大豆胨液体培养基溶解或稀释制成 1∶10 供试液。若需要，调节供试液 pH 至 6～8。必要时，用同一稀释液将供试液进一步做 10 倍系列稀释。对水溶性液体制剂，也可用混合的供试品原液作为供试液。

2. 水不溶性非油脂类供试品 取供试品，用 pH 7.0 无菌氯化钠 - 蛋白胨缓冲液或 pH 7.2 磷酸盐缓冲液或胰酪大豆胨液体培养基制备成 1∶10 供试液。对分散力较差的供试品，可在稀释液中加入表面活性剂，如 0.1%（ml/ml）的聚山梨酯 80，使供试品分散均匀。若需要，调节供试液 pH 至 6～8。必要时，用同一稀释液将供试液进一步做 10 倍系列稀释。

3. 油脂类供试品 取供试品，加入无菌十四烷酸异丙酯使溶解，或与最少量并能使供试品乳化的无菌聚山梨酯 80 或其他无抑菌性的无菌表面活性剂充分混匀。表面活性剂的温度一般不超过 40℃（特殊情况下，最多不超过 45℃），小心混合，若需要可在水浴中进行，然后加入预热的稀释液使成 1∶10 供试液，保温，混合，并在最短时间内形成乳状液。必要时，用稀释液或含上述表面活性剂的稀释液进一步做 10 倍系列稀释。

4. 膜剂供试品 取供试品，剪碎，加 pH 7.0 无菌氯化钠 - 蛋白胨缓冲液或 pH 7.2 磷酸盐缓冲液或胰酪大豆胨液体培养基，浸泡，振摇，制成1∶10的供试液。若需要，调节供试液pH至6～8。必要时，用同一稀释液将供试液进一步做10倍系列稀释。

5. 肠溶及结肠溶制剂　取供试品，加入pH 6.8无菌磷酸盐缓冲液（用于肠溶制剂）或pH 7.6无菌磷酸盐缓冲液（用于结肠溶制剂），置45℃水浴中，振摇，使溶解，制成1∶10的供试液。必要时，用同一稀释液将供试液进一步做10倍系列稀释。

6. 气雾剂供试品　取供试品，置-20℃或其他适宜温度冷冻约1小时，取出，迅速消毒供试品开启部位或阀门。正置容器，用无菌钢锥或针样设备在与阀门结构相匹配的适宜位置钻一小孔，供试品各容器的钻孔大小和深度应尽量保持一致，拔出钢锥时应无明显抛射剂抛出，轻轻转动容器，使抛射剂缓缓释出。亦可采用专用设备释出抛射剂。释放抛射剂后再无菌开启容器，并将供试品转移至无菌容器中混合，必要时用冲洗液冲洗容器内壁。供试品亦可采用其他适宜的方法取出。然后取样检查。

7. 贴剂、贴膏剂供试品　取供试品，去掉防粘层，将粘贴面朝上放置在无菌玻璃或塑料器皿上，在粘贴面上覆盖一层适宜的无菌多孔材料（如无菌纱布），避免供试品粘贴在一起。将处理后的供试品放入盛有适宜体积并含有表面活性剂（如聚山梨酯80或卵磷脂）稀释液的容器中，振荡至少30分钟。必要时，用同一稀释液将供试液进一步做10倍系列稀释。

（三）供试品的检查

微生物限度检查计数方法包括平皿法（倾注法和涂布法）、薄膜过滤法和最可能数法（Most-Probable-Number Method，简称MPN法）。供试品检查时，应根据供试品理化特性和微生物限度标准等因素选择合适的计数方法，所选方法的适用性须经方法确认才能使用。检查用的样品量应能保证通过所获得的试验结果可以判断供试品是否符合规定。检查中用的成品培养基，或脱水培养基，或按培养基处方配制的培养基，均应进行培养基适用性检查，其中胰酪大豆胨琼脂培养基用于需氧菌总数计数，沙氏葡萄糖琼脂培养基用于霉菌和酵母菌总数计数。

以下着重介绍计数方法中常用的平皿倾注法。

1. 平皿倾注法　基本操作步骤为：供试液制备及稀释→吸样注皿→倾注培养基→恒温培养→菌落计数→菌数报告→分析判断。

（1）供试液制备及稀释　取规定量供试品，制备1∶10供试液（见上述“供试液的制备”相关内容），按10倍递增稀释法，取1∶10供试液稀释成不同比例的供试品稀释液（10^{-2}、10^{-3}）。具体操作为：取1∶10供试液1ml，加至含有9ml稀释液（pH 7.0无菌氯化钠-蛋白胨缓冲液）的试管中，混匀，得1∶100的供试液；同理，取1∶100的供试液1ml，加至含9ml稀释液的试管中，混匀，得1∶1000的供试液，以此类推可制成其他稀释级的供试液。

（2）吸样注皿　用无菌吸管分别吸取适宜的连续2～3个稀释度（一般取10^{-1}、10^{-2}、10^{-3}级稀释液）的供试品稀释液1ml，置每一无菌平血中，每个稀释级至少制备2个平皿。另取试验用的稀释液各1ml，置2个无菌平皿中，作为阴性对照。

（3）倾注培养基　于上述每一平皿中分别倾注温度不超过45℃的胰酪大豆胨琼脂培养基（需氧菌总数计数用）以及沙氏葡萄糖琼脂培养基（霉菌和酵母菌总数计数用），混匀，待其凝固。

（4）恒温培养　除另有规定外，胰酪大豆胨琼脂培养基平板在30～35℃培养3～5天，沙氏葡萄糖琼脂培养基平板在20～25℃培养5～7天，观察菌落生长情况。

（5）菌落计数　点计平板上生长的所有菌落数，计数并报告。菌落蔓延生长成片的平板不宜计数。点计菌落数后，计算各稀释级供试液的平均菌落数，按菌数报告规则报告菌数。若同稀释级两个平板的菌落数平均值不小于15，则两个平板的菌落数不能相差1倍或以上。

（6）菌数报告　需氧菌总数计数宜选取平均菌落数小于300cfu的稀释级，霉菌和酵母菌总数计数宜选取平均菌落数小于100cfu的稀释级，作为菌数报告的依据。取最高的平均菌落数，计算1g、1ml或$10cm^2$供试品中所含的微生物数，取两位有效数字报告。

如各稀释级的平板均无菌落生长，或仅最低稀释级的平板有菌落生长但平均菌落数小于1时，以<1乘以最低稀释倍数的值报告菌数。

2. 薄膜过滤法　除另有规定外，按计数方法适用性试验确认的方法进行供试液制备。取相当于1g、1ml或$10cm^2$供试品的供试液，若供试品所含的菌数较多，可取适宜稀释级的供试液，照方法适用性试验确认的方法加至适量稀释液中，立即过滤，冲洗，冲洗后取出滤膜，菌面朝上贴于胰酪大豆胨琼脂培养基或沙氏葡萄糖琼脂培养基上培养。

培养和计数：培养条件和计数方法同平皿法，每张滤膜上的菌落数应不超过100cfu。

菌数报告规则：以相当于1g、1ml或$10cm^2$供试品的菌落数报告菌数；若滤膜上无菌落生长，以<1报告菌数（每张滤膜过滤1g、1ml或$10cm^2$供试品），或以<1乘以最低稀释倍数的值报告菌数。

3. MPN法　取规定量供试品，按方法适用性试验确认的方法进行供试液制备和供试品接种，所有试验管在30～35℃培养3～5天，如果需要确认是否有微生物生长，按方法适用性试验确定的方法进行。记录每一稀释级微生物生长的管数，从表11－10中查找每1g、1ml或$10cm^2$供试品中需氧菌总数的最可能数。

表11－10　微生物最可能数检索表

生长管数			需氧菌总数最可能数	95%置信限	
每管含样品的g、ml或$10cm^2$数			MPN/g、ml或$10cm^2$	上限	下限
0.1	0.01	0.001			
0	0	0	<3	0	9.4
0	0	1	3	0.1	9.5
0	1	0	3	0.1	10
0	1	1	6.1	1.2	17
0	2	0	6.2	1.2	17
0	3	0	9.4	3.5	35
1	0	0	3.6	0.2	17
1	0	1	7.2	1.2	17
1	0	2	11	4	35
1	1	0	7.4	1.3	20
1	1	1	11	4	35
1	2	0	11	4	35
1	2	1	15	5	38
1	3	0	16	5	38
2	0	0	9.2	1.5	35
2	0	1	14	4	35
2	0	2	20	5	38
2	1	0	15	4	38
2	1	1	20	5	38
2	1	2	27	9	94
2	2	0	21	5	40
2	2	1	28	9	94

续表

生长管数			需氧菌总数最可能数	95%置信限	
每管含样品的 g、ml 或 $10cm^2$ 数			MPN/g、ml 或 $10cm^2$	上限	下限
0.1	0.01	0.001			
2	2	2	35	9	94
2	3	0	29	9	94
2	3	1	36	9	94
3	0	0	23	5	94
3	0	1	38	9	104
3	0	2	64	16	181
3	1	0	43	9	181
3	1	1	75	17	199
3	1	2	120	30	360
3	1	3	160	30	380
3	2	0	93	18	360
3	2	1	150	30	380
3	2	2	210	30	400
3	2	3	290	90	990
3	3	0	240	40	990
3	3	1	460	90	1980
3	3	2	1100	200	4000
3	3	3	>1100		

注：表内所列检验量如改用 1g（或 ml、$10cm^2$）、0.1g（或 ml、$10cm^2$）和 0.01g（或 ml、$10cm^2$），表内数字应相应降低 10 倍；如改用 0.01g（或 ml、$10cm^2$）、0.001g（或 ml、$10cm^2$）和 0.0001g（或 ml、$10cm^2$），表内数字应相应增加 10 倍，其余类推。

（四）结果判断

需氧菌总数是指胰酪大豆胨琼脂培养基上生长的菌落数（包括真菌菌落数）；霉菌和酵母菌总数是指沙氏葡萄糖琼脂培养基上生长的菌落数（包括细菌菌落数）。若因沙氏葡萄糖琼脂培养基上生长的细菌使霉菌和酵母菌的计数结果不符合微生物限度要求，可使用含抗生素（如氯霉素、庆大霉素）的沙氏葡萄糖琼脂培养基或其他选择性培养基（如玫瑰红钠琼脂培养基）进行霉菌和酵母菌总数计数。使用选择性培养基时，应进行培养基适用性检查。若采用 MPN 法，测定结果为需氧菌总数。

若供试品的需氧菌总数、霉菌和酵母菌总数的检查结果均符合该品种项下的规定，判供试品符合规定；若其中任何一项不符合该品种项下的规定，判供试品不符合规定。

（五）注意事项

1. 药品在检验前，应贮存在《中国药典》规定的条件下，应保持包装的完好，不得开启最小独立包装，防止微生物污染而影响检验结果。检验中使用的所有培养基必须经过灭菌，且进行适用性检查。

2. 供试品检验全过程必须符合无菌操作技术的要求，所有与供试品或培养基接触的器具均应为灭菌器具。

3. 供试品溶液从制备到加入检验用培养基不得超过 1 小时，否则可能导致微生物繁殖或死亡而影响计数结果。供试品溶液的配制过程应当按照《中国药典》的规定，选择合适的稀释级别。供试品稀释时及注平皿前应充分混合均匀，以免造成试验误差。

案例分析

口服片剂的微生物限度检查

小王在一家药厂的质量检验部门工作，他的任务是进行某口服片剂的微生物限度检查。他在取样和检查过程中应该怎样做才能保证检查的准确性呢？

启发与思考

①首先，抽样量至少应为检验用量3倍的供试品，一个批次样品检验时至少应从2个以上最小包装单位中取样。取样中和开启药品包装时要遵循无菌操作，以防微生物污染。②检查过程应严格遵守《中国药典》的操作流程。③除了要进行微生物计数检查外，还应该进行控制菌的检查。

讨论

1. 除了以上提到的几点，微生物限度检查中还应注意哪些问题？
2. 微生物限度检查的结果报告规则是怎样的？

五、控制菌检查

控制菌检查法系用于在规定的试验条件下，检查供试品中是否存在特定的微生物，非无菌产品中的控制菌包括耐胆盐革兰阴性菌、大肠埃希菌、沙门菌、铜绿假单胞菌、金黄色葡萄球菌、梭菌、白色念珠菌。控制菌检查中样品的抽样、取样，供试液制备及实验环境要求同“非无菌产品微生物限度检查：微生物计数法”（通则1105）。供试品检出控制菌或其他致病菌时，按一次检出结果为准，不再复试。供试品的控制菌检查应按经方法适用性试验确认的方法进行。

供试品检查中，如果供试品具有抗菌活性，应尽可能去除或中和；若供试品中使用了中和剂或灭活剂，应确认有效性及对微生物无毒性；供试液制备时如果使用了表面活性剂，应确认其对微生物无毒性以及与所使用中和剂或灭活剂的相容性。

控制菌检查中，应进行阳性对照及阴性对照试验。阳性对照试验方法同供试品的控制菌检查，对照菌的加量应不大于100cfu，阳性对照试验应检出相应的控制菌；阴性对照试验以稀释剂代替供试液照相应控制菌检查法检查，阴性对照试验应无菌生长。

（一）耐胆盐革兰阴性菌（Bile－tolerant Gram－negative bacteria）

耐胆盐革兰阴性菌是指在胆汁酸中可以存活并繁殖的微生物，主要包含弧菌科、肠杆菌科（来源于人畜粪便）、假单胞菌属（存在于土壤、水、空气及人体皮肤、肠道、呼吸道）、气单胞菌属（来源于土壤及人类粪便）、革兰阴性小杆菌属。大肠菌群是指在37℃条件下生长时能发酵乳糖，24小时内能产酸产气的革兰阴性、氧化酶阴性、需氧或兼性厌氧的无芽孢杆菌，是耐胆盐革兰阴性杆菌中的一小部分菌，主要包括埃希菌属、肠杆菌属、枸橼酸菌属及克雷伯菌属，均来自人及温血动物的肠道。耐胆盐革兰阴性菌检查法在检出率和准确率上均比大肠菌群检查法高，检测的菌种范围更广，试验结果易于判断，并与国外药典接轨。

1. 供试液制备和预培养 取供试品，用胰酪大豆胨液体培养基作为稀释剂照“非无菌产品微生物限度检查：微生物计数法”（通则1105）制成1∶10供试液，混匀，在20～25℃培养，培养时间应使供试品中的细菌充分恢复但不增殖（约2小时）。

2. 定性试验 除另有规定外，取相当于1g或1ml供试品的上述预培养物接种至适宜体积（经方法适用性试验确定）肠道菌增菌液体培养基中，30～35℃培养24～48小时后，划线接种于紫红胆盐葡萄糖琼脂培养基平板上，30～35℃培养18～24小时。如果平板上无菌落生长，判供试品未检出耐胆盐革兰阴性菌。

3. 定量试验选择和分离培养　取相当于0.1g、0.01g和0.001g（或0.1ml、0.01ml和0.001ml）供试品的预培养物或其稀释液，分别接种至适宜体积（经方法适用性试验确定）肠道菌增菌液体培养基中，30～35℃培养24～48小时。上述每一培养物分别划线接种于紫红胆盐葡萄糖琼脂培养基平板上，30～35℃培养18～24小时。

4. 结果判断　若紫红胆盐葡萄糖琼脂培养基平板上有菌落生长，则对应培养管为阳性，否则为阴性。根据各培养管检查结果，从表11－11中查找1g或1ml供试品中含有耐胆盐革兰阴性菌的可能菌数。

表11－11　耐胆盐革兰阴性菌的可能菌数（*N*）

各供试品的检查结果			每1g（或1ml）供试品中可能的菌数/cfu
0.1g或0.1ml	0.01g或0.01ml	0.001g或0.001ml	
+	+	+	$N>10^2$
+	+	－	$10^2<N<10^3$
+	－	－	$10<N<10^1$
－	－	－	$N<10$

注：①＋代表紫红胆盐葡萄糖琼脂培养基平板上有菌落生长；－代表紫红胆盐葡萄糖琼脂培养基平板上无菌落生长。
②若供试品量减少10倍（如0.01g或0.01ml，0.001g或0.001ml，0.0001g或0.0001ml），则每1g（或1ml）供试品中可能的菌数（*N*）应相应增加10倍。

（二）大肠埃希菌（*Escherichia coli*）　微课1

大肠埃希菌是肠杆菌科埃希菌属细菌，部分菌株可感染人和动物，引起腹泻、化脓或败血症。本菌随粪便排出体外，可直接或间接污染药物及药品生产的各个环节。因此，大肠埃希菌被列为粪便污染指示菌，是非无菌口服药品的常规必检项目。口腔黏膜给药制剂、齿龈给药制剂、眼部给药制剂、鼻用制剂及呼吸道吸入给药制剂也不得检出大肠埃希菌。

1. 供试液制备及增菌培养　取供试品，参照"非无菌产品微生物限度检查：微生物计数法"（通则1105）制成1∶10供试液，取相当于1g或1ml供试品的供试液，接种至适宜体积（经方法适用性试验确定）的胰酪大豆胨液体培养基中，混匀，30～35℃培养18～24小时。

2. 选择和分离培养　取上述预培养物1ml接种至100ml麦康凯液体培养基中，42～44℃培养24～48小时。取麦康凯液体培养物划线接种于麦康凯琼脂培养基平板上，30～35℃培养18～72小时。

3. 结果判断　如麦康凯琼脂培养基平板上有菌落生长，应进行分离、纯化及适宜的鉴定试验，确证是否为大肠埃希菌；若麦康凯琼脂培养基平板上没有菌落生长，或有菌落生长但鉴定结果为阴性，判供试品未检出大肠埃希菌。

（三）沙门菌（*Salmonella*）

沙门菌为肠杆菌科沙门菌属细菌，广泛分布于自然界，是人畜共患的肠道病原菌，常引起伤寒和食物中毒危害人类健康。沙门菌可通过人畜、禽的粪便或带菌者直接或间接地污染药品原料、辅料及生产的各个环节，特别是以动物脏器为来源的药物，污染概率更高。因此，含动物组织（包括提取物）来源的口服给药制剂、动物来源药材粉（蜂蜜、王浆、动物角、阿胶除外）等不得检出沙门菌。

1. 供试液制备及增菌培养　取10g或10ml供试品直接或处理后接种至适宜体积（经方法适用性试验确定）的胰酪大豆胨液体培养基中，混匀，30～35℃培养18～24小时。

2. 选择和分离培养 取上述预培养物0.1ml接种至10ml RV沙门菌增菌液体培养基中，30～35℃培养18～24小时。取少量RV沙门菌增菌液体培养物划线接种于木糖赖氨酸脱氧胆酸盐琼脂培养基平板上，30～35℃培养18～48小时。

沙门菌在木糖赖氨酸脱氧胆酸盐琼脂培养基平板上生长良好，菌落为淡红色或无色、透明或半透明，中心有或无黑色。用接种针挑选疑似菌落于三糖铁琼脂培养基高层斜面上进行斜面和高层穿刺接种，培养18～24小时，或采用其他适宜方法进一步鉴定。

3. 结果判断 木糖赖氨酸脱氧胆酸盐琼脂培养基平板上有疑似菌落生长，且三糖铁琼脂培养基的斜面为红色、底层为黄色，或者斜面为黄色、底层为黄色或黑色，应进一步进行适宜的鉴定试验，确证是否为沙门菌；若平板上没有菌落生长，或有菌落生长但鉴定结果为阴性，或三糖铁琼脂培养基的斜面未见红色、底层未见黄色，或者斜面为黄色、底层未见黄色或黑色，判供试品未检出沙门菌。

（四）铜绿假单胞菌（*Pseudomonas aeruginosa*）

铜绿假单胞菌为假单胞菌属，原称绿脓杆菌。本菌对人类有致病力，并对许多药物具有天然的耐药性。烧伤、烫伤、眼科疾患和其他创伤常因铜绿假单胞菌引起继发感染，本菌是常见的化脓性感染菌。本菌在自然界分布广泛，土壤、空气、水以及人和动物皮肤、肠道、呼吸道均存在，可通过生产各个环节污染药品。因此，除口服给药外的其他剂型的药品均规定不得检出铜绿假单胞菌。

1. 供试液制备及增菌培养 取供试品，参照“非无菌产品微生物限度检查：微生物计数法”（通则1105）制成1∶10供试液，取相当于1g或1ml供试品的供试液，接种至适宜体积（经方法适用性试验确定）的胰酪大豆胨液体培养基中，混匀，30～35℃培养18～24小时。

2. 选择和分离培养 取上述预培养物划线接种至溴化十六烷基三甲铵琼脂培养基平板上，30～35℃培养18～72小时。取上述平板上生长的菌落进行氧化酶试验，或采用其他适宜方法进一步鉴定。

3. 氧化酶试验 将洁净滤纸片置于平皿内，用无菌玻璃棒蘸取上述平板上生长的菌落涂于滤纸片上，滴加新配制的1%二盐酸*N*，*N*－二甲基对苯二胺试液，在30秒内若培养物呈粉红色并逐渐变为紫红色，为氧化酶试验阳性，否则为阴性。氧化酶试验注意事项：试验菌落（菌苔）必须新鲜，陈旧培养物反应不可靠，试验避免与铁、镍等金属接触，不可用普通接种针（环）（铂金材料除外）挑取菌落（菌苔），否则易出现假阳性，宜用玻璃棒或木棒；试剂宜新鲜配制，放置过久则二盐酸*N*，*N*－二甲基对苯二胺氧化变色，不可用；反应需在有氧条件下进行，勿滴加试剂过多，以免浸泡培养物，使之与空气隔绝，造成假阴性反应；麦康凯琼脂、SS琼脂培养基等含糖培养基上的菌落不适于做氧化酶试验，因为糖分解产酸，抑制氧化酶活性。

4. 结果判断 若溴化十六烷基三甲铵琼脂培养基平板上有菌落生长，且氧化酶试验阳性，应进行适宜的鉴定试验，确证是否为铜绿假单胞菌；若平板上没有菌落生长，或虽有菌落生长但鉴定结果为阴性，或氧化酶试验为阴性，判供试品未检出铜绿假单胞菌。

（五）金黄色葡萄球菌（*Staphylococcus aureus*）

金黄色葡萄球菌为葡萄球菌属中的一种，空气、土壤、水和日常用具及人的皮肤、鼻咽腔、毛囊等部位常可发现，故在生产各环节中极易引入。金黄色葡萄球菌是葡萄球菌中致病力最强的一种，可经皮肤黏膜侵入人体，引起化脓性病变等局部及全身化脓性炎症，严重时可导致败血症。除口服给药外的其他剂型的药品均规定不得检出金黄色葡萄球菌。

1. 供试液制备及增菌培养 取供试品，参照“非无菌产品微生物限度检查：微生物计数法”（通则1105）制成1∶10供试液，取相当于1g或1ml供试品的供试液，接种至适宜体积（经方法适用性试验确定）的胰酪大豆胨液体培养基中，混匀，30～35℃培养18～24小时。

2. 选择和分离培养 取上述预培养物划线接种于甘露醇氯化钠琼脂培养基平板上，30～35℃培养18～72小时。

3. 结果判断 若甘露醇氯化钠琼脂培养基平板上有黄色菌落或外周有黄色环的白色菌落生长，应进行分离、纯化及适宜的鉴定试验，确证是否是金黄色葡萄球菌；若平板上没有与上述形态特征相符或疑似的菌落生长，或虽有相符或疑似的菌落生长但鉴定结果为阴性，判供试品未检出金黄色葡萄球菌。

（六）梭菌（*Clostridium*）

梭菌为梭状芽孢杆菌属细菌，广泛分布于土壤及人、畜的粪便中。梭菌的芽孢对热抵抗力很强，湿热100℃ 1小时、干热150℃ 1小时均能存活，在尘埃和土壤中可存活十余年。以根茎类植物为原料的药品常可受到本菌污染，并可经伤口感染，如在外用药中存在，特别是用于深部组织的药品污染梭菌，可导致破伤风，死亡率很高。因此，阴道、尿道给药的中药制剂均不得检出梭菌。

1. 供试液制备及热处理 取供试品，参照“非无菌产品微生物限度检查：微生物计数法”（通则1105）制成1∶10供试液，取相当于1g或1ml供试品的供试液2份，其中1份置80℃保温10分钟，迅速冷却。

2. 增菌、选择和分离培养 将上述2份供试液分别接种至适宜体积（经方法适用性试验确定）的梭菌增菌培养基中，置厌氧条件下30～35℃培养48小时。取上述每一培养物少量，分别涂抹接种于哥伦比亚琼脂培养基平板上，置厌氧条件下30～35℃培养48～72小时。

3. 过氧化氢酶试验 取上述平板上生长的菌落，置洁净玻璃片上，滴加3%过氧化氢试液，若菌落表面有气泡产生，为过氧化氢酶试验阳性，否则为阴性。

4. 结果判断 若哥伦比亚琼脂培养基平板上有厌氧杆菌生长（有或无芽孢），且过氧化氢酶试验阴性，应进一步进行适宜的鉴定试验，确证是否为梭菌；如哥伦比亚琼脂培养基平板上没有厌氧杆菌生长，或虽有相符或疑似的菌落生长但鉴定结果为阴性，或过氧化氢酶试验为阳性，判供试品未检出梭菌。

（七）白色念珠菌（*Candida albicans*）

白色念珠菌是单细胞真菌，通常存在于正常人的口腔、上呼吸道、肠道及阴道中，一般在正常机体中数量少，不引起疾病。当机体免疫功能或一般防御力下降或正常菌群相互制约作用失调时，本菌则大量繁殖并改变生长形式（芽生菌丝相），侵入细胞引起疾病。阴道、尿道给药制剂均不得检出白色念珠菌。

1. 供试液制备及增菌培养 取供试品，参照“非无菌产品微生物限度检查：微生物计数法”（通则1105）制成1∶10供试液，取相当于1g或1ml供试品的供试液，接种至适宜体积（经方法适用性试验确定）的沙氏葡萄糖液体培养基中，混匀，30～35℃培养3～5天。

2. 选择和分离培养 取上述预培养物划线接种于沙氏葡萄糖琼脂培养基平板上，30～35℃培养24～48小时。

白色念珠菌在沙氏葡萄糖琼脂培养基上生长的菌落呈乳白色，偶见淡黄色，表面光滑，有浓重的酵母气味，培养时间稍久则菌落增大、颜色变深、质地变硬或有皱褶。挑取疑似菌落接种至念珠菌显色培养基平板上，培养24～48小时（必要时延长至72小时），或采用其他适宜方法进一步鉴定。

3. 结果判断 若沙氏葡萄糖琼脂培养基平板上有疑似菌落生长，且疑似菌在念珠菌显色培养基平板上生长的菌落呈阳性反应，应进一步进行适宜的鉴定试验，确证是否为白色念珠菌；若沙氏葡萄糖琼脂培养基平板上没有菌落生长，或有菌落生长但鉴定结果为阴性，或疑似菌在念珠菌显色培养基平板上生长的菌落呈阴性反应，判供试品未检出白色念珠菌。

实验十三　口服药品中需氧菌总数计数 e 微课2

【实验目的】

1. 掌握需氧菌总数计数的常用方法及基本步骤、需氧菌计数规则，并能正确合理报告检查结果。
2. 熟悉供试液制备及稀释的方法、口服药品的微生物限度标准。
3. 了解需氧菌总数计数的其他方法。

【实验原理】

微生物限度检查是检查非无菌制剂及其药用原料、辅料和中药提取物、中药饮片受微生物污染程度的一种方法。检查项目包括微生物计数检查和控制菌检查。微生物计数法用于能在有氧条件下生长的嗜温细菌（需氧菌）和真菌的计数检查，其中需氧菌总数是指胰酪大豆胨琼脂培养基上生长的总菌落数（包括真菌菌落数）。

微生物计数方法包括平皿法、薄膜过滤法和最可能数法（MPN 法）。供试品检查时，应根据供试品理化特性和微生物限度标准等因素选择合适的计数方法，检测的样品量应能保证所获得的试验结果能够判断供试品是否符合规定。所选方法的适用性必须经过方法验证。

微生物计数检查是保证药品质量的重要检查方法，也是综合评价药品生产各环节卫生状况的一个依据。

【实验材料】

1. 待检样品　养血安神糖浆。

2. 培养基　胰酪大豆胨琼脂培养基。

3. 稀释液　pH 7.0 无菌氯化钠-蛋白胨缓冲液。

4. 设备　无菌室、超净工作台、恒温培养箱、恒温水浴箱、电热干燥箱、低温冰箱、高压蒸汽灭菌器。

5. 其他　实验服（无菌衣、裤、帽、口罩等）、酒精灯、消毒湿巾、乳胶手套、试管架、打火机、记号笔；锥形瓶，量筒，试管及配套塞子，刻度吸管（10ml），无菌培养皿，废液缸等。

【实验内容】

1. 供试品溶液的制备　用无菌刻度吸管吸取 10ml 养血安神糖浆（至少开启 2 瓶），置 90ml pH 7.0 无菌氯化钠-蛋白胨缓冲液中，溶解，混匀，即成 1∶10 的供试液。

2. 供试液的稀释（10 倍递增稀释法）　用 1ml 灭菌刻度吸管吸取 1∶10 均匀供试液 1ml，加至已装有 9ml 灭菌稀释剂的试管中，混匀即成 1∶100 的供试液（如有需要，继续稀释，以此类推）。

3. 注平板　吸取 1∶10 供试液 1ml 至直径 90mm 的无菌平皿中，每一稀释级、每种培养基至少注 2 个平皿。注平板时将 1ml 供试液慢慢全部注入平皿，管内无残留液体，防止反流到吸管尖端部。更换刻度吸管，取 1∶100 供试液依法操作，一般取适宜的连续 2 个稀释级的供试液进行需氧菌计数检查。

4. 阴性对照试验　待各级稀释液注平板完毕后，用 1 支 1ml 吸管吸取稀释液（pH 7.0 无菌氯化钠-蛋白胨缓冲液）2ml，分别注入 2 个平皿，每皿 1ml，作为阴性对照皿。

5. 倾注培养基　取出冷至 45～50℃的胰酪大豆胨琼脂培养基，每个平皿倾注 15～20ml，轻轻旋转平皿，使供试液（或稀释液）与培养基混匀，置操作台上待冷凝。

6. 培养和计数　将已经凝固的平板倒置，将平皿放入30～35℃培养箱培养3～5天。观察菌落生长情况，点计平板上生长的所有菌落数，计数并报告。菌落蔓延生长成片的平板不宜计数。点计菌落数后，计算各稀释级供试液的平均菌落数，按菌数报告规则报告菌数。若同稀释级两个平板的菌落数平均值不小于15，则两个平板的菌落数不能相差1倍或以上。

7. 菌数报告规则　需氧菌总数计数宜选取平均菌落数小于300cfu的稀释级作为菌数报告的依据。取最高的平均菌落数，计算1ml供试品中所含的需氧菌数，最后取2位有效数字报告检查结果。如各稀释级的平板均无菌落生长，或仅最低稀释级的平板有菌落生长但平均菌落数小于1，则以<1乘以最低稀释倍数的值报告菌数。

【实验结果】

观察结果，记录并计算，将检查结果填入表11－12。

表11－12　微生物限度检查——需氧菌总数计数检查结果

检品名称			生产厂家	
检品规格			生产批号	
检验数量			包装和外观	
检验项目	微生物总数计数：需氧菌总数计数			
检验依据	《中国药典》四部通则1105“微生物计数法”			
检验方法	平皿倾注法			
培养基				
培养条件	30～35℃，3～5天			
稀释液、缓冲液				
供试液制备及稀释	方法步骤：			
检验结果	10^{-1}	10^{-2}	10^{-3}	阴性对照
1				
2				
平均值				
需氧菌总数报告				
检验结论				
检验人			复核人	
室　温			湿　度	
检验日期			报告日期	

【思考题】

1. 微生物总数计数中，阴性对照的目的是什么？如何操作？
2. 如何保证需氧菌总数计数结果的准确性？

复习思考题

答案解析

1. 试分析药品中微生物污染的来源。
2. 药品生产过程中，如何控制微生物污染？
3. 固体药剂变质现象可能有哪些？
4. 相对理想的药品防腐剂所具备的条件是什么？
5. 无菌检查中，薄膜过滤法的原理是什么？用作无菌检查的薄膜过滤器有何要求？
6. 简述采用薄膜过滤法进行水溶性供试品无菌检查的方法步骤。
7. 无菌检查中设置阳性对照的目的是什么？阳性对照菌有哪些？
8. 无菌检查法对培养基有何特殊要求？
9. 某制药企业生产规格为200ml/瓶的0.9%葡萄糖氯化钠注射液，用直接接种法做无菌检查，批产量5万瓶。请问：出厂前检查的检验数量和检验量分别为多少？
10. 简述微生物限度检查法中平皿法的操作流程。
11. 简述微生物计数和控制菌检查中培养基的适用性检查有何异同点。
12. 如果要对一批口服胶囊剂进行微生物限度检查，需要做哪些项目的检查？具体如何操作？请写出检验全过程。
13. 控制菌检查中，增菌培养的目的是什么？选择和分离培养的目的是什么？
14. 大肠埃希菌检查中，麦康凯琼脂培养基平板上如果有大肠埃希菌生长，典型菌落有何特征？并分析出现这些特征的原因。

书网融合……

本章小结　　微课1　　微课2　　题库

参考文献

[1] 周德庆. 微生物学教程 [M]. 4 版. 北京：高等教育出版社，2020.

[2] 沈萍，陈向东. 微生物学 [M]. 8 版. 北京：高等教育出版社，2016.

[3] 诸葛健，李华钟. 微生物学 [M]. 2 版. 北京：科学出版社，2009.

[4] 杨民和. 微生物学 [M]. 北京：科学出版社，2010.

[5] 林稚兰，罗大珍. 微生物学 [M]. 北京：北京大学出版社，2011.

[6] 周长林. 微生物学 [M]. 4 版. 北京：中国医药科技出版社，2019.

[7] 叶明. 微生物学 [M]. 北京：化学工业出版社，2010.

[8] 王宜磊，方尚玲，刘杰. 微生物学 [M]. 武汉：华中科技大学出版社，2014.

[9] 叶剑尔. 微生物学基础及药用技术 [M]. 杭州：浙江大学出版社，2014.

[10] 陈明琪，罗翀. 药用微生物学基础 [M]. 4 版. 北京：中国医药科技出版社，2019.

[11] 李丹丹，孙中文. 微生物学基础 [M]. 2 版. 北京：中国医药科技出版社，2013.

[12] 杨玉红，高江原. 食品微生物学基础 [M]. 北京：中国医药科技出版社，2019.